全国高职高专机电类专业规划教材

电工基础

主　编　李玉清　滕颖辉
副主编　殷晓安　张　舒　吴红霞
主　审　龚在礼

黄河水利出版社
·郑州·

内 容 提 要

本书是全国高职高专机电类专业规划教材，是根据教育部对高职高专教育的教学基本要求及中国水利教育协会全国水利水电高职教研会制定的电工基础课程标准编写完成的。全书内容简明扼要，深入浅出，便于自学，同时注意实际应用能力的培养。其主要内容包括：电路的基本知识和基本定律、线性电阻电路的等效变换、电阻电路的一般分析方法、电路定理、相量法基础、正弦稳态电路的分析、三相交流电路、非正弦周期电流电路、耦合电感电路、一阶电路、磁路及铁芯线圈。

本书可作为高等学校电气类、电子类、自动化类、计算机类和其他相近专业的基础教材，也可供从事电子技术工作的工程技术人员学习参考。

图书在版编目(CIP)数据

电工基础/李玉清，滕颖辉主编．—郑州：黄河水利出版社，2013.10

全国高职高专机电类专业规划教材

ISBN 978-7-5509-0524-5

Ⅰ.①电… Ⅱ.①李… ②滕… Ⅲ.①电工学-高等职业教育-教材 Ⅳ.①TM1

中国版本图书馆 CIP 数据核字(2013)第 189159 号

组稿编辑：王路平　电话：0371-66022212　E-mail：hhslwlp@163.com

简　群　66026749　w_jq001@163.com

出 版 社：黄河水利出版社

地址：河南省郑州市顺河路黄委会综合楼14层　邮政编码：450003

发行单位：黄河水利出版社

发行部电话：0371-66026940、66020550、66028024、66022620(传真)

E-mail：hhslcbs@126.com

承印单位：黄河水利委员会印刷厂

开本：787 mm×1 092 mm　1/16

印张：14

字数：320 千字　印数：1—4 100

版次：2013 年 10 月第 1 版　印次：2013 年 10 月第 1 次印刷

定价：28.00 元

前 言

本书是根据《教育部关于全面提高高等职业教育教学质量的若干意见》(教高[2006]16号)、《教育部关于推进高等职业教育改革创新引领职业教育科学发展的若干意见》(教职成[2011]12号)等文件精神,由全国水利水电高职教研会拟定的教材编写规划,在中国水利教育协会指导下,由全国水利水电高职教研会组织编写的机电类专业规划教材。该套规划教材是在近年来我国高职高专院校专业建设和课程建设不断深化改革和探索的基础上组织编写的,内容上力求体现高职教育理念,注重对学生应用能力和实践能力的培养;形式上力求做到基于工作任务和工作过程编写,便于"教、学、练、做"一体化。该套规划教材是一套理论联系实际、教学面向生产的高职高专教育精品规划教材。

本书是为高职高专院校电气类、电子类、自动化类、计算机类和其他相近专业而编写的。教学经验告诉我们,对于高职高专电气技术类专业的教学要突出实用性和针对性,要符合高职高专教育的特点,理论知识的学习要以应用为目的,以"必须、够用"为度。通过多年的高职教学研究,针对高职电气技术类专业,我们的教学思路是围绕专业培养目标,科学制订教学计划,正确确立课程体系,合理构建知识、能力和素质结构,不断优化理论教学体系和实践教学体系。在这样的基础上我们经过了几年时间的策划,决定编写这本教材。

本书在编写设计上,充分考虑了高职教学的特点,目的是要让学生掌握基本的电工理论,注重电工理论的实际应用,理论部分以电路和电路元件、基本电路分析等与实际应用联系紧密的内容为重点。内容选取贴近实际应用,内容整合后避免了教学中重复教授的弊端,强调基本理论以"必须、够用"为度,贯彻少而精的原则。

本书注重基本理论的讲解,降低了对电磁学、高等数学等基础理论学科的依赖,根据高职高专培养目标和学生的实际情况,简化了理论性较强的分析方法和烦琐的公式推导,加强了物理概念的阐述,力求简明扼要、深入浅出、通俗易懂,以便读者阅读。

本书编写的原则是:"注重基础、精选内容、明晰概念、推陈出新、联系实际、侧重实用"。目的在于保证学生把基本内容学到手的基础上,培养学生分析、处理实际问题的能力。

本书的编写人员均是来自于高职高专院校从事电工、电路教学的第一线教师,具有丰富的教学经验。本书提供了必要的典型例题和习题,以便读者掌握基本内容,提高分析和解决问题的能力。

本书编写人员及编写分工如下:三峡电力职业学院李玉清编写第1、2章,三峡电力职业学院张舒编写第3、4、11章,辽宁水利职业学院滕颖辉编写第5、6章,湖南水利水电职业技术学院殷晓安编写第7、8章,安徽水利水电职业技术学院吴红霞编写第9、10章。本书由李玉清、滕颖辉担任主编,李玉清负责全书统稿;由殷晓安、张舒、吴红霞担任副主编;

由四川电力职业技术学院龚在礼担任主审。

由于编者的水平有限，书中难免有疏漏之处，敬请读者批评指正。若有意见和要求，可通过出版社与作者联系。

编　者

2013 年 5 月

目　录

第 1 章　电路的基本知识和基本定律

【教学目标】

1. 要求掌握电压和电流的参考方向的概念；

2. 要求掌握电功率和能量的概念；

3. 要求掌握基尔霍夫定律；

4. 要求熟悉电路模型的概念。

【学习目标】

1. 了解生产、日常生活中的简单电现象；

2. 熟悉电路的基本组成，理解电路元件的作用，知道用开关控制电路的方法；

3. 学会设定电流和电压的参考方向，辨析电压、电流的实际方向与参考方向的联系和差别；

4. 掌握电路元件特性和基尔霍夫定律；

5. 熟悉理想电路元件与实际电路器件的联系和差别，独立电源与受控电源的联系和差别。

【基本知识准备】

1.1　电路与电路模型

1.1.1　电路的组成及功能

电气技术的应用十分广泛，人们在生产和生活中时常会接触到一些实际电路。这些实际电路是为了完成某种预期的目标而设计、安装、运行的，如空调器电路在夏天炎热时可制冷，电暖器电路在冬天寒冷时可取暖等。这些实际电路通常由各种实体器件（如电源、电阻器、电感线圈、电容器、变压器、仪表、三极管等）组成。每一种实体器件又各自具有不同的电磁特性和功能，按照人们的需要，把相关实体器件按一定方式进行组合，就构成了一个个电路，用来传输电能、处理信号、测量、控制、计算等。

那么，什么是电路？由一些电气器件或部件按一定方式连接，为完成预期的目标而构成的电流通路称为电路。如果某个电路的元器件量大且结构较为复杂，通常又把这些电路称为网络。电路和网络这两个术语是可以通用的。应急灯电路、取暖器电路是实际应用中的较为简单的电路，而电视机电路、电力系统电路、雷达导航电路、计算机电路是较为复杂的电路，但不管简单还是复杂，电路的组成部分都离不开三个基本环节：电源、负载和中间环节。各环节的作用如下。

电源——向电路提供电能（信号）的装置。它可以将其他形式的能量，如化学能、热能、机械能、原子能等转换为电能。电压和电流是在电源的作用下（激励下）产生的，因此电源又称为激励源。由激励而在电路中产生的电压和电流称为响应。根据激励和响应之间的因果关系，可把激励称为输入，响应称为输出。

负载——电路中接收（消耗）电能的装置。在电路中，负载作为电路的输出部分，把从电源接收到的电能转换为人们需要的能量形式，如电灯把电能转换成光能和热能，电动机把电能转换为机械能，被充电的蓄电池把电能转换为化学能等。

中间环节——传送、分配和控制电能的部分。电源和负载连通离不开传输导线，电路的通、断离不开控制开关，实际电路为了安全可靠工作还需要一些保护设备（如熔断器、热继电器等），它们在电路中起着传输和分配能量、控制和保护电气设备的作用。

如图 1-1 所示为应急灯简化电路。

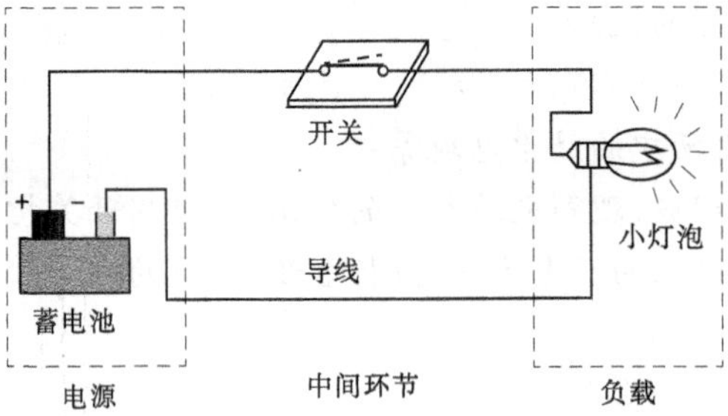

图 1-1 应急灯简化电路

工程应用中的实际电路，按照功能的不同可以分为两类：一类是为了实现能量的传输和转换，这类电路称为电力电路。特点是大功率、大电流。其主要功能是对发电厂发出的电能进行传输、分配和转换。电力系统组成如图 1-2 所示。

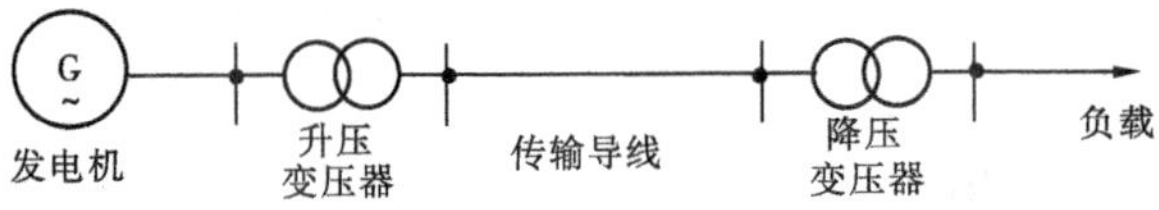

图 1-2 电力系统组成

另一类是为了实现信号的传递和处理，这类电路称为信号电路。特点是小功率、小电流。其主要功能是实现对电信号的传递、变换、储存和处理。声音信号处理如图 1-3 所示。

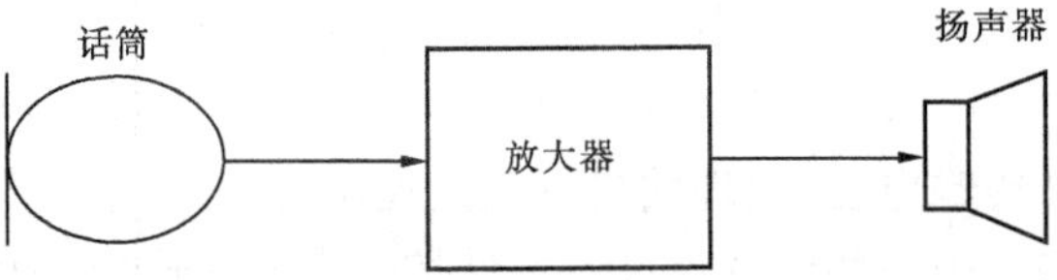

图 1-3 声音信号处理

电路的运行状态，相对电源而言，通常处于下列三种状态之一：负载状态、空载状态和短路状态。

负载状态时，负载与电源接通，负载中有电流通过，该电流称为负载电流。负载的大小分为满载、轻载和过载三种情况。负载在额定功率下的运行状态叫满载；低于额定功率的运行状态叫轻载；高于额定功率的运行状态叫过载。一般情况下不允许电路出现过载。

空载（或开路）状态时，负载与电源未构成闭合回路，电路中电流为零。这时电源的端电压称为空载电压或开路电压。

短路状态是指由于某种原因使电源两端直接接通,这时电源两端的外电阻等于零,电源输出的电流仅由电源内阻限制,此电流称为短路电流。电力系统称之为短路故障,会使电路产生大量的热,温度迅速升高,可能烧坏导线,损坏电源及其他设备,影响电路的正常工作,这是不容许的。

1.1.2　电路模型

人们设计和制作各种电路器件,主要是为了利用它们的电磁特性实现人们的需要。例如,制作一个电阻器,主要是利用它对电流呈现阻力的性质;制作一个电压源,主要是利用其能在正负极间保持一定电压的性质。但实际上电阻器不仅具有对电流呈现阻力的性质,同时电流通过它时还会在其周围产生磁场;实际的电压源也总是存在内阻的,因此使用时不可能保持恒定的端电压。显然,在进行实际电路分析和计算时,若对实际电气部件的全部电磁特性都加以考虑,势必使问题复杂化,造成分析和计算上的困难。

在电路理论中,为了方便对实际电路的分析和计算,通常在工程实际允许的条件下对实际电路进行模型化处理。把实际电路的本质抽象出来所构成的理想化电路,称之为电路模型。本书所讨论的电路不是实际电路而是它们的电路模型。例如,图 1-4 所示为前述图 1-1 应急灯电路的开路状态及其电路模型。

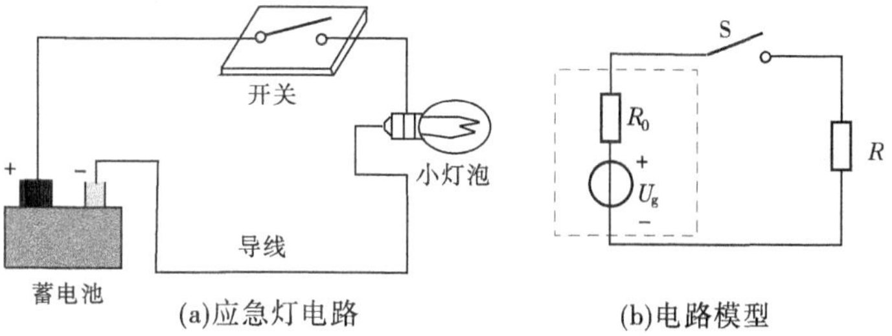

图 1-4　应急灯电路及其电路模型

由图 1-4 可看出,应急灯的实体电路较为复杂,而电路模型清晰明了。

电路模型中的理想元件是在一定条件下对实际器件加以理想化,只考虑其中起主要作用的某些电磁现象的元件,简称为电路元件。例如电阻器、灯泡、电炉等,这些电气设备接收电能并将电能转换成光能或热能,光能和热能显然不可能再回到电路中,因此我们把这种能量转换过程中不可逆的电磁特性称为耗能。这些电气设备除了具有耗能的电磁特性,当然还有其他一些电磁特性,但在研究和分析问题时,即使忽略其他这些电磁特性,也不会影响整个电路的分析和计算。因此,可以用一个只具有耗能电磁特性的理想电阻元件作为它们的电路模型。

同样,电感元件是表示其周围空间存在着磁场并能储存磁场能量的元件; 电容元件是表示其周围空间存在着电场并能储存电场能量的元件。根据端子数目的不同,可分为二端元件和多端元件。具有两个引出端的元件, 称为二端元件; 具有两个以上引出端的元件, 称为多端元件。

理想电路元件是一种理想的模型并具有精确的数学定义,实际中并不存在。但是,不能说所定义的理想电路元件模型理论脱离实际，是无用的。这犹如实际中并不存在“质点”，但“质点”这种理想模型在运动学原理分析与研究中举足轻重一样，人们所定义的理想电路元件模型在电路理论问题分析与研究中充当着重要角色。不同的实际电路器件，只要具有相同的主要电磁性能，在一定条件下可用同一个模型表示，如上述的灯泡、电炉、电阻器这些不同的实际电路器件在低频电路里都可用电阻 R 表示；同一个实际电路器件在不同的应用条件下，它的模型也可以有不同的形式，如线圈，在直流下可看成是一个电阻元件，但在交流下就是电感元件。

实际电路器件的电路模型分为有源和无源两大类，如图 1-5 所示。

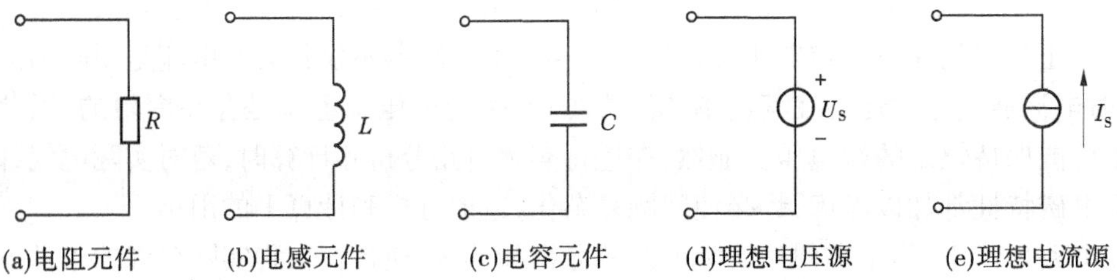

图 1-5　无源和有源的理想电路元件的电路模型

图 1-5 中的无源二端元件有电阻元件、电感元件和电容元件。由于实际电路器件上的电磁特性基本就是归纳为这三种抽象，因此通常把它们称为电路的三大基本元件，这三种元件是实际电路器件的理想抽象，其电磁特性单一而确切。

图 1-5 中的有源二端元件有理想电压源和理想电流源。其中的“源”是指它们能向电路提供电能。如果电源的主要供电方式是向电路提供一定的电压，就是电压源；若主要供电方式是向电路提供一定的电流，就是电流源。

电路模型具有两大特点：一是它里面的任何一个元件都是只具有单一电磁特性的理想电路元件，因此反映出的电磁现象都可以用数学方式来精确地分析和计算；二是对各种电路模型的深入研究，实质上就是探讨各种实际电路共同遵循的基本规律。

需要指出的是，上面所讲到的各种电路模型，只适用于低、中频电路的分析，因为在低、中频电路中，其中的电路元件基本上都是集总参数元件，其电磁过程都分别集中在各元件内部进行。而在高频和超高频电路中，元件上的电磁过程并不是集中在元件内部进行，因此要用“分布电路模型”来抽象和进行描述。

1.2　电路的基本物理量

电工基础中涉及的物理量主要有电流、电压、电荷、磁通、电功率和电磁能量。在电路分析中人们主要关心的物理量是电流、电压和功率。

1.2.1　电流及其参考方向

电荷有规则地定向移动形成电流。在直流电路中，电流的大小和方向不随时间变化而变化；在正弦交流电路中，电流的大小和方向按正弦规律变化。

在金属导体内部，自由电子可以在原子间作无规则的运动；在电解液中，正负离子可以在溶液中自由运动。如果在金属导体或电解液两端加上电压，在金属导体内部或电解液中就会形成电场，自由电子或正负离子就会在电场力的作用下，做定向移动从而形成电流。

电流的大小是用单位时间内通过导体横截面的电量(q)进行衡量的，称为电流强度，即

$$i = \frac{dq}{dt} \tag{1-1}$$

直流电路中，电流的大小及方向都不随时间变化时，其电流强度可表示为

$$I = \frac{Q}{t} \tag{1-2}$$

注意：在电路理论中，一般变量用小写的英文字母表示，而恒量用大写的英文字母表示。如式(1-1)中的电流和电量都是用小写的英文字母，而式(1-2)中则用大写的英文字母。

在式(1-1)和式(1-2)中，当电量 $q(Q)$ 的单位采用国际单位制(简称 SI)库仑(C)、时间 t 的单位采用国际单位制秒(s)时，电流 $i(I)$ 的单位就应采用国际单位制安培(A)。

电流还有较小的单位毫安(mA)、微安(μA)和纳安(nA)，在电力系统中常使用更大的单位(kA)，它们之间的换算关系为

$$1\ \text{kA} = 10^3\ \text{A}\ ;1\ \text{A} = 10^3\ \text{mA} = 10^6\ \mu\text{A} = 10^9\ \text{nA}$$

习惯上，我们规定电流的方向为正电荷的运动方向，亦即电流的实际方向。

在分析、计算电路时，若涉及某个元件或部分电路的电流，有必要事先指定电流的参考方向。因为尽管我们规定了电流的实际方向，但具体电路中电流的实际方向往往是未知的，也可能是随时间变化的。

参考方向是计算复杂电路时任意假定的方向。实际电路中电流的参考方向是可以任意选定的，但一经确定就不得更改。

电流参考方向的表示方法如图 1-6 所示：

(1)用实线箭头表示：箭头的指向为电流的参考方向，如图 1-6(a)所示。

(2)用双下标表示：如 i_{AB}，电流的参考方向由 A 指向 B，如图 1-6(b)所示。。

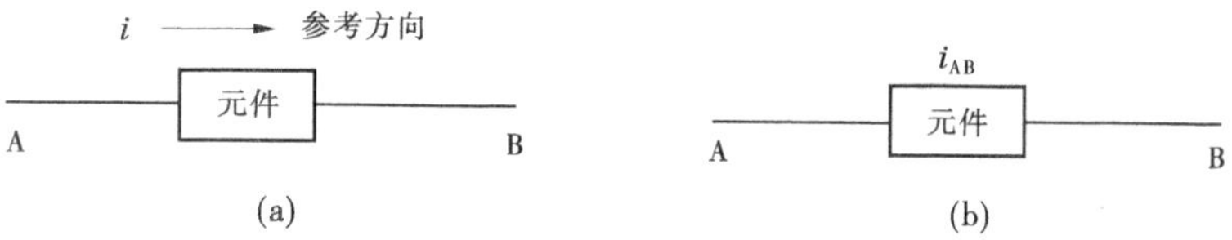

图 1-6　电流参考方向的表示方法

参考方向和电流实际方向的关系：

(1)实际方向与参考方向一致时，电流值为正，大于零；实际方向与参考方向相反时，电流值为负，小于零。或者说，依据所选定的参考方向计算出来的电流值大于零，则电流的实际方向与参考方向一致；电流值小于零，则电流的实际方向与参考方向相反，如图 1-7 所示。

(2)引入参考方向的目的在于，可以用代数量说明电流的大小和方向，代数量的绝对值表示电流的大小，正值和负值可以判定电流的实际方向。不设定参考方向而谈电流的

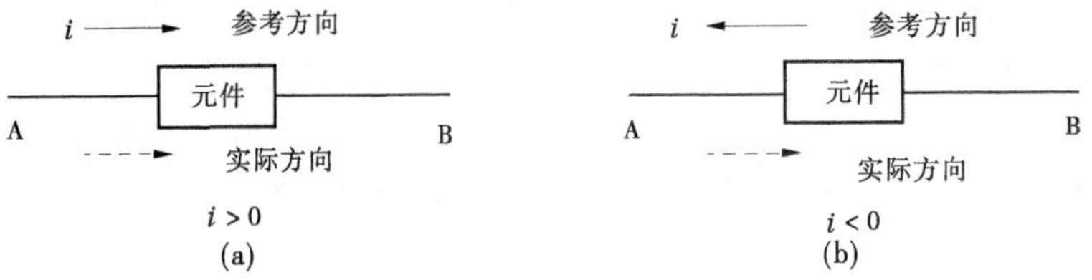

图 1-7　参考方向和电流实际方向的关系

正负是没有意义的。

【例 1.1】　在图 1-8 中，各电流的参考方向已设定。已知 $I_1 = 10$ A，$I_2 = -2$ A，$I_3 = 8$ A。试确定 I_1、I_2、I_3 的实际方向。

解　由题设可知，$I_1 > 0$，故 I_1 的实际方向与参考方向相同，I_1 由 a 点流向 b 点。

$I_2 < 0$，故 I_2 的实际方向与参考方向相反，I_2 由 b 点流向 c 点。

$I_3 > 0$，故 I_3 的实际方向与参考方向相同，I_3 由 b 点流向 d 点。

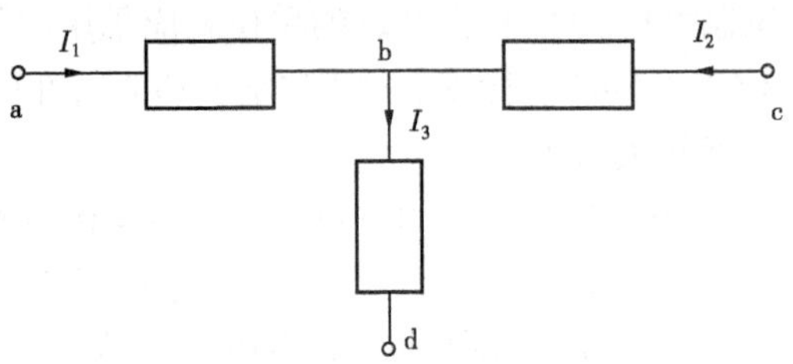

图 1-8　例 1.1 图

1.2.2　电压、电位和电动势

1.2.2.1　电压及其参考方向

根据物理学可知，电压(u)就是将单位正电荷从电路中一点移至电路中另一点电场力所做的功(w)，用数学式可表达为

$$u = \frac{dw}{dq} \tag{1-3}$$

对于直流电路则为

$$U_{ab} = \frac{W_a - W_b}{q} \tag{1-4}$$

当电功的单位用焦耳(J)，电量的单位用库仑(C)时，电压的单位是伏特(V)。1 V 电压相当于移动 1 C 正电荷电场力所做的功为 1 J。在电力系统中常用千伏(kV)作电压单位，在无线电系统中常用毫伏(mV)、微伏(μV)作电压单位。各种单位之间的换算关系为

$$1\ \text{kV} = 10^3\ \text{V}\ ;1\ \text{V} = 10^3\ \text{mV}$$

大小和方向都不随时间变化的电压称为直流电压，用大写字母 U 表示。大小和方向都随时间变化的电压称为交流电压，用小写字母 u 表示。

习惯上，我们规定电压的方向为电场力作用下正电荷的运动方向，亦即电压的实际方向。

在分析、计算电路时,若涉及某个元件或部分电路的电压,有必要事先指定电压的参考方向。因为尽管我们规定了电压的实际方向,但具体电路中电压的实际方向往往是未知的,也可能是随时间变化的。

实际电路中电压的参考方向是可以任意选定的,但一经确定就不得更改。

电压参考方向的表示方法如图 1-9 所示:

(1)用实线箭头表示:箭头的指向为电压的参考方向,如图 1-9(a)所示。

(2)用双下标表示:如 U_{AB},由 A 点指向 B 点的方向为电压(降)的参考方向,如图 1-9(b)所示。

(3)用正负参考极性表示:由正极指向负极的方向为电压(降)的参考方向,如图 1-9(c)所示。

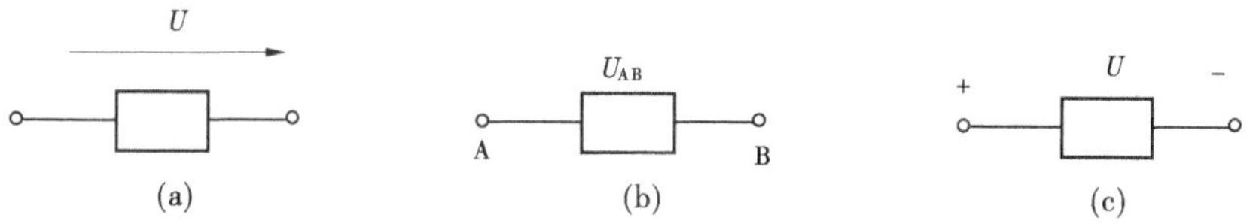

图 1-9 电压参考方向的表示方法

在设定了电路中电压的参考方向以后,若经计算得电压 U_{AB} 为正值,说明电压的方向由 A 点指向 B 点;若 U_{AB} 为负值,说明电压的方向由 B 点指向 A 点。同电流一样,两点间电压数值的正与负在设定了参考方向的条件下才有意义。

1.2.2.2 电位及其参考点

如确定电路中某一点为参考点,则电路中任一点与参考点之间的电压就称为该点的电位。电路中两点间的电压就等于这两点的电位之差。

类似于空间各点位置的高度都是相对于海平面或某个参考高度而言的道理,电路中各点的电位也具有相对性,只有先明确了电路的参考点,再讨论电路中各点的电位才有意义。电路理论中规定:电位参考点的电位取零值,其他各点的电位值均要和参考点相比。高于参考点的电位是正电位,低于参考点的电位是负电位。

理论上,参考点的选取是任意的。但实际应用中,由于大地的电位比较稳定,所以电力系统经常以大地作为电路参考点。有些设备和仪器的底盘、机壳往往需要与接地极相连,这时我们也常选取与接地极相连的底盘或机壳作为电路参考点。电子技术中的大多数设备,很多元件常常连接到一个公共点,为方便分析和研究,也常常把电子设备中的公共点作为电路的参考点。

为了区别于电压,我们把电位用单注脚的"V"表示。如果设电路中参考点的电位为零,则电路中某点 a 的电位可表示为

$$V_a = U_{a0} \tag{1-5}$$

如果已知 a、b 两点的电位各为 V_a、V_b,则此两点间的电压等于这两点的电位的差,即

$$U_{ab} = V_a - V_b \tag{1-6}$$

电路中任意两点间电压,在数值上等于这两点电位之差。由此,电位的单位与电压的单位相同,也是伏特(V)。由式(1-6)也可以看出,电压是绝对量,电路中任意两点间的电

压大小，仅取决于这两点电位的差值，与参考点无关。而电压的方向则是由高电位指向低电位。

引入电位的概念后，给分析电路中的某些问题带来了不少方便。因为电位的高低正负都是相对于参考点而言的。只要电路参考点确定之后，电路中各点的电位数值就是唯一确定的，并且在数值上等于该点到参考点之间的电压。因此，在电子技术中检测电路时，常常选取某一公共点作为参考点，用电压表的负极表棒与该点相接触，而正极表棒只需点其他各点来测量它们的电位是否正常，即可查找出故障点。又如，一个电子电路中有 5 个不同的点，任意两点间均有一定的电压，直接用电压来讨论要涉及 10 个不同的电压，而改用电位讨论时，只需把其中的一个点作为电路参考点，只讨论其余 4 个点的电位就可以了。

1.2.2.3 电动势

电动势是一个表征电源特征的物理量。它反映了电源内部能够将非电能转换为电能的本领。电动势定义为把单位正电荷从电源负极通过电源内部移到正极时，非静电力所做的功。非静电力有不同的来源。在化学电源（干电池、蓄电池）中，非静电力是一种与离子的溶解和沉积过程相联系的化学作用；在温差电源中，非静电力是一种与温度差和电子浓度差相联系的扩散作用；在一般发电机中，非静电力起源于磁场对运动电荷的作用，即洛伦兹力。

如图 1-10 所示，非静电力克服电场力把单位正电荷 q 由低电位 B 端移到高电位 A 端，所做的功 W 称为电动势，用 E 表示，即 $E = W/q$。其定义式的形式与电压、电位类同，因此它们的单位相同，都是伏特（V）。如果非静电力把 1 C 的电量从点 B 移到点 A 所做的功是 1 J，则电动势就等于 1 V。在电路分析中，电动势的方向规定为从低电位指向高电位，即由电源负极指向电源正极，即电位升高的方向。而表示同一电源时，电源电动势的方向与电源端电压的方向相反。

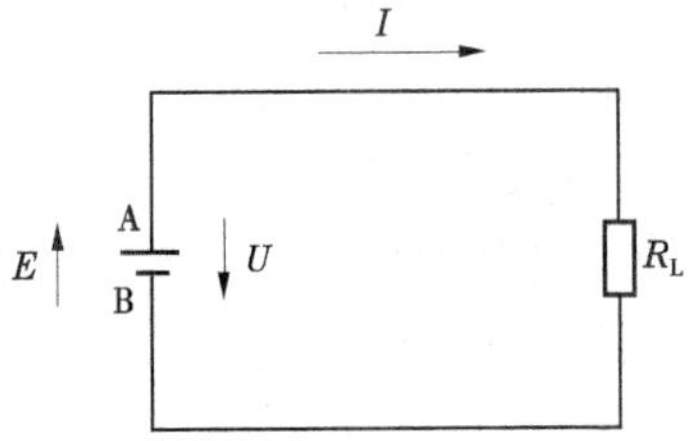

图 1-10 电动势

1.2.3 关联参考方向

在分析和计算电路的过程中，一个元件或部分电路的电流或电压的参考方向可以独立地任意指定。如果指定流过元件的电流的参考方向是从标以电压正极性的一端指向负极性的一端，即两者采用同向的参考方向称关联参考方向，如图 1-11（a）所示；当两者不一致时，称为非关联参考方向，如图 1-11（b）所示。为了避免麻烦，我们在假设元件是负载时，一般把元件两端电压的参考方向与通过元件中的电流的参考方向选成一致，即取关联参考方向；当我们假设元件是电源时，参考方向一般选择非关联参考方向。

(a)关联参考方向　(b)非关联参考方向

图 1-11 电压、电流的参考方向

在运用参考方向时有几个问题要注意：

(1)分析电路前必须选定电压和电流的参考方向，并且关联。

(2)参考方向一经选定，必须在图中相应位置标注（包括方向和符号)，在计算过程中不得任意改变。

(3)同一电压或电流的参考方向选择不同时，其结果是绝对值相等而异号，但实际大小和方向不变。

分析和计算电路的最后结果，当某一所求电压或电流得正值，说明它的实际方向与参考方向相同；若某一所求电压或电流得负值，则说明它的实际方向与参考方向相反。

1.2.4 电功和电功率

1.2.4.1 电功

电路在工作状况下伴随有电能与其他形式能量的相互转换。当正电荷从电路元件的电压"+"极经元件运动到"-"极时，与此电压相应的电场力对电荷做功，这时元件吸收电能。反之，正电荷从元件的电压"-"极经元件运动到"+"极时，电场力做负功，元件向外释放电能。电能的大小体现出电场力做功的多少，定义为电功。

从 t_0 到 t 的时间内，元件吸收的电能可依据电压的定义求得为

$$W = \int_{q(t_0)}^{q(t)} u\mathrm{d}q$$

由于

$$i = \frac{\mathrm{d}q}{\mathrm{d}t}$$

所以

$$W = \int_{t_0}^{t} u(\xi)i(\xi)\mathrm{d}\xi \tag{1-7}$$

式(1-7)中由于 u 和 i 是时间的函数，并且是代数量，因此电能 W 也是时间的函数，且也是代数量。

在直流电路中，电功又可表示为

$$W = UIt \tag{1-8}$$

式(1-8)中电压的单位用伏特(V)，电流的单位用安培(A)，时间的单位用秒(s)时，电功(或电能)的单位是焦耳(J)。工程实际中，还常用千瓦时(kW·h)来作为电功(或电能)的单位，1 kW·h 俗称为一度电，即 1 kW·h = 1 kW × 1 h。

1.2.4.2 电功率

单位时间内电场力做的功称为电功率(或功率)，即是电场力做功的速率。电功率用 p 表示，数学表达式为

$$p = \frac{\mathrm{d}w}{\mathrm{d}t} \tag{1-9}$$

在直流电路中，功率又可表示为

$$P = \frac{W}{t} = \frac{UIt}{t} = UI \tag{1-10}$$

式(1-10)中，电功的单位为焦耳(J)，时间的单位为秒(s)，电压的单位为伏特(V)，电流的单位为安培(A)时，电功率的单位是瓦特(W)。电力系统中常用 kW。

对于电压、电流、功率概念的应用，电力系统中所使用的电器须在铭牌上注明它的额定值（该电器具有最佳技术和经济性能的参数），即额定电压和额定功率，前者说明该电器适用的电压等级，后者是对用电设备能量转换本领的量度。例如，1只“220 V，100 W”的白炽灯，说明它适用于220 V电压等级，在两端加220 V电压时，可在1 s内将100 J的电能转换成光能和热能；1只“220 V，40 W”的白炽灯，则指它两端加220 V电压时，在1 s内只能将40 J的电能转换成光能和热能，显然，“220 V，100 W”的白炽灯能量转换的本领大。需要注意的是，用电器实际消耗的电功率只有当实际加在用电器两端的电压等于它铭牌数据上的额定电压时，才等于它铭牌上的额定功率。当用电器上加的实际电压小于额定电压时，由于用电器的参数不变，则通过的电流也一定小于额定电流，因为实际功率是电压、电流的乘积，因此必定小于额定功率；当用电器上加的实际电压大于额定电压时，由于用电器的参数不变，则通过的电流也一定大于额定电流，因此实际功率也必定大于额定功率。

1.2.4.3 电路吸收或发出功率的判断

由于电功率与电压和电流密切相关，其与电压和电流的关系可表达为

$$p = \frac{\mathrm{d}w}{\mathrm{d}t} = \frac{\mathrm{d}w}{\mathrm{d}q}\frac{\mathrm{d}q}{\mathrm{d}t} = ui \tag{1-11}$$

（1）u、i 取关联参考方向时（如图1-11（a）所示），$p = ui$ 表示元件吸收的功率。

若 $p > 0$，吸收正功率（实际吸收）；若 $p < 0$，吸收负功率（实际发出）。

（2）u、i 取非关联参考方向时（如图1-11（b）所示），$p = ui$ 表示元件发出的功率。

若 $p > 0$，发出正功率（实际发出）；若 $p < 0$，发出负功率（实际吸收）。

这表明：电路分析中，电功率也是一个有正、负之分的量。当一个电路元件上吸收（有时亦说消耗）的电功率为正值时，说明这个元件在电路中接受电能，是负载；若电路元件上吸收的电功率为负值，说明它在向电路发出电能，起电源的作用，是电源。对于一完整的电路，电源发出的功率总是等于负载吸收的功率，满足功率平衡，体现出能量守恒。

【例1.2】 求图1-12所示电路中各方框所代表的元件吸收或发出的功率。已知：$u_1 = 1$ V，$u_2 = -3$ V，$u_3 = 8$ V，$u_4 = -4$ V，$u_5 = 7$ V，$u_6 = -3$ V，$I_1 = 2$ A，$I_2 = 1$ A，$I_3 = -1$ A。

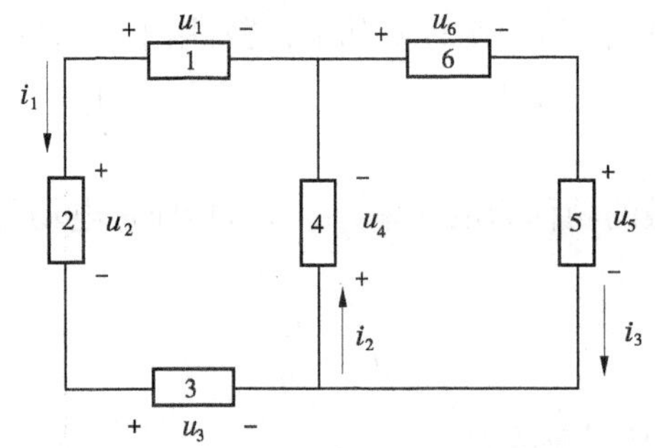

图1-12 例1.2图

解 元件1的电压、电流参考方向非关联，其功率为：$p_1 = u_1 i_1 = 1 \times 2 = 2$（W），实际为发出功率；

元件2的电压、电流参考方向关联，其功率为：$p_2 = u_2 i_1 = (-3) \times 2 = -6$（W），实际

为发出功率；

元件 3 的电压、电流参考方向关联，其功率为：$p_3 = u_3 i_1 = 8 \times 2 = 16$ (W)，实际为吸收功率；

元件 4 的电压、电流参考方向关联，其功率为：$p_4 = u_4 i_2 = (-4) \times 1 = -4$ (W)，实际为发出功率；

元件 5 的电压、电流参考方向关联，其功率为：$p_5 = u_5 i_3 = 7 \times (-1) = -7$ (W)，实际为发出功率；

元件 6 的电压、电流参考方向关联，其功率为：$p_6 = u_6 i_3 = (-3) \times (-1) = 3$ (W)，实际为吸收功率。

电路中总的发出功率为：$p_1 + p_2 + p_4 + p_5 = 2 + 6 + 4 + 7 = 19$ (W)

电路中总的吸收功率为：$p_3 + p_6 = 16 + 3 = 19$ (W)

两者相等说明：对一完整的电路，发出的功率等于消耗的功率。

1.3　电路的基本元件

电路元件是电路中最基本的组成单元。元件的特性通过与端子有关的物理量描述。每一种元件反映某种确定的电磁性质，是实际器件的理想化元件。这里所说的理想化是指假定这些电磁性质可以分别研究，并且这些电磁过程都分别集中在各元件内部进行；即在任一时刻，从二端元件的一个端子流入的电流一定等于从另一端子流出的电流，两个端子之间的电压为单值量。这样的元件（电阻、电容、电感）称为集总参数元件，简称为集总元件。由集总元件构成的电路称为集总参数电路。电路元件按与外部连接的端子数目可分为二端、三端、四端元件等；按是否给电路提供能量分为无源元件和有源元件；另外，电路元件还可分为线性和非线性元件、时不变和时变元件等。

1.3.1　电阻元件

线性电阻元件是这样的理想二端元件：在电压和电流取关联参考方向时，在任何时刻其两端的电压和电流服从欧姆定律：

$$u = Ri \tag{1-12}$$

线性电阻元件的图形符号如图 1-13(a)所示。式(1-12)中 R 为电阻元件的参数，称为元件的电阻，是一个正实常数。当电压单位为伏(V)，电流单位为安(A)时，电阻的单位为欧姆，简称欧(Ω)。

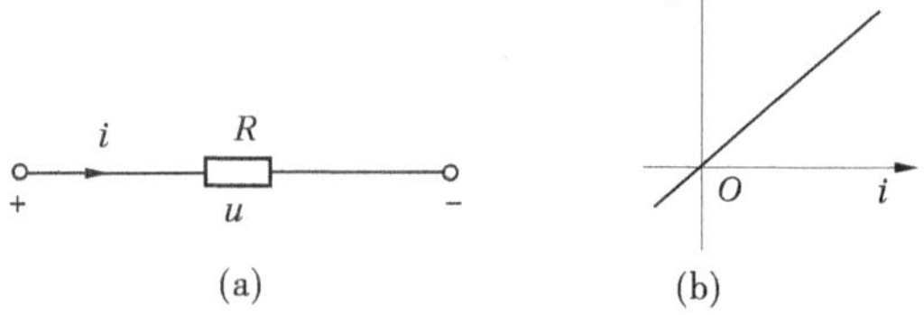

图 1-13　电阻元件及其伏安特性曲线

令 $G=\frac{1}{R}$,式(1-12)变成:

$$i = Gu \tag{1-13}$$

式中,G 为电阻元件的电导,单位为西门子,简称西(S)。R 和 G 都是电阻元件的参数。

由于电压和电流的单位分别是伏和安,因此表明电阻元件的电压、电流关系的特性称为伏安特性。图 1-13(b)为线性电阻元件的伏安特性曲线,它是通过原点的一条直线。直线的斜率$\frac{U}{I}$为元件的电阻 R。

线性电阻元件经过 u—i 平面的直线有两个特殊的情况,一是直线与 u 轴重合,二是直线与 i 轴重合。当直线与 u 轴重合时,流过它的电流恒为零值,就把它称为"开路"。开路处的伏安特性曲线与电压轴重合,它相当于 $R=\infty$ 或 $G=0$,如图 1-14(a)所示。当直线与 i 轴重合时,它的端电压恒为零值,称为"短路"。短路处的伏安特性曲线与电流轴重合,它相当于 $R=0$ 或 $G=\infty$,如图 1-14(b)所示。

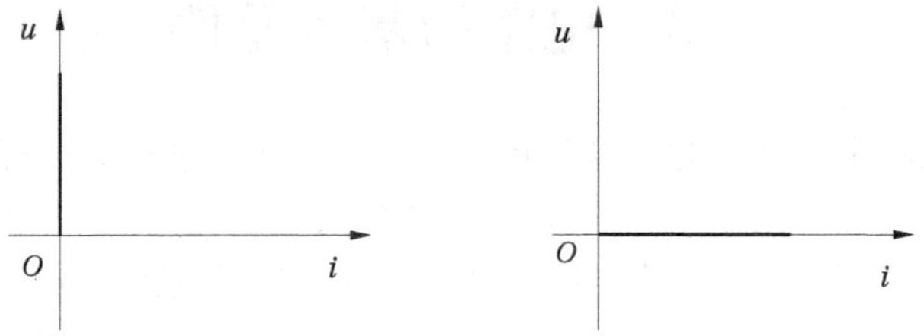

(a)开路　　(b)短路

图 1-14　开路和短路的伏安特性曲线

当电压 u 和电流 i 取关联参考方向时,电阻元件吸收的功率为

$$p = ui = Ri^2 = \frac{u^2}{R} = Gu^2 = \frac{i^2}{G} \tag{1-14}$$

式中,R 和 G 是正实常数,故功率 p 恒为非负值,所以线性电阻元件是一种无源元件。实际电阻器的功率都有规定的限度,超过规定值就会使电阻器因过热而损坏。所以,实际使用电阻器时,既要使电阻值大小符合要求,又要注意消耗的功率不要超过其额定值。

电阻元件从 t_0 到 t 的时间内吸收的电能为

$$W = \int_{t_0}^{t} Ri^2(\xi)\,\mathrm{d}\xi \tag{1-15}$$

电阻元件把吸收的电能转换成热能。

非线性电阻元件的电压、电流关系不满足欧姆定律,而遵循某种特定的非线性函数关系。其伏安特性一般可写为

$$u = f(i) \quad 或 \quad i = g(u) \tag{1-16}$$

如果一个电阻元件具有以下的电压、电流关系:

$$u(t) = R(t)i(t) \quad 或 \quad i(t) = G(t)u(t) \tag{1-17}$$

这里 u 和 i 仍是比例关系,但比例系数 R 是随时间变化的,故称为时变电阻元件。

线性电阻元件的伏安特性曲线位于第一、三象限。如果一个电阻元件的伏安特性曲

线位于第二、四象限，则此元件的电阻为负值，即 $R<0$，那么就是有源的。负电阻元件实际上是一个发出电能的元件。如果要获得这种元件，一般需要专门设计。

1.3.2 电容元件

电容元件是表征产生电场、储存电场能量的元件。在外电源作用下，电容器两极板上分别带上等量异号电荷，撤去电源，极板上电荷仍可长久地存在下去，其特性可用 u—q 平面上的一条曲线来描述，称为库伏特性。

线性电容元件的图形符号如图 1-15(a)所示，当电压参考极性与极板储存电荷的极性一致时，线性电容元件的库伏特性可用数学描述为

$$q = Cu \tag{1-18}$$

式中，C 是电容元件的参数，称为电容，它是一个正实常数。在国际单位制(SI)中，当电荷和电压的单位分别为 C 和 V 时，电容的单位为 F(法拉，简称法)。在实际应用中，F 这个单位太大，常用微法(μF)、皮法(pF)作为电容的单位，1 μF = 10^{-6} F，1 pF = 10^{-12} F。

如图 1-15(b)所示，以 q 与 u 为坐标轴画出电容元件的库伏特性曲线。线性电容元件的库伏特性曲线是一条通过原点的直线。

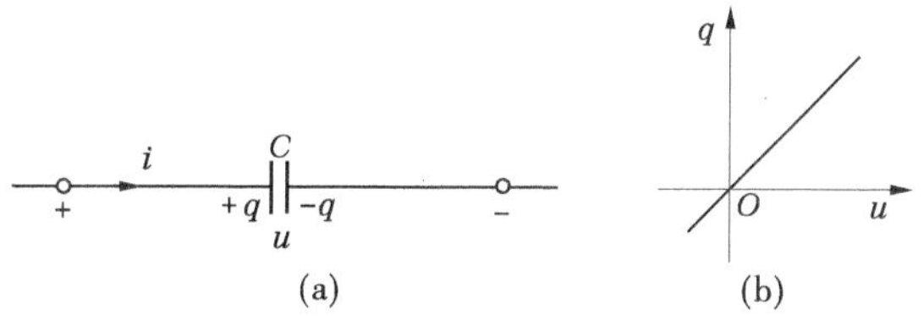

图 1-15 线性电容元件及其库伏特性曲线

电路分析中主要讨论电容元件的伏安关系。若电容的端电压 u 和电流 i 取关联参考方向，则有：

(1)伏安关系的微分形式。

$$i = \frac{dq}{dt} = C\frac{du}{dt} \tag{1-19}$$

式(1-19)表明：电流 i 正比于电压 u 的变化率，与 u 的大小无关，因而电容是动态元件；当 u 为常数(直流)时，$i=0$，所以在直流电路中，电容相当于开路，电容有隔断直流的作用；实际电路中通过电容的电流 i 为有限值，则电容电压 u 必定是时间的连续函数，不能突变。

(2)伏安关系的积分形式。将式(1-19)的逆关系表达为电压的积分形式：

$$u(t) = \frac{1}{C}\int_{-\infty}^{t_0} i\,d\xi + \frac{1}{C}\int_{t_0}^{t} i\,d\xi = u(t_0) + \frac{1}{C}\int_{t_0}^{t} i\,d\xi \tag{1-20}$$

式(1-20)表明：电容元件有记忆曾经流过的电流的作用，故称电容为记忆元件。这里所说的“记忆”可以这样理解，当我们对电容器充电时，第一次因断电而没有充满，当有电后再次充电时，原先所充的电依然存在，不会因为断电而消失，只需接着充电即可。

需要指明的是，电压 u 和电流 i 取为非关联方向时，上述微分和积分表达式前要冠以负号；式(1-20)中 $u(t_0)$ 称为电容电压的初始值，它反映电容初始时刻的储能状况，也称

为初始状态。

当 u、i 取关联方向时，线性电容元件的功率为

$$p(t)=u(t)i(t)=Cu(t)\frac{\mathrm{d}u(t)}{\mathrm{d}t} \tag{1-21}$$

电容元件在 $t=-\infty$ 到 t 时刻吸收的能量为

$$\begin{aligned} W_{\mathrm{C}} &= \int_{-\infty}^{t} p(t)\mathrm{d}\xi = \int_{-\infty}^{t} Cu\frac{\mathrm{d}u}{\mathrm{d}\xi}\mathrm{d}\xi = \frac{1}{2}Cu^2(\xi)\Big|_{-\infty}^{t} \\ &= \frac{1}{2}Cu^2(t)-\frac{1}{2}Cu^2(-\infty) \xlongequal{u(-\infty)=0} \frac{1}{2}Cu^2(t) \\ &= \frac{1}{2C}q^2(t) \geqslant 0 \end{aligned} \tag{1-22}$$

这表明电容元件吸收的能量以电场能量的形式存储在元件的电场中。$t=-\infty$ 时，$u(-\infty)=0$，其电场储能也为零，则电容元件在任何时刻 t 存储的电场能量将等于其吸收的能量，而本身不消耗能量。

从 t_0 到 t 电容储能的变化量：

$$W_{\mathrm{C}}=\frac{1}{2}Cu^2(t)-\frac{1}{2}Cu^2(t_0)=\frac{1}{2C}q^2(t)-\frac{1}{2C}q^2(t_0) \tag{1-23}$$

式(1-23)表明：

(1)电容的储能只与当时的电压值有关，电容电压不能跃变，反映了储能不能跃变；

(2)电容储存的能量一定大于或等于零。

式(1-21)～式(1-23)表明：

(1)电容充电，$u(t)>0,\frac{\mathrm{d}u(t)}{\mathrm{d}t}>0$，则 $i>0$，电容器极板上的电荷 q 增加，$p>0$，电容吸收功率。

(2)电容放电，$u(t)>0,\frac{\mathrm{d}u(t)}{\mathrm{d}t}<0$，则 $i<0$，电容器极板上的电荷 q 减小，$p<0$，电容发出功率。

这说明电容元件既能吸收外部供给的能量转化为电场能量储存起来，又可以释放能量回馈给电路，因此电容元件既是无源元件又是储能元件。

1.3.3 电感元件

电感元件是表征产生磁场、储存磁场能量的元件。一般把金属导线绕在一骨架上来构成一实际电感器，就是常说的线圈。当电流通过线圈时，将产生磁通。电感交链的磁通链与其端电流有着确定关系，其特性可用 Ψ—i 平面上的一条曲线来描述，称为韦安特性。

图 1-16 所示为一个线圈，其中的电流 i 产生的磁通 Φ_{L} 与 N 匝线圈交链，则磁通链 $\Psi_{\mathrm{L}}=N\Phi_{\mathrm{L}}$。$\Phi_{\mathrm{L}}$ 与 Ψ_{L} 的方向与电流 i 的参考方向成右手螺旋关系。当磁通链 Ψ_{L} 随时间变化时，在线圈的端子间产生感应电压。如果感应电压 u 的参考方向与 Ψ_{L} 成右手螺旋关系(即从端子 A 沿导线到端子 B 的方向与 Ψ_{L} 成右手螺旋关系)，则根据电磁感应定

律，有

$$u = \frac{d\Psi_L}{dt} \tag{1-24}$$

由式(1-24)确定感应电压的真实方向与应用楞次定律判断的结果是一致的。

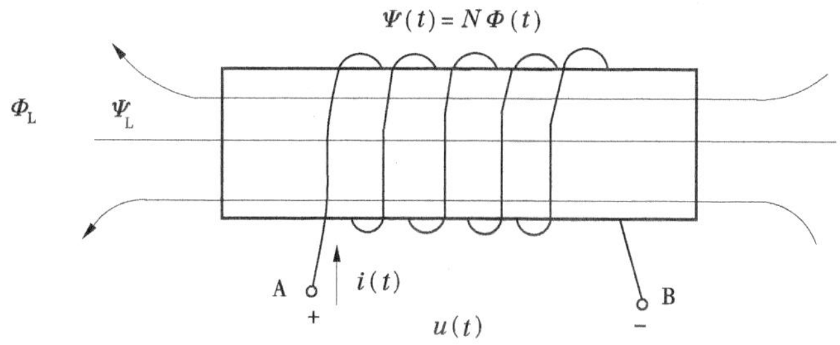

图 1-16 电感线圈

电感元件是实际线圈的一种理想化模型，它反映了电流产生磁通和存储磁场能量这一物理现象，其元件特性是磁通链 Ψ_L 与电流 i 的代数关系。线性电感元件的图形符号如图 1-17(a)所示，一般在图中不必也难以画出 $\Psi_L(\Phi_L)$ 的参考方向，但规定 Ψ_L 与电流 i 的参考方向满足右手螺旋关系。对于线性电感元件，其元件的韦安特性为

$$\Psi_L = Li \tag{1-25}$$

式中，L 为电感元件的参数，称为自感系数或电感，它是一个正实常数。

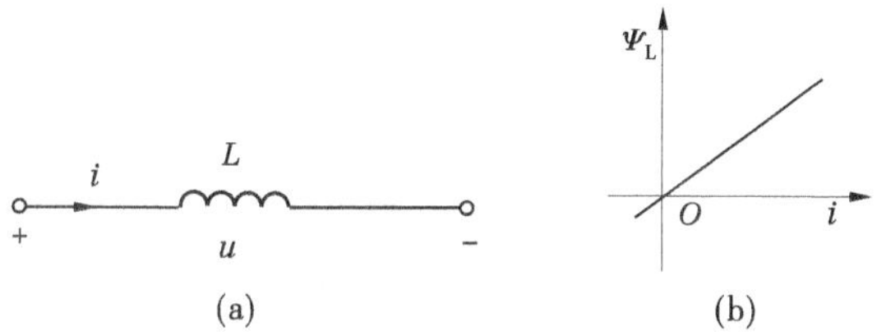

图 1-17 线性电感元件及其韦安特性曲线

线圈电感的大小取决于线圈的形状、几何尺寸、匝数和线圈周围磁介质的磁导率。线圈的电感可以根据电磁学的理论计算得出，还可以用量测电感的仪器测量得出。

在国际单位制(SI)中，磁通和磁通链的单位是 Wb(韦伯，简称韦)，当电流单位为 A 时，电感的单位是 H(亨利，简称亨)。

线性电感元件的韦安特性是 Ψ_L—i 平面上的一条通过原点的直线，如图 1-17(b)所示。

电路分析中主要讨论电感元件的伏安关系。

(1)伏安关系的微分形式。

若电感的端电压 u 和电流 i 取关联参考方向，根据电磁感应定律与楞次定律则有：

$$u(t) = \frac{d\Psi}{dt} = L\frac{di(t)}{dt} \tag{1-26}$$

式(1-26)表明：

①电感电压 u 的大小取决于 i 的变化率，与 i 的大小无关，所以电感是动态元件。

②当 i 为常数(直流)时，$u=0$。在直流电路中，电感相当于短路。

③实际电路中电感的电压 u 为有限值，则电感电流 i 不能跃变，必定是时间的连续函数。

(2)伏安关系的积分形式。

将式(1-26)的逆关系表达为电流的积分形式：

$$i(t) = \frac{1}{L}\int_{-\infty}^{t} u\mathrm{d}\xi = \frac{1}{L}\int_{-\infty}^{t_0} u\mathrm{d}\xi + \frac{1}{L}\int_{t_0}^{t} u\mathrm{d}\xi = i(t_0) + \frac{1}{L}\int_{t_0}^{t} u\mathrm{d}\xi \tag{1-27}$$

式(1-27)表明：电感元件有记忆曾经作用过的电压的作用，故称电感为记忆元件。

当 u,i 取关联方向时，线性电感元件的功率为

$$p(t) = u(t)i(t) = Li(t)\frac{\mathrm{d}i(t)}{\mathrm{d}t} \tag{1-28}$$

电感元件在 $t=-\infty$ 到 t 时刻吸收的能量为

$$\begin{aligned} W_L &= \int_{-\infty}^{t} p(t)\mathrm{d}\xi = \int_{-\infty}^{t} Li\frac{\mathrm{d}i}{\mathrm{d}\xi}\mathrm{d}\xi = \frac{1}{2}Li^2(\xi)\Big|_{-\infty}^{t} \\ &= \frac{1}{2}Li^2(t) - \frac{1}{2}Li^2(-\infty) \xlongequal{i(-\infty)=0} \frac{1}{2}Li^2(t) = \frac{1}{2L}\Psi^2(t) \geqslant 0 \end{aligned} \tag{1-29}$$

这表明电感元件吸收的能量以磁场能量的形式存储在电感的磁场中。如果 $t=-\infty$ 时，$u(-\infty)=0$，其磁场储能也为零，则电感元件在任何时刻 t 存储的磁场能量将等于其吸收的能量，它本身不消耗能量。

从 t_0 到 t 电感储能的变化量：

$$W_{\mathrm{L}} = \frac{1}{2}Li^2(t) - \frac{1}{2}Li^2(t_0) = \frac{1}{2L}\Psi^2(t) - \frac{1}{2L}\Psi^2(t_0) \tag{1-30}$$

式(1-30)表明：

(1)电感的储能只与当时的电流值有关，电感电流不能跃变，反映了储能不能跃变。

(2)电感储存的能量一定大于或等于零。

式(1-27)~式(1-30)表明：

(1)当电流增大，$i>0$，$\frac{\mathrm{d}i(t)}{\mathrm{d}t}>0$，则 $u>0$，线圈中的磁链 Ψ 增加，$p>0$，电感吸收功率。

(2)当电流减小，$i>0$，$\frac{\mathrm{d}i(t)}{\mathrm{d}t}<0$，则 $u<0$，线圈中的磁链 Ψ 减小，$p<0$，电感发出功率。

这说明电感元件既能吸收外部供给的能量转化为磁场能量储存起来，又可以释放储能回馈给电路，因此电感元件既是无源元件又是储能元件。

1.3.4 独立电源

电源是产生电能或提供信号的设备，如电池、发电机、信号源等实际电源。电路中一切能量均由电源供给，若电源电压或电流不受外界的控制，则这种电源称为独立电源(简称独立源)，可分为电压源和电流源。独立电源是从实际电源抽象得到的电路模型，是二

端有源元件。

1.3.4.1 **电压源**

电压源是一个理想电路元件，它的端电压 $u(t)$ 为

$$u(t) = u_S(t) \tag{1-31}$$

式中，$u_S(t)$ 为给定的时间函数，称为电压源的激励电压。电压源电压 $u(t)$ 与通过元件的电流无关，总保持为给定的时间函数，而电流的大小则由外电路决定。电压源的图形符号如图 1-18(a)所示。当 $u_S(t)$ 为恒定值时，这种电压源称为恒定电压源或直流电压源，用 U_S 表示。有时用图 1-18(b)所示蓄电池的图形符号表示直流电压源，其中长线表示电源的“+”端。

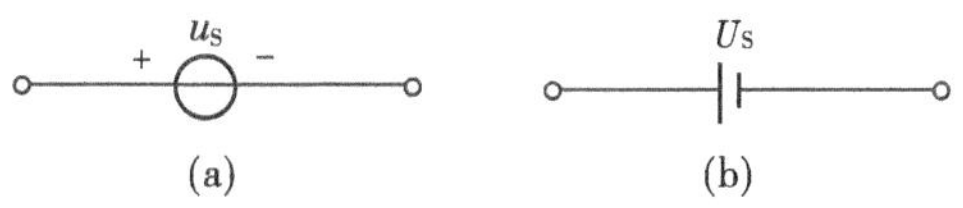

图 1-18 电压源

图 1-19(a)所示为电压源接外电路的情况。端子 1、1′之间的电压 $u(t)$ 等于 $u_S(t)$，不受外电路的影响。图 1-19(b)所示为电压源在 t_1、t_2 时刻的伏安特性曲线，它是一条不通过原点且与电流轴平行的直线。当 $u_S(t)$ 随时间改变时，这条平行于电流轴的直线也将随之平移其位置。图 1-19(c)所示为直流电压源的伏安特性曲线，它不随时间改变。

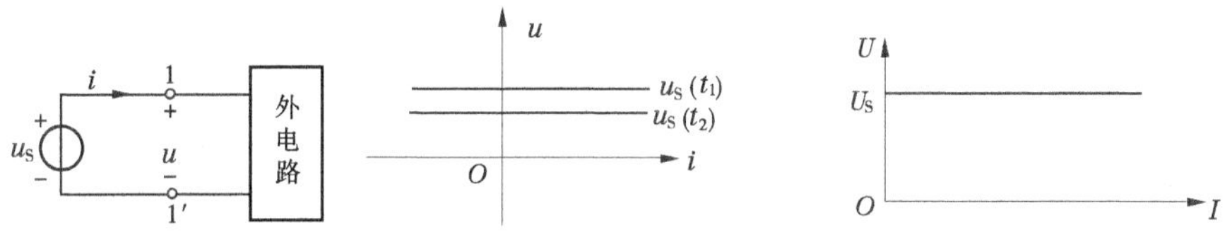

(a)电压源接外电路　(b)电压源伏安特性曲线　(c)直流电压源的特性曲线

图 1-19 电压源及其伏安特性曲线

理想电压源具有两个显著特点：

(1)它对外供出的电压 U_S 是恒定值(或是一定的时间函数)，与流过它的电流无关，即与接入电路的方式无关；

(2)流过理想电压源的电流由它本身与外电路共同来决定，即与它相连接的外电路有关。

在图 1-19(a)中，电压源的电压和通过电压源的电流的参考方向取为非关联参考方向，此时电压源发出的功率为

$$p(t) = u_S(t)i(t) \tag{1-32}$$

它也是外电路吸收的功率。

电压源不接外电路时，电流 i 总为零值，这种情况称为“电压源处于开路”。电压源不允许短路。

【例 1.3】 如图 1-20 所示电路，当电阻 R 在 $0 \sim \infty$ 变化时，求电流和电压源发出的功率的变化范围。

解　(1)当电阻为 R 时，流经电压源的电流为：$i=\frac{u_S}{R}$

电源发出的功率为：$p=u_S i=\frac{u_S^2}{R}$

表明当电阻由小变大，电流则由大变小，电源发出的功率也由大变小。

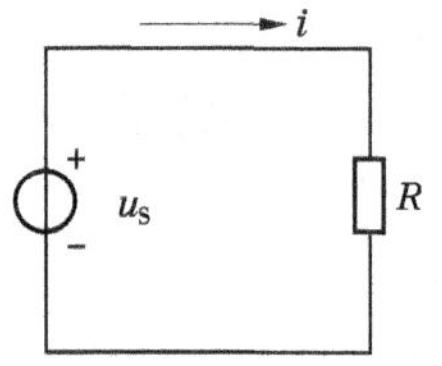

图 1-20　例 1.3 图

(2)当 $R=\infty$ 时，则 $i=0,p=0$。

(3)当 $R=0$ 时，则 $i\to\infty$，$p\to\infty$。

由此例可以看出：理想电压源的电流随外部电路变化。在 $R=0,i\to\infty$ 的极端情况下，电压源产生的功率 $p\to\infty$，说明电压源在使用过程中不允许短路。

1.3.4.2　电流源

电流源是一个理想电路元件，它发出的电流 $i(t)$ 为

$$i(t)=i_S(t) \tag{1-33}$$

式中，$i_S(t)$ 为给定时间函数，称为电流源激励函数。电流源的电流 $i(t)$ 与元件的端电压无关，并总保持为给定的时间函数。电流源的端电压由外电路决定。电流源的图形符号如图 1-21(a)所示，图 1-21(b)为电流源接外电路的情况，图 1-21(c)为电流源在 t_1、t_2 时刻的伏安特性曲线，它是一条不通过原点且与电压轴平行的直线。当 $i_S(t)$ 随时间改变时，这条平行于电压轴的直线的位置将随之平移。图 1-21(d)为直流电流源的伏安特性曲线，它不随时间改变。

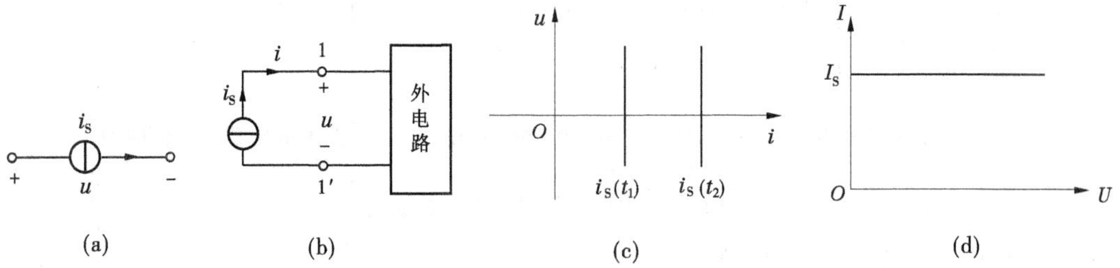

图 1-21　电流源及其伏安特性曲线

理想电流源也具有两个显著特点：

(1)它对外供出的电流 I_S 是恒定值(或是一定的时间函数)，与它两端的电压无关，即与接入电路的方式无关。

(2)理想电流源两端的电压由它本身与外电路共同来决定，即与它相连接的外电路有关。

在图 1-21(b)中，电流源的电压和通过电流源的电流的参考方向取为非关联参考方向，此时电流源发出的功率为

$$p(t)=u(t)i_S(t) \tag{1-34}$$

它也是外电路吸收的功率。

电流源两端短路时，其端电压 $u=0$，而 $i=i_S$，短路电流就是激励电流。电流源不容许开路。

【例 1.4】 如图 1-22 所示电路,当电阻 R 在 $0\sim\infty$ 变化时,求电流源端电压和电流源发出的功率的变化范围。

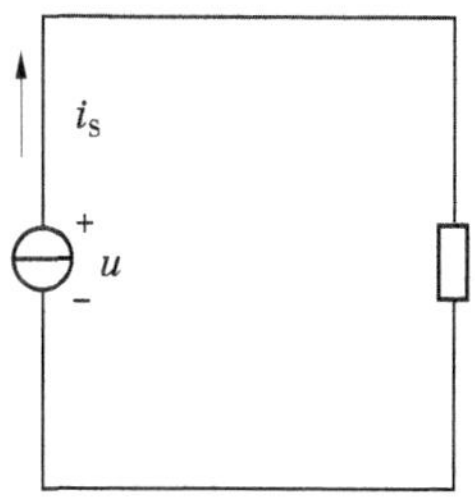

图 1-22 例 1.4 图

解 (1)当电阻为 R 时,电流源两端的电压为:$u=i_SR$

电流源发出的功率为:$p=ui_S=i_S^2R$

表明当电阻由小变大时,电压也由小变大,电流源发出的功率也由小变大。

(2)当 $R=\infty$,则 $u\to\infty$,$p\to\infty$。

(3)当 $R=0$,则 $u=0$,$p=0$。

由此例可以看出:理想电流源的电压随外部电路变化。在 $R=\infty$,$u\to\infty$ 的极端情况下,电流源产生的功率 $p\to\infty$,说明电流源在使用过程中不允许开路。

1.3.5 受控源

在电路理论中还有一种有源理想电路元件,这种有源电路元件上的电压或电流不像独立源那样由自身决定,而是受电路中某部分的电压或电流的控制,因而称为受控源。

受控源实际上是晶体管、场效应管、电子管等电压或电流控件的电路模型。当整个电路中没有独立源存在时,它们仅仅是一个无源元件,若电路中有电源为它们提供能量,它们又可以按照控制量的大小为后面的电路提供不同类型的电能,因此受控源实际上具有双重身份。

受控源可受电流控制(如晶体管),也可受电压控制(如场效应管),受控源为负载提供能量的形式也分恒压和恒流两种,因此能组合成 4 种类型:电压控制的电压源(VCVS)、电压控制的电流源(VCCS)、电流控制的电压源(CCVS)和电流控制的电流源(CCCS)。为区别于独立源,受控源的图形符号采用棱形,4 种类型的电路图符号如图 1-23所示。

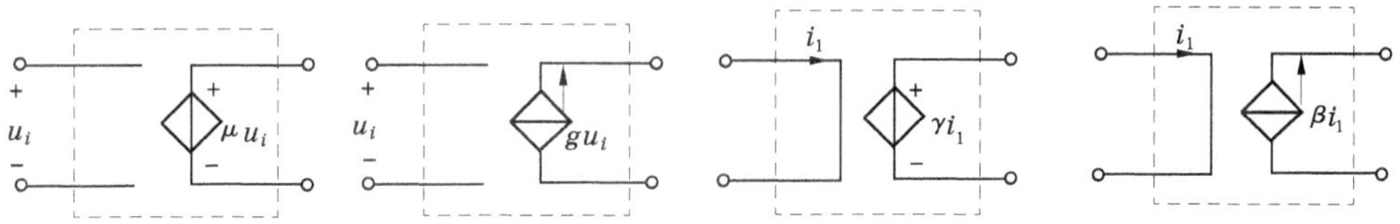

(a)VCVS (b)VCCS (c)CCVS (d)CCCS

图 1-23 四种理想受控源电路图

图 1-23 中受控源的系数 μ 和 β 无量纲,g 的单位是西门子(S),γ 的单位是欧姆(Ω)。

必须指出的是:独立源与受控源在电路中的作用完全不同。独立源在电路中起“激励”作用,有了这种“激励”作用,电路中才能产生响应(即电流和电压);而受控源则是受电路中其他电压或电流的控制,当这些控制量为零时,受控源的电压或电流也随之为零,因此受控源实际上反映了电路中某处的电压或电流能控制另一处的电压或电流这一现象而已。

在电路分析中,受控源的处理与独立源并无原则上的不同,只是要注意在对电路进行化简时,不能随意把含有控制量的支路消除掉。

1.4 电路的基本定律

电路的基本定律除欧姆定律外，还有本节将要讲的节点电流定律和回路电压定律，这两个定律都是由德国科学家基尔霍夫提出的，因此也把节点电流定律称为基尔霍夫电流定律 KCL，把回路电压定律称为基尔霍夫电压定律（KVL）。1847 年，基尔霍夫将物理学中“流体流动的连续性”和“能量守恒定律”用于电路分析，创建了节点电流定律，之后根据“电位的单值性原理”又创建了回路电压定律。欧姆定律体现了电路元件上电压、电流的约束关系（VCR），与电路的连接方式无关；而基尔霍夫定律则是反映了电路整体的规律，具有普遍性，不但适合于任何元件组成的电路，而且适合于任何变化的电压与电流，基氏两定律和欧姆定律被人们称为电路的三大基本定律。

1.4.1 几个常用的电路名词

1.4.1.1 节点

一般定义电路中三个或三个以上电路元件相连接的点为节点，如图 1-24 中的 a 点和 b 点。有时，也把两个元件相连接的点看成节点，如图 1-24 中的 c 点和 d 点。

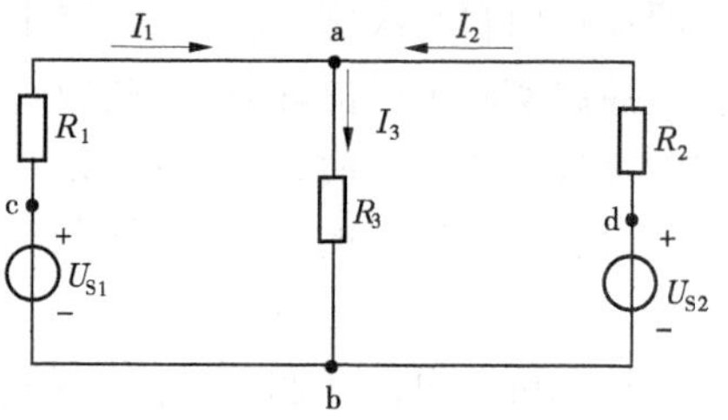

图 1-24 常用名词举例电路

1.4.1.2 支路

所谓支路，就是指一个或几个元件相串联后，连接于电路的两个节点之间，使通过其中的电流值相同的路径，如图 1-24 中的 ab、adb、acb 三条支路。对一个整体电路而言，支路就是指其中不具有任何分岔的局部电路。

1.4.1.3 回路

电路中任意一条或多条支路组成的闭合路径称为回路。如图 1-24 中的 abca、adba、adbca 都是回路。

1.4.1.4 网孔

对平面电路，其内部不包含任何支路的回路称为网孔，如图 1-24 中的 abca 和 adba 两个网孔。显然，网孔是简单的回路，但回路不一定是网孔。

1.4.2 欧姆定律

欧姆定律（Ohm's Law）是电路分析中重要的基本定律之一，体现了电阻元件上的电压、电流约束关系，表明了元件特性只取决于元件本身，与其接入电路的方式无关这一规律。这里我们联系电流、电压参考方向讨论欧姆定律。图 1-25（a）是理想电阻模型，设电压、电流参考方向关联，图 1-25（b）是它的伏安特性曲线，为处在 u—i 平面一、三象限过原点的直线。该直线的数学解析式为

$$u(t) = Ri(t) \tag{1-35}$$

式（1-35）就是欧姆定律的表达式。

如果应用电导参数来表示电流和电压之间的关系,欧姆定律形式可写为

$$i(t) = Gu(t) \tag{1-36}$$

欧姆定律只适用于线性电阻。如果电阻 R 上的电流、电压参考方向非关联,如图 1-26所示,则欧姆定律公式中应冠以负号, 即

$$u(t) = -Ri(t)$$

或

$$i(t) = -Gu(t) \tag{1-37}$$

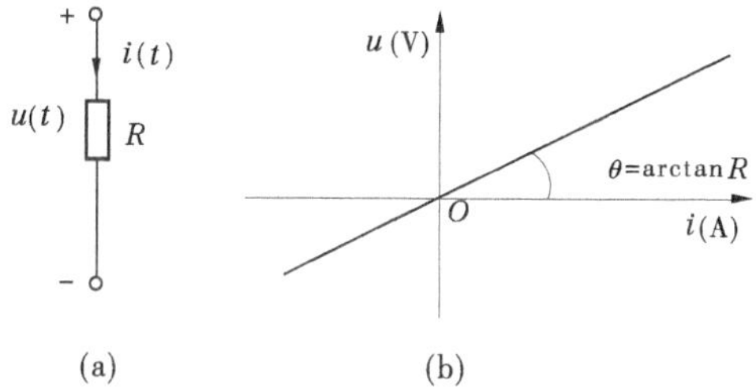

图 1-25　理想电阻模型及伏安特性曲线

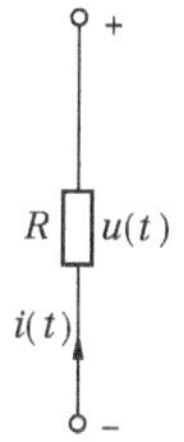

图 1-26　电流电压参考方向非关联

在参数值不等于零、不等于无限大的电阻、电导上,电流与电压是同时存在、同时消失的。或者说,在这样的电阻、电导上,t 时刻的电压(或电流)只取决于 t 时刻的电流(或电压)。这说明电阻、电导上的电压(或电流)不能记忆电阻、电导上的电流(或电压)在"历史"上(t 时刻以前)所起过的作用。所以说电阻、电导元件是无记忆性元件,又称即时元件。

1.4.3　基尔霍夫电流定律(KCL)

KCL 是描述电路中与节点相连的各支路电流间相互约束关系的定律。它的基本内容是:对于集总参数电路的任意节点,在任意时刻流入该节点的电流之和等于流出该节点的电流之和。例如,对于图 1-27 所示电路中的节点 b,有

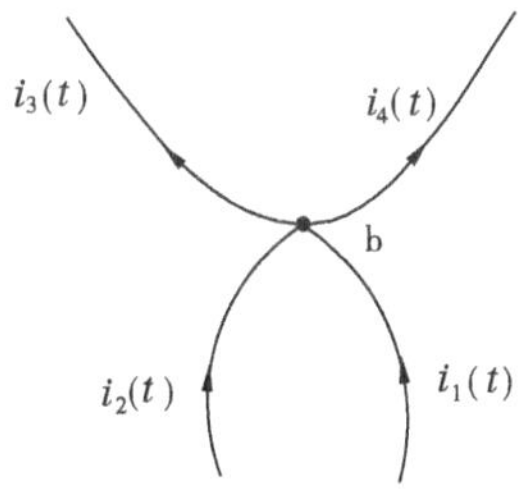

图 1-27　电路中节点 b

$$i_1(t) + i_2(t) = i_3(t) + i_4(t)$$

对于集总参数电路中的任意节点,在任意时刻,流出或流入该节点电流的代数和等于零。如果连接到某节点有 m 个支路,第 k 条支路的电流为 $i_k(t)$, $k=1, 2, \cdots, m$,则 KCL 可写为

$$\sum_{k=1}^{m} i_k(t) = 0 \tag{1-38}$$

KCL 是电荷守恒定律和电流连续性原理在集总参数电路中任一节点处的具体反映。所谓电荷守恒定律,即电荷既不能创造,也不能消灭。基于这条定律,对集总参数电路中某一支路的横截面来说,它的电荷"收支"是完全平衡的,即流入横截面多少电荷即刻又从该横截面流出多少电荷,$\mathrm{d}q/\mathrm{d}t$ 在一条支路上应处处相等,这就是电流的连续性。对于集总参数电路中的节点,在任意时刻 t, 它的电荷"收支"也是完全平衡的,所以 KCL 是成立的。

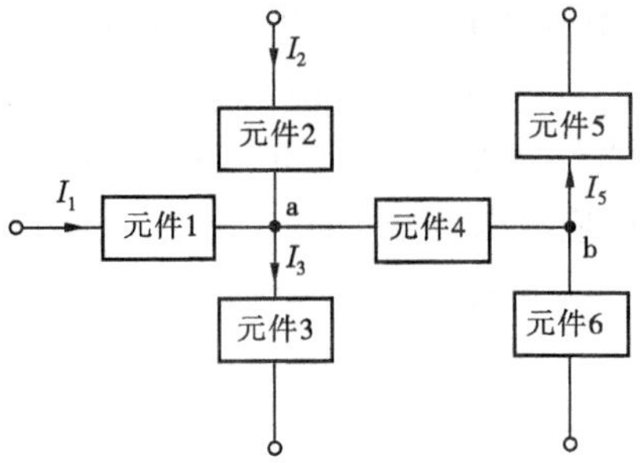

图 1-28　例 1.5 图

【例 1.5】 在图 1-28 所示电路中,已知 $I_1=-2\ \text{A}, I_2=6\ \text{A}, I_3=3\ \text{A}, I_5=-3\ \text{A}$,参考方向如图标示。求元件 4 和元件 6 中的电流。

解　首先应在图中标示出待求电流的参考方向。设元件 4 上的电流 I_4 的参考方向从 a 点到 b 点;流过元件 6 上的电流 I_6 的参考方向指向 b 点。

对 a 点列 KCL 方程式,并代入已知电流值,即

$$I_1+I_2-I_3-I_4=0$$

$$-2+6-3-I_4=0$$

求得

$$I_4=-2+6-3=1\ \text{A}$$

I_4 结果为正值,说明元件 4 中电流的实际方向与参考方向相同。

对 b 点列 KCL 方程式,并代入已知电流值,即

$$I_4-I_5+I_6=0$$

$$1-(-3)+I_6=0$$

求得

$$I_6=-1-3=-4\ \text{A}$$

I_6 结果为负值,说明元件 6 中电流的实际方向与参考方向相反。

KCL 虽然是对电路中任一节点而言的,根据电流的连续性原理,它可推广应用于电路中的任一假想封闭曲面,如图 1-29 所示。对假想的封闭曲面列写 KCL 方程时,只需把曲面看成扩大的节点(亦称广义节点)。

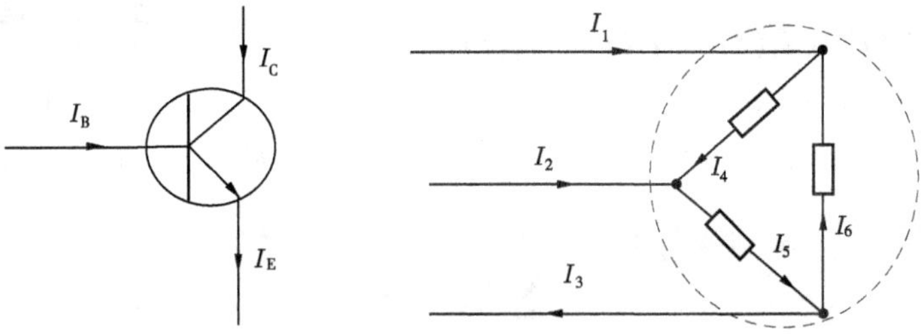

(a) $I_B-I_E+I_C=0$　　(b) $I_1-I_3+I_2=0$

图 1-29　KCL 定律的推广应用

关于 KCL 的应用,应再明确以下几点:

(1) KCL 具有普遍意义,它适用于任意时刻、任何激励源(直流、交流或其他任意变动激励源)情况的一切集总参数电路。

(2)应用 KCL 列写节点或封闭曲面电流方程时，首先要标出每一支路电流的参考方向，然后依据参考方向是流入或流出取正、负号（流出者取正号，流入者取负号，或者反之）列写出 KCL 方程。另外，对连接有较多支路的节点列 KCL 方程时不要遗漏了某些支路。

1.4.4 基尔霍夫电压定律(KVL)

KVL 描述回路中各支路（或各元件）电压之间的相互约束关系。它的基本内容是：对任何集总参数电路，在任意时刻，沿任意闭合路径绕行，各段电路电压的代数和恒等于零。其数学表达式为

$$\sum_{k=1}^{m} u_k(t) = 0 \tag{1-39}$$

式(1-39)中 $u_k(t)$ 代表回路中第 k 个元件上的电压，m 为回路中包含元件的个数。如图 1-30所示电路，对回路 A 有 $u_1(t)+u_2(t)+u_3(t)-u_4(t)-u_5(t)=0$。

KVL 的实质，反映了集总参数电路遵从能量守恒定律，或者说，它反映了电场力移动电荷做功与路径无关的物理本质。从电路中电压变量的定义容易理解 KVL 的正确性。如图 1-30 所示，如果自 a 点出发移动单位正电荷，沿着构成回路的各支路又“走”回到 a 点，相当于求电压 u_{aa}，显然应是 $V_a - V_a = 0$。

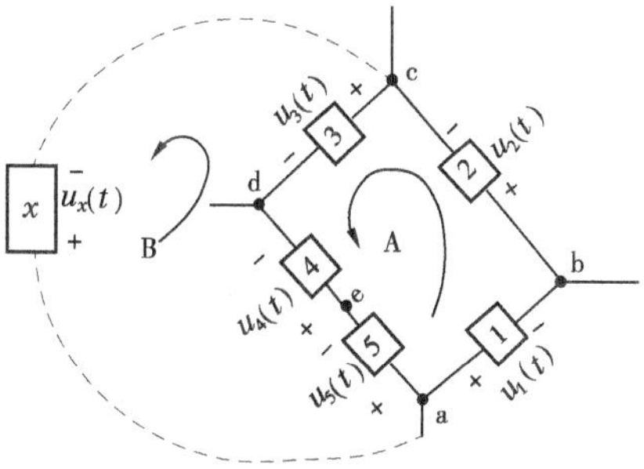

图 1-30 某电路中一个回路

KVL 不仅适用于电路中的具体回路，对于电路中任何一假想的回路，也是成立的。例如，对图 1-30 中假想回路 B，可列如下方程：

$$-u_3(t) - u_x(t) + u_5(t) + u_4(t) = 0$$

$$u_x(t) = u_5(t) + u_4(t) - u_3(t)$$

上式中 $u_x(t)$ 为假想元件上的电压，这样如果已知 $u_3(t)$、$u_4(t)$、$u_5(t)$，即可求出电压 $u_x(t)$。就求电路中某一段电路上电压而言，经常使用的是电压定义，即由电路中某点“走”至另一点，沿途各元件上电压代数和就是这两点之间的电压。关于 KVL 的应用，也应注意两点：

(1)KVL 适用于任意时刻、任意激励源情况的一切集总参数电路。

(2)应用 KVL 列回路电压方程时，首先设出回路中各元件（或各段电路）上电压参考方向，然后选一个绕行方向（顺时针或逆时针均可），自回路中某一点开始，按所选绕行方向沿着回路“走”一圈。“走”的过程中遇各元件取号法则是：“走”向先遇元件上电压参考方向的“+”端取正号，反之取负号。若回路中有电阻元件 R，电阻元件又标出了电流参考方向，这时列 KVL 方程时，“走”向与电流方向一致时电阻上电压为 $+Ri$，反之为 $-Ri$。

【例 1.6】 在图 1-31 电路中，利用 KVL 求解图示电路中的电压 U。

解　显然，要想求出电压 U，需先求出支路电流 I_3。电流 I_3 与待求电压 U 的参考方向如图1-31 所示。对右回路假设一个如虚线所示的回路参考绕行方向，然后对该回路列写 KVL 方程式：

$$(22+88)I_3 = 10$$

求得 $$I_3 = 10/(22+88) \approx 0.0909(\mathrm{A})$$

因此 $$U = 0.0909 \times 88 \approx 8(\mathrm{V})$$

【例1.7】　如图1-32 所示电路是一个星形连接的电阻电路，其中 ABOA 是一个非闭合的回路。假设电阻 R_a 上电压 U_a 和 R_b 上电压 U_b 均为已知，求 A、B 两点间的电压。

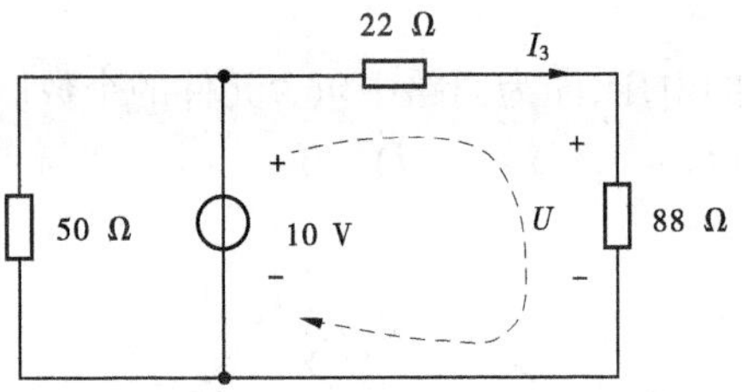

图1-31　例1.6图

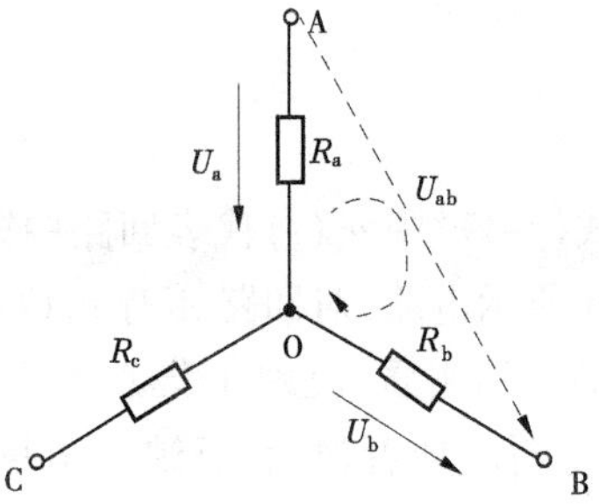

图1-32　例1.7图

解　假设在 A、B 之间有一个由 A 指向 B 的电压源 U_{ab}，这时 ABOA 可视为一个闭合回路。设该回路绕行方向为图中虚线所示的顺时针方向，则可列写出如下 KVL 方程式：

$$U_{ab} - U_b - U_a = 0$$

可得 $$U_{ab} = U_b + U_a$$

应用 KVL 定律或是推广应用 KVL 定律时，需要注意回路的闭合和非闭合概念是相对于电压而言的，并不是指电路形式上的闭合与否，因为 KVL 定律讨论的依据是"电位的单值性原理"。

学习和掌握了分析电路的三大基本定律后，我们初步了解到电路的约束大致可分为两类：一类是元件特性对元件本身电压、电流的约束，例如欧姆定律给出的线性电阻上的约束，这种约束关系不涉及元件之间的关系；另一类就是元件之间连接时给支路上电流与电压造成的约束，譬如 KCL、KVL 给出的这两种约束，它们不涉及元件本身的性质。这两类约束是分析电路的基础。

【项目任务】

（一）实验名称

基尔霍夫定律的验证

（二）实验目的

1. 验证基尔霍夫定律的正确性，加深对基尔霍夫定律的理解。

2. 学会用电流插头、插座测量各支路电流。

（三）实验仪器

所用实验仪器见表1-1。

表 1-1 实验仪器

序号	名称	型号与规格	数量	备注
1	可调直流稳压电源	0～30 V	双路	
2	直流数字电压表	0～200 V	1	
3	直流数字电流表	0～2 000 mA	1	
4	实验电路板		1	DGJ－04

（四）实验电路

实验电路见图 1-33。

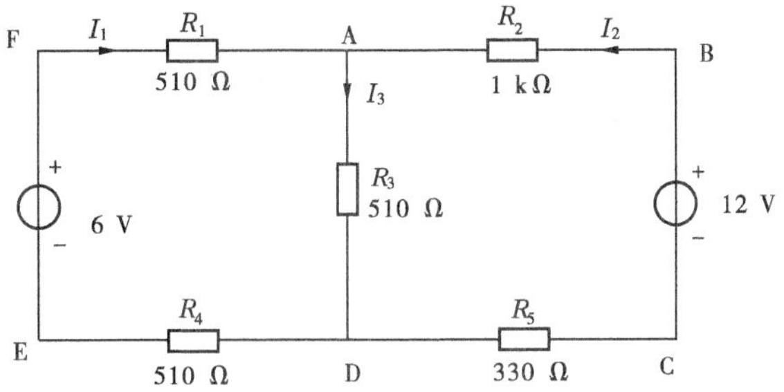

图 1-33 实验电路

（五）实验原理

基尔霍夫定律是电路的基本定律。测量某电路的各支路电流及每个元件两端的电压，应能分别满足基尔霍夫电流定律（KCL）和基尔霍夫电压定律（KVL）。即对电路中的任一个节点而言，应用 $\sum I=0$；对任何一个闭合回路而言，应有 $\sum U=0$。

（六）实验步骤

1. 分别将两路直流稳压电源接入电路，令 $U_1=6$ V，$U_2=12$ V（先调准输出电压值，再接入实验线路中）。用 DGJ－04 挂箱的“基尔霍夫定律/叠加原理”电路板。
2. 实验前先任意设定三条支路电流正方向。
3. 熟悉电流插头的结构，将电流插头的两端接至数字电流表的“＋”、“－”两端。
4. 将电流插头分别插入三条支流电流插座中，读出并记录电流值。
5. 用直流数字电压表分别测量两路电源及电阻元件上的电压值，并记录数据。

（七）数据处理

数据处理见表 1-2。

表 1-2

被测量	I_1(mA)	I_2(mA)	I_3(mA)	U_1(V)	U_2(V)	U_{FA}	U_{AB}	U_{AD}	U_{CD}	U_{DE}
计算值	1.93	5.99	7.91	6	12	0.98	−5.99	4.03	−1.97	0.98
测量值	1.91	5.97	7.86	6.02	12.02	0.98	−5.99	4.04	−1.98	0.98
相对误差（%）	1.04	0.33	0.63	0.33	0.17	0	0	0.25	0.51	0

基尔霍夫定律的计算值

$$I_1 + I_2 = I_3$$

根据基尔霍夫定律列出方程

$$(510 + 510)I_1 + 510I_3 = 6$$
$$(1\,000 + 330)I_2 + 510I_3 = 12$$

解得 $I_1 = 0.001\,93$ A　$U_{FA} = 0.98$ V　$U_{CD} = -1.97$ V

$I_2 = 0.005\,99$ A　$U_{AB} = -5.99$ V　$I_3 = 0.007\,91$ A

$U_{AD} = 4.03$ V　$U_{DE} = 0.98$ V

误差分析

产生误差的原因主要有:①电阻值不恒等于电路标称值;②导线连接不紧密产生的接触误差;③仪表的基本误差。

【课后练习】

1.1 电路由哪几部分组成?各部分的作用是什么?

1.2 试叙述电路的分类及其功能。

1.3 何谓理想电路元件?如何理解“理想”二字在实际电路中的含义?何谓电路模型?

1.4 电压、电位、电动势有何异同?

1.5 电功率大的用电器,电功也一定大。这种说法正确吗?为什么?

1.6 在电路分析中,引入参考方向的目的是什么?应用参考方向时,会遇到“正、负,加、减,相同、相反”这几对词,你能说明它们的不同之处吗?

1.7 理想电压源和理想电流源各有何特点?它们与实际电源的区别主要在哪里?

1.8 根据图1-34中给定的数值,计算各元件的电功率,并说明该元件是吸收功率还是发出功率?

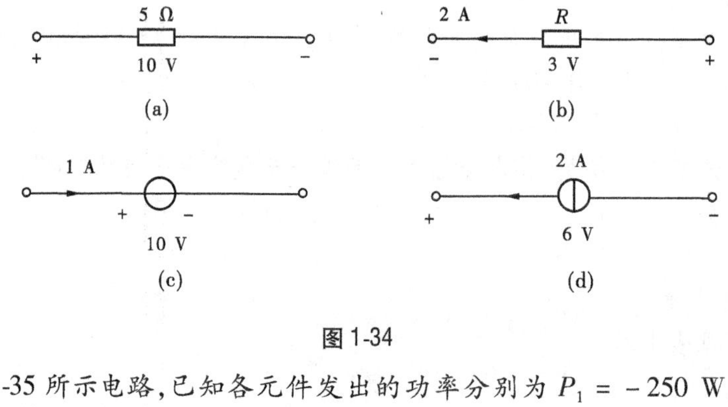

图1-34

1.9 图1-35所示电路,已知各元件发出的功率分别为 $P_1 = -250$ W,$P_2 = 125$ W,$P_3 = -100$ W。求各元件上的电压 U_1、U_2 及 U_3。

1.10 图1-36所示电路,在下列情况下,求端电压 u_{ab}。

(1)图(a)中,电流 $i = 5\cos 2t$ (A);

(2)图(b)中,$u_C(0) = 4$ V,开关K在 $t = 0$ 时由位置“1”打到位置“2”。

1.11 在图1-37所示电路中,已知 $U_{S1} = 20$ V,$U_{S2} = 10$ V。

(1)若 $U_{S3} = 10$ V,求 U_{ab} 及 U_{cd};

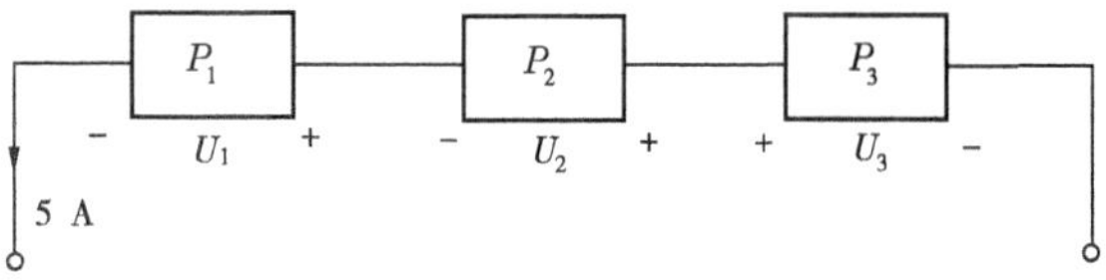

图 1-35

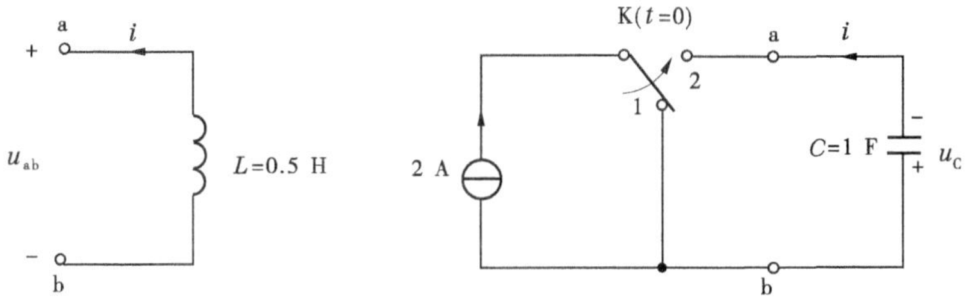

(a) (b)

图 1-36

(2)欲使 $U_{cd}=0$，则 $U_{S3}=?$

1.12 图 1-38 所示电路，设 $i_S(t)=A\sin\omega t$ (A)，$u_S(t)=Be^{-\alpha t}$(V)，求 $u_{R1}(t)$、$u_L(t)$、$i_C(t)$和 $i_{R2}(t)$。

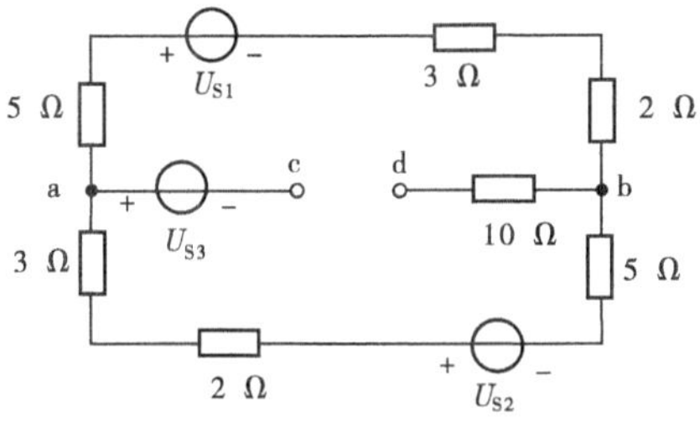

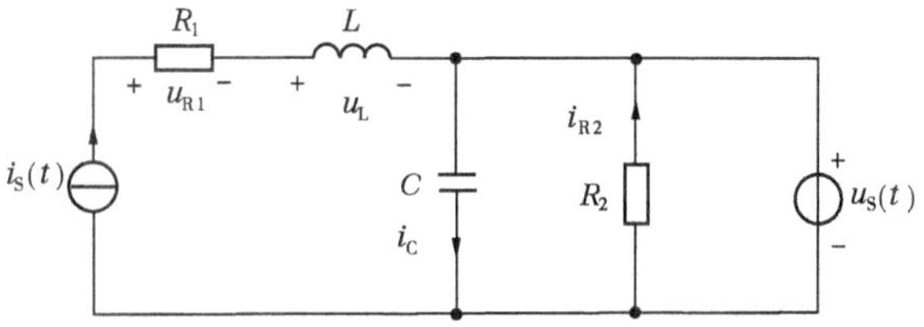

图 1-37 图 1-38

1.13 图 1-39 所示电路，已知 $I=1$ A，求 R_2 的值。

1.14 图 1-40 所示电路，已知 $U_1=20$ V，$U_2=10$ V，$U_3=5$ V，$R_1=5$ Ω，$R_2=2$ Ω，$R_3=5$ Ω，求图中标出的各支路电流。

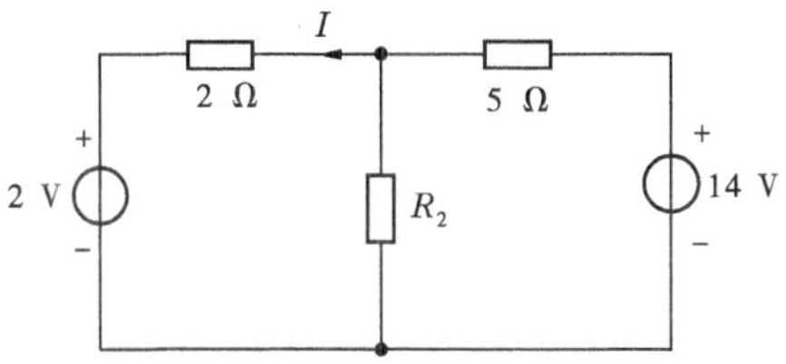

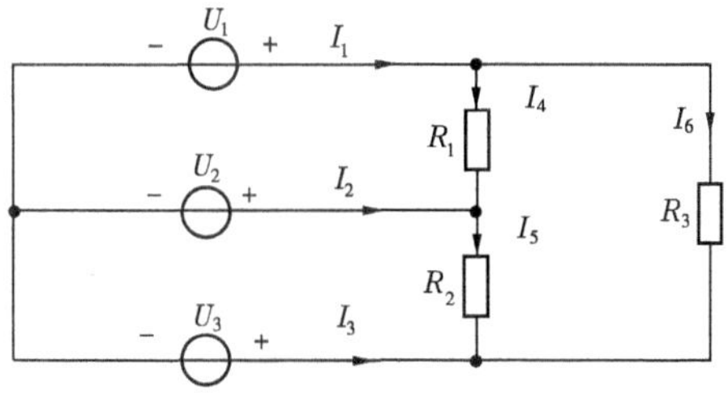

图 1-39 图 1-40

1.15 图 1-41 所示电路，已知 $I_1=2$ A，$U_2=5$ V，求电流源 I_S、电阻 R 的数值。

1.16 试分别求出图 1-42 所示独立电压源和独立电流源发出的功率。

1.17 有两个阻值均为 1 Ω 的电阻，一个额定功率为 25 W，另一个为 50 W，作为

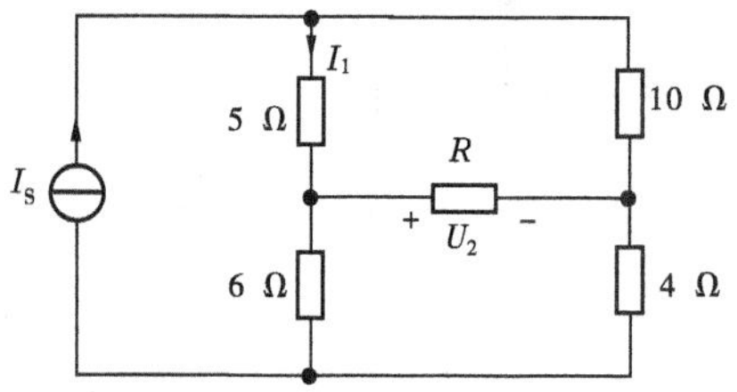

图 1-41

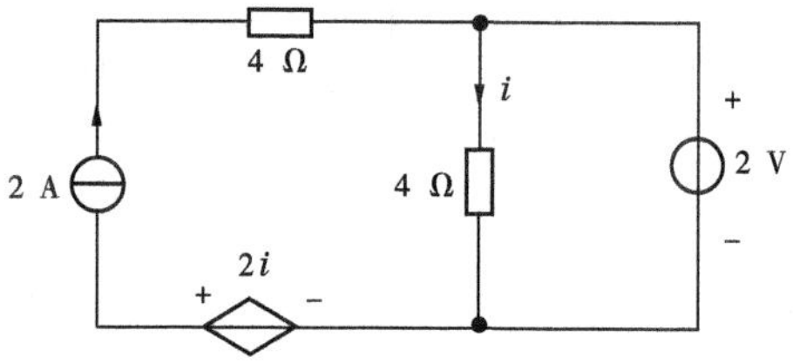

图 1-42

图 1-43所示电路的负载应选哪一个？此时该负载消耗的功率是多少？

1.18 图 1-44 所示电路中，已知 $i_1=4$ A，$i_2=6$ A，$i_3=-2$ A，求 i_4 的值。

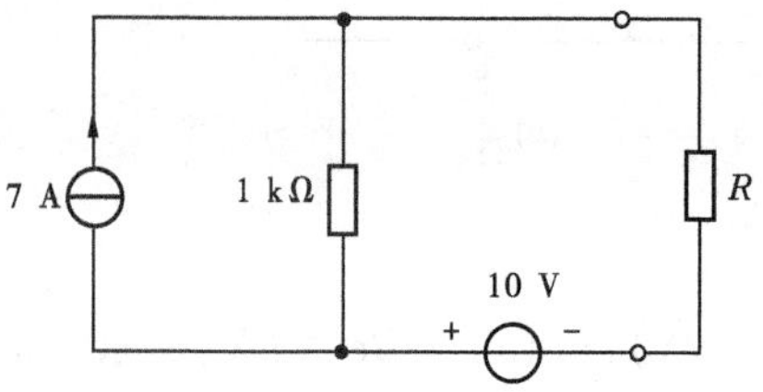

图 1-43

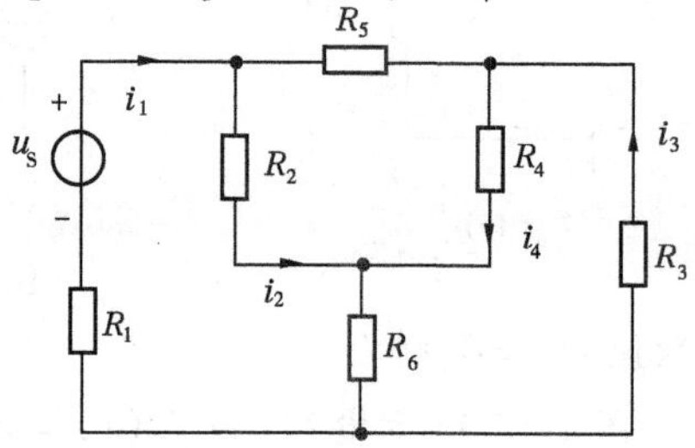

图 1-44

1.19 电路如图 1-45(a)、(b)所示。$i_L(0)=0$，电容电压 u_C、电感电压 u_L 的波形如图 1-45(c)所示，试求电容电流和电感电流。

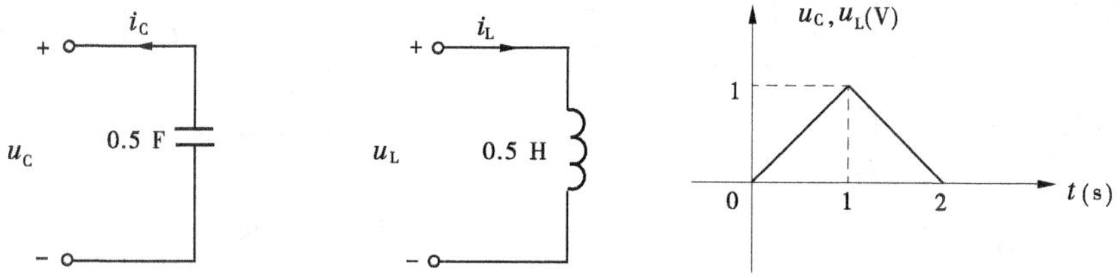

(a) (b) (c)

图 1-45

1.20 图 1-46 所示电路中，已知 $I_1=1$ A，$I_2=3$ A，求 I_3、I_4、I_5 和 I_6。

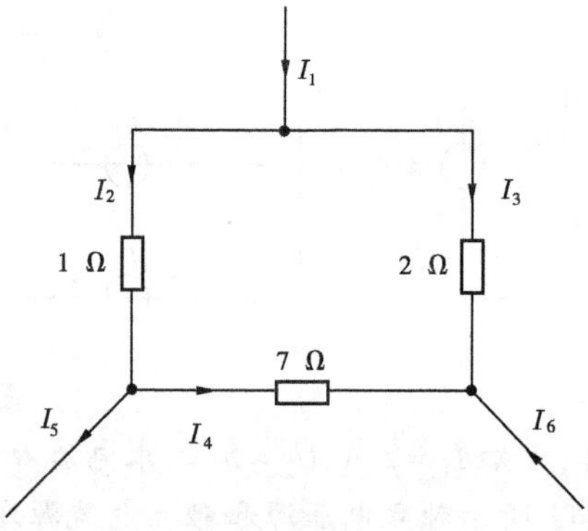

图 1-46

第2章　线性电阻电路的等效变换

【教学目标】

要求深刻地理解"等效变换"的思想,熟练掌握"等效变换"的方法在电路分析中的应用。

【学习目标】

1. 熟悉电路的等效变换概念、电阻的串联和并联、电阻的Y形连接和△形连接的等效变换;

2. 掌握电压源、电流源的串联和并联,实际电源的两种模型及其等效变换,输入电阻的概念及计算;

3. 掌握实际电源的两种模型及其等效变换,输入电阻的概念及计算;

4. 掌握含有受控源的一端口电阻网络的输入电阻的求解。

【基本知识准备】

由线性时不变无源元件、线性受控源和独立源组成的电路称为线性时不变电路,也称线性定常电路,简称为线性电路。若线性电路中的无源元件均为电阻,独立源均为直流电源,则这种电路称为线性直流电阻电路。

独立源是非线性单口元件(其伏安特性曲线不是过原点的直线),但它们是电路的输入,对电路起着激励的作用,与其他元件相比扮演着完全不同的角色。因此,尽管电源是非线性的,但只要电路的其他部分是由线性元件组成的,响应与激励之间将存在着线性关系。本章讨论电阻电路的等效变换。

2.1　等效二端网络

2.1.1　二端网络的定义

任何部分电路或网络, 向外有两个端钮相连,且从一个端钮流入的电流等于从另一端钮流出的电流,则称这一电路为二端网络(或单口网络)。若二端网络仅由无源元件构成,称无源二端网络;若二端网络内含有有源元件,则称为有源二端网络。

如图2-1(a)所示,R_3、R_4、R_5所组成的这一部分电路(图中虚线内表示)。只有两个端钮与外部电路相连接,则不管它的内部结构如何,我们统称它为二端网络或单口网络,可以用图2-1(b)中的N来表示。

二端网络的特点是:二端网络中,从一个端钮流进的电流必定等于另一端钮流出的电流,该电流I称为端口电流,相应的,两端钮间的电压U为端口电压。

2.1.2　电路等效的含义

在对较复杂网络进行分析和计算时,为了简化分析和计算,往往把电路中的某一部分

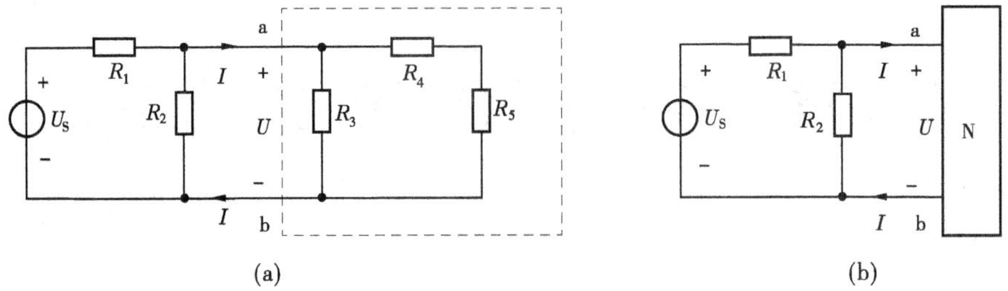

图 2-1　二端网络定义

进行化简，即用一个简单的电路替代原电路（复杂电路）。

如图 2-2（a）网络中 N（虚线框）可用图 2-2（b）中一个较为简单的电路 N′（虚线框）替代，使整个电路得以简化。替代的条件是图 2-2（a）、（b）中虚线框部分的端口具有相同的伏安特性。电阻 R_{eq} 称为等效电阻，其数值取决于被替代的原电路中各阻值及其连接方式。

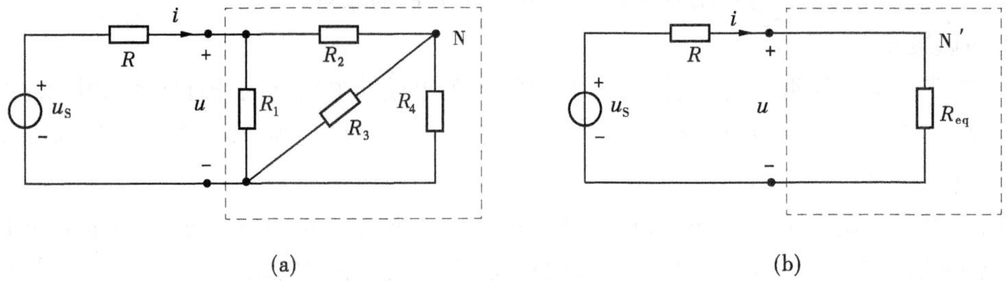

图 2-2　电路等效定义

另外，图 2-2（a）网络中 N 用图 2-2（b）中较为简单的电路 N′替代后，其左边部分电路中的任何电流、电压及功率都将维持与原电路相同。

因而归结出：

（1）两个结构参数不同的部分电路在端子上有相同的电压、电流关系，因而可以互相代换。

（2）代换的效果是不改变外电路（或电路中未被代换的部分）中的电压、电流和功率，即对外等效。

（3）等效变换的目的是简化电路。

2.2　电阻之间的等效变换

2.2.1　电阻串、并联连接的等效

单个二端元件是二端网络最简单的形式。无论是二端元件还是二端网络均有用各自的端钮间电压和端钮上电流所表示的伏安关系。

2.2.1.1　电阻串联的等效

n 个电阻串联所组成的二端网络 N_1，如图 2-3 所示，各电阻元件上的电流、电压取关

联的参考方向。

各电阻顺序连接,根据 KCL,各电阻中流过的电流相同;根据 KVL,电路的总电压等于各串联电阻的电压之和,即

$$u = u_1 + u_2 + \cdots + u_k + \cdots + u_n$$

由欧姆定律和等效关系,端钮上的伏安关系为

$$u = R_1 i + R_2 i + \cdots + R_k i + \cdots + R_n i = (R_1 + R_2 + \cdots + R_n) i = R_{eq} i$$

故得等效二端网络 N_2,如图 2-4 所示,其等效电阻为

$$R_{eq} = R_1 + R_2 + \cdots + R_k + \cdots + R_n = \sum_{k=1}^{n} R_k > R_k \tag{2-1}$$

所以:①电阻串联,其等效电阻等于各分电阻之和;②等效电阻大于任意一个串联的分电阻。

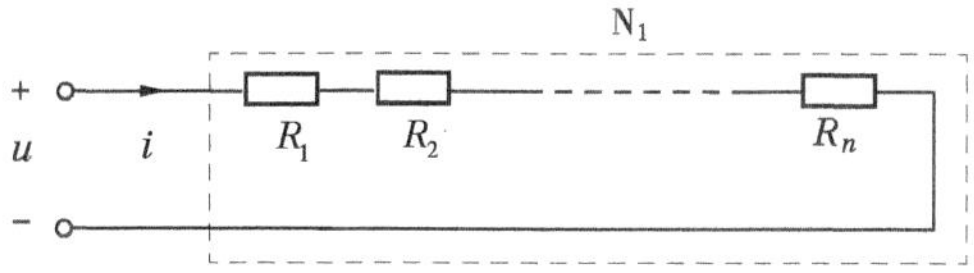

图 2-3　n 个电阻串联网络

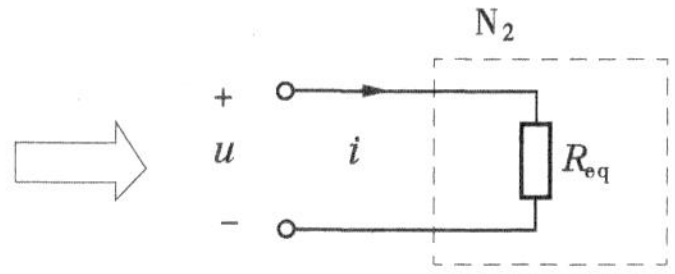

图 2-4　等效电路

若已知串联电阻两端的总电压和各电阻值,可求得各电阻上的分电压。由图 2-3 和图 2-4 可知

$$u_k = R_k i = R_k \frac{u}{R_{eq}} = \frac{R_k}{R_{eq}} u < u \tag{2-2}$$

电阻串联,各分电阻上的电压与电阻值成正比,电阻值大者分得的电压大。因此,串联电阻电路可作分压电路。

N_1 和 N_2 等效,还体现在两者吸收相同的功率上,即各电阻的功率为

$$P_1 = R_1 i^2, P_2 = R_2 i^2, \cdots, P_k = R_k i^2, \cdots, P_n = R_n i^2$$

总功率为

$$\begin{aligned} P &= R_{eq} i^2 = (R_1 + R_2 + \cdots + R_k + \cdots + R_n) i^2 \\ &= R_1 i^2 + R_2 i^2 + \cdots + R_k i^2 + \cdots + R_n i^2 = P_1 + P_2 + \cdots + P_n \end{aligned}$$

由此可知:①电阻串联时,各电阻吸收的功率与电阻值大小成正比,即电阻值大者吸收的功率大;②等效电阻吸收的功率等于各串联电阻吸收功率的总和。

2.2.1.2　电阻并联的等效

图 2-5 所示为 n 个电阻($G = 1/R$ 为电导)的并联,设电压、电流参考方向关联,各电阻两端分别接在一起,根据 KVL,各电阻两端为同一电压;根据 KCL,电路的总电流等于各并联电阻的电流之和,即

$$i = i_1 + i_2 + \cdots + i_n$$

由欧姆定律和等效关系,端钮上的伏安关系为

$$\begin{aligned} i &= i_1 + i_2 + \cdots + i_n = \frac{u}{R_1} + \frac{u}{R_2} + \cdots + \frac{u}{R_n} \\ &= u(G_1 + G_2 + \cdots + G_n) = u G_{eq} \end{aligned}$$

这表明多个电阻的并联电路与单个电阻的电路具有相同的 VCR,故得等效二端网络

N_2,如图 2-6 所示,其等效电导和等效电阻为

$$G_{eq} = G_1 + G_2 + \cdots + G_n = \sum_{k=1}^{n} G_k > G_k \tag{2-3}$$

也就是

$$\frac{1}{R_{eq}} = G_{eq} = \frac{1}{R_1} + \frac{1}{R_2} + \cdots + \frac{1}{R_n} \text{ 即 } R_{eq} < R_k \tag{2-4}$$

所以:①电阻并联,其等效电导等于各电导之和且大于各分电导;②等效电阻之倒数等于各分电阻倒数之和,等效电阻小于任意一个并联的分电阻。

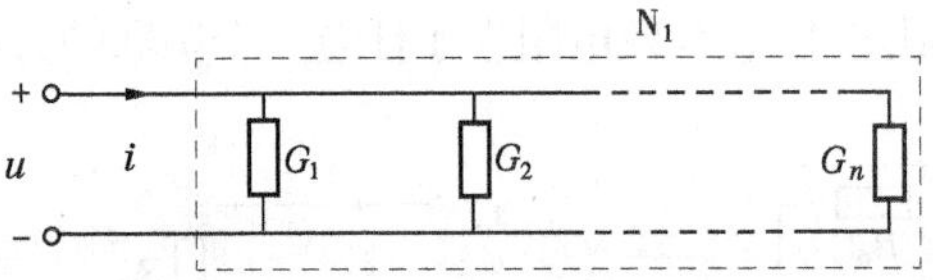

图 2-5 n 个电阻并联网络

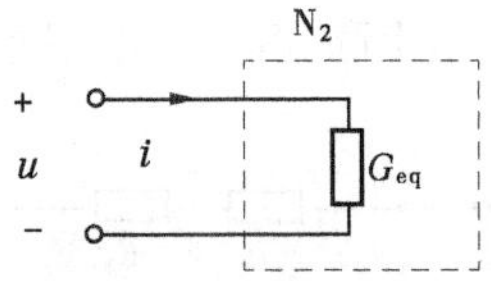

图 2-6 等效网络

若已知并联电阻电路的总电流和各电阻值,可求得各电阻上的分电流。由图 2-5 和图 2-6 可知

$$\frac{i_k}{i} = \frac{u/R_k}{u/R_{eq}} = \frac{G_k}{G_{eq}}$$

可变换为

$$i_k = \frac{G_k}{G_{eq}} i \tag{2-5}$$

电阻并联,各分电阻上的电流与电阻值成反比,电阻值大者分得的电流小,各电阻上的电流小于总电流。因此,并联电阻电路可作分流电路。

N_1 和 N_2 等效,还体现在两者吸收相同的功率上,即各电阻的功率为

$$P_1 = G_1 u^2, P_2 = G_2 u^2, \cdots, P_k = G_k u^2, \cdots, P_n = G_n u^2$$

总功率为

$$\begin{aligned} P &= G_{eq} u^2 = (G_1 + G_2 + \cdots + G_k + \cdots + G_n) u^2 \\ &= G_1 u^2 + G_2 u^2 + \cdots + G_k u^2 + \cdots + G_n u^2 = P_1 + P_2 + \cdots + P_n \end{aligned}$$

由此可知:①电阻并联时,各电阻吸收的功率与电阻大小成反比,即电阻值大者吸收的功率小;②等效电阻吸收的功率等于各并联电阻吸收功率的总和。

2.2.2 Y 形网络与△形网络之间的等效

如图2-7所示的桥形结构电路,电路中各个电阻之间既不是串联又不是并联,而是△—Y 连接结构,其中 R_1、R_3 和 R_5,R_2、R_4 和 R_5 都构成如图 2-8(a)所示的△形结构,或者其变形结构(见图 2-8(b)),称 π 形电路;而 R_1、R_2 和 R_5,R_3、R_4 和 R_5都构成如图 2-9(a)所示的 Y 形结构,或者其变形结构(见图 2-9(b)),称 T 形电路。

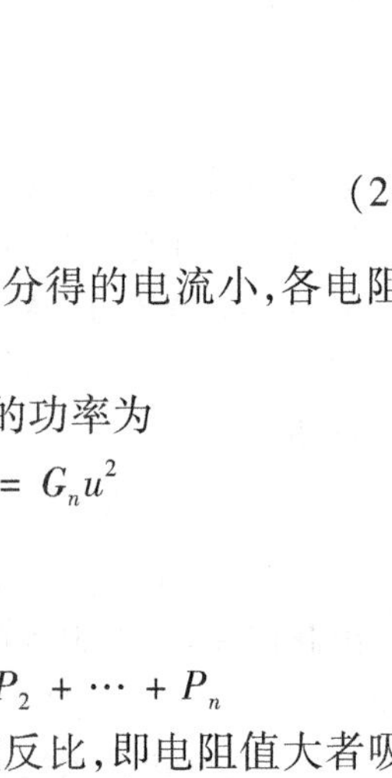

图 2-7 桥形结构电路

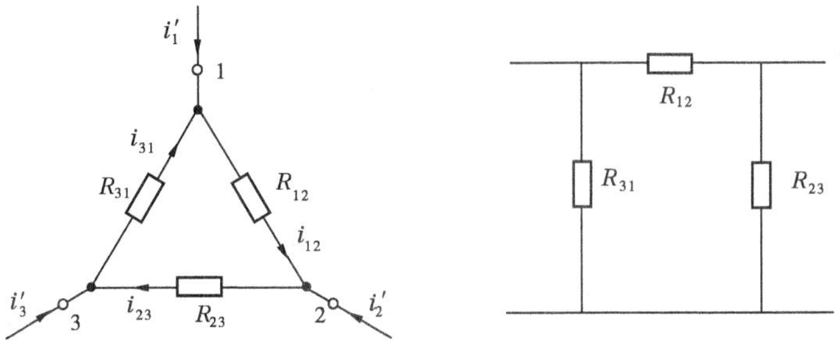

(a) △形结构　　(b) π 形电路

图 2-8　△形结构及 π 形电路

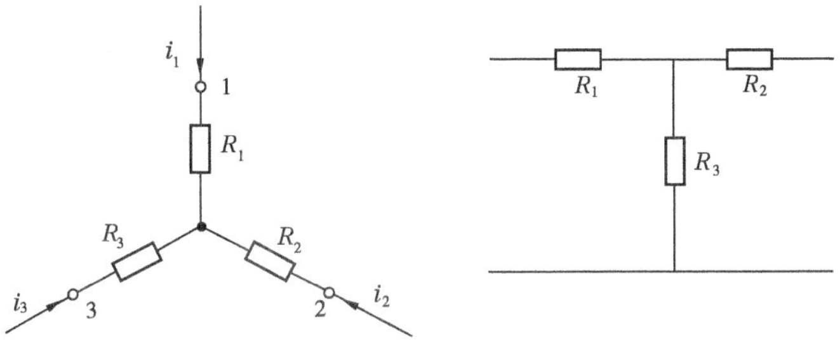

(a)Y形结构　　(b)T形电路

图 2-9　Y 形结构及 T 形电路

图 2-8 与图 2-9 表明:三个电阻分别接在每两个端钮之间就构成△(π)形电路 。三个电阻一端共同连接于一个节点上,而电阻的另一端接到 3 个不同的端钮上(图中未画出),就构成了 Y(T)形电路。因此,△、Y 形电路为三端电路,当这两个电路的电阻满足一定的关系时,它们能够相互等效变换。

电阻的 Y 形网络和△形网络都是通过 3 个端钮与外部电路相连接(图中未画电路的其他部分),如果在它们的对应端钮之间具有相同的电压 U_{12}、U_{23} 和 U_{31},而流入对应端钮的电流也分别相等时,我们就说这两种方式的电阻网络相互之间“等效”,即它们可以“等效”互换。

满足上述“等效”互换的条件,即可推导出两种电阻网络中各电阻参数之间的关系(推导的详细过程不再赘述,读者可自行推导)。

当一个 Y 形电阻网络变换为△形电阻网络时:

$$\left.\begin{aligned} R_{12} &= \frac{R_1R_2 + R_2R_3 + R_3R_1}{R_3} \\ R_{23} &= \frac{R_1R_2 + R_2R_3 + R_3R_1}{R_1} \\ R_{31} &= \frac{R_1R_2 + R_2R_3 + R_3R_1}{R_2} \end{aligned}\right\} \tag{2-6}$$

当一个△形电阻网络变换为 Y 形电阻网络时:

$$\left.\begin{aligned}R_1 &= \frac{R_{12}R_{31}}{R_{12}+R_{23}+R_{31}}\\R_2 &= \frac{R_{23}R_{12}}{R_{12}+R_{23}+R_{31}}\\R_3 &= \frac{R_{31}R_{23}}{R_{12}+R_{23}+R_{31}}\end{aligned}\right\} \tag{2-7}$$

若 Y 形电阻网络中 3 个电阻(R_Y)值相等,则等效△形电阻网络中 3 个电阻($R_\triangle$)值也相等,即

$$R_Y = \frac{1}{3}R_\triangle \quad 或 \quad R_\triangle = 3R_Y \tag{2-8}$$

【例 2.1】 试求图 2-10 所示电路的入端电阻 R_{AB}。

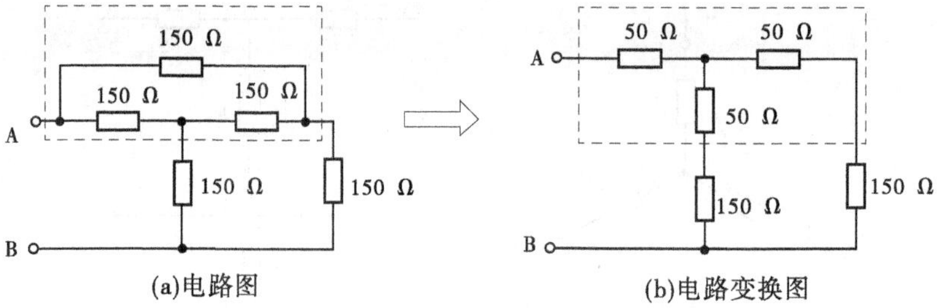

图 2-10 例 2.1 图

解 图(a)所示电路由五个电阻元件构成,其中任何两个电阻元件之间都没有串、并联关系,因此直接进行计算很困难。

对这类电路的入端电阻进行求解的基本的方法就是:假定 A、B 两端钮之间有一个理想电压源 U_S,然后运用 KCL 和 KVL 定律对电路列出足够的方程式并从中解出输入端电流 I,于是就可解出入端电阻 $R_{AB} = U_S/I$。这种方法显然比较烦琐。

如果我们把图(a)中虚线框中的△形电阻网络变换为图(b)虚线框中的 Y 形电阻网络,那么,原来的电阻网络就变成了简单的串、并联关系,利用电阻的串、并联公式即可方便地求出 R_{AB}。(说明:今后式中如果出现符号"//"则代表并联关系)

$$\begin{aligned}R_{AB} &= 50 + [(50+150)//(50+150)]\\&= 50 + 100 = 150(\Omega)\end{aligned}$$

Y 形电阻网络与△形电阻网络之间的等效变换,除能计算电路的入端电阻外,还能较方便地解决实际电路中的一些其他问题。

2.3 电源之间的等效变换

2.3.1 理想电源的串联和并联

2.3.1.1 理想电压源的串联和并联

1. 理想电压源串联

n 个理想电压源串联电路如图 2-11(a)所示。

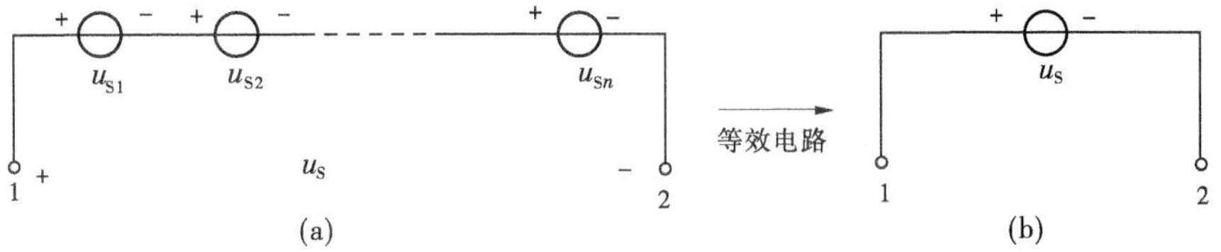

图 2-11　理想电压源串联

根据 KVL 得总电压为

$$u_S = u_{S1} + u_{S2} + \cdots + u_{Sn} = \sum_{k=1}^{n} u_{Sk} \tag{2-9}$$

式中，u_{Sk} 的参考方向与 u_S 的参考方向一致时，取"+"号，不一致时取"-"号。

如果参考方向一致时，则各电源串联后的总电压为

$$u_S = u_{S1} + u_{S2} + \cdots + u_{Sk} + \cdots + u_{Sn} = \sum_{k=1}^{n} u_{Sk} > U_{Sk}$$

根据电路等效的概念，可以用图 2-11(b)所示电压为 u_S 的单个电压源等效替代图 2-11(a)中的 n 个串联的电压源。通过电压源的串联可以得到一个较高的输出电压。

2. 理想电压源并联

n 个理想电压源并联电路如图 2-12 所示。

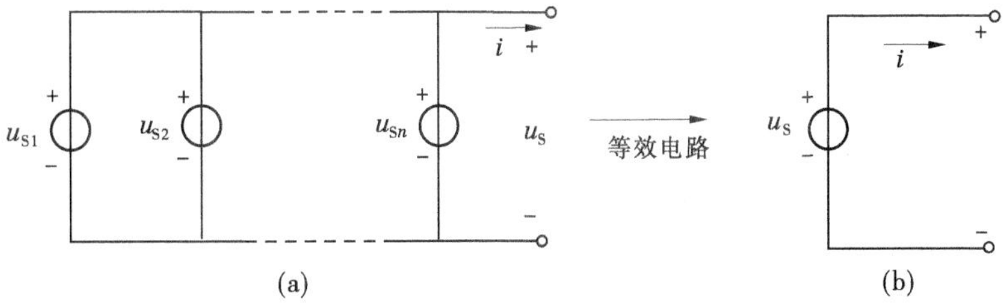

图 2-12　理想电压源并联

根据 KVL 得

$$u_S = u_{S1} = u_{S2} = \cdots = u_{Sn} \tag{2-10}$$

所以，只有电压相等且极性一致的电压源才能并联，此时并联电压源的对外特性与单个电压源一样，根据电路等效概念，对外可以用图 2-12(b)所示的单个电压源替代图 2-12(a)的并联电压源电路。

应当指明的是：①不同值或不同极性的电压源是不允许并联的，否则违反 KVL；②电压源并联组合向外部提供的电流在各个电压源之间如何分配则无法确定。

2.3.1.2　理想电压源与电阻的串联和并联

1. 电压源和电阻串联

图 2-13(a)所示为两个电压源和两个电阻串联的支路。

根据 KVL 得端口电压、电流关系为

$$u = u_{S1} + R_1 i + u_{S2} + R_2 i = (u_{S1} + u_{S2}) + (R_1 + R_2) i = u_S + Ri$$

根据电路等效的概念，图 2-13(a)电路可以用图 2-13(b)所示电压为 u_S 的单个电压

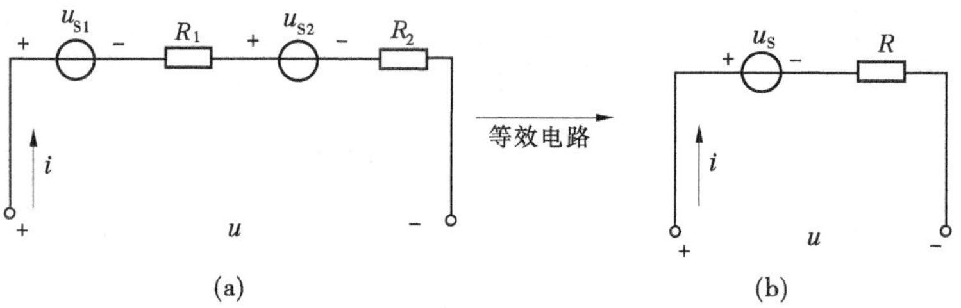

图 2-13 理想电压源与电阻的串联

源和电阻为 R 的单个电阻的串联组合等效替代,其中

$$u_S = u_{S1} + u_{S2} \quad , \quad R = R_1 + R_2$$

2. 电压源和电阻并联

图 2-14(a)所示为电压源和电阻 R_1 的并联。

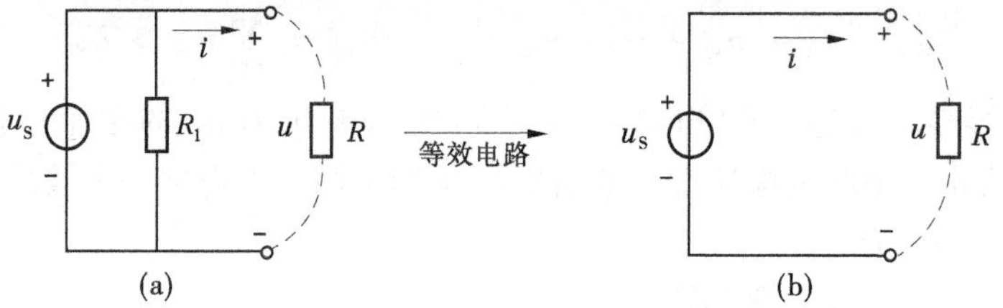

图 2-14 理想电压源与电阻的并联

设外电路接电阻 R,根据 KVL 和欧姆定律得端口电压、电流为

$$u = u_S \quad , \quad i = u/R$$

即端口电压等于电压源电压,电流由电压源和外电路共同决定,与并联电阻无关,其外特性与图 2-14(b)所示电压为 u_S 的单个电压源相同。因此,电压源和电阻并联可等效为电压源。

2.3.1.3 理想电流源的并联和串联

1. 电流源并联

n 个电流源并联电路如图 2-15 所示。

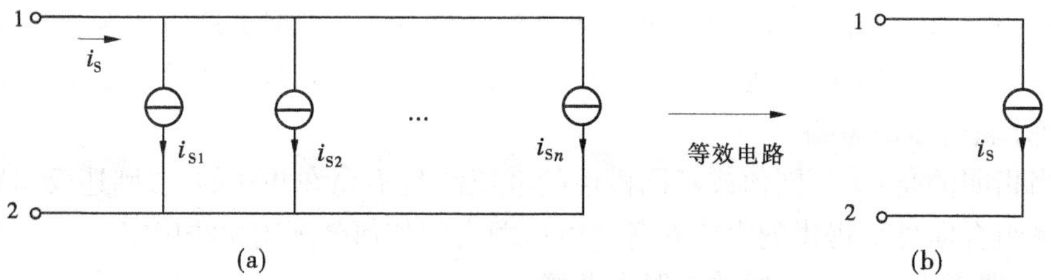

图 2-15 理想电流源并联

根据 KCL 得总电流为

$$i_S = i_{S1} + i_{S2} + \cdots + i_{Sn} = \sum_{k=1}^{n} i_{Sk} \tag{2-11}$$

式中,i_{Sk} 参考方向与 i_S 的参考方向一致时,取"+"号,不一致时取"-"号。

根据电路等效的概念，可以用图 2-15(b)所示电流为 i_S 的单个电流源等效替代图 2-15(a)中的 n 个并联的电流源。通过电流源的并联可以得到一个较大的输出电流。

2. 电流源串联

n 个电流源串联电路如图 2-16 所示。

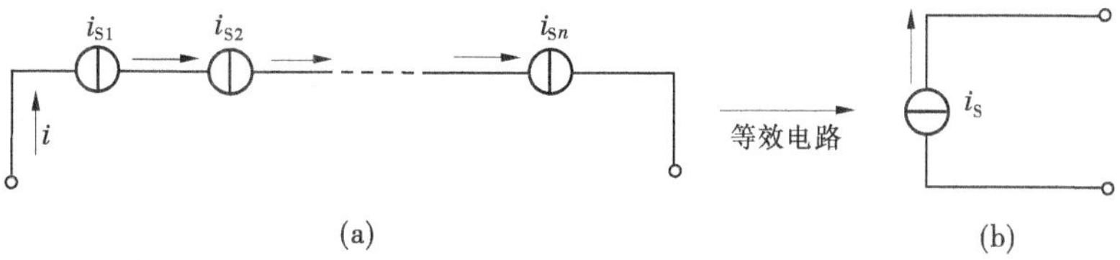

图 2-16　理想电流源串联

根据 KCL 得：

$$i_S = i_{S1} = i_{S2} = \cdots = i_{Sn} \tag{2-12}$$

所以，只有电流相等且输出方向一致的电流源才能串联，此时串联电流源的对外特性与单个电流源一样，根据电路等效概念，可以用图 2-16(b)的单个电流源替代图 2-16(a)的电流源串联电路。

应当指明的是：①不同值或不同流向的电流源是不允许串联的，否则违反 KCL；②电流源串联组合的总电压如何在各个电流源之间分配则无法确定。

2.3.1.4　理想电流源与电阻的并联和串联

1. 并联

图 2-17(a)所示为两个电流源和两个电阻的并联。

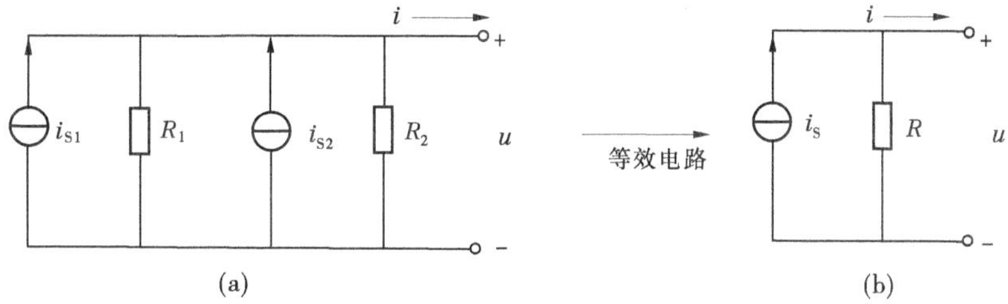

图 2-17　理想电流源与电阻并联

根据 KCL 和欧姆定律得端口电压、电流关系为

$$i = i_{S1} - \frac{u}{R_1} + i_{S2} - \frac{u}{R_2} = i_{S1} + i_{S2} - \left(\frac{1}{R_1} + \frac{1}{R_2}\right)u = i_S - \frac{u}{R}$$

上式说明图 2-17(a)电路的对外特性与图 2-17(b)所示电流为 i_S 的单个电流源和电阻 R 的并联组合一样，因此图 2-17(a)可以用图 2-17(b)等效替代，其中：

$$i_S = i_{S1} + i_{S2} \quad , \quad \frac{1}{R} = \frac{1}{R_1} + \frac{1}{R_2} \tag{2-13}$$

2. 串联

图 2-18(a)所示为电流源和电阻 R_1 的串联。

设外电路所接电阻为 R，根据 KVL 和欧姆定律得端口电压、电流为

$$i = i_S \quad , \quad u = Ri_S \tag{2-14}$$

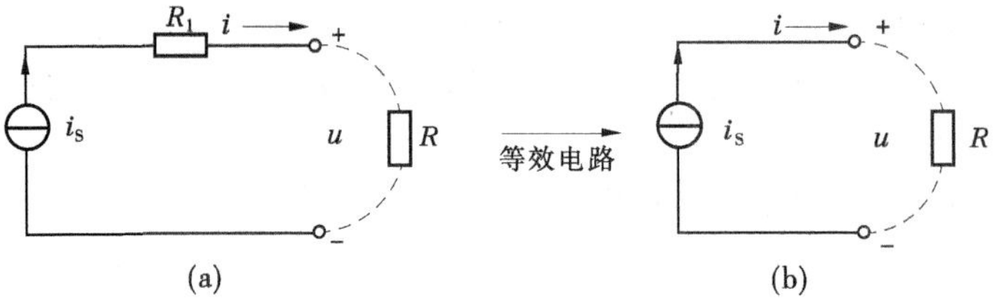

图 2-18　理想电流源与电阻串联

即端口电流为电流源电流，电压则由电流源和外电路共同决定，与串联的电阻无关，对外特性与图 2-18(b)所示电流为 i_S 的单个电流源一样。因此，电流源和电阻串联可等效为电流源。

2.3.2　实际电源的两种电路模型及其等效变换

我们知道，实际电源（如蓄电池）既不同于理想电压源，又不同于理想电流源。它们之间能否建立某种联系？或者说能否用理想电压源或理想电流源来模型化实际电源？下面对此加以分析。

图 2-19(a)所示为一个实际的直流电源（如蓄电池），通过实测端口间的输出电压、电流而绘出如图 2-19(b)所示的伏安特性曲线。

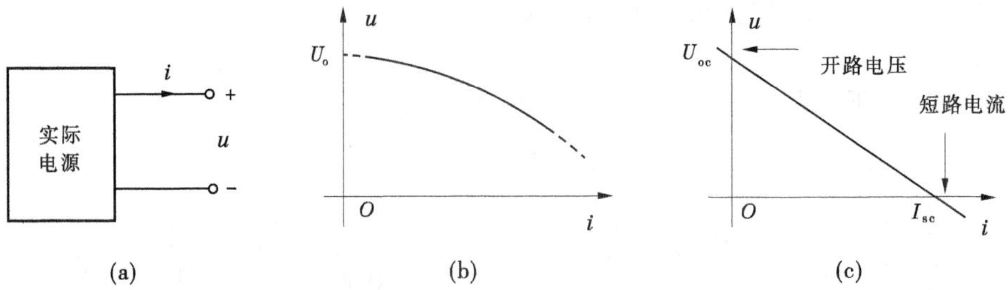

图 2-19　实际电源的伏安特性曲线

可见，实际电源的输出电压随输出电流的增大而减小，且不成线性关系。电流不可以超过它的最大限值以致损坏电源。不过在一定范围内电压、电流的关系近似为一条直线，如果把这一直线延长如图 2-19(c)所示，可以看出：$i=0$ 时的电压为开路电压；$u=0$ 时的电流为短路电流。据此特性，可以用电压源和电阻的串联组合或电流源与电导的并联组合作为实际电源的电路模型。

图 2-20(a)所示为电压源 u_S 和电阻 R 的串联组合电路，在端子 1—1′处输出的电压、电流关系为

$$u = u_S - Ri \tag{2-15}$$

图 2-20(c)所示为电流源 i_S 和电导 G 的并联组合电路，在端子 1—1′处输出的电压、电流关系为

$$i = i_S - Gu \tag{2-16}$$

如果令：

$$G = 1/R\ ,i_S = Gu_S \tag{2-17}$$

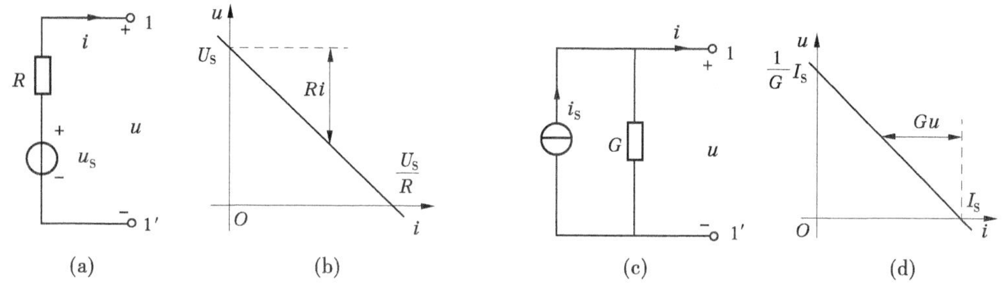

图 2-20　实际电源的两种电路模型及伏安关系曲线

则 $u=u_S-Ri$ 和 $i=i_S-Gu$ 两方程完全相同，也就是说在端子 1—1′处的 u 和 i 的关系将完全相同，式(2-17) 就是这两种组合彼此对外等效必须满足的条件。但要注意 i_S 和 u_S 的参考方向，i_S 的参考方向由 u_S 的负极指向正极。由图 2-20 中伏安特性曲线可知：当 $i=0$ 时，端子 1—1′处的电压称为开路电压记为 u_{oc}，此时 $u_{oc}=u_S$；当 $u=0$ 时，相当于端子 1—1′处短路，其电流称为短路电流记为 i_{sc}，此时 $i_{sc}=i_S$。同时有 $i_{sc}=Gu_{oc}$，$u_{oc}=Ri_{sc}$。

图 2-20(b)和(d)分别表示当 u_S 和 i_S 为直流电压源和直流电流源时在 i—u 平面上的伏安特性，它们都是一条直线。当式(2-17)的条件满足时，它们将是同一条直线。

上述两种模型之间的等效变换仅保持端子 1—1′外部电路的电压、电流和功率相同，即只是对外部等效，对内部并无等效可言。因为端子 1—1′开路时，两电路对外均不发出功率，但此时电压源发出的功率为零，电流源发出的功率为 i_S^2/G；反之，端子 1—1′短路时，电压源发出的功率为 u_S^2/R，电流源发出的功率为零。显然是矛盾的。

2.4　运用等效变换简化含受控源的电路

2.4.1　由受控源、电阻组成的二端网络简化

对于一个不含独立源的一端口电路或网络，不论内部如何复杂，其端口电压和端口电流都成正比，定义这个比值为一端口电路的输入电阻(如图 2-21 所示)，即表达式为

$$R_{in}=\frac{u}{i} \tag{2-18}$$

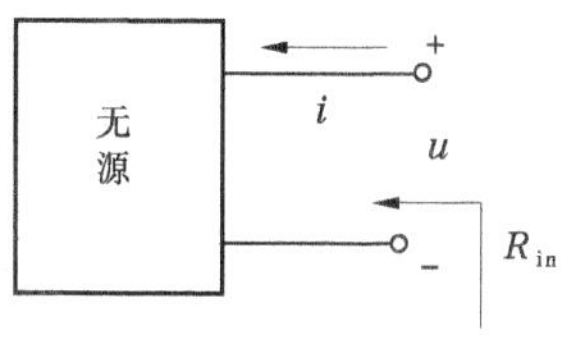

图 2-21　输入电阻定义图

根据输入电阻的定义，如果一端口网络内部仅含电阻，则应用电阻的串、并联或△—Y 变换等方法求它的等效电阻，输入电阻等于等效电阻。如果一端口网络内部除电阻外还含有受控源但不含任何独立源，则应用在端口加电源的方法求输入电阻：加电压源，求得电流；或加电流源，求电压，然后计算电压和电流的比值得输入电阻，这种计算方法称为电压、电流法。

对含有独立源的一端口电路，求输入电阻时，要先把独立源置零(变成无源)：电压源短路，电流源断路，然后按仅含电阻的二端网络求解。

在应用电压、电流法时，端口电压、电流的参考方向对两端电路来说是关联的。

【例 2.2】 求图 2-22 所示含受控源一端口网络的等效电阻。

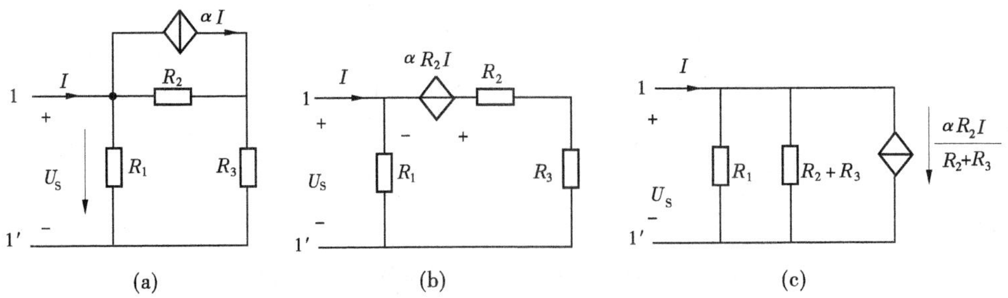

图 2-22 例 2.2 图

解 这里不能简单地用串、并联来处理，为求等效电阻（也称输入电阻）R_i，我们可用欧姆定律 $R_i=\dfrac{U_{11'}}{I}$。为此，我们不妨先假设在 1—1′端施加一激励 U_S，则必有一响应——端口电流 I。

这样就可以求出输入电阻 $R_i=\dfrac{U_S}{I}$，称为端口激励—响应法。原电路可由（a）→（b）→（c）进行等效变换。应注意到其中受控源的变换方法与独立源变换方法相同。

所以有 $$I=\frac{U_S}{R_1}+\frac{U_S}{R_2+R_3}+\frac{\alpha R_2 I}{R_2+R_3}$$

于是等效电阻为 $$R_i=\frac{U_S}{I}=\frac{R_1R_3+(1-\alpha)R_1R_2}{R_1+R_2+R_3}$$

对于上式，分子中可能出现负值，故在一定条件下，含受控源的输入电阻 R_i 可能为零，甚至为负值。上图中若 $\alpha=0$，则受控源开路，图 2-22（a）则是简单的串、并联电路。

可见，对于一个不含独立源而只含受控源和电阻的二端网络，不论其内部结构如何复杂，它的端口电压和电流恒成正比，即 R_i 为一常数。

2.4.2 由独立源、受控源与电阻组成的二端网络简化

对于此类问题的简化，实际上也是寻求一个简单的等效电路。分析方法同样可采用激励—响应法。先来看下面的例子。

【例 2.3】 试简化图 2-23 所示的二端网络。

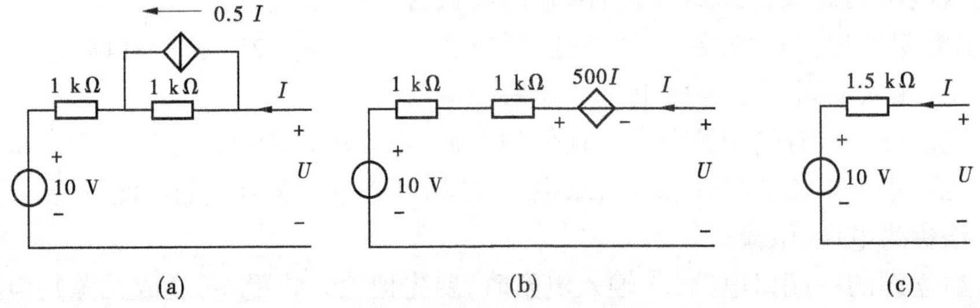

图 2-23 例 2.3 图

解　图2-23(b)由图2-23(a)等效变换而得，由KVL得 $U = 2\,000I - 500I + 10 = 10 + 1\,500I$，根据这个端口的VCR表达式可以画出图2-23(c)。

可见，一个由独立源、受控源与电阻组成的二端网络，总可用一个电压源与一个电阻串联来等效(当然也可用电流源并联一个电阻表示)，如图2-24所示。

图2-24中二端电路的端口伏安关系(VCR)为 $u = u_{oc} + R_i i$，其中，R_i 为输入电阻，u_{oc} 为开路电压。应该注意的是，对含受控源电路化简、等效变换时，不能把受控源的控制量消除掉。

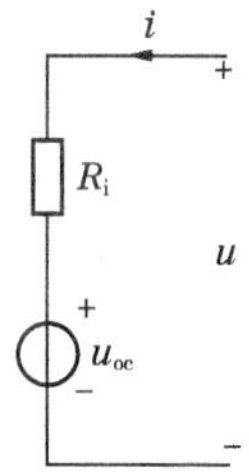

图2-24　例2.3总结图

2.5　直流电路中的几个问题

2.5.1　电桥电路

在实际问题中，时常会遇到图2-25(a)所示的电桥电路。其中，电阻 R_1、R_2、R_3 和 R_4 称为电桥电路的四个桥臂；四个桥臂中间对角线上的电阻 R_5 构成桥支路；一理想电压源与一个电阻元件相串联构成电桥电路的另一条对角线。整个电桥就是由四个桥臂和两条对角线所组成。

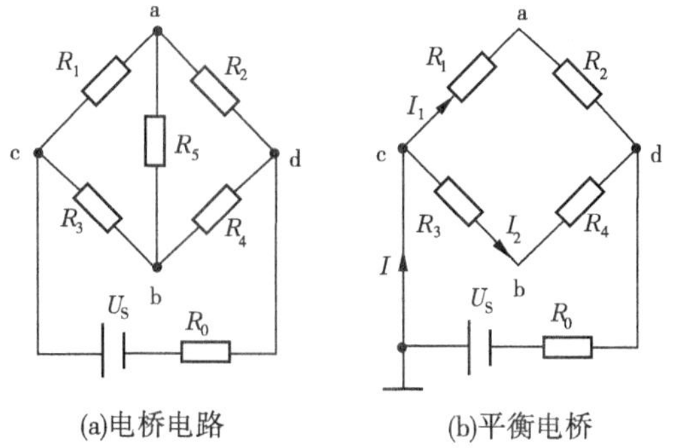

图2-25　电桥电路图

电桥电路的主要特点就是当四个桥臂电阻 R_1、R_2、R_3 和 R_4 的值满足一定关系时，桥支路的电阻 R_5 中没有电流通过，这种情况称为电桥的平衡状态。

那么，四个桥臂电阻之间具有什么样的关系时，才能使电桥处于平衡状态呢？

若使图2-25(a)所示电桥电路中的桥支路 R_5 中没有电流通过，则要求a、b两点电位相等。因此，我们可假设电桥电路已达平衡，即 $V_a = V_b$。此时桥支路电阻 R_5 中无电流通过，将其拆除不会影响电路的其余部分，原电桥电路就可用图2-25(b)来代替。选取c点作为平衡电桥电路的参考点，则a、b两点电位为

$$V_a = -I_1R_1 = I_1R_2 + IR_0 - U_S$$
$$V_b = -I_2R_3 = I_2R_4 + IR_0 - U_S$$

由 $V_a = V_b$ 可得

$$I_1R_1 = I_2R_3$$
$$I_1R_2 = I_2R_4$$

将上述两式相除,可得电桥平衡条件为

$$\frac{R_1}{R_2} = \frac{R_3}{R_4} \tag{2-19}$$

也可写成

$$R_1R_4 = R_2R_3 \tag{2-20}$$

实用中的直流电桥是一种能比较准确地测量电阻的仪器,其基本工作原理就是利用电桥的平衡条件。

2.5.2 负载获得最大功率的条件

一个实际电源产生的功率通常分为两部分,一部分被电源内阻所吸收,另一部分输出给负载。在电子通信技术中总是希望负载上得到的功率越大越好,那么,怎样才能使负载获得最大功率呢?

如图 2-26 所示电路,当负载电阻过大或过小时,显然都不能使负载上获得的功率最大。因为 R_L 很大时,电路将接近于开路状态($I=0$);若 R_L 很小,电路又会接近短路状态($U=0$)。

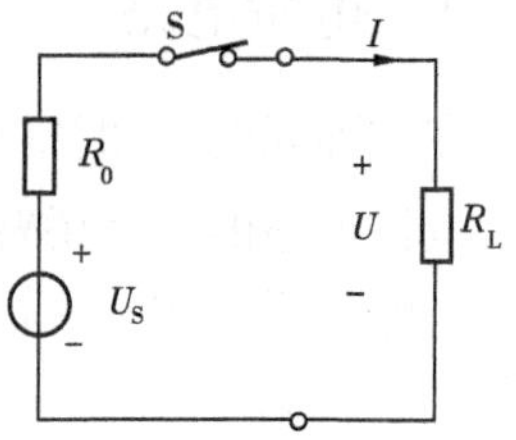

图 2-26　电路举例

为找出负载上获得最大功率的条件,我们可写出图 2-26 所示电路中负载电阻 R_L 的功率表达式

$$P = I^2R_L = \left(\frac{U_S}{R_0 + R_L}\right)^2R_L = \frac{U_S^2R_L}{(R_0 + R_L)^2}$$

为了便于对问题的分析,上式可化为

$$P = \frac{U_S^2}{4R_0 + \dfrac{(R_0 - R_L)^2}{R_L}}$$

由上式可以看出,负载功率 P 仅由分母中的两项所决定。第一项 $4R_0$ 与负载电阻 R_L 无关,第二项显然只取决于分子$(R_0 - R_L)^2$。因此,当第二项中的分子为零时,分母最小,此时负载 R_L 上获得的功率最大,即

$$P_{max} = \frac{U_S^2}{4R_0} \tag{2-21}$$

由此得出负载获得最大功率的条件是:负载电阻等于电源内阻。

工程中常把负载获得最大功率时的电路状态称为匹配。所谓"阻抗匹配功率大"即是此意。这一原理在许多实际问题中得到应用。例如,晶体管收音机里的输入、输出变压器就是为了达到上述阻抗匹配条件而接入的。

2.5.3 具有一定对称性的电路

有些网络在电气结构上具有某种对称性质,正确地利用对称性,可大大简化分析。

【例 2.4】 图 2-27 所示电阻网络,各电阻相等均为 R,求 ab 端口等效电阻 R_{ab}。

解 假设 a、b 端口加一电压源 U_S，由于电路以 acb 为轴左右对称，所以节点 p 与 p′、q 与 q′、o 与 o′的电位分别相等，将等电位点连接起来就构成了图 2-27(b)的电路，相当于以 acb 为轴将左右部分“对折”到左边，对应的电阻并联(各电阻均为$\frac{R}{2}$)。

所以
$$R_{ab}=\frac{R}{2}+\frac{R\times R}{R+R}+\frac{R}{2}=\frac{3R}{2}$$

对于图 2-27(a)还有另一种对称性，就是以 oco′为轴的上下对称，设 b 点为零电位点，a 点电位为 U_S，则在中心线各点的电位均为$\frac{1}{2}U_S$，即 o、c、o′三点等电位，也可连接起来，方便求出。

所以
$$R_{ab}=\frac{R}{2}+\frac{R}{4}+\frac{R}{4}+\frac{R}{2}=\frac{3}{2}R$$

可见，在电路分析中，如果已知或判断出电路中某两点或多点电位(节点电位)相同，即可把这两个(多个)节点短接，来化简电路。同样，如果已知或预先判断出电路中某一支路没有电流通过，可以把这一支路断开，即开路。

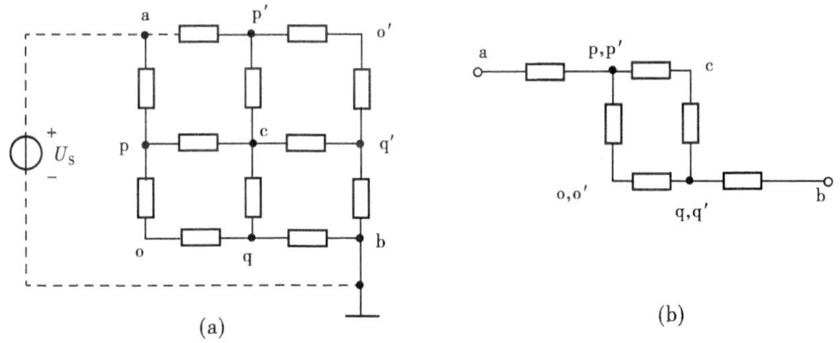

图 2-27 例 2.4 图

【项目任务】

(一)实验名称

电路元件伏安特性测量

(二)实验目的

1. 熟悉万用表的使用方法。
2. 加深理解线性电阻的伏安特性与电流、电压的参考方向。
3. 加深理解非线性电阻元件的伏安特性。
4. 加深对理想电源、实际电源伏安特性的理解。

(三)实验设备和器材

直流可调稳压电源	0 ~ 30 V
万用表	MF－500 型
电位器	1 kΩ
电阻器	100 Ω,510 Ω,1 000 Ω

（四）实验原理与说明

1. 线性电阻是双向元件，其端电压 u 与其中的电流 i 成正比，即 $u=Ri$，其伏安特性曲线是 $u\sim i$ 平面内通过坐标原点的一条直线，直线斜率为 R，如图 2-28 所示。

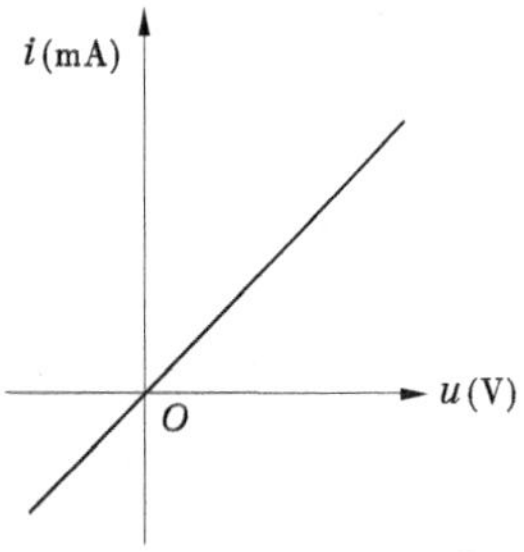

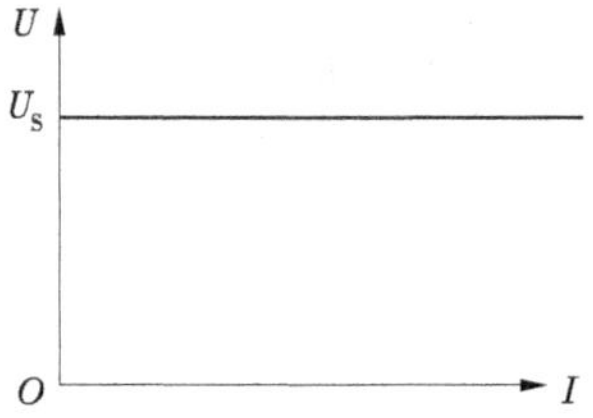

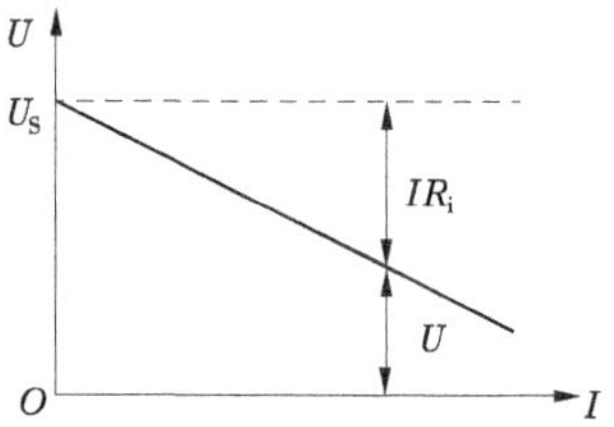

图 2-28　线性电阻伏安特性曲线　图 2-29　理想电压源伏安特性曲线　图 2-30　实际电压源伏安特性曲线

2. 理想电压源的输出电压是不变的与流过它的电流无关，流过它的电流由电源电压 U_S 与外电路共同决定，其伏安特性曲线为平行于电流轴的一条直线，如图 2-29 所示。

3. 实际电压源为理想电压源 U_S 与内阻 R_S 的串联组合。其端口电压与端口电流的关系为：$U=U_S-R_SI_0$。伏安特性曲线为斜率是 R_S 的一条直线，如图 2-30 所示。

（五）实验内容及步骤

1. 学习万用表的使用。

用万用表测量线性电阻、直流电流和直流电压，测量电路如图 2-31 所示。

（1）用直接法测电阻 $R_1=100\ \Omega$，$R_2=510\ \Omega$，$R_3=1\ 000\ \Omega$。

（2）按图 2-32 接好电路，用万用表测量电压 U_S、U_1、U_2 电路 I、I_1、I_2。

（3）用间接法求电阻 R_1、R_2、R_3、R（总）。

（4）自制表格填入相关数据。

2. 测量线性电阻的伏安特性。

（1）按图 2-32 接线，检查无误后，接通电源。

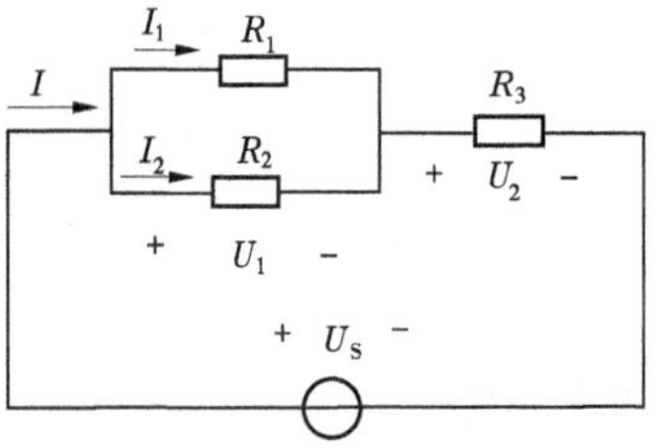

图 2-31

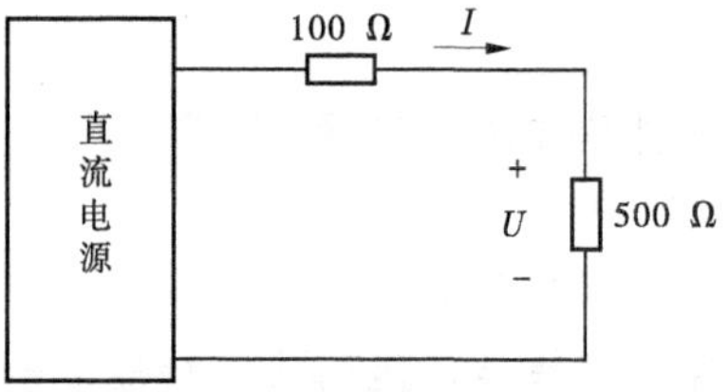

图 2-32

（2）调节直流电源的输出电压，使 U 分别为表 2-1 所列数据，测量相应的 I 值填入表中。

（3）画出线性电阻的伏安特性曲线。

表 2-1

U(V)	2	4	6	8	10
I(mA)					

3. 测量理想电压源的伏安特性。

(1)按图 2-33 接好电路,检查无误后接通电源,固定直流电源的输出电压 $U=6$ V。

(2)调节可变电阻,使电流 I 分别为表 2-2 中所列数据,测量电压 U 分别填入表中。

(3)画出理想电压源的伏安特性曲线。

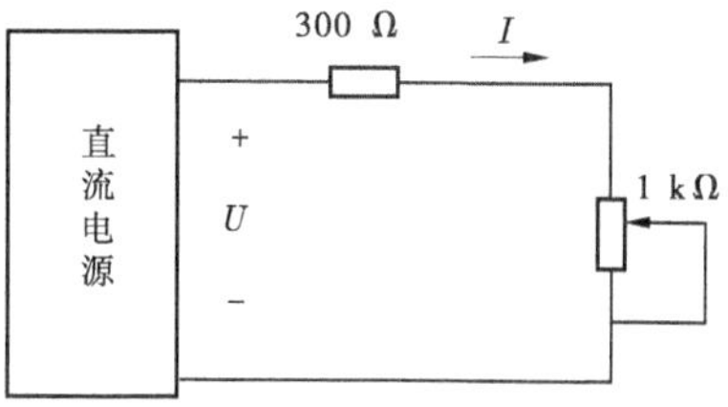

图 2-33

表 2-2

I(mA)	6.0	7.0	8.0	9.0	10.0
U(V)					

4. 测量实际电压源的伏安特性。

(1)按图 2-34 接好电路,检查无误后接通电源,300 Ω 作电源内阻。

(2)调节直流电源电压为 8 V,调节可变电阻使电路中电流 I 分别为表 2-3 中所列数据,测量相应电压 U 并填入表中。

(3)画出实际电压源的伏安特性曲线。

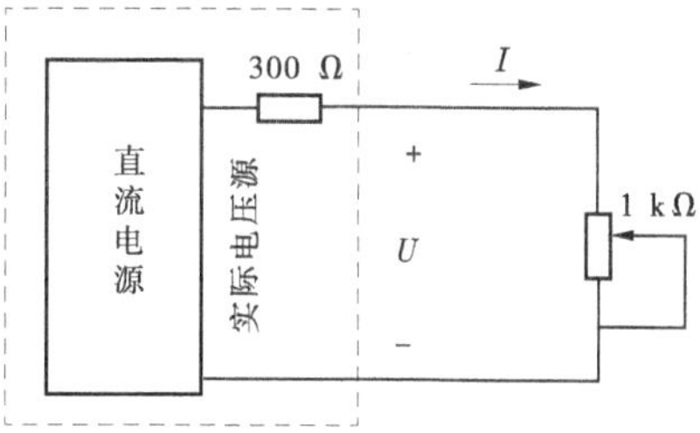

图 2-34

表 2-3

I(mA)	6	7	8	9	10	11	12
U(V)							

(六)实验注意事项

1. 测量二极管正向特性时,稳压电源输出应从小到大逐渐增加,应时刻注意电流表读数不得超过 35 mA。

2. 进行不同实验时,应先估算电压和电流值,合理选择仪表的量程,勿使仪表超量程,仪表的极性亦不可接错。

(七)实验报告

1. 根据各实验数据,分别在方格纸上绘制出光滑的伏安特性曲线。

2. 根据实验结果,总结、归纳出被测元件的伏安特性。

【课后练习】

2.1 如图 2-35 所示,试求电源发出的功率。

2.2 试求图 2-36 所示电路的等效电压源。

2.3 有一个有源二端网络,用内阻为 50 kΩ 的电压表测得它两端的电压为 30 V,用内阻为 100 kΩ 的电压表测得它两端的电压为 50 V,试求这个网络的等效电压源。

2.4 如图 2-37 所示是常见的分压电路,试求负载电流 I_L。

2.5 如图 2-38 所示电路中,R_L 等于多大时能获得最大功率?计算这时的电流 I_L 及二端网络产生的功率。

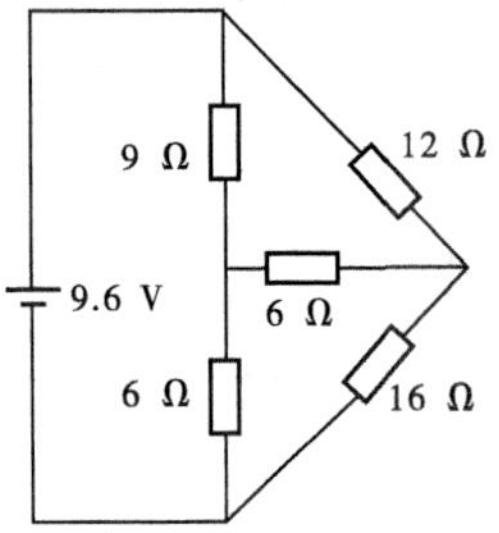

图 2-35

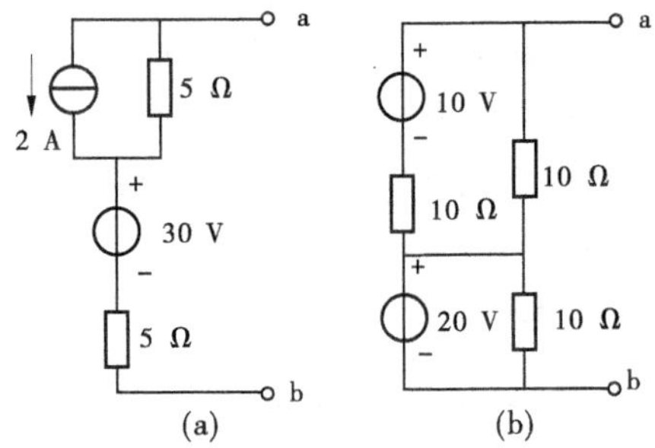

图 2-36

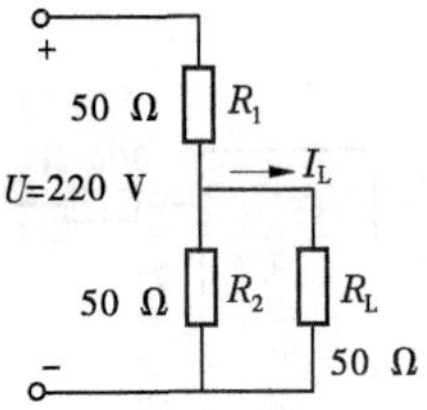

图 2-37

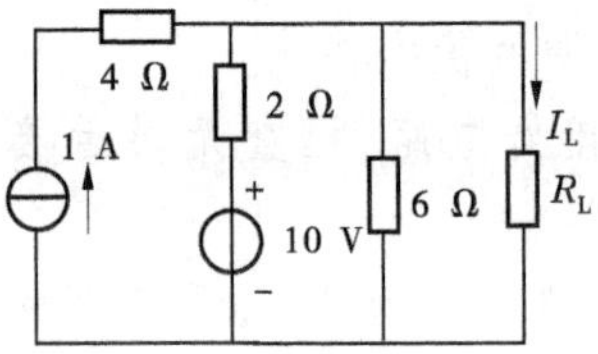

图 2-38

2.6 化简图 2-39 所示电路。

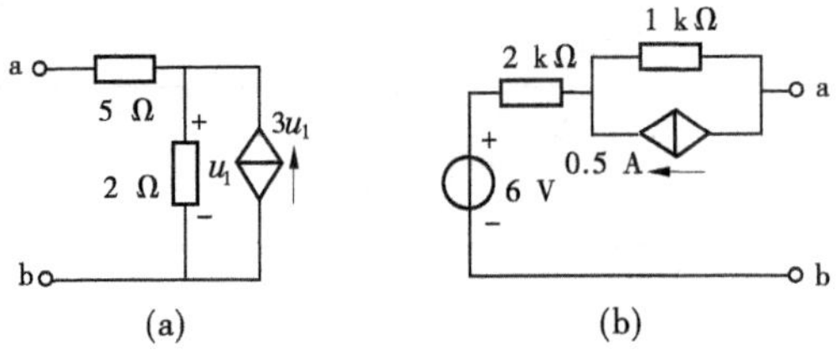

图 2-39

2.7 求图 2-40 所示电路中 R 为何值时能获得最大功率？此最大功率是多少？

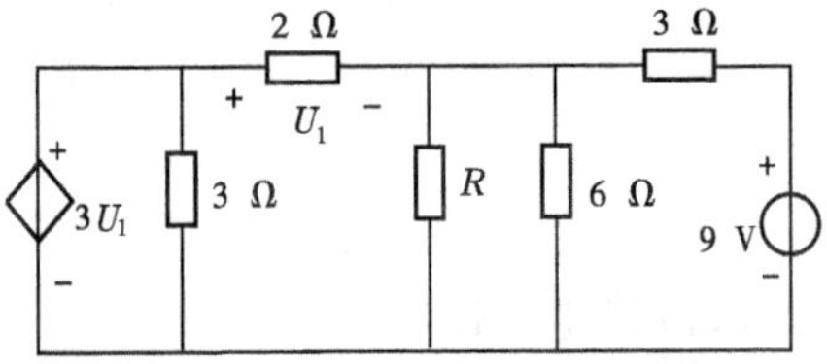

图 2-40

2.8 求图 2-41 所示电路的等效电阻 R_{ab}。

2.9 图 2-42 所示电路中各电阻的阻值相等，均为 R，求等效 R_{ab}。

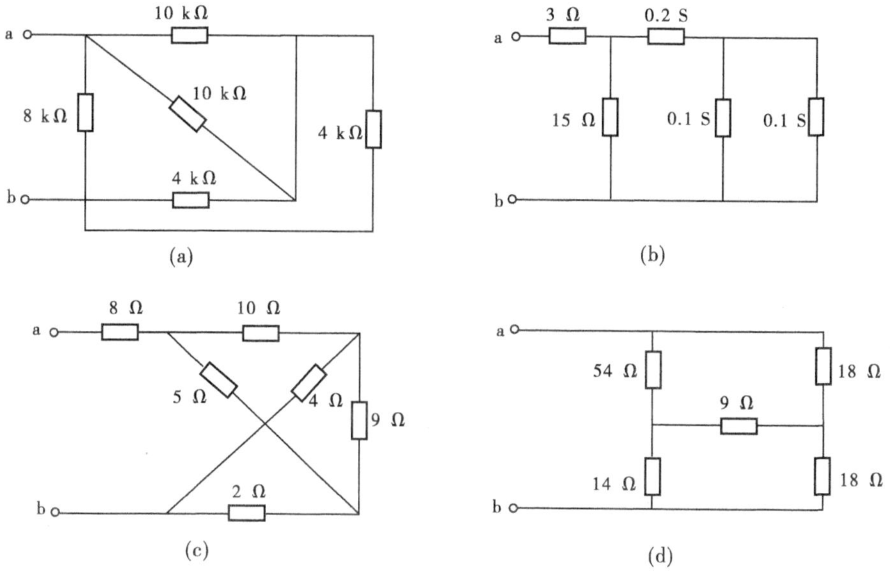
a
b
10 kΩ
10 kΩ
8 kΩ
4 kΩ
4 kΩ
(a)
3 Ω
0.2 S
15 Ω
0.1 S
0.1 S
(b)
8 Ω
10 Ω
5 Ω
4 Ω
9 Ω
2 Ω
(c)
54 Ω
18 Ω
9 Ω
14 Ω
18 Ω
(d)

图 2-41

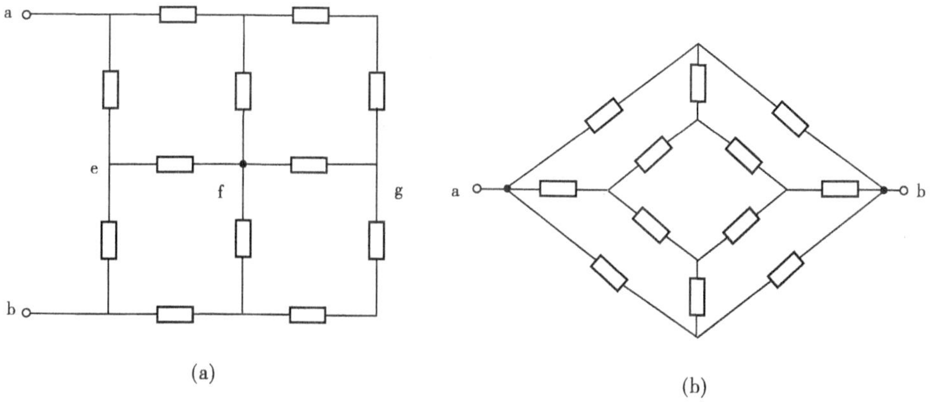
a
b
e
f
g
(a)
(b)

图 2-42

第 3 章　电阻电路的一般分析方法

【教学目标】

要求掌握应用电阻电路的一般分析方法，包括支路电流分析法、网孔电流分析法、回路电流分析法和节点电压分析法。

【学习目标】

1. 熟练运用支路电流法、回路电流法、节点电压法写出支路电流方程、回路电流方程、节点电压方程，并求解；

2. 掌握独立回路的确定方法；

3. 掌握含独立电流源和受控电流源电路的回路电流方程的列写；

4. 掌握含独立电压源和受控电压源电路的节点电压方程的列写。

【基本知识准备】

3.1　电路的图

电路的图不同于电路图，这一概念来源于网络图论，由瑞士数学家欧拉最早提出，是指把电路中每一条支路画成抽象的线段形成的节点和支路的集合。电路图和电路的图所包含的内容不同：电路图的支路是实体，节点是支路的汇集点，移去支路，节点不存在；电路的图的节点是一个实体，移去支路并不意味着同时把它的节点也移去，它允许有孤立的节点存在。电路的图分有向图和无向图，如图 3-1 所示。在图中通常将电压源与无源元件的串联、电流源与无源元件的并联作为复合支路用一条支路表示。

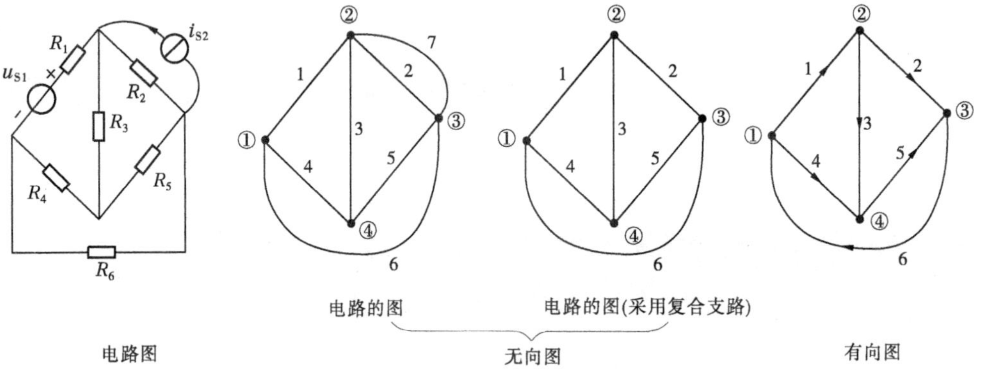

图 3-1　电路的有向图和无向图

电路的图中常用的几个名词如下：

(1) 有向图与无向图：指定支路参考方向的图为有向图，未指定支路参考方向的图为无向图。所谓支路参考方向,通常指该支路电压、电流关联参考方向。

(2)路径:从图的一节点出发,连续经过一些支路,而达到另一节点,构成图的一条路径。

(3)闭合路径:起点与终点重合的路径。其中,节点(顶点)是组成图的抽象几何点;支路(边)代表一个元件或一些元件组合的抽象线段。

(4)连通图:图的任意两节点间至少存在一条路径时,称之为连通图,否则为非连通图(至少存在两个分离部分)。

(5)子图:若图 G1 中所有支路和节点都是图 G 中的支路和节点,则称图 G1 是图 G 的子图。

(6)树:连通图 G 的一个子图(见图 3-2),且满足下列条件:①连通;②包含图 G 中所有节点;③不含闭合路径。如树 T1(1,3,5)。

(7)树支和连支:当确定了连通图 G 的一个树 T(见图 3-2)后,G 中属于 T 的支路称为树支,其余称为连支。据此,如果一个具有 n 个节点、b 条支路的连通图 G,则对应着这个图 G 有很多的树,其任何一个树 T 的树支数目为 $n-1$,连支数为 $b-(n-1)$ 。

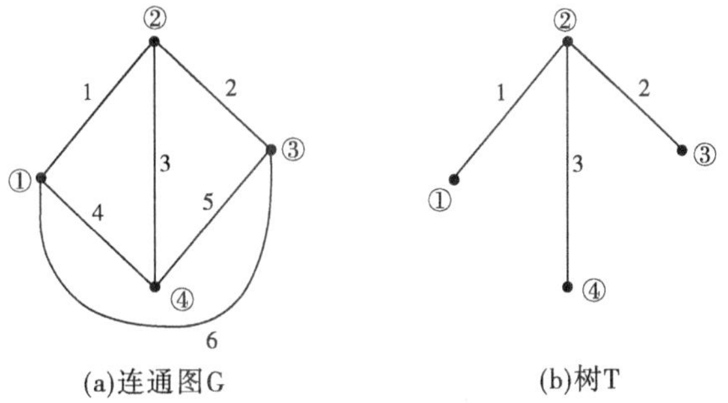

图 3-2 电路的图

(8)回路:连通图 G 的一个子图,构成一条闭合路径,并满足条件:①连通;②每个节点关联 2 条支路。

(9)基本回路:具有独占的一条连支,即具有别的回路所没有的一条支路而构成的回路。

(10)平面网络:如果一个网络的图能够画在一个平面上,而不出现支路交叉,这样的网络称为平面网络,对应的图称为平面图。

(11)网孔:平面图的自然孔(孔内不再有支路),可见平面图是由网孔组成的。

经分析可知,对应一个图有很多的回路,但其基本回路的数目是一定的,等于连支数;对于平面网络,网孔数为基本回路数,即 $b-(n-1)$ 。

3.2 两类约束及 KCL 和 KVL 的独立方程数

集总参数电路由电路元件连接而成,依照基尔霍夫定律,电路中各支路电流受到

KCL 约束,各支路电压受到 KVL 约束,这两种约束只与电路元件的连接方式有关,与元件特性无关,因而也称为拓扑约束。

集总参数电路的电压和电流还要受到元件特性(例如欧姆定律 $u = Ri$)的约束,这类约束只与元件的 VCR 有关,与元件连接方式无关,称为元件约束。

任何集总参数电路的电压和电流都必须同时满足这两类约束关系。因此电路分析的一般方法是:根据电路的结构和参数,列出反映这两类约束关系的 KCL、KVL 和 VCR 方程(称为电路方程),然后求解电路方程就能得到各电压和电流的解答。所以,求解电路的主要任务是确定两类约束的独立方程数。

3.2.1 KCL 的独立方程数

设有 $n=4$ 个节点, $b=6$ 条支路的桥形电路,其有向图如图 3-3 所示,对 4 个节点列写 KCL 方程:

设流出节点的电流为正,流入为负,则有

节点①: $i_1 - i_4 - i_6 = 0$ (1)

节点②: $-i_1 - i_2 + i_3 = 0$ (2)

节点③: $i_2 + i_5 + i_6 = 0$ (3)

节点④: $-i_3 + i_4 - i_5 = 0$ (4)

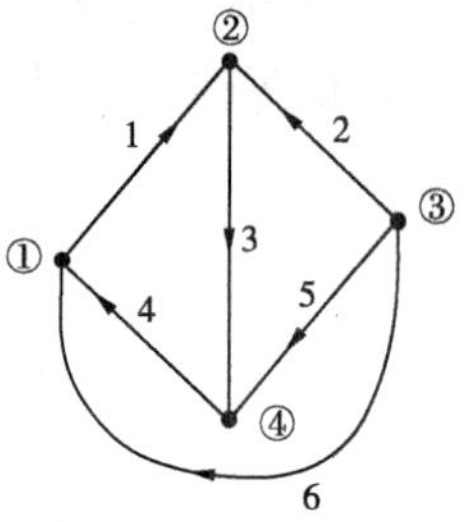

图 3-3 桥形电路 KCL

可以看出:4 个方程之和等于零,即任一方程可由其余 3 个方程相加得到,故独立方程数为 $4-1=3$ 个。因此,可得出一般结论:对于 n 个节点、b 条支路的电路,由于每条支路关联 2 个节点,对其中一个节点电流为流入时,对另一个节点电流必为流出。所以,在 n 个 KCL 方程中 b 条支路的电流必然都出现正、负值各一次,故 n 个 KCL 方程之和恒等于零。因此, KCL 的独立方程数为 $n-1$ 个,且为任意的 $n-1$ 个。即求解电路问题时,只需选取 $n-1$ 个节点来列出 KCL 方程,相应的 $n-1$ 个节点称为独立节点。相应的方程也称为独立节点方程。

3.2.2 KVL 的独立方程数

设有 $n=4$ 个节点, $b=6$ 条支路的桥形电路,其有向图如图 3-4 所示,选择树 T(1,2,3),连支 L_4, L_5, L_6。

对 3 个回路列写 KVL 方程:

回路 1: $u_1 + u_3 + u_4 = 0$ (1)

回路 2: $-u_2 - u_3 + u_5 = 0$ (2)

回路 3: $u_1 - u_2 + u_6 = 0$ (3)

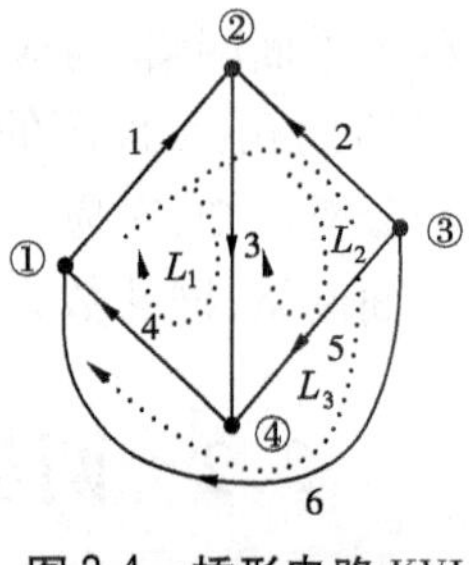

图 3-4 桥形电路 KVL

可以看出:每个方程所包含的连支电压不出现在其他方程中,所以这个方程不可能由其他两个方程的线性组合获得,因此这三个方程是独立的。

一般结论:对于 n 个节点、b 条支路的电路,当选择一个树 T 以后(树枝数为 $n-1$),每加一个连支便可构成一个回路,这样一共可构成 $l=b-(n-1)$

个相异的单连支回路(基本回路),它们必定是彼此独立的。因为,每一个连支回路至少包含一条为其他回路所没有的支路(即连支)。所以,单连支回路组,又称为基本回路组,是独立回路组。所以,KVL 独立方程数为 $l = b-(n-1)$ 个,即求解电路问题时,只需选取 $l = b-(n-1)$ 个回路来列出 KVL 方程。

由上述分析可知,所谓电路分析的一般方法,是指求解任意电路,特别是复杂电路中各支路电流和电压的普遍方法。一个有 n 个节点、b 条支路的电路,就有 b 条支路电压和 b 条支路电流需要求解,即共有 $2b$ 个待求变量。这就需要列出以 b 条支路电流和 b 条支路电压为变量的 $2b$ 个独立的电路方程进行求解。以支路电流为变量,应用 KCL 对 n 个节点可以列 $n-1$ 个独立的节点电流方程,而且是任意的 $n-1$ 个节点电流方程。所谓独立节点方程,就是任一方程都不能为其他方程所线性表示,即对节点依次列出 KCL 电流方程时,必须使新方程中都至少包含一个新的支路电流。然而,$n-1$ 个独立的节点电流方程不能求解出 b 条支路电流。所以,这 $n-1$ 个独立的节点电流方程是不完备的。再以 b 条支路电压为变量,应用 KVL 对电路中的闭合回路列出 $b-(n-1)$ 个独立的 KVL 电压方程。这些电压方程,每一个都至少包含有一个新的支路电压,保证了方程的独立性。然而,$b-(n-1)$ 个独立的电压方程,不能求解出 b 条支路电压变量。所以,$b-(n-1)$ 个独立电压方程是不完备的。上述以支路电流和支路电压为变量列出的独立方程,共有 $(n-1)+[b-(n-1)]=b$ 个,即共有 b 个独立电路方程,不能解出 $2b$ 个电路变量。为了求解 $2b$ 个独立变量,对于给定电路结构和元件参数的电路,可再以支路电流和支路电压为变量,列出 b 条支路电压与支路电流关系的支路 VCR 方程,这 b 条支路 VCR 方程是独立的电路方程。因此,$n-1$ 个独立节点电流方程、$b-(n-1)$ 个独立回路电压方程和 b 条支路伏安关系方程,共有 $2b$ 个独立的电路方程。由这 $2b$ 个独立的电路方程,便可以解出 $2b$ 个待求支路电流和支路电压变量。我们称这种分析方法为 $2b$ 法。

3.3 支路电流(电压)法

在上述 $2b$ 法中,对 $b-(n-1)$ 个回路电压(KVL)方程中的支路电压,以支路电流为变量表示的 VCR 式代入,便可得出由 b 条支路电流表示的 $b-(n-1)$ 个独立回路电压方程。于是,$n-1$ 个独立节点电流方程和 $b-(n-1)$ 个独立回路电压方程联立而共有 b 个以支路电流为变量的独立电路方程。由 b 个独立电路方程,便可以解出 b 条支路电流变量,再根据支路的 VCR 关系,便可得出 b 条支路电压。这种分析方法,称为支路电流法。

当然,我们也可以对 $n-1$ 个节点电流(KCL)方程中的支路电流,以支路电压为变量表示的 VCR 式代入,便可得出由 b 条支路电压表示的 $n-1$ 个独立节点电流方程,于是,$n-1$ 个独立节点电流方程和 $b-(n-1)$ 个独立回路电压方程,共有 b 个以支路电压为变量的独立电路方程。由 b 个独立电路方程,便可以解出 b 条支路电压变量,再根据支路的伏安关系,便可得出 b 条支路电流。这种分析方法,称为支路电压法。

3.3.1 支路电流(电压)法电路方程的建立

如图 3-5(a)所示,各支路电流的参考方向已标在图中,各支路电流与电压取关联的参考方向,试求各支路电压、电流。

我们把电压源 u_{S1} 和电阻 R_1 的串联支路组合为一条支路,同样,把电流源 i_{S5} 和电阻 R_5 的并联支路组合为一条支路,可以作出电路的图如图 3-5(b)所示。

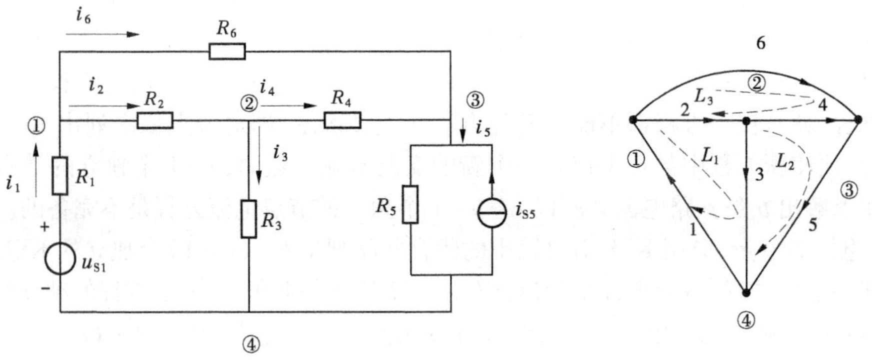

(a) (b)

图 3-5 支路电流(电压)法

依照上述方法,设电流流出为“正”,流入为“负”,可以列出如表 3-1 所示的 KCL、KVL 及 VCR 独立方程。

表 3-1 KCL、KVL 及 VCR 方程

KCL 方程	KVL 方程	VCR 方程
Ⅰ: $\begin{cases} -i_1+i_2+i_6=0 \\ -i_2+i_3+i_4=0 \\ -i_4+i_5-i_6=0 \end{cases}$	Ⅱ: $\begin{cases} u_1+u_2+u_3=0 \\ -u_3+u_4+u_5=0 \\ -u_2-u_4+u_6=0 \end{cases}$	Ⅲ: $\begin{cases} u_1=-u_S+R_1i_1 \\ u_2=R_2i_2 \\ u_3=R_3i_3 \\ u_4=R_4i_4 \\ u_5=R_5i_5+R_5i_{S5} \\ u_6=R_6i_6 \end{cases}$

求解各支路电压、电流的方法如下。

(1)$2b$ 法:将方程组Ⅰ、Ⅱ、Ⅲ联立($2b=12$)求解,可得 6 个支路电流和 6 个支路电压的解。

(2)支路电流法:将方程组Ⅲ中的电压用电流表示,再代入方程组Ⅱ,得出以电流为变量的方程组,再与方程组Ⅰ联立($b=6$)求解,可得 6 个支路电流的解。

(3)支路电压法:将方程组Ⅲ中的电流用电压表示,再代入方程组Ⅰ,得出以电压为变量的方程组,再与方程组Ⅱ联立($b=6$)求解,可得 6 个支路电压的解。

由上述分析，我们可以归纳出支路电流(电压)法解题步骤[1]：设电路有 n 个节点、b 条支路。求解支路电流(电压)，未知量共有 b 个。

(1)以支路电流(电压)为电路变量；

(2)选定支路电流、电压参考方向(关联参考方向)，并标注在图中；

(3)选定参考节点，列出 $n-1$ 个独立节点 KCL 方程；

(4)选定独立回路，指定回路绕向，列写 $b-(n-1)$ 个 KVL 方程(结合 VCR 关系)；

(5)联立求解 KCL 和 KVL 共 b 个方程，得 b 条支路电流(电压)。

应当注意：若某支路仅含电压源 u_{Sk}，则该支路电压已知，电流未知；若某支路仅含电流源 i_{Sk}，则该支路电流已知，电压未知；若某支路仅含有受控源，可按独立源处理。

3.3.2 支路电流方程的应用

【例 3.1】 求图 3-6 所示电路(参数标注在图中)的各支路电流及电压源各自发出的功率。

解 (1)在图中标注各支路电流的参考方向并取电压与电流为关联参考方向。

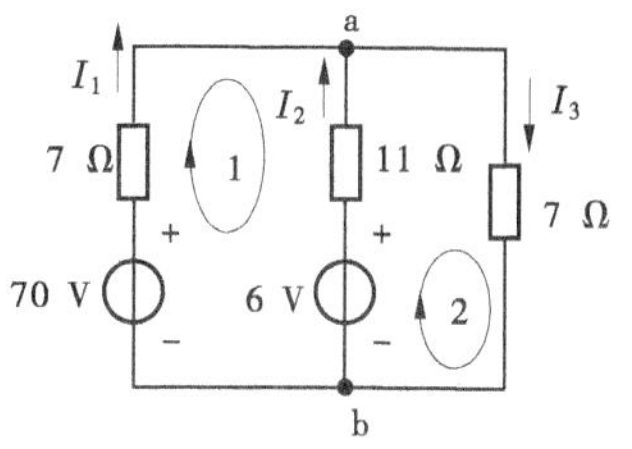

图 3-6 例 3.1 图

(2)对节点 a 列 KCL 方程：$-I_1-I_2+I_3=0$

(3)对两个网孔列 KVL 方程：

$$7I_1-11I_2=70-6$$

$$11I_2+7I_3=6$$

(4)联立求解上述方程：

可得 $I_1=6\ \text{A}$ ， $I_2=-2\ \text{A}$ ， $I_3=4\ \text{A}$

(5)电压源发出的功率：

70 V 电源发出的功率： $P_{70}=6\times70=420(\text{W})$

6 V 电源发出的功率： $P_6=-2\times6=-12(\text{W})$

本例提示我们，两个电源并联时，并不都是向负载供给电流和功率。当两电源的电动势相差较大时，就会发生某电源不但不输出功率，反而吸收功率成为负载的现象。因此，在实际的供电系统中，直流电源并联时，应使两电源的电动势相等，内阻也应相近。有些电器设备更换电池时也要求全部同时换新的，而不要一新一旧，也是同一道理。

【例 3.2】 列写图 3-7 所示电路(参数标注在图中)的支路电流方程(电路中含有理想电流源)。

解法 1：设电压、电流参考方向关联，并设 6 A 电流源两端电压为 U，参考方向如图 3-7 所示。

(1)对节点 a 列 KCL 方程：$-I_1-I_2+I_3=0$

(2)选两个网孔为独立回路，设电流源两端电压为 U，列 KVL 方程：

$$7I_1-11I_2=70-U$$

$$11I_2+7I_3=U$$

---

[1] 2b 法与支路电流(电压)法解题步骤类似，区别仅是电路变量不同。

(3)由于多出一个未知量 U，需增补一个方程：$I_2=6$ A

求解以上方程可得各支路电流。

解法2：由于支路电流 I_2 已知，故只需列写两个方程：

(1)对节点 a 列 KCL 方程：

$$-I_1-6+I_3=0$$

(2)避开电流源支路取回路，如图 3-8 所示选大回路列 KVL 方程：

$$7I_1+7I_3=70$$

求解以上方程可得各支路电流。

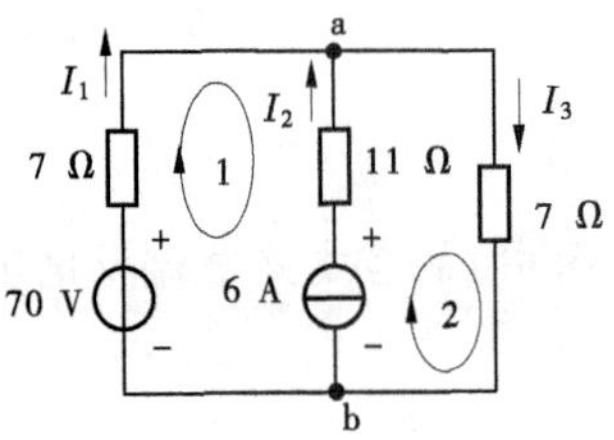

图3-7　例3.2图

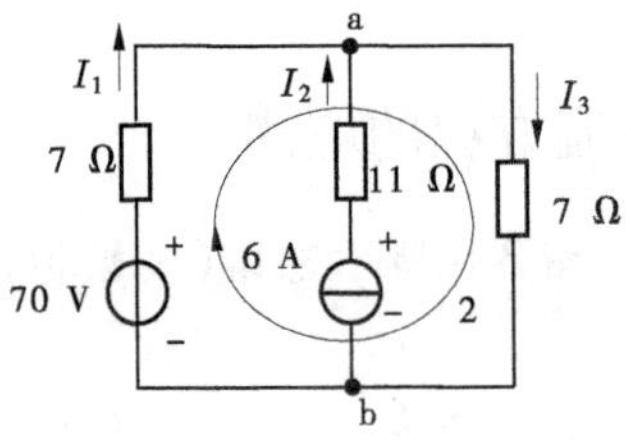

图3-8　例3.2图

本例说明对含有理想电流源的电路，列写支路电流方程有两种方法，一是设电流源两端电压，把电流源看作电压源来列写方程，然后增补一个方程，即令电流源所在支路电流等于电流源的电流即可。另一种方法是避开电流源所在支路方程，把电流源所在支路的电流作为已知。

【例3.3】　列写图3-9所示电路(参数标注在图中)的支路电流方程(电路中含有受控源)。

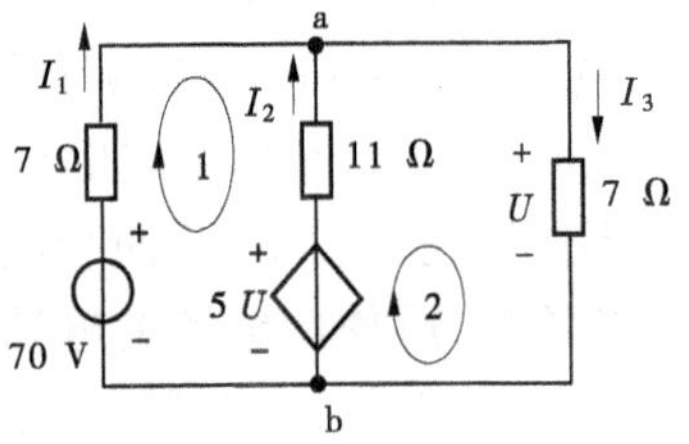

图3-9　例3.3图

解　参考方向已标注在图中。

(1)对节点 a 列 KCL 方程：$-I_1-I_2+I_3=0$

(2)选两个网孔为独立回路，列 KVL 方程：

$$7I_1-11I_2=70-5U$$

$$11I_2+7I_3=5U$$

(3)由于受控源的控制量 U 是未知量，需增补一个方程：$U=7I_3$

(4)整理以上方程，消去控制量 U，则

$$-I_1-I_2+I_3=0$$

$$7I_1 - 11I_2 + 35I_3 = 70$$
$$11I_2 - 28I_3 = 0$$

本例求解过程说明,对含有受控源的电路,方程列写需分两步:

(1)先将受控源看作独立源列方程;

(2)将控制量用支路电流表示,并代入所列的方程,消去控制变量。

3.4 网孔电流法

支路电流法对于节点和支路数较多的网络,变量和电路方程数较多,分析计算的工作量较大。能否进一步减少网络的独立变量数和独立方程数,又能求解出 $2b$ 个待求变量呢?回答是肯定的。这就需要找出数目少于 b 的网络独立电流变量或独立电压变量。这类网络变量应满足如下几个条件:

(1)网络变量必须是独立的。即网络变量之间彼此独立无关,任一个变量都不能被其他变量线性表示,它们之间也不能受 KVL 和 KCL 的约束。

(2)网络变量必须是完备的。即网络变量与按 KVL 和 KCL 列出的独立电路方程数相等。

(3)网络变量必须是支路电流或支路电压的线性函数。即一旦网络方程得解,求出全部网络变量,便可以解出 b 条支路电流和 b 条支路电压。

(4)网络独立变量数应少于支路数 b。

电路理论中,满足上述条件的网络独立变量,主要有网孔电流和独立节点电压。

网孔电流法是在平面网络中,以假想的网孔电流为电路变量,对全部网孔列出一组独立的 KVL 方程,求解方程得到网孔电流;然后,按照支路电流是网孔电流代数和的约束关系,求取支路电流和电压。

网孔方程的建立方法如下。

如图 3-10(a)所示电路,其电路的图见图 3-10(b),设有网孔电流 i_{m1}、i_{m2},其参考方向与网孔绕向一致,则

$$i_1 = i_{m1}\ ,\ i_2 = i_{m1} - i_{m2}\ ,\ i_3 = i_{m2}$$

于是可得网孔 KVL 方程:

$$R_1 i_1 + R_2 i_2 = u_{S1} - u_{S2}$$
$$-R_2 i_2 + R_3 i_3 = u_{S2} - u_{S3}$$

代入 $i_1 = i_{m1}$,$i_2 = i_{m1} - i_{m2}$,$i_3 = i_{m2}$ 可得

$$\begin{cases} (R_1 + R_2)i_{m1} - R_2 i_{m2} = u_{S1} - u_{S2} \\ -R_2 i_{m1} + (R_2 + R_3)i_{m2} = u_{S2} - u_{S3} \end{cases}$$

写成一般形式为

$$\begin{cases} R_{11} i_{m1} + R_{12} i_{m2} = u_{S11} \\ R_{21} i_{m1} + R_{22} i_{m2} = u_{S22} \end{cases}$$

式中,$R_{11} = R_1 + R_2$,为网孔 1 的自电阻;$R_{12} = -R_2$,$R_{21} = -R_2$,为两个网孔的互电阻;

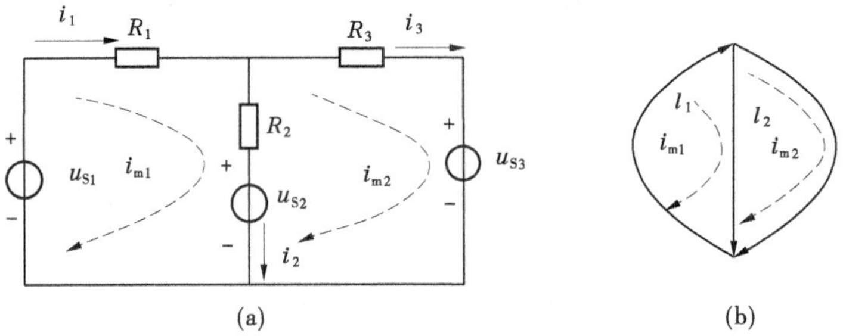

图 3-10　网孔方程的建立

$R_{22}=R_3+R_2$，为网孔 2 的自电阻；$u_{S11}=u_{S1}-u_{S2}$，为网孔 1 的电压源代数和；$u_{S22}=u_{S2}-u_{S3}$ 为网孔 2 的电压源代数和。解方程组就可得出 i_{m1}、i_{m2}。

进一步地，我们可以推广到网孔方程的一般形式：设有 m 个网孔的平面网络，则网孔方程标准式为

$$\begin{cases} R_{11}i_{m1}+R_{12}i_{m2}+\cdots+R_{1j}i_{mj}+\cdots+R_{1k}i_{mk}+\cdots+R_{1m}i_{mm}=u_{S11} \\ R_{21}i_{m1}+R_{22}i_{m2}+\cdots+R_{2j}i_{mj}+\cdots+R_{2k}i_{mk}+\cdots+R_{2m}i_{mm}=u_{S22} \\ \vdots \\ R_{j1}i_{m1}+R_{j2}i_{m2}+\cdots+R_{jj}i_{mj}+\cdots+R_{jk}i_{mk}+\cdots+R_{jm}i_{mm}=u_{Sjj} \\ R_{k1}i_{m1}+R_{k2}i_{m2}+\cdots+R_{kj}i_{mj}+\cdots+R_{kk}i_{mk}+\cdots+R_{km}i_{mm}=u_{Skk} \\ R_{m1}i_{m1}+R_{m2}i_{m2}+\cdots+R_{mj}i_{mj}+\cdots+R_{mk}i_{mk}+\cdots+R_{mm}i_{mm}=u_{Smm} \end{cases}$$

式中，R_{jj}、R_{kk} 分别为网孔(j,k)上的电阻之和，称为网孔自电阻，恒为正值。R_{jk}、R_{kj} 称为互电阻，为(j,k)或(k,j)网孔公共支路上的电阻，可正可负，即视两网孔电流在共有支路上参考方向是否相同而定，方向相同时为正，相反时为负。当所有网孔绕向一致时，恒为负值。显然，两个网孔之间没有共有支路时，或者有共有支路但其电阻为零（如共有支路间仅有电压源）时，其互阻为零。在不含受控源的电阻电路的情况下，$R_{jk}=R_{kj}$；u_{Sjj}，u_{Skk} 分别为各网孔(j,k)上总电压源电压代数和。为便于理解进一步说明，在列写网孔电流方程时，应该：

(1) 网孔电流参考方向与网孔方向取为一致，或均为顺时针，或均为逆时针。

(2) 若网孔(j,k)间无公共支路，则 $R_{jk}=R_{kj}=0$。

(3) 若某支路为电流源与电导并联组合，应先转化为电压源与电阻串联组合。

(4) 若某支路为纯电流源，则包含该支路的一个网孔电流或相邻网孔电流的代数和为已知，可将电流源的电压作为电路变量列入方程右边（或左边，须改变符号）。

(5) 若电路中含受控源，可暂按独立源处理。但其控制量应用网孔电流表示。

【例 3.4】　列出图 3-11 所示电路的网孔电流方程。

解　选取图中所示网孔 L_1、L_2、L_3，并设其电流分别为 i_1、i_2、i_3。依照 KVL 可列出网孔电流方程为

$$(60+20)i_1-20i_2=50-10$$
$$-20i_1+(20+40)i_2-40i_3=10$$

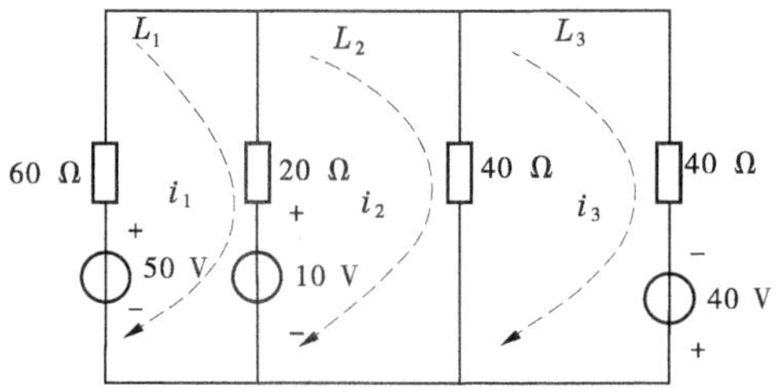

图 3-11　例 3.4 图

$$-40i_2+(40+40)i_3=40$$

解联立方程组可得出各网孔电流。

【例 3.5】　列出图 3-12 所示电路的网孔电流方程。

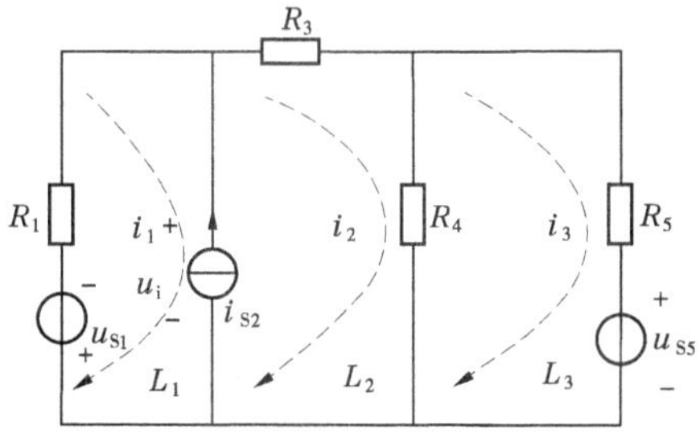

图 3-12　例 3.5 图

解　选取图中所示网孔 L_1、L_2、L_3，并设其电流分别为 i_1、i_2、i_3。因含有电流源，则设其两端的电压为 u_i，依照 KVL 可列出网孔电流方程为

$$\begin{cases}R_1i_1=-u_{S1}-u_i\\(R_3+R_4)i_2-R_4i_3=u_i\\-R_4i_2+(R_4+R_5)i_3=-u_{S5}\end{cases}$$

另加约束方程：$-i_1+i_2=i_{S2}$，解联立方程组可得出各网孔电流。

【例 3.6】　列出图 3-13 所示电路的网孔电流方程。

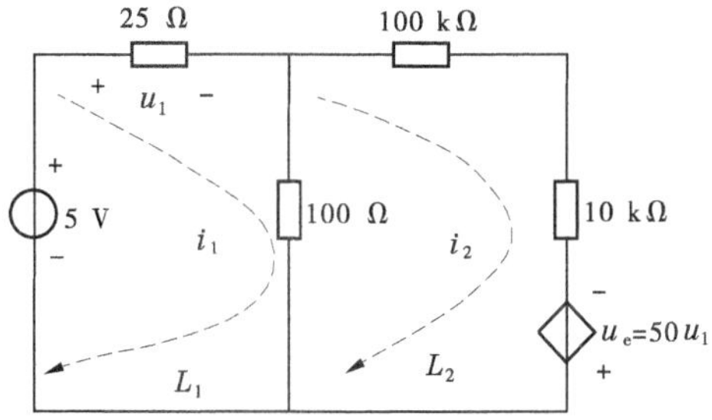

图 3-13　例 3.6 图

解 选取图中所示网孔 L_1、L_2,并设其电流分别为 i_1、i_2。因含有受控源,则设其两端的电压为 u_e,依照 KVL 可列出网孔电流方程为

$$\begin{cases}(25+100)i_1-100i_2=5\\-100i_1+(100+10^5+10^4)i_2=u_e\\u_e=50u_1=50\times25i_1=1\ 250i_1(\text{约束})\end{cases}$$

解联立方程组可得出各网孔电流。

【例 3.7】 如图 3-14 所示电路。试用网孔电流法求电流 I。

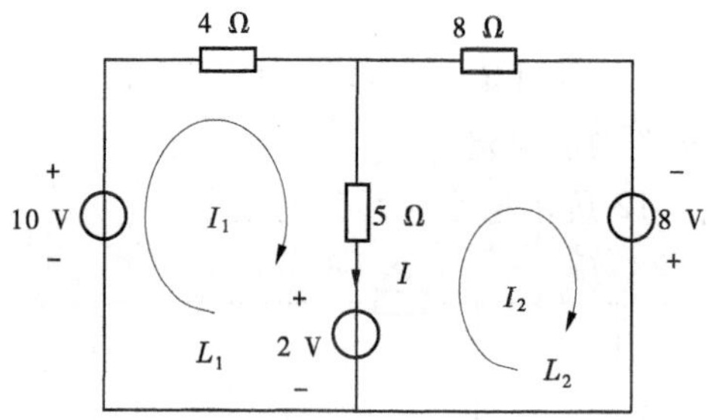

图 3-14 例 3.7 图

解 选取图中所示网孔 L_1、L_2,并设其电流分别为 I_1、I_2。依照 KVL 可列出网孔电流方程为

对网孔 L_1: $(4+5)I_1-5I_2=10-2$

对网孔 L_2: $-5I_1+(5+8)I_2=2+8$

联立求解
$$\begin{cases}I_1=1.67\\I_2=1.41\end{cases}$$

所以 $I=I_1-I_2=0.26\ \text{A}$

综合以上分析,网孔电流法求解可以根据网孔电流方程的一般形式写出网孔电流方程。其步骤归纳如下:

(1)选定各网孔电流的参考方向。

(2)按照网孔电流方程的一般形式列出各网孔电流方程。自电阻始终取正值,互电阻前的符号由通过互电阻上的两个网孔电流的流向而定,两个网孔电流的流向相同,取正;否则取负。等效电压源是理想电压源的代数和,注意理想电压源前的符号。

(3)联立求解,解出各网孔电流。

(4)根据网孔电流再求待求量。

3.5 节点电压法

对于一个有 n 个节点的网络,任意选择一个节点为参考节点,则其余的 $n-1$ 个节点,称为独立节点。独立节点与参考点之间的电压,称为独立节点电压,简称节点电压(即电位)。以 $n-1$ 个节点电压为变量,对每一个独立节点列出一个 KCL 方程,称为节点方程。

因此,共有 $n-1$ 个节点方程,这 $n-1$ 个节点方程是独立的,联立求解节点方程组,便可求出 $n-1$ 个节点电压。通过节点电压便可以直接求出所有支路电压,根据各支路的 VCR,便可求出所有支路电流,从而求得 $2b$ 个变量的解。这种分析计算方法,称为节点电压法。由于 $n-1$ 个独立节点少于 b 条支路数,因此应用节点电压法,列写和求解的电路方程数少于支路电流法,从而可使计算工作简化。节点电压法,适用于任意结构的网络。

3.5.1 节点电压(位)与支路电压的关系

在电路中,任选一节点作参考点,其余各节点与参考点之间的电压差称为相应各节点的电压(位),方向为从独立节点指向参考节点。如图 3-15(a)所示电路,图 3-15(b)为其电路的图,参考方向关联。选下部节点为参考节点,设节点①、②、③的电压(位)分别为 u_{n1}、u_{n2}、u_{n3},则支路 1 的电压为节点①的电压 u_{n1},支路 2 的电压为节点①和节点②的电压差,依次类推,任一支路电压都可以用节点电压(位)表示。电路中各支路电压分别为 $u_1=u_{n1}$,$u_2=u_{n1}-u_{n2}$,$u_3=u_{n2}-u_{n3}$,$u_4=u_{n2}$,$u_5=u_{n3}$,$u_6=u_{n1}-u_{n3}$。

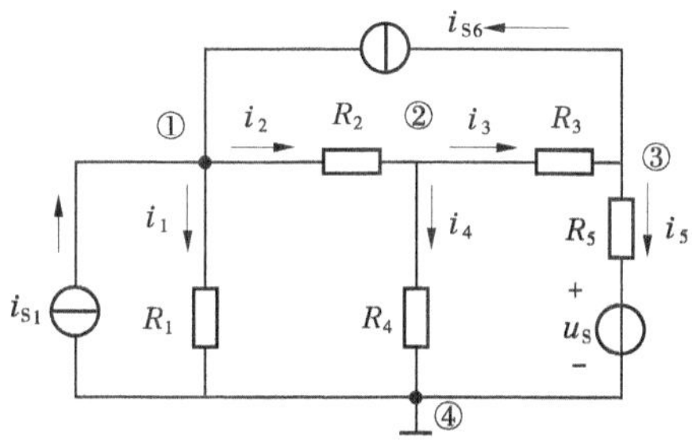

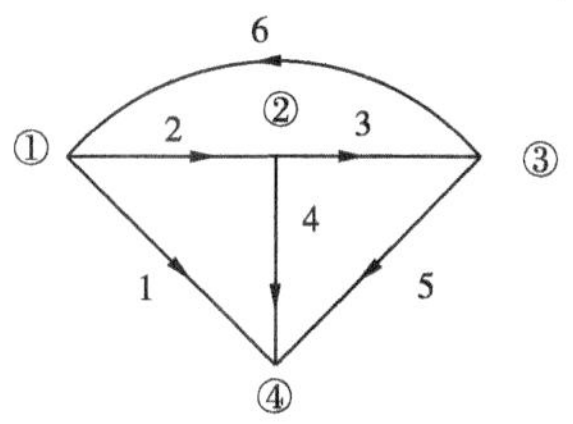

图 3-15 节点电压方程

设 $G_1=\dfrac{1}{R_1}$,$G_2=\dfrac{1}{R_2}$,$G_3=\dfrac{1}{R_3}$,$G_4=\dfrac{1}{R_4}$,$G_5=\dfrac{1}{R_5}$,各支路电流通过支路电压可以求出:

$$i_1=\frac{u_{n1}}{R_1}=G_1u_{n1}$$

$$i_2=\frac{u_{n1}-u_{n2}}{R_2}=G_2(u_{n1}-u_{n2})$$

$$i_3=\frac{u_{n2}-u_{n3}}{R_3}=G_3(u_{n2}-u_{n3})$$

$$i_4=\frac{u_{n2}}{R_4}=G_4u_{n2}$$

$$i_5=\frac{u_{n3}-u_S}{R_5}=G_5(u_{n3}-u_S)$$

由图 3-15 可知,对电路中任何一个回路利用节点电压列 KVL 方程,每一个节点电压一定出现一次正号和一次负号。如支路 1、2、4 构成的回路,KVL 方程为

$$-u_{n1}+(u_{n1}-u_{n2})+u_{n2}=0$$

这说明节点电压自动满足 KVL。因此，节点电压法是对节点列写 KCL 方程，方程数为 $n-1$。

3.5.2 独立节点电压(位)是一组完备的独立电压变量

(1)各独立节点电压(位)之间，彼此独立无关。因为任一独立节点电压不能为其他节点电压所线性表示，各独立节点之间不构成回路，所以它们之间不受 KVL 方程相约束，独立节点电压是一组独立的电压变量。

(2)以 $n-1$ 个独立节点电压(位)为变量，列出的 $(n-1)$ 个节点的 KCL 方程是独立的节点方程。因为，依次对 $n-1$ 个独立节点列出电流方程时，在新的方程中至少包含一个新的支路电流，因此 $n-1$ 个节点方程是独立的电流方程。显然，$n-1$ 个独立节点的节点方程，便可以解出 $n-1$ 个独立节点。所以，节点电压是一组完备的独立电压变量。而且，所有支路电压和支路电流，都可以用独立节点电压表示，只要 $n-1$ 个节点电压(位)求出，$2b$ 条支路电压和电流便易于得出。

3.5.3 节点电压(位)方程的建立

如图 3-15 所示电路，对各节点列 KCL 方程：

对节点①有 $\qquad i_1+i_2=i_{S1}+i_{S6}$

对节点②有 $\qquad -i_2+i_3+i_4=0$

对节点③有 $\qquad -i_3+i_5=-i_{S6}$

把各支路电流用节点电压表示：

$$\frac{u_{n1}}{R_1}+\frac{u_{n1}-u_{n2}}{R_2}=i_{S1}+i_{S6}$$

$$-\frac{u_{n1}-u_{n2}}{R_2}+\frac{u_{n2}-u_{n3}}{R_3}+\frac{u_{n2}}{R_4}=0$$

$$-\frac{u_{n2}-u_{n3}}{R_3}+\frac{u_{n3}-u_S}{R_5}=-i_{S6}$$

将以上方程按未知量顺序排列整理得

$$\left(\frac{1}{R_1}+\frac{1}{R_2}\right)u_{n1}+\left(-\frac{1}{R_2}\right)u_{n2}=i_{S1}+i_{S6}$$

$$\left(-\frac{1}{R_2}\right)u_{n1}+\left(\frac{1}{R_2}+\frac{1}{R_3}+\frac{1}{R_4}\right)u_{n2}+\left(-\frac{1}{R_3}\right)u_{n3}=0$$

$$\left(-\frac{1}{R_3}\right)u_{n2}+\left(\frac{1}{R_3}+\frac{1}{R_5}\right)u_{n3}=-i_{S6}+\frac{u_S}{R_5}$$

可见，用节点电压(位)作为电路变量时，任何支路电流和支路电压均可用节点电压(位)表示。进一步可写出节点方程为

$$(G_1+G_2)u_{n1}-G_2u_{n2}=i_{S1}+i_{S6}$$

$$-G_2u_{n1}+(G_2+G_3+G_4)u_{n2}-G_3u_{n3}=0$$

$$-G_3u_{n2}+(G_3+G_5)u_{n3}=-i_{S6}+\frac{u_S}{R_5}$$

更进一步写成标准形式:

$$\begin{cases}G_{11}u_{n1}+G_{12}u_{n2}+G_{13}u_{n3}=i_{S11}\\G_{21}u_{n1}+G_{22}u_{n2}+G_{23}u_{n3}=i_{S22}\\G_{31}u_{n1}+G_{32}u_{n2}+G_{33}u_{n3}=i_{S33}\end{cases}$$

式中,$G_{11}=G_1+G_2$,$G_{22}=G_3+G_2+G_4$,$G_{33}=G_3+G_5$ 为自电导;$G_{12}=G_{21}=-G_2$,$G_{32}=G_{23}=-G_3$,$G_{13}=G_{31}=0$ 为互电导。

一般来说,对于具有 n 个节点的电路,节点电压方程的标准形式为

$$\begin{cases}G_{11}u_{n1}+G_{12}u_{n2}+\cdots+G_{1j}u_{nj}+\cdots+G_{1k}u_{nk}+\cdots+G_{1(n-1)}u_{n(n-1)}=i_{S11}\\G_{21}u_{n1}+G_{22}u_{n2}+\cdots+G_{2j}u_{nj}+\cdots+G_{2k}u_{nk}+\cdots+G_{2(n-1)}u_{n(n-1)}=i_{S22}\\G_{31}u_{n1}+G_{32}u_{n2}+\cdots+G_{3j}u_{nj}+\cdots+G_{3k}u_{nk}+\cdots+G_{3(n-1)}u_{n(n-1)}=i_{S33}\\\vdots\\G_{j1}u_{n1}+G_{j2}u_{n2}+\cdots+G_{jj}u_{nj}+\cdots+G_{jk}u_{nk}+\cdots+G_{j(n-1)}u_{n(n-1)}=i_{Sjj}\\\vdots\\G_{k1}u_{n1}+G_{k2}u_{n2}+\cdots+G_{kj}u_{nj}+\cdots+G_{kk}u_{nk}+\cdots+G_{k(n-1)}u_{n(n-1)}=i_{Skk}\\\vdots\\G_{(n-1)1}u_{n1}+G_{(n-1)2}u_{n2}+\cdots+G_{(n-1)j}u_{nj}+\cdots+G_{(n-1)k}u_{nk}+\cdots+G_{(n-1)(n-1)}u_{n(n-1)}=i_{S(n-1)(n-1)}\end{cases}$$

式中,G_{kk},G_{jj}分别为各节点(k,j)的自电导,它等于与节点相连(关联)的所有支路电导之和,恒为正值;$G_{jk}=G_{kj}$(无受控源时),为同时与 j、k 支路相关的支路电导代数和,恒为负值,称为互电导。i_{Skk}、i_{Sjj}分别为各节点(k,j)的电流源电流代数和,方向指向节点为正,背离节点为负。为便于理解而进一步说明,在列写网孔电流方程时,应该注意:

(1)各节点 k、j 之间无直连支路,则 $G_{jk}=G_{kj}=0$。

(2)若某支路为电压源和电阻串联组合,应先转化为电流源与电导并联组合。

(3)若某支路为纯电压源,则其关联节点间电压为已知,即 $u_{nk}-u_{nj}=u_{Skj}$,可将电压源中的电流作为变量,按电流源处理。列入方程左边(也可列入方程右边,但应改变符号)。

(4)若某支路为纯电流源,无并联电导,即该支路电导为零。

(5)若电路中含受控源,可暂按独立源处理,但其控制量应用节点电压表示。

对于二节点电路,取其中一个节点为参考点,则 $G_{11}u_{n1}=i_{S11}$,所以,$u_{n1}=\frac{i_{S11}}{G_{11}}$,或二点间电压 $u=\frac{\sum i_S}{\sum G}$,称之为弥尔曼定理。

3.5.4 节点方程解题步骤

【例 3.8】 求图 3-16 所示电路节点电压。

解 选取节点①、②、③为独立节点,节点 0 为参考点,则节点电压方程为

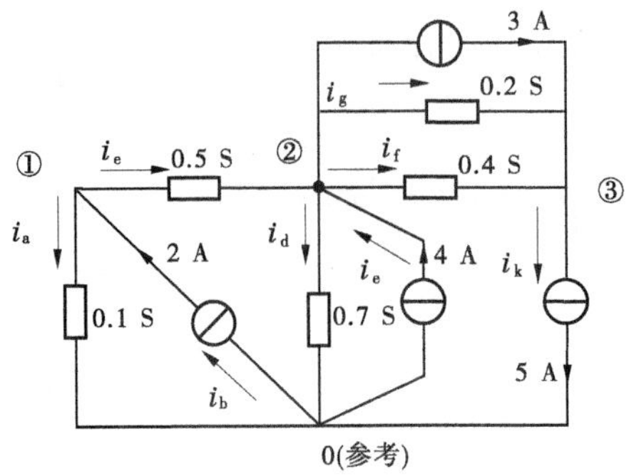

图3-16　例3.8图

$$\begin{cases}(0.1+0.5)u_{n1}-0.5u_{n2}=2\\ -0.5u_{n1}+(0.5+0.7+0.4+0.2)u_{n2}-0.6u_{n3}=4-3\\ -0.6u_{n2}+(0.2+0.4)u_{n3}=3-5\end{cases}$$

解得　　　　$u_{n1}=4.043\ \text{V}, u_{n2}=0.851\ \text{V}, u_{n3}=-2.482\ \text{V}$

显然,用KVL和VCR可求出各支路电流。

【例3.9】　试列写图3-17所示电路的节点电压方程(图中含有无伴电压源支路)。

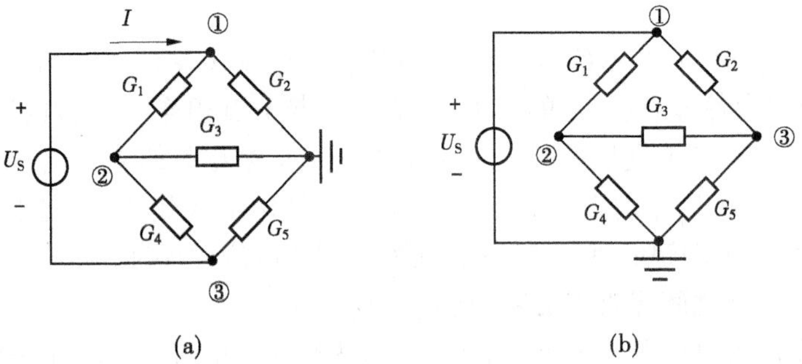

图3-17　例3.9图

解法1:在分析计算之前,先对无伴电压源加以说明。所谓的无伴电压源,就是在电路中无电阻与之串联的电压源。节点编号及参考节点的选取如图3-17(a)所示,设流过电压源的电流为I,把电压源看作电流源列写节点电压方程:

节点①　　　$(G_1+G_2)U_{n1}-G_1U_{n2}=I$

节点②　　　$-G_1U_{n1}+(G_1+G_3+G_4)U_{n2}-G_4U_{n3}=0$

节点③　　　$-G_4U_{n2}+(G_4+G_5+G_S)U_{n3}=-I$

由于所设电流I是未知量,需增补一个方程,即增加节点电压和电压源电压的关系方程:

$$U_{n1}-U_{n3}=U_S$$

解法2:节点编号及参考节点的选取如图3-17(b)所示,此时节点①的电压等于电压源的电压,节点电压方程为

节点① $U_{n1} = U_S$

节点② $-G_1U_{n1} + (G_1 + G_3 + G_4)U_{n2} - G_4U_{n3} = 0$

节点③ $-G_2U_{n1} - G_3U_{n2} + (G_2 + G_5 + G_3)U_{n3} = 0$

本题说明对含有无伴理想电压源的电路，节点电压方程的列写有以下两种方式：

(1)引入电压源电流 I，把电压源看作电流源列写方程，然后增补节点电压和电压源电压的关系方程，从而消去中间变量 I。这种方法比较直观，但需增补方程，往往列写的方程数多。

(2)选择合适的参考点，使无伴理想电压源电压等于某一节点电压。这种方法列写的方程数少。

在一些有多个无伴电压源的问题中，以上两种方法往往并用。

【例 3.10】 列写图 3-18 所示电路的节点电压方程(图中含有受控源)。

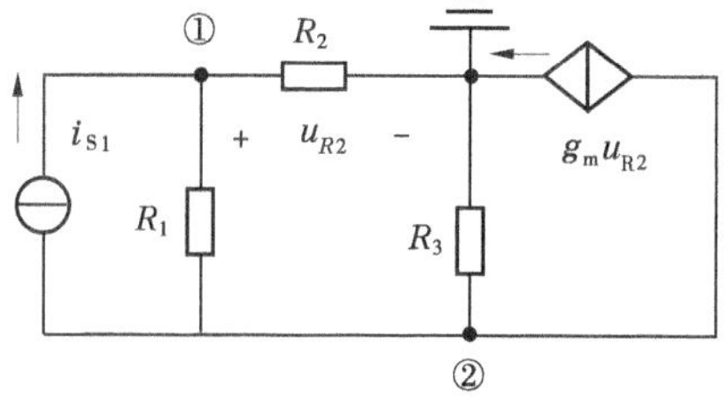

图 3-18 例 3.10 图

解 节点编号及参考节点的选取如图 3-18 所示，先把受控源当作独立源列方程：

节点① $$\left(\frac{1}{R_1}+\frac{1}{R_2}\right)u_{n1}-\frac{1}{R_1}u_{n2}=i_{S1}$$

节点② $$-\frac{1}{R_1}u_{n1}+\left(\frac{1}{R_1}+\frac{1}{R_3}\right)u_{n2}=-g_m u_{R2}-i_{S1}$$

由于受控源的控制量 u_{R2} 是未知量，需增补一个方程：$u_{R2}=u_{n1}$

整理以上方程消去控制量 u_{R2} 得

节点① $$\left(\frac{1}{R_1}+\frac{1}{R_2}\right)u_{n1}-\frac{1}{R_1}u_{n2}=i_{S1}$$

节点② $$\left(-\frac{1}{R_1}+g_m\right)u_{n1}+\left(\frac{1}{R_1}+\frac{1}{R_3}\right)u_{n2}=-i_{S1}$$

本题说明对含有受控电源的电路，可先把受控源看作独立电源列方程，再增补控制量与节点电压的关系方程。

综上所述，掌握节点电压法的关键，在于正确列写出节点电压方程。一般按以下几步：

(1)节点方程是按 KCL 列出的。列节点方程时，必须正确运用电流电压参考方向的概念。假定参考节点的电位最低，各独立节点的电位均高于参考节点电位。因此，流出节点的支路电流为正，流入节点的支路电流为负。所以，在节点方程中，本节点的自电导(与该节点连接各支路电导之和)为正值，互电导(相邻节点之间各支路电导之和)为负值;已知与节点连接各支路电流源的电流流入为正值,流出为负值。对于与节点含“有伴电压源”支路时,应将其等效变换为“有伴电流源”支路来处理。

(2)若电流源支路串联有电阻元件,列节点方程时,电流源支路中的串联电阻置零。即节点方程中该电导为零值。因此,该电阻元件称为虚元件,这种串联有电阻元件的电流源支路,则称为虚元件支路。含有虚元件支路的网络,在列节点方程时,应将虚元件置零。

(3)若网络中,已知电压源的一端接于参考节点时,则电压源另一端连接的独立节点电压为已知。因此,该节点的节点方程不必列出,节点方程数可以减少,简化了计算。

(4)若网络中两独立节点之间是一“无伴电压源”支路,该支路电流为未知量。因此,在列节点方程时可以假设通过该无伴电压源的电流为 I。于是,节点方程中多了一个未知变量,为了使变量数与节点方程数相等,应该根据已知电压源电压与相邻两独立节点电压的关系,再列出一个辅助方程。

【项目任务】

(一)实验名称

网孔电路分析实验

(二)实验目的

1. 网孔电流法可以应用于复杂的网络电路的分析。

2. 比较理论计算结果与实际测量结果,证明网孔电流法。

(三)实验软件及设备

1. 模拟实验软件:Circuit Maker5.5。

2. 实验设备:实验教学板、数字式万用表、可调式 15 V 直流电源(数量 1 个)。

3. 实验元件:470 Ω、680 Ω、330 Ω、1 kΩ、220 Ω 电阻,仪表连接线 WG25 电路连接线若干(根据实验教学板而定)。

(四)实验步骤

1. 模拟以下电路:应用模拟软件 Circuit Maker 5.5 模拟以下网络电路图(见图 3-19),测量各支路的电流及各电阻的电压值并且记录数据。

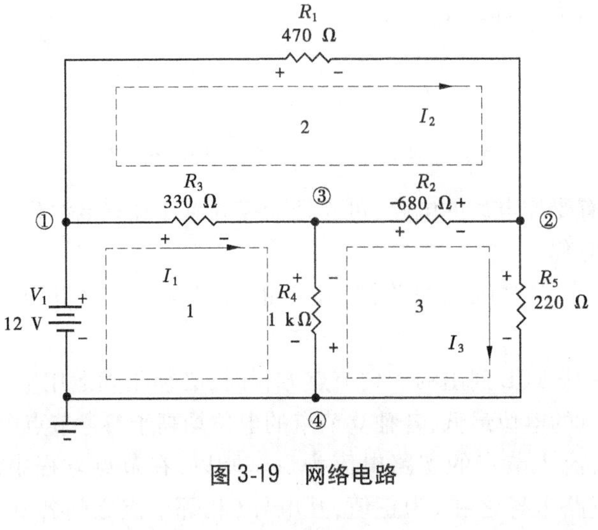

图 3-19 网络电路

2. 根据电阻条码的读解，测量电阻 R_1、R_2、R_3、R_4、R_5 并且记录将用于电路的电阻值，填入表 3-2。

表 3-2

项目	电阻 R_1	电阻 R_2	电阻 R_3	电阻 R_4	电阻 R_5
期望电阻值(Ω)					
测量电阻值(Ω)					
测量电压值(V)					
计算电流值 $(I=U/R)$(mA)					
	方向	方向	方向	方向	方向
网孔电流值(mA)					
	方向	方向	方向	方向	方向

3. 在教学实验板上，建立实验的网孔网络电路(见图 3-19)。

4. 按通电压电源之前。使用万用表测量电源电压，调节电源电压使之输出电压达到电路所需的电压值。

5. 接通电压电源，注意电源电压的正负极。

6. 实际测量每个电阻上的电压降，将测量结果填入表 3-2。

7. 根据测量的电阻值及相应的电压降，利用欧姆定理计算通过各电阻的电流，填入表 3-2，并且记录电流方向。例如，电流方向从左边流入、右边流出，记录电流方向为左右，电流方向从上边流入下边流出，记录电流方向为上下。

8. 关闭或断开电源电压。

(五)实验分析

1. 使用电路图 3-19 和所测量的电阻值，利用网孔电流法决定网孔 1、2、3 的网孔电流 I_1、I_2、I_3。

2. 利用网孔电路电流 I_1、I_2、I_3，通过代数运算，确定通过每个电阻的电流，同时记录电流方向，填入表 3-2。

3. 使用基尔霍夫电压定律(KVL)，证明网孔电路 1、2、3 的电压代数和等于或近似等于零。

4. 使用基尔霍夫电流定律(KCL)，证明节点①、②、③、④处的电流代数和为零或近似等于零，或者所有流入节点电流等于所有流出节点电流。

(六)实验理论性探讨与总结

通常情况，网孔电流法应用原则是使复杂的网络简单化，再用一般方法解决。网孔分析法可以解答含有多个电压源的电路。另外，也可以用节电分析法分析电路。如果电路中含有电流源，首先必须转化为电压源，然后再应用网孔分析法解答。

通过网孔电路分析法实验，学习如何独立完成实验及完成实验要求数据的测量。根据实验测量的数据分析，证明网孔电路分析法。同时，进一步证明基尔霍夫电压定律（KVL）和基尔霍夫电流定律（KCL）。深刻理解网孔电路电流与通过个体电阻电流的区别。

【课后练习】

3.1　图 3-20 所示电路中，已知 $R_1=R_2=10\ \Omega$，$R_3=4\ \Omega$，$R_4=R_5=8\ \Omega$，$R_6=2\ \Omega$，$i_{S1}=1\ A$，$u_{S3}=20\ V$，$u_{S6}=40\ V$，求各支路电流。

3.2　图 3-21 所示电路，各元件参数同题 3.1，求各支路电流。

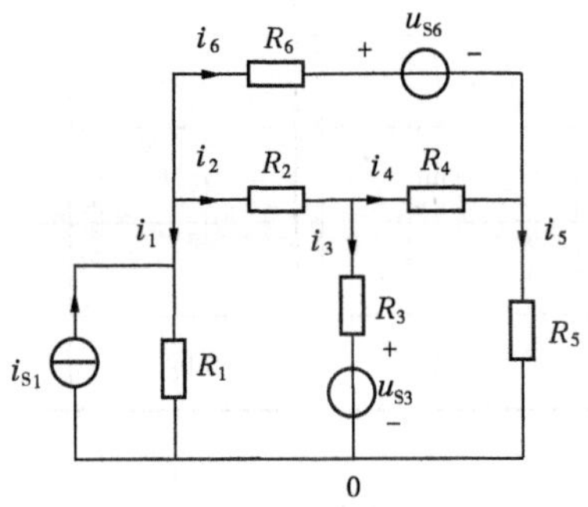

图 3-20

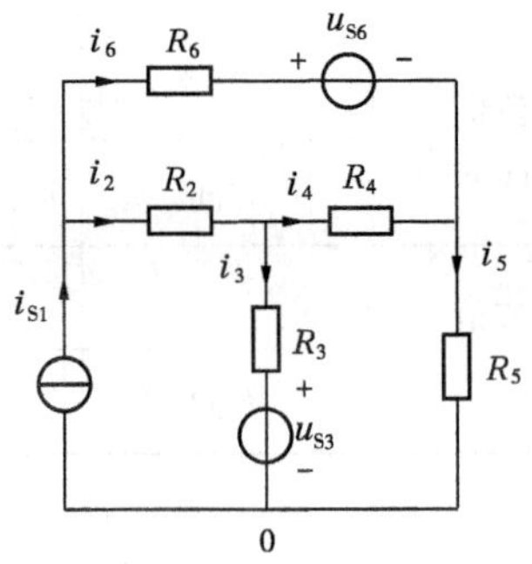

图 3-21

3.3　图 3-22 所示电路，已知 $R_1=10\ \Omega$，$R_2=15\ \Omega$，$R_3=20\ \Omega$，$R_4=4\ \Omega$，$R_5=6\ \Omega$，$R_6=8\ \Omega$，$u_{S2}=10\ V$，$u_{S3}=20\ V$，求各支路电流。

3.4　图 3-23 所示电路，各元件参数同题 3.3，求各支路电流。

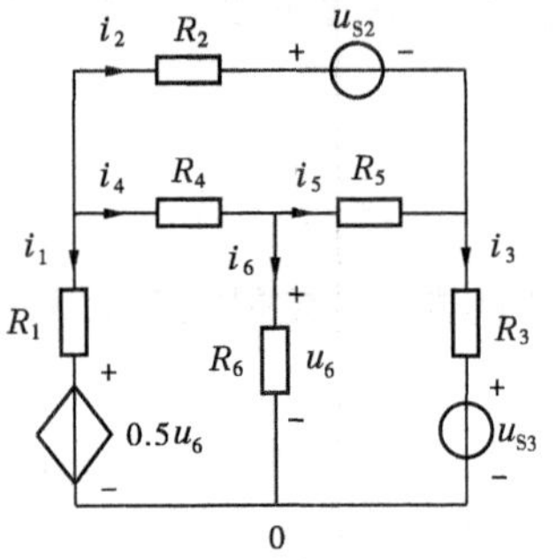

图 3-22

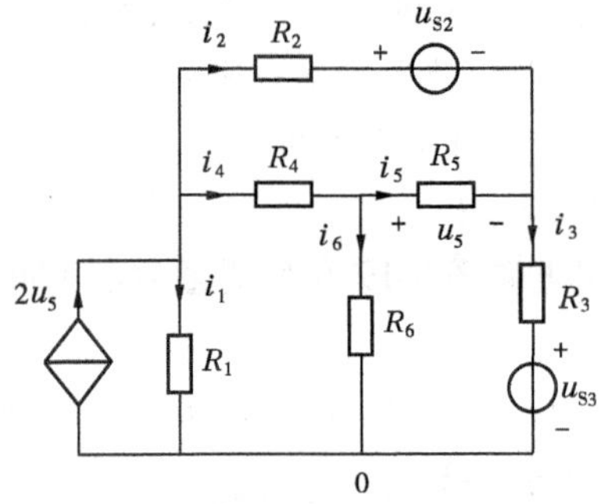

图 3-23

3.5　图 3-24 所示电路中，已知 $R_1=10\ \Omega$，$R_2=R_3=5\ \Omega$，$R_5=8\ \Omega$，$i_{S1}=1\ A$，$i_{S2}=2\ A$，$i_{S3}=3\ A$，$i_{S4}=4\ A$，$i_{S5}=5\ A$，$u_{S3}=5\ V$。以节点 0 为参考点，求节点电压 u_{n1}、u_{n2} 和 u_{n3}。

3.6　图 3-25 所示电路中，已知 $R_1=\frac{1}{2}\ \Omega$，$R_2=\frac{1}{3}\ \Omega$，$R_3=\frac{1}{4}\ \Omega$，$R_4=\frac{1}{5}\ \Omega$，$R_5=\frac{1}{6}\ \Omega$，$u_{S1}=1\ V$，$u_{S2}=2\ V$，$u_{S3}=3\ V$，$i_{S3}=3\ A$，$u_{S5}=5\ V$。试用节点法求各支路电流。

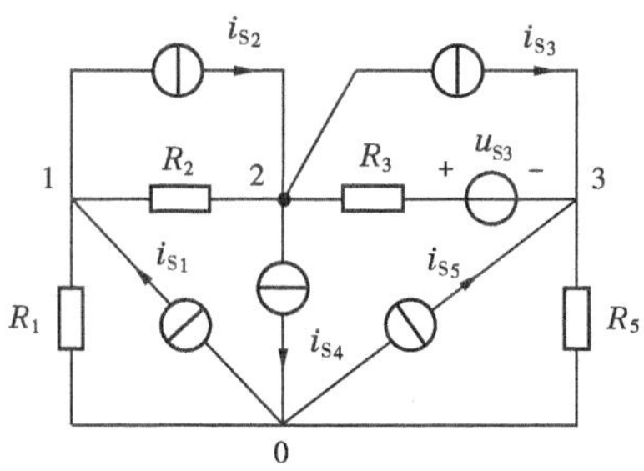

图 3-24

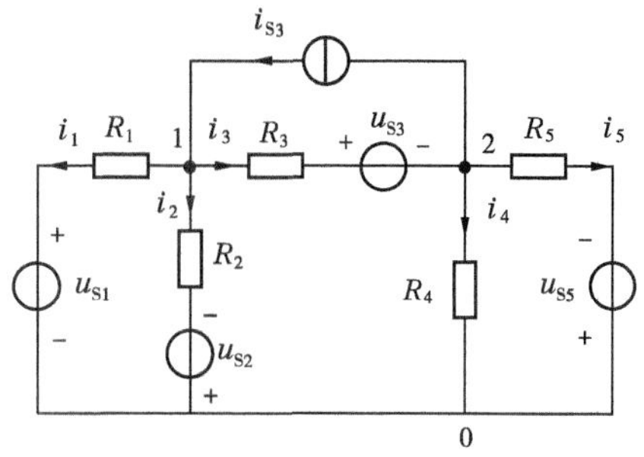

图 3-25

3.7　图 3-26 所示电路中，试用节点法求 I 和 U。

3.8　试用节点法求图 3-27 所示电路中的节点电压 U_{n1}、U_{n2} 和电流 I。

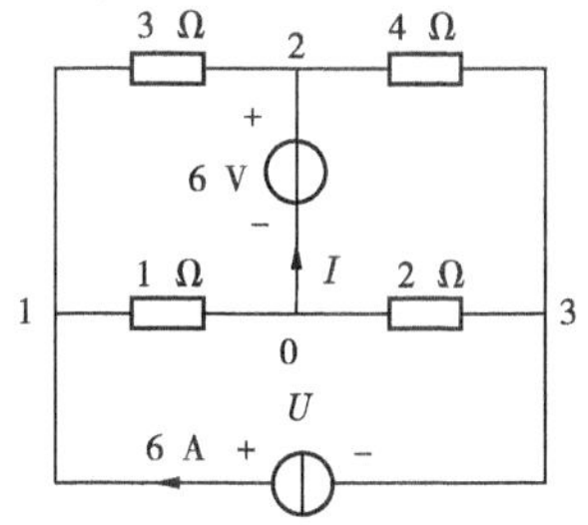

图 3-26

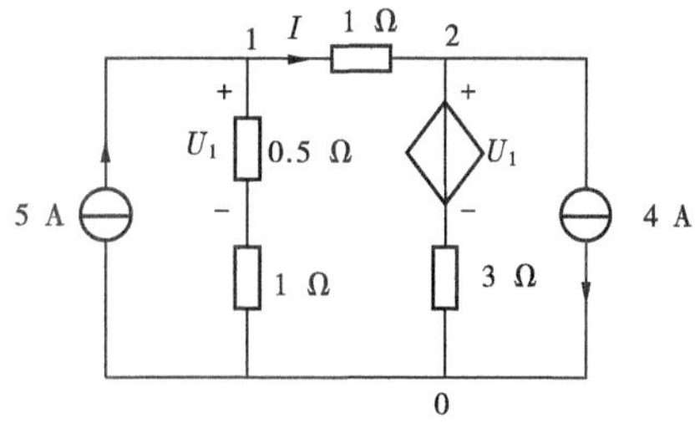

图 3-27

3.9　试用节点法求图 3-28 所示电路中受控电压源的功率。

3.10　图 3-29 所示电路中，已知 $\alpha=4$，其他参数如图中所示，试用节点法求 I_0。

3.11　图 3-29 所示电路中，若 $I_0=10$ A，试用节点法求 α。

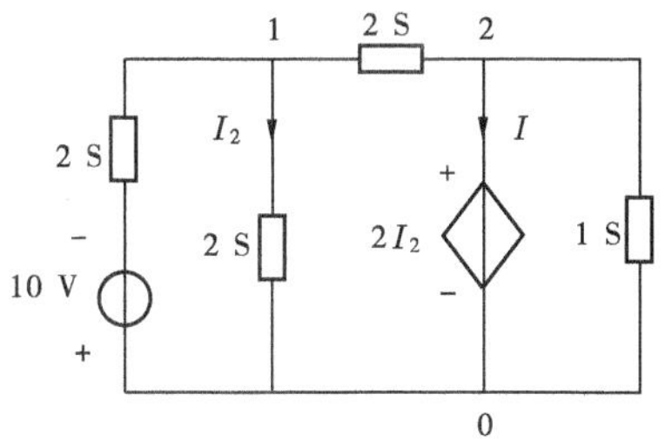

图 3-28

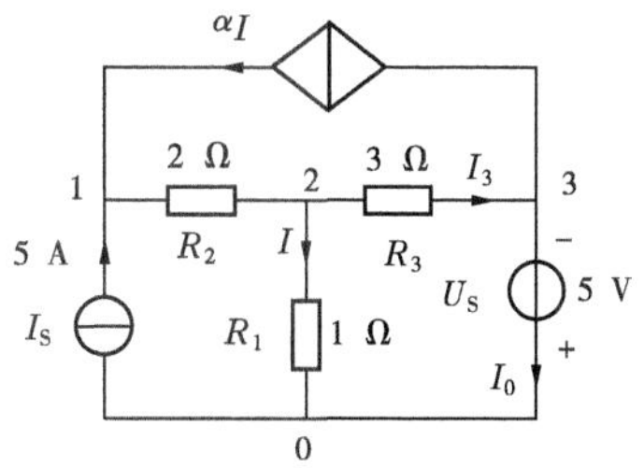

图 3-29

3.12　图 3-30 所示电路，若节点电压 $U_{n1}=6$ V，求节点电压 U_{n2} 和电流源电流 I_S。

3.13　图 3-31 所示电路中，已知 $u_S=1$ V，$i_S=1$ A，试用节点法求受控源的功率。

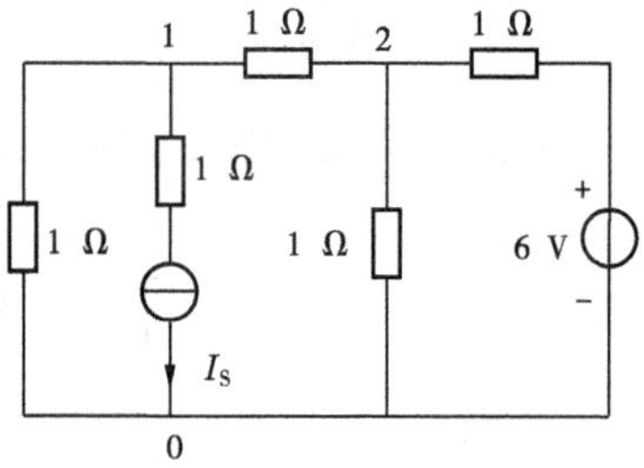

图 3-30

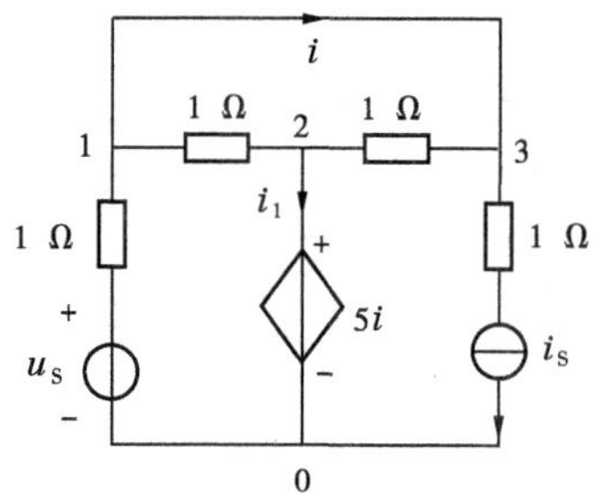

图 3-31

3.14 图 3-32 所示电路，各元件参数均已知，试用节点法列出足以求解该电路的方程。

3.15 用节点法求图 3-33 所示电路中的电流 i 及受控源吸收的功率。

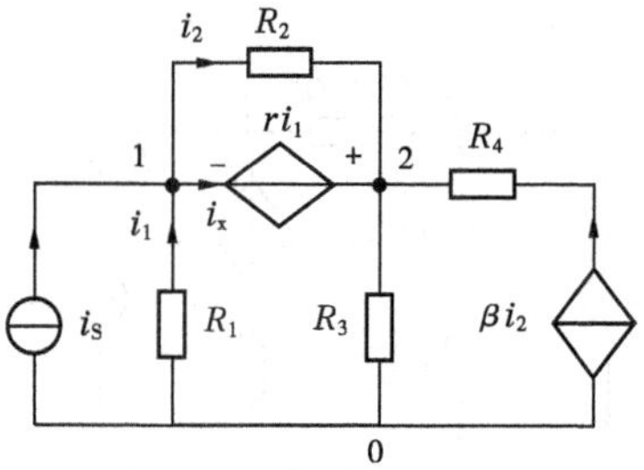

图 3-32

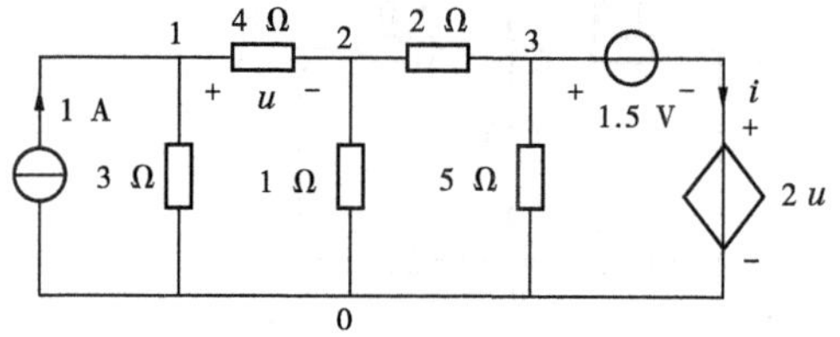

图 3-33

第 4 章　电路定理

【教学目标】

要求熟练运用电路定理进行电路分析。

【学习目标】

1. 掌握叠加定理、戴维南定理和诺顿定理的内容；

2. 熟悉电路定理应用的条件；

3. 掌握电路定理应用中受控源的处理方法。

【基本知识准备】

4.1　叠加定理

我们从初等数学知道，对于线性函数 $f(x)$，如果 $f(x_1+x_2)=f(x_1)+f(x_2)$，$f(ax)=af(x)$，则 $f(ax_1+bx_2)=af(x_1)+bf(x_2)$，其中 a、b 为任意常数。把这一原理运用到电路分析中，就形成了叠加定理。叠加定理是分析线性电路的重要定理。

4.1.1　叠加定理的内容

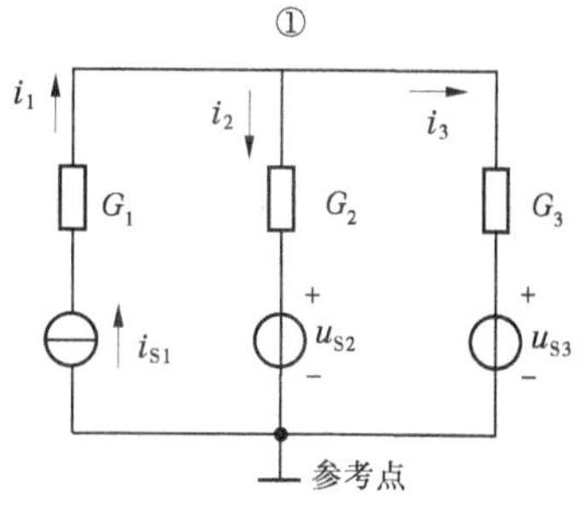

图 4-1　叠加定理

如图 4-1 所示电路中有三个独立电源（激励），现在要求解电路中支路电流 i_2、i_3 和节点①的电压 u_{n1}（响应）。

由图 4-1 所示电路应用节点电压法可得：

$$(G_2+G_3)u_{n1}=i_{S1}+G_2u_{S2}+G_3u_{S3}$$

解得节点电位：

$$u_{n1}=\frac{G_2u_{S2}}{G_2+G_3}+\frac{G_3u_{S3}}{G_2+G_3}+\frac{i_{S1}}{G_2+G_3}$$

支路电流为

$$i_2=(u_{n1}-u_{S2})G_2=-\frac{G_3}{G_2+G_3}u_{S2}+\frac{G_3}{G_2+G_3}u_{S3}+\frac{1}{G_2+G_3}i_{S1}$$

$$i_3=(u_{n1}-u_{S3})G_3=\frac{G_3G_2}{G_2+G_3}u_{S2}-\frac{G_3G_2}{G_2+G_3}u_{S3}+\frac{G_3}{G_2+G_3}i_{S1}$$

以上各式表明：各节点电压和各支路电流均为电路中各独立电源的一次函数（线性组合），均可看成各独立电源单独作用时产生的响应叠加，即可表示为

$$u_{n1}=a_1i_{S1}+a_2u_{S2}+a_3u_{S3}=u_{n1}^{(1)}+u_{n1}^{(2)}+u_{n1}^{(3)}$$

$$i_2=b_1i_{S1}+b_2u_{S2}+b_3u_{S3}=i_2^{(1)}+i_2^{(2)}+i_2^{(3)}$$

$$i_3=c_1i_{S1}+c_2u_{S2}+c_3u_{S3}=i_3^{(1)}+i_3^{(2)}+i_3^{(3)}$$

式中，a_1、a_2、a_3、b_1、b_2、b_3 和 c_1、c_2、c_3 是与电路结构和电路参数有关的系数。进一步可用图 4-2 明示。

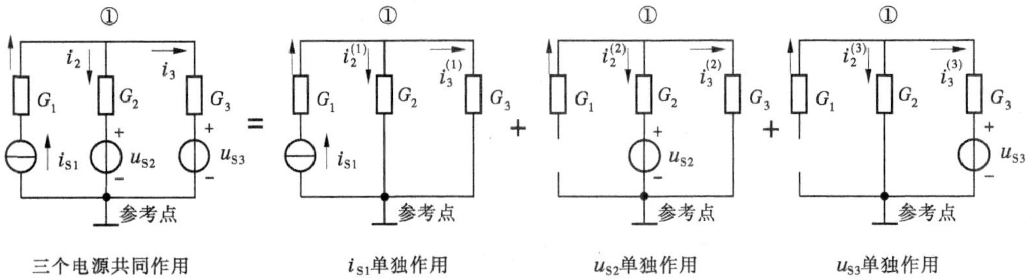

图 4-2　独立电源单独作用的叠加

一般地，如果电阻电路由 n 个电流源和 m 个电压源共同激励，则这种线性叠加关系可以表示为

$$x = \sum_{k=1}^{n} \alpha_k u_{Sk} + \sum_{q=1}^{m} \beta_q i_{Sq}$$

式中，x 为响应电流或电压；u_{Sk} 为第 k 个独立电压源的电压；i_{Sq} 为第 q 个独立电流源的电流；α_k、β_q 为由电路结构和元件参数决定的系数。

因此，叠加定理可以表述为：对于任一线性网络，若同时受到多个独立电源的作用，则这些共同作用的电源在某条支路上所产生的电压或电流应该等于每个独立电源各自单独作用时，在该支路上所产生的电压或电流分量的代数和。

叠加定理是线性电路普遍适用的一个基本定理，它是线性电路"齐次性"和"可加性"的体现，线性电路有许多电路定理可由它导出，利用它还可以把多电源作用的复杂电路的计算问题，转化为单电源作用的简单电路的计算问题。

在使用叠加定理时应当注意：

(1) 只适用于线性电路中求电压、电流，不适用于求功率，即 $p \neq p^{(1)} + p^{(2)} + \cdots + p^{(n)}$；也不适用于非线性电路。

(2) 某个独立电源单独作用时，其余独立电源全为零值，电压源用"短路"替代，电流源用"断路"替代。

(3) 含受控源(线性)的电路，在使用叠加定理时，受控源不要单独作用，而应把受控源作为一般元件始终保留在电路中，当每个独立源作用时均予以保留。

(4) 叠加前要指定参考方向，叠加过程不得改变，"代数和"指分量参考方向与原方向一致时取正，不一致时取负。

【例 4.1】　电路如图 4-3 所示，试用叠加定理求电流 i_1、i_2。

解　依照图 4-3 中所标示的参考方向，图(a)可根据叠加定理表示为图(b)和图(c)之和，电流 i_1、i_2 可分别写成

$$i_1 = i_1^{(1)} + i_1^{(2)}$$

$$i_2 = i_2^{(1)} + i_2^{(2)}$$

通过求解图(b)和图(c)可得

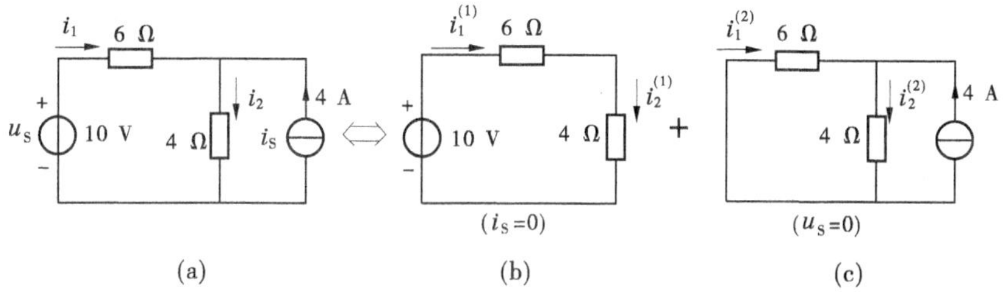

图 4-3　例 4.1 图

$$i_1^{(1)} = \frac{10}{6+4} = 1(\text{A}) \quad , \quad i_1^{(2)} = -\frac{4}{6+4} \times 4 = -1.6(\text{A})$$

$$i_2^{(1)} = 1(\text{A}) \quad , \quad i_2^{(2)} = \frac{6}{6+4} \times 4 = 2.4(\text{A})$$

所以　$i_1 = -0.6\ \text{A}, i_2 = 3.4\ \text{A}$。

【例 4.2】　含受控源电路如图 4-4 所示，试用叠加定理求电压 u 和电流 i。

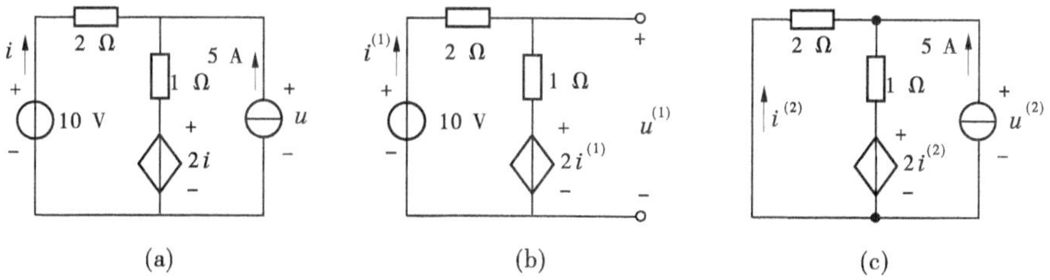

图 4-4　例 4.2 图

解　首先画出分电路图如图 4-4(b)、(c)所示。

当 10 V 电压源作用时　　$i^{(1)} = (10 - 2i^{(1)})/(2+1)$

解得　$i^{(1)} = 2\ \text{A}, u^{(1)} = 1 \times i^{(1)} + 2i^{(1)} = 3i^{(1)} = 6\ \text{V}$

当 5 A 电流源作用时，由左边回路的 KVL：$2i^{(2)} + 1 \times (5 + i^{(2)}) + 2i^{(2)} = 0$

解得　$i^{(2)} = -1\ \text{A}, u^{(2)} = -2i^{(2)} = -2 \times (-1) = 2(\text{V})$

所以

$$u = u^{(1)} + u^{(2)} = 6 + 2 = 8(\text{V})$$

$$i = i^{(1)} + i^{(2)} = 2 + (-1) = 1(\text{A})$$

注意：受控源始终保留在分电路中。

4.1.2　齐性定理(叠加定理的推论)

在线性电路中当所有激励(u_S, i_S)都增大或缩小 K 倍时，所有响应也将同样增大或缩小 K 倍(K 为一实数)。这一定理称为齐性定理。当电路中只有一个激励源(u_S 或 i_S)时，激励与响应成正比。齐性定理特别适用于梯形电路。

【例 4.3】　如图 4-5 所示，求梯形电路中各支路电流。

解　各支路电流的参考方向标注在图 4-5 中。设图 4-5 中最右侧支路的电流为：$i_5' = 1\ \text{A}$。

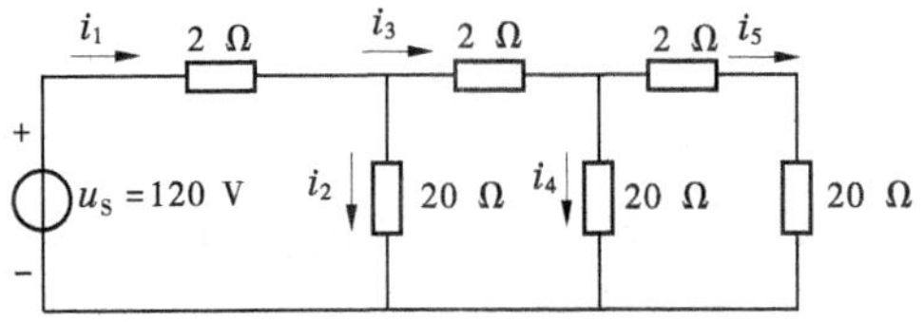

图 4-5　例 4.3 图

则采用倒退法有　$i'_4 = \dfrac{(20+2)\times 1}{20} = 1.1(\mathrm{A})$

$$i'_3 = 1 + 1.1 = 2.1(\mathrm{A})$$

$$i'_2 = \frac{(20+2)\times 1 + 2.1\times 2}{20} = 1.31(\mathrm{A})$$

$$i'_1 = 2.1 + 1.31 = 3.41(\mathrm{A})$$

$$u'_S = (20+2)\times 1 + 2\times 2.1 + 2\times 3.41 = 33.02(\mathrm{V})$$

可以求得比例系数为

$$K = \frac{u_S}{u'_S} = \frac{120}{33.02} = 3.63$$

所以,依照齐性定理有

$$i_1 = Ki'_1 = 12.38(\mathrm{A})$$

$$i_2 = Ki'_2 = 4.76(\mathrm{A})$$

$$i_3 = Ki'_3 = 7.62(\mathrm{A})$$

$$i_4 = Ki'_4 = 3.99(\mathrm{A})$$

$$i_5 = Ki'_5 = 3.63(\mathrm{A})$$

用齐性定理分析梯形电路特别有效。

4.2　替代定理

替代定理又称为置换定理,是指在任意给定的一个线性电路中,若其中第 k 支路的支路电压或支路电流为已知,则可用一个 $u_S = u_k$ 的电压源或 $i_S = i_k$ 的电流源(独立源)来替代,替代后电路中全部电压、电流均保持原值不变。定理中所描述的第 k 支路可以是电阻或电压源和电阻的串联组合,或是电流源和电阻的并联组合。

如图 4-6(a)所示线性电路中,N 表示第 k 支路外的电路其余部分,第 k 支路可以为电阻或电压源和电阻的串联组合,或是电流源和电阻的并联组合。则:

(1)用电压源替代时,如图 4-6(b)所示,替代前后两电路连接关系相同。所以,两个电路的 KVL 方程和 KCL 方程相同。除第 k 支路外,两个电路的全部支路的约束关系也相同。新电路中第 k 支路的电压被约束为 $u_S = u_k$,即等于原电路的第 k 支路的电压,其支路电流则可以是任意的(电压源的特点)。电路在改变前后,各支路电压和电流都有唯一解,而原电路的全部电压和电流又将满足新电路的全部约束关系,因此也是后者的唯一解。

(2)用电流源替代时,如图4-6(c)所示,替代前后两电路连接关系相同。证明方法与(1)类似。应当注意,如果第 k 支路中的电压或电流为N中受控源的控制量,而替代后该电压或电流不复存在,则该支路不能被替代。

替代定理以KVL和KCL为基础,具有广泛的应用,故适用范围包括:

(1)线性和非线性电路。

(2)被替代支路可含源或不含源(指独立源),但一般不应含受控源或受控源控制支路。

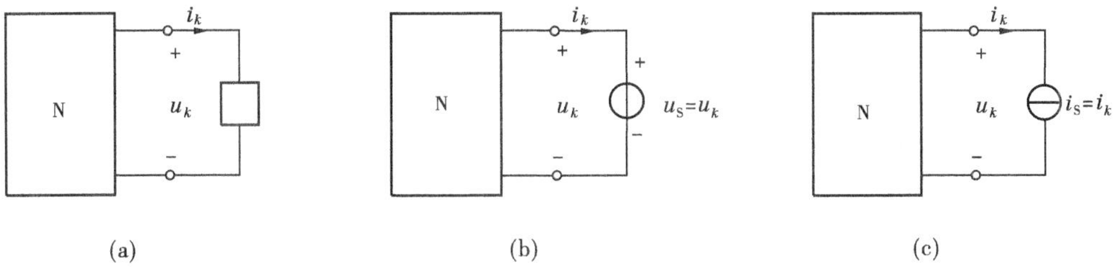

图4-6 替代定理

【例4.4】 如图4-7(a)所示电路中,各参数及参考方向已标明,试求各支路电流、电压。

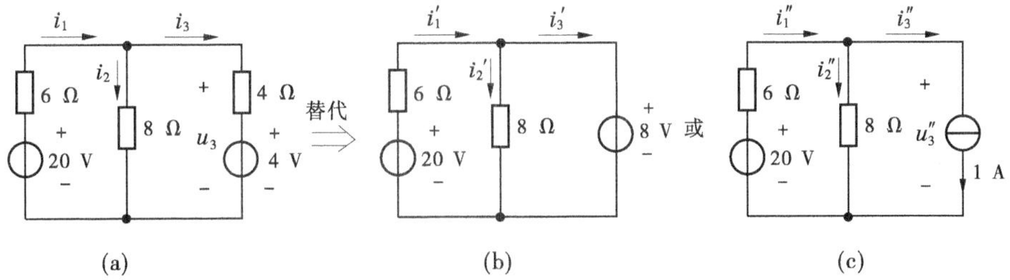

图4-7 例4.4图

解 由弥尔曼定理可以求得

$$u_3=\frac{\frac{20}{6}+\frac{4}{4}}{\frac{1}{6}+\frac{1}{8}+\frac{1}{4}}=8(\mathrm{V})$$

所以

$$i_1=2\ \mathrm{A}$$

$$i_2=1\ \mathrm{A}$$

$$i_3=1\ \mathrm{A}$$

如果用8 V的电压源替代支路3,如图4-7(b)所示,则图中各支路电流为

$$i_1'=2\ \mathrm{A}=i_1$$

$$i_2'=1\ \mathrm{A}=i_2$$

$$i_3'=1\ \mathrm{A}=i_3$$

如果用 1 A 的电流源替代支路 3,如图 4-7(c)所示,则图中各支路电流、电压为

$$i_1'' = \frac{20+8}{6+8} = 2(\mathrm{A}) = i_1$$

$$i_2'' = 1\ \mathrm{A} = i_2$$

$$u_3'' = 8 \times 1 = 8(\mathrm{V}) = u_3$$

可见,当第 3 支路用 $u_S = u_3 = 8$ V 电压源替代或用 $i_S = i_3 = 1$ A 电流源替代后,各支路电流、电压均保持不变。

4.3 戴维南定理和诺顿定理

4.3.1 戴维南定理

戴维南定理又称等值发电机定理或等效电源定理。其内容可表述为:任何一个线性含源一端口网络,对外电路来说,总可以用一个电压源和电阻的串联组合来等效替代;此电压源的电压等于外电路断开时一端口网络端口处的开路电压 u_{oc},而电阻等于一端口的输入电阻(或等效电阻 R_{eq})。以上表述可以用图 4-8 来表示。

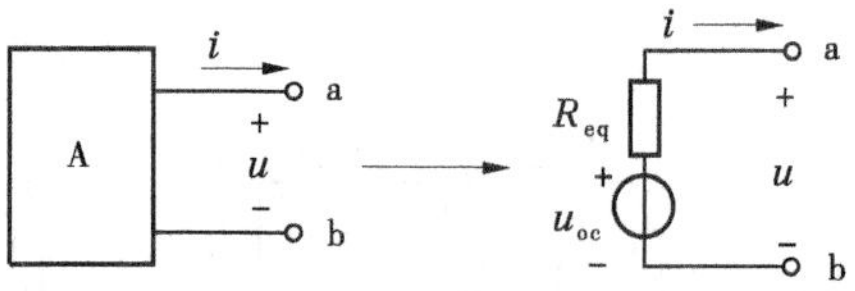

图 4-8　戴维南定理

这里给出戴维南定理的一般证明。图 4-9(a)为线性有源一端口网络 A 与负载网络 N 相连,设负载上电流为 i,电压为 u。根据替代定理将负载用独立电流源 i 替代,如图 4-9(b)所示。

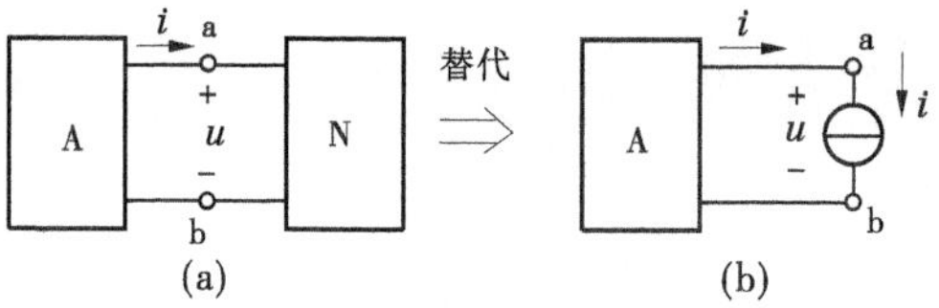

图 4-9　戴维南定理证明

替代后不影响 A 中各处的电压和电流。由叠加定理 u 可以分为两部分,如图 4-10 所示,即 $u = u' + u''$,其中 u'是 A 内所有独立源共同作用时在端口产生的开路电压(此时令独立电流源 i 为零),u''是仅由独立电流源 i 作用在端口产生的电压(此时令 A 中所有独立源为零,网络 A 可以等效为电阻),即 $u' = u_{oc}$,$u'' = -R_{eq}i$,因此

$$u = u' + u'' = u_{oc} - R_{eq}i$$

上式表示的电路模型如图 4-11 所示。这就证明了戴维南定理是正确的。

应用戴维南定理要注意的问题如下:

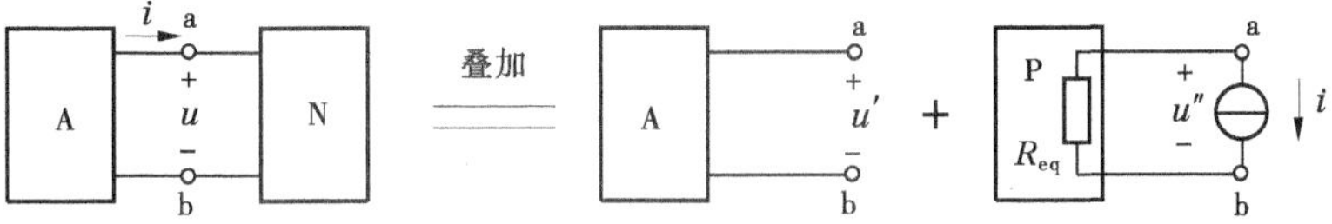

图 4-10　应用叠加定理

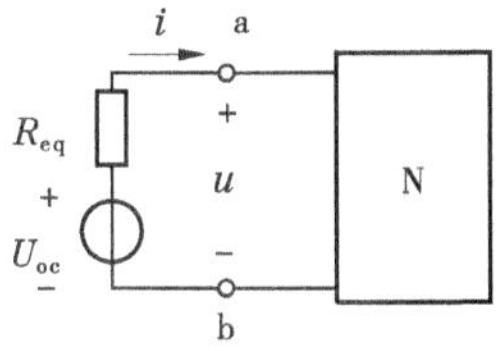

图 4-11　戴维南定理电路模型

(1)含源一端口网络所接的外电路可以是任意的线性或非线性电路,外电路发生改变时,含源一端口网络的等效电路不变。

(2)当含源一端口网络内部含有受控源时,控制电路与受控源必须包含在被化简的同一部分电路中。

(3)开路电压 u_{oc}的计算。戴维南等效电路中电压源电压等于将外电路断开时的开路电压 u_{oc},电压源方向与所求开路电压方向有关。计算 u_{oc}的方法根据电路形式的不同而选择前面学过的方法,使其易于计算。

(4)等效电阻的计算。等效电阻为将一端口网络内部独立电源全部置零(电压源短路,电流源开路)后,所得无源一端口网络的输入电阻。常用下列三种方法计算:

①当网络内部不含有受控源时,可采用电阻串并联和△—Y 互换的方法计算等效电阻。

②外加电源法(加电压求电流或加电流求电压)。如图 4-12 所示,则 $R_{eq}=\frac{u}{i}$。

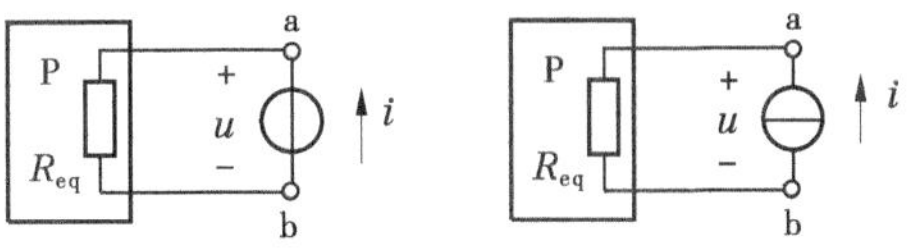

图 4-12　用外加电源法求戴维南等效电阻

③开路电压,短路电流法。即求得网络 A 端口间的开路电压后,将端口短路求得短路电流,如图 4-13 所示,则 $R_{eq}=\frac{u_{oc}}{i_{sc}}$。

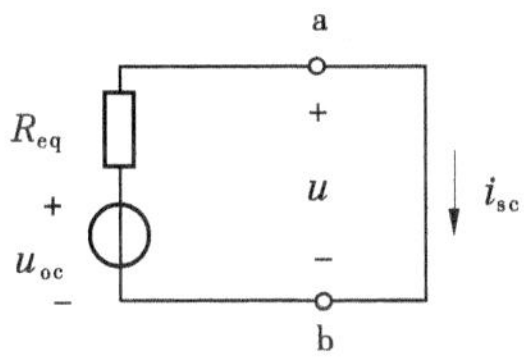

图 4-13　求得端口短路电流

以上方法中后两种方法更具有一般性。

【例 4.5】　计算如图 4-14(a)所示电路中 R_x 分别为 1.2 Ω、5.2 Ω 时的电流 I。

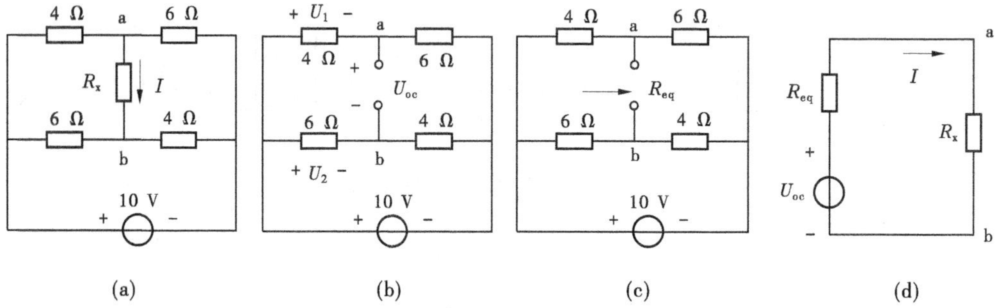

图 4-14　例 4.5 图

解　断开 R_x 支路，如图 4-14(b)所示，将其余一端口网络化为戴维南等效电路。

(1)求开路电压 U_{oc}。由 KVL 可得开路电压

$$U_{oc} = U_1 + U_2 = -\frac{10 \times 4}{4+6} + \frac{10 \times 6}{4+6} = -4 + 6 = 2(\text{V})$$

(2)求等效电阻 R_{eq}(见图 4-14(c))。把电压源短路，电路为纯电阻电路，应用电阻并联公式，可得

$$R_{eq} = \frac{4 \times 6}{4+6} + \frac{4 \times 6}{4+6} = 4.8(\Omega)$$

(3)画出等效电路，接上待求支路如图 4-14(d)所示。

当 $R_x = 1.2\ \Omega$ 时

$$I = \frac{U_{oc}}{R_{eq} + R_x} = \frac{2}{4.8 + 1.2} = \frac{1}{3}(\text{A})$$

当 $R_x = 5.2\ \Omega$ 时

$$I = \frac{U_{oc}}{R_{eq} + R_x} = \frac{2}{4.8 + 5.2} = 0.2(\text{A})$$

【例 4.6】　应用戴维南定理计算如图 4-15(a)所示电路中的电压 U_0。

解　先断开 3 Ω 电阻支路，如图 4-15(b)所示，将其余一端口网络化为戴维南等效电路。

(1)求开路电压 U_{oc}。

$$U_{oc} = 6I + 3I = 9 \times 9/9 = 9(\text{V})$$

(2)求等效电阻 R_{eq}。

方法 1：外加电压源法。

如图 4-15(c)所示，求端口电压 U 和电流 I_0 的比值。注意：此时电路中的独立电源要置零，有

$$\begin{cases} U = 6I + 3I = 9I \\ I = \dfrac{2}{3}I_0 \end{cases}$$

所以

$$U = 9 \times \frac{2}{3}I_0 = 6I_0$$

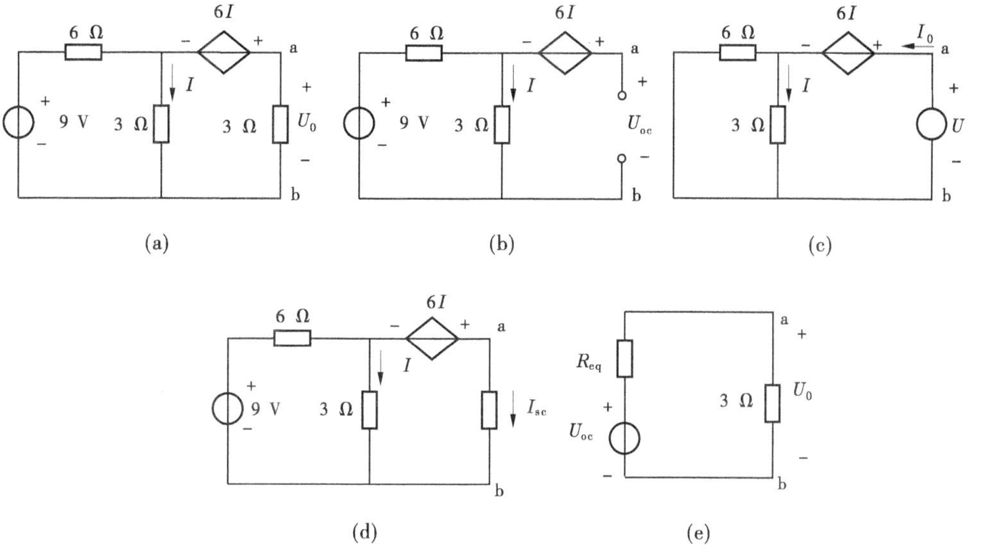

图 4-15　例 4.6 图

$$R_{eq} = \frac{U}{I_0} = 6\ \Omega$$

方法 2:求开路电压和短路电流的比值。

把电路端口短路如图 4-15(d)所示。注意:此时电路中的独立电源要保留。

对图 4-15(d)电路右边的网孔应用 KVL,有

$$6I + 3I = 0$$

所以
$$I = 0\quad,\ I_{sc} = 9/6 = 1.5(\text{A})$$

则
$$R_{eq} = \frac{U_{oc}}{I_{sc}} = \frac{9}{1.5} = 6(\Omega)$$

(3)画出等效电路,如图 4-15(e)所示,解得

$$U_0 = \frac{9}{R_{eq} + 3} = \frac{9}{6 + 3} = 1(\text{V})$$

可见,计算含受控源电路的等效电阻是用外加电源法还是开路电压、短路电流法,要具体问题具体分析,以计算简便为好。

4.3.2　诺顿定理

诺顿定理可表述为:任何一个含源线性一端口电路,对外电路来说,可以用一个电流源和电导(电阻)的并联组合来等效置换;电流源的电流等于该一端口的短路电流,而电导(电阻)等于把该一端口的全部独立电源置零后的输入电导(电阻)。以上表述可以用图 4-16 来表示。

诺顿等效电路可由戴维南等效电路经电源等效变换得到,也可采用与戴维南定理类似的方法证明。需要注意的是:

(1)当含源一端口网络 A 的等效电阻 $R_{eq} = 0$ 时,该网络只有戴维南等效电路,而无

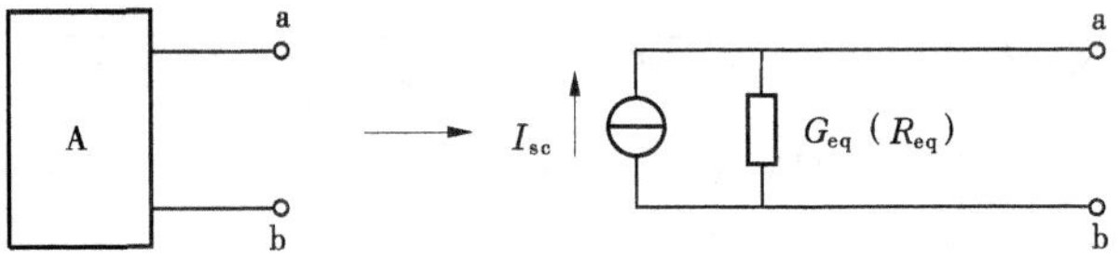

图 4-16　诺顿定理

诺顿等效电路。

(2)当含源一端口网络 A 的等效电阻 $R_{eq}=\infty$ 时,该网络只有诺顿等效电路而无戴维南等效电路。

【例 4.7】　应用诺顿定理求图 4-17 所示电路中的电流 I。

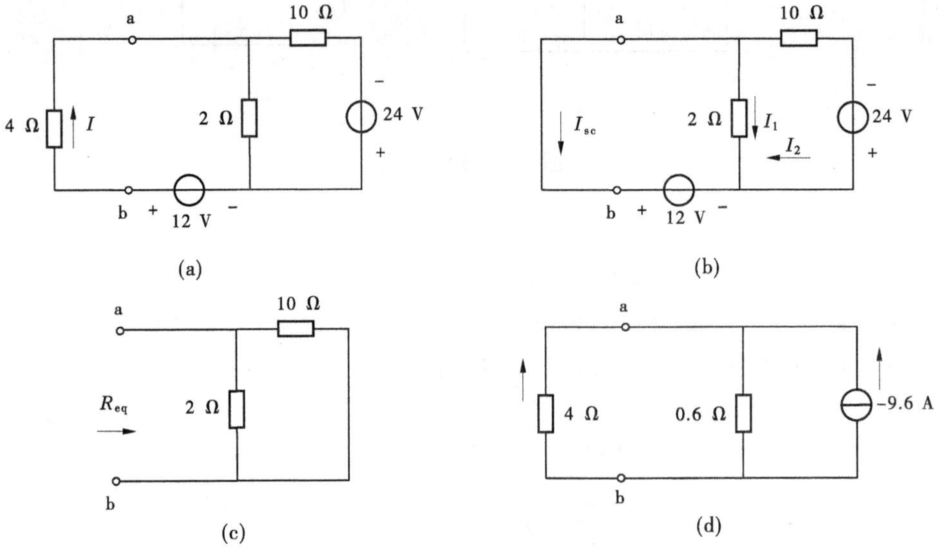

图 4-17　例 4.7 图

解　(1)求短路电流 I_{sc},把 a、b 端短路,电路如图 4-17(b)所示,图中 12 V 电压源与 2 Ω 电阻并联,可求得

$$I_1=\frac{12}{2}=6(\mathrm{A})\qquad I_2=\frac{24+12}{10}=3.6(\mathrm{A})$$

由 KCL 可得,$I_{sc}=-(I_1+I_2)=-(6+3.6)=-9.6(\mathrm{A})$

(2)求等效电阻 R_{eq},把独立电源置零,电路如图 4-17(c)所示。

解得

$$R_{eq}=\frac{10+2}{10\times 2}=\frac{12}{20}=0.6(\Omega)$$

(3)画出诺顿等效电路,接上待求支路如图 4-17(d)所示,应用分流公式得

$$I=-\frac{-9.6\times 0.6}{4+0.6}=1.25(\mathrm{A})$$

应注意诺顿等效电路中电流源的方向。

【例 4.8】 求如图 4-18 所示电路中的电压 U。

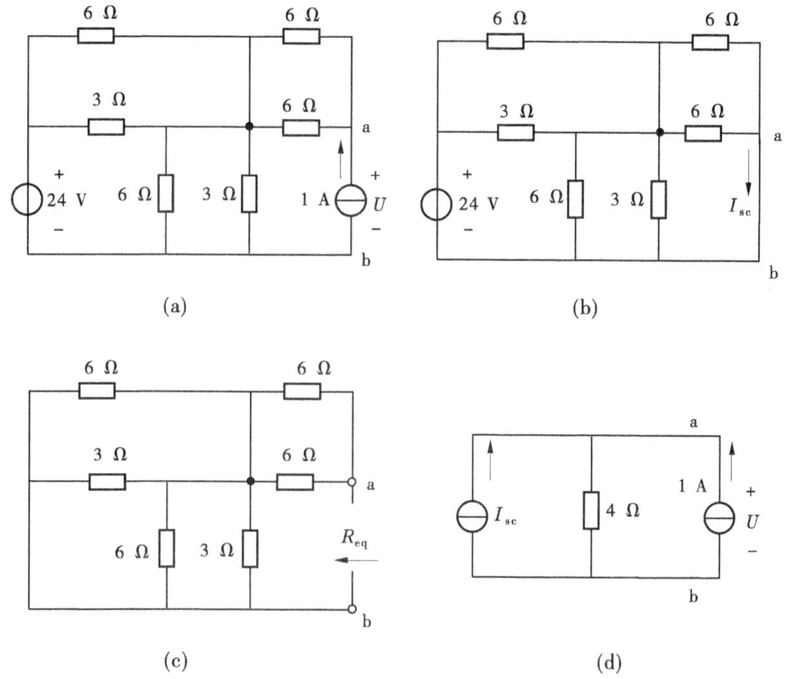

图 4-18 例 4.8 图

解 本题用诺顿定理求解比较方便。因 a、b 处的短路电流比开路电压容易求。

(1)求短路电流 I_{sc}，把 ab 端短路。电路如图 4-18(b)所示，解得

$$I_{sc}=\frac{24}{6\,/\!/\,6+3}\times\frac{1}{2}+\frac{24}{3\,/\!/\,6+6}\times\frac{3}{3+6}=3(\mathrm{A})$$

(2)求等效电阻 R_{eq}，把独立电源置零，电路如图 4-18(c)所示，为简单并联电路。

$$R_{eq}=[6\,/\!/\,3+6]\,/\!/\,[3\,/\!/\,6+6]=4(\Omega)$$

(3)画出诺顿等效电路。接上待求支路如图 4-18(d)所示，得

$$U=(3+1)\times 4=16(\mathrm{V})$$

4.4 最大功率传输定理

前述第 2 章 2.5.2 部分粗略地讨论过负载获得最大功率的条件，为了体现其重要性，可上升到定理即最大功率传输定理进一步描述。

将含源一端口电路等效为戴维南等效电源模型，如图 4-19 所示。

由图 4-19 可知，电源传输给负载 R_L 的功率为

$$P=R_L\left(\frac{U_{oc}}{R_{eq}+R_L}\right)^2$$

功率 P 随负载 R_L 变化的曲线如图 4-20 所示，存在一极大值点。为了找这一极大值点，对 P 求导，且令导数为零，不难得出 $R_L=R_{eq}$，代入上式可得

$$P_{max}=\frac{U^2}{4R_{eq}}$$

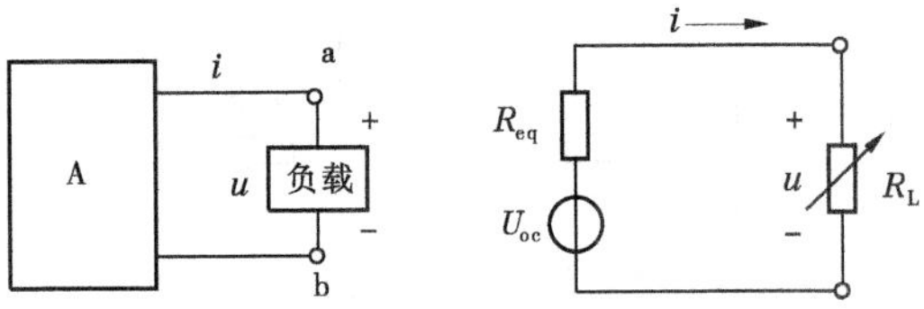

图 4-19　等效电压源接负载电路

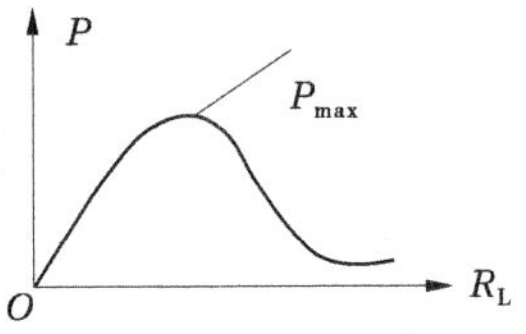

图 4-20　功率 P 随 R_L 变化的曲线

因此,最大功率的传输定理内容可表述为:由有源线性二端口网络传输给可变负载 R_L 的功率为最大的条件是负载 R_L 应等于戴维南(或诺顿)等效电路的等效电阻。最大功率为 $P_{max}=\frac{U_{oc}^2}{4R_{eq}}$(或 $P_{max}=\frac{I_{sc}^2R_{eq}}{4}$)。

应当注意:

(1)功率最大时,$R_L=R_{eq}$,此时认为 R_{eq} 固定不变,R_L 可调。

(2)若 R_{eq} 可调,R_L 固定不变,则随着 R_{eq} 减小,R_L 获得的功率增大,当 $R_{eq}=0$ 时,负载 R_L 获得最大功率 P_{max}。

(3)理论上,传输的效率 $\eta=\frac{R_L\text{ 的功率}}{\text{电源产生的功率}}\times 100\%=50\%$,但实际上二端网络和它的等效电路就其内部而言功率不等效,因此 R_{eq} 所得的功率一般不等于网络内部消耗的功率,即 $\eta\neq 50\%$。

【例 4.9】 如图 4-21(a)所示电路中,负载电阻 R_L 为何值时其上获得最大功率,并求最大功率。

解 应用戴维南定理。断开电阻 R_L 所在支路,如图 4-21(b)所示,将一端口网络化为戴维南等效电路。

(1)求开路电压 U_{oc}。

因为
$$I_1=I_2=\frac{U_R}{20}$$
$$I_1+I_2=2\ \text{A}$$
解得
$$I_1=I_2=1\ \text{A}$$
所以 $U_{oc}=2\times 10+20I_2+20=60(\text{V})$

(2)求等效电阻 R_{eq},用外加电源法。电路如图 4-21(c)所示。

因为
$$I_1=I_2=\frac{I}{2}$$
$$U=10I+20\times\frac{I}{2}=20I$$
所以
$$R_{eq}=\frac{U}{I}=20\ \Omega$$

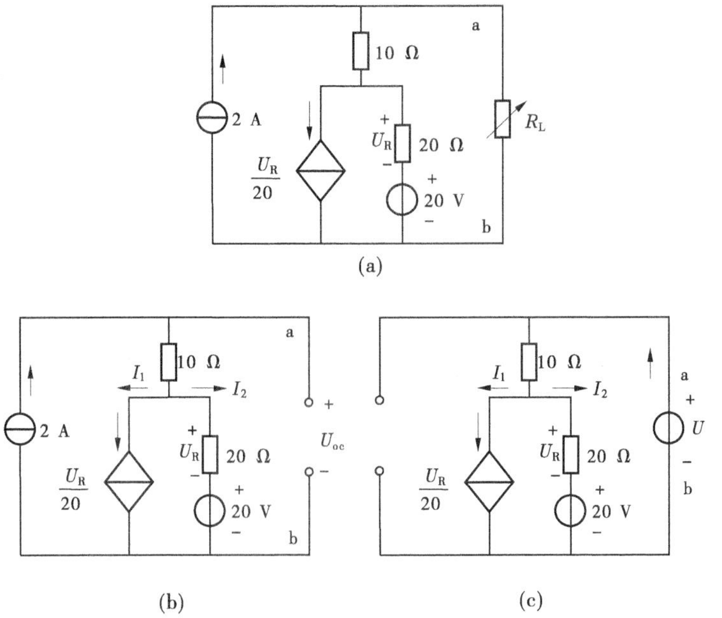

图 4-21　例 4.9 图

(3)由最大功率传输定理得：$R_L=R_{eq}=20\ \Omega$ 时，其上获取功率最大，且

$$P_{max}=\frac{U_{oc}^2}{4R_{eq}}=\frac{60^2}{4\times 20}=45(\mathrm{W})$$

【项目任务】

(一)实验名称

戴维南定理实验

(二)实验目的

1. 验证戴维南定理，加深对等效电路概念的理解。

2. 学会用补偿法测量开路电压。

(三)实验原理

1. 实验原理

对任何一个线性含源一端口网络(见图 4-22(a))根据戴维南定理，可以用图 4-22(b)所示电路代替。其等效条件是：U_{oc}是含源一端口网络 C、D 两端的开路电压；电阻 R_i 是把含源一端口网络转化成无源网络后的入端等效电阻。

用等效电路替代一端口网络的等效性，在于保持外电路中的电流和电压不变，即替代前后两者引出端钮间的电压相等时，流出(或流入)引出端钮的电流也必须相等(伏安特性相同)。

2. 含源一端口网络开路电压的测量方法。

(1)直接测量法。

当含源一端口网络的入端等效电阻 R_i 与电压表内阻 R_V 相比可以忽略不计时，可以直接用电压表测量其开路电压 U_{oc}。

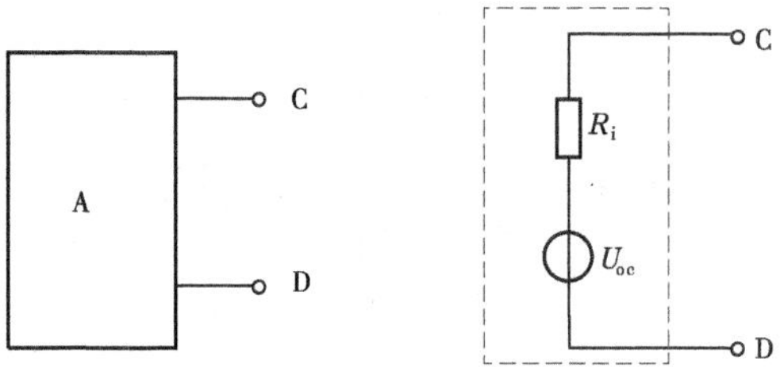

(a)含源一端口网络　　(b)用戴维南定理等效替代

图 4-22

(2)补偿法。

当一端口网络的入端等效电阻 R_i 与电压表内阻 R_V 相比不可以忽略时，用电压表直接测量开路电压，就会影响被测电路的原工作状态，使所测电压与实际值有较大误差。补偿法可以排除电压表内阻对测量所造成的影响。

图 4-23 是用补偿法测量电压的电路，测量步骤如下：

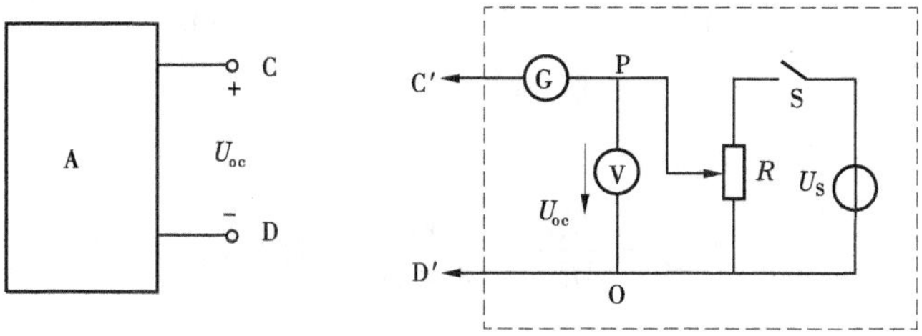

(a)　　(b)

图 4-23

①用电压表初测一端口网络的开路电压，并调整补偿电路中分压器的输出电压，使它近似等于初测的开路电压。

②将 C、D 与 C′、D′对应相接，再细调补偿电路中分压器的输出电压，使检流计 G 的指示为零。因为 G 中无电流通过，这时电压表指示的电压等于被测电压，并且补偿电路的接入没有影响被测电路的工作状态。

3. 一端口网络入端等效电阻 R_i 的实验求法。

入端等效电阻 R_i，可根据一端口网络除源(电压源短路、电流源开路，保留内阻)后的无源网络通过计算求得，也可以通过图 4-23 的办法求出。

(1)测量含源一端口网络的开路电压 U_{oc}和短路电流 I_{sc}，则 $R_i=\dfrac{U_{oc}}{I_{sc}}$。

(2)将含源一端口网络除源，转化为无源网络 P，然后按图 4-24 接线，测量 U_S 和 I，则 $R_i=\dfrac{U_S}{I}$。

(四)实验内容和步骤

本实验在直流电路单元板(TS－B－28)上进行。按图 4-25 接线，使 $U_1=25$ V。本实验选择 C、D 两端左侧为含源一端口网络。

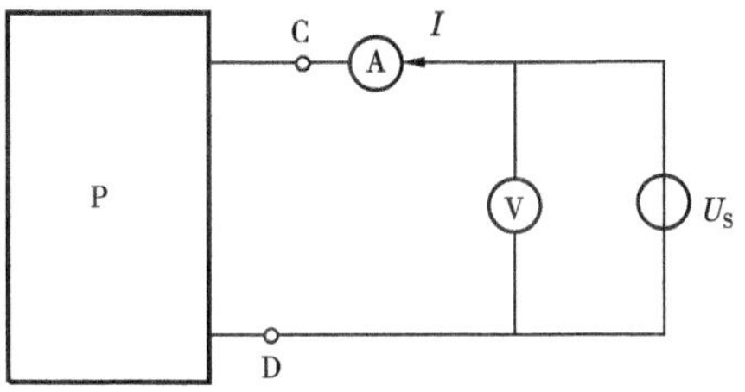

图 4-24

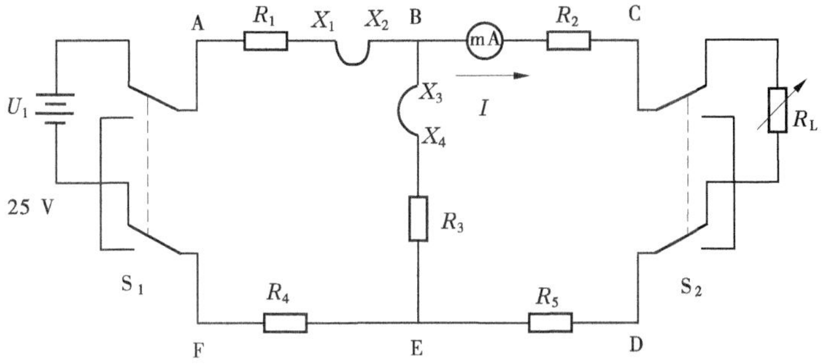

图 4-25

1. 测量含源一端口网络的外部伏安特性：调节一端口网络外接电阻 R_L 的数值，使其分别为表 4-1 中的数值，测量通过 R_2 的电流（毫安表接口处电流读数）和 C、D 两端电压，将测量结果填入表 4-1 中，其中 $R_L=0$ 时的电流为短路电流。

表 4-1

R_L(kΩ)	0	0.5	1	1.5	2	2.5	开路
I(mA)							
U(V)							

2. 验证戴维南定理。

(1) 分别用直接测量法和补偿法测量 C、D 端口网络的开路电压 U_{oc}。

(2) 用补偿法（或直接测量法）所测得的开路电压 U_{oc} 和步骤 1 中测得的短路电流 I_{sc}（$R_L=0$），计算 C、D 端入端等效电阻 $R_{CD}=R_i=\frac{U_{oc}}{I_{sc}}$。

(3) 按实验图 4-22(b) 构成戴维南等效电路，其中电压源用直流稳压电源代替，调节电源输出电压，使之等于 U_{oc}，R_i 用电阻箱代替在 C、D 端接入负载电阻 R_L，如图 4-25 所示，按和表 4-1 相同的电阻值，测取电流和电压，填入表 4-2 中。

表 4-2

R_L(kΩ)	0	0.5	1	1.5	2	2.5	开路
I(mA)							
U(V)							

(4)将表 4-1 和表 4-2 中的数据进行比较，验证戴维南定理。

（五）实验设备

1. 直流稳压电源	一台；
2. 直流毫伏表(TS－B－02)	一只；
3. 直流电压表(TS－B－06)	一只；
4. 直流电路单元板(TS－B－28)	一块；
5. 检流计(或直流微安表 TS－B－01)	一只；
6. 十进制电阻箱	两只；
7. 滑线变阻器	一只；

8. 导线若干。

（六）实验探索

对实验图 4-23，如果在补偿法测量开路电压时，将 C′与 D 相接，D′与 C 相接，能否达到测量电压 U_{CD}的目的？为什么？

【课后练习】

4.1　用叠加定理求图 4-26 所示电流源两端的电压 u。

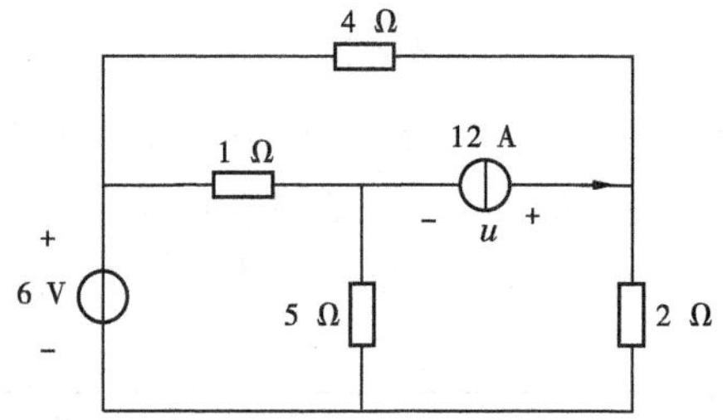

图 4-26

4.2　用叠加定理求图 4-27 所示电路中的 I_x。

4.3　用叠加定理求图 4-28 所示电路中的独立电压源和独立电流源发出的功率。

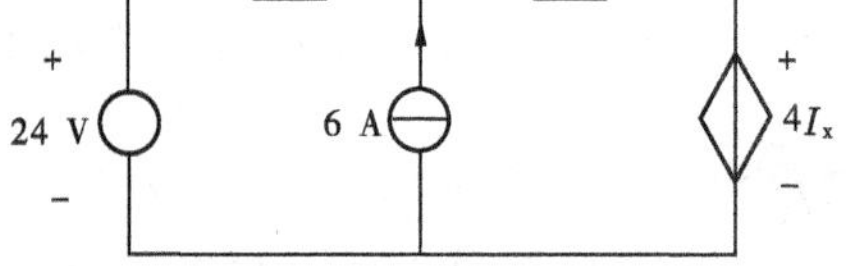

图 4-27

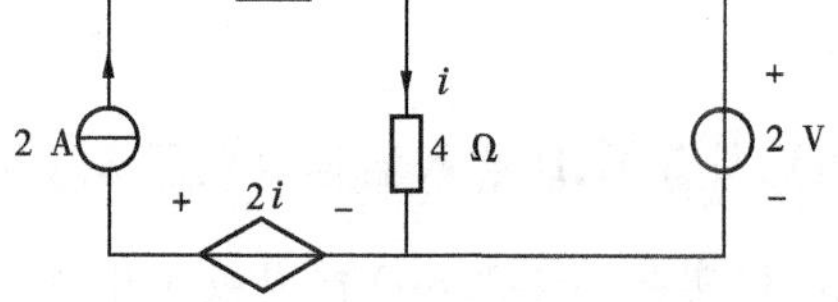

图 4-28

4.4　图 4-29 所示电路中，N_R 为电阻网络，由两个电流源供电。当断开 3 A 电流源时，2 A 电流源对网络输出的功率为 28 W，端电压 u_3 为 8 V；当断开 2 A 电流源时，3 A 电流源输出的功率为 54 W，端电压 u_2 为 12 V，试求两电流源同时作用时的端电压 u_2 和 u_3，并计算此时两电流源输出的功率。

4.5　图 4-30 所示电路中，网络 N 中没有独立电源，当 $u_S=8$ V、$i_S=12$ A 时，测得

$i=8$ A；当 $u_S=-8$ V、$i_S=4$ A 时，测得 $i=0$。问 $u_S=9$ V、$i_S=10$ A 时，电流 i 的值是多少？

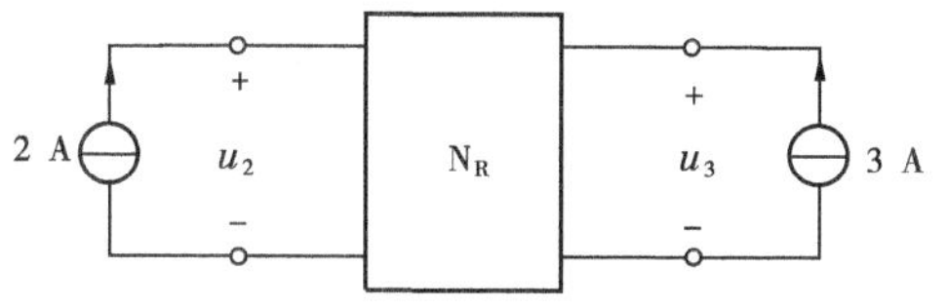

图 4-29

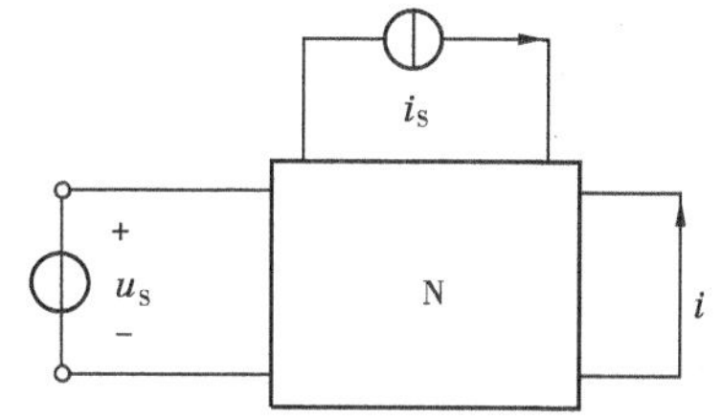

图 4-30

4.6　求图 4-31 所示电路的戴维南和诺顿等效电路。

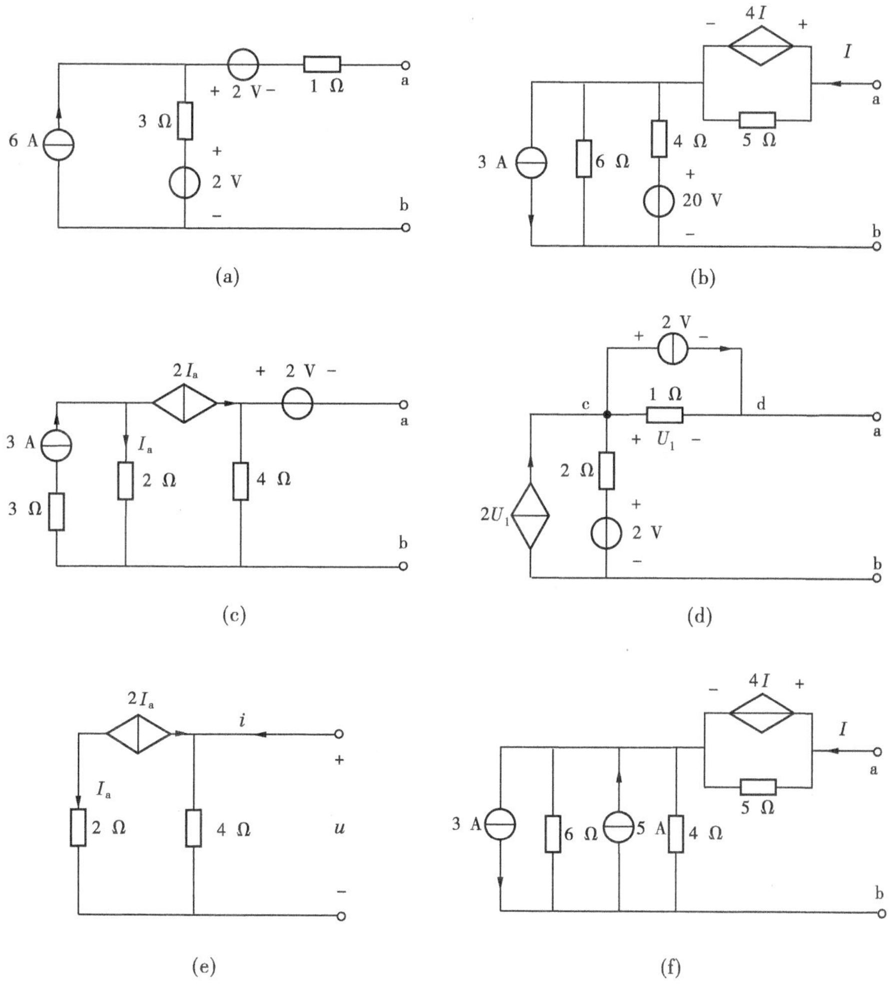

图 4-31

4.7　图 4-32 所示电路工作在直流稳态状态下，求 ab 端的戴维南等效电路。

4.8　用戴维南定理求图 4-33 所示电路中 2 A 电流源上的电压 U。

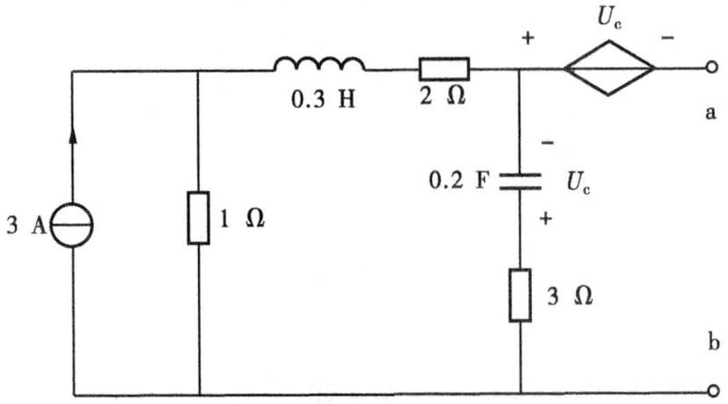

图 4-32

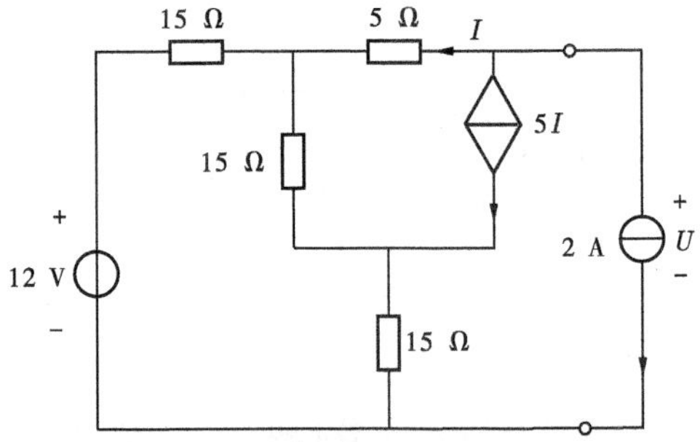

图 4-33

4.9　图 4-34 所示电路中负载 R 的阻值可调，当 R 取何值时可获得最大功率 P_{max}？

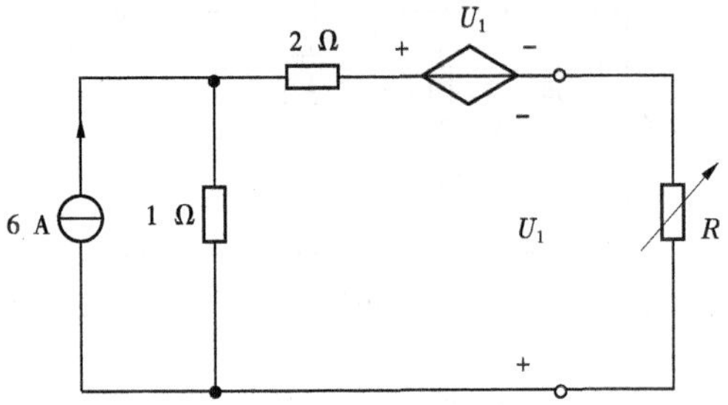

图 4-34

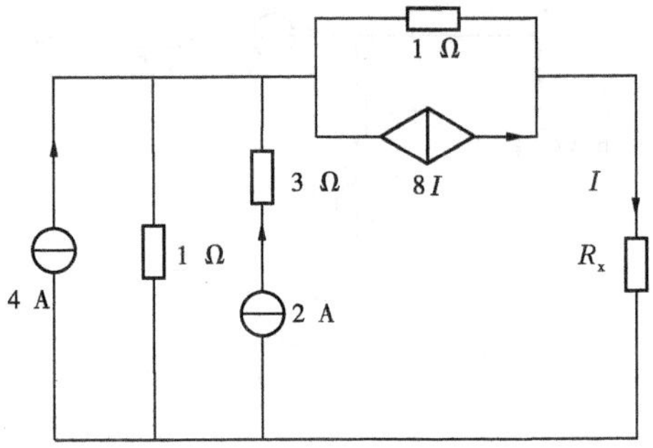

图 4-35

4.10　图 4-35 所示电路中，若流过电阻 R_x 的电流 I 为 -1.5 A，用戴维南定理确定电阻 R_x 的数值。

4.11　图 4-36 所示电路中，外接电阻可调，由此测得端口电压 u 和电流 i 的关系曲线如图 4-36(b)所示，求网络 N 的戴维南和诺顿等效电路。

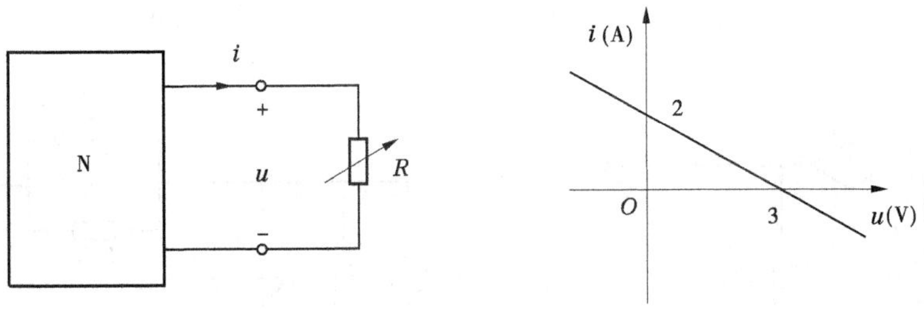

(a)　　(b)

图 4-36

4.12　图 4-37 所示电路中，当开关 K 打开时，开关两端的电压 u 为 8 V；当开关 K 闭合时，流过开关的电流 i 为 6 A，求网络 N 的戴维南等效电路。

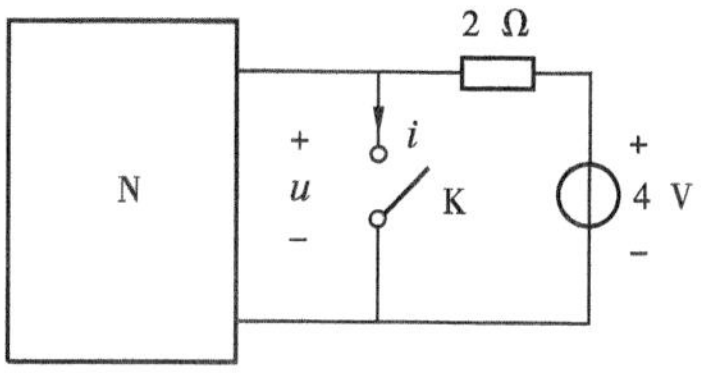

图 4-37

4.13　图 4-38 所示电路中，N_R 为纯电阻网络，电路以如图 4-38(a)方式连接时，支路电流方向如图所标，当电路以如图 4-38(b)方式连接时，求电流 I。

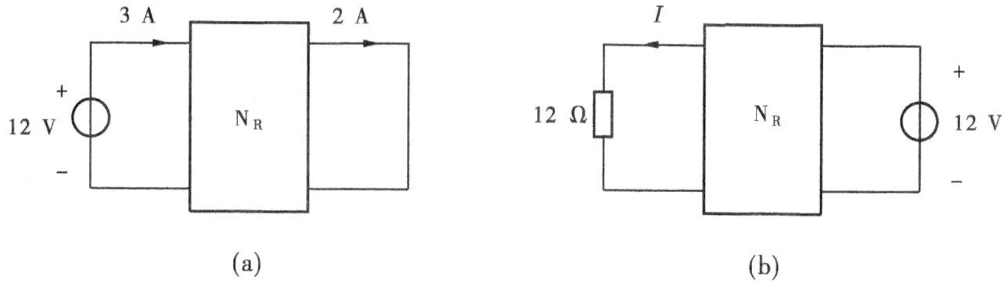

图 4-38

第5章　相量法基础

【教学目标】

要求掌握相量法，并熟练应用相量法分析正弦交流电路。

【学习目标】

1. 明晰正弦量和相量之间的对应关系以及正弦量的相位差和有效值的概念；

2. 理解 R、L、C 各元件的电压、电流关系的相量形式；

3. 掌握电路定律的相量形式及元件的电压、电流关系的相量形式。

【基本知识准备】

5.1　复　数

在线性正弦稳态电路的分析中，如果直接用正弦量的解析式或波形图进行分析计算，则计算量大而且烦琐。因而需要引进一种便捷而有效的方法来分析正弦稳态电路，常用的方法为相量法。它用称为相量的复数代表正弦量，将描述正弦稳态电路的微分（或积分）方程转换成复数代数方程，从而简化了电路的分析和计算过程。显然，相量法需要用到复数的知识。本节将对复数的基本知识作一扼要的介绍。

5.1.1　复数的四种表示形式

如果令 $\mathrm{j}=\sqrt{-1}$，称为虚数单位（在数学中常用 i 表示，在电路中已经用 i 表示电流，故改用 j），复数有以下四种表现形式。

复数的代数形式为

$$A = a + \mathrm{j}b \tag{5-1}$$

其实部和虚部分别表示为 $\mathrm{Re}[A]=a$，$\mathrm{Im}[A]=b$，a、b 均为实数。一个复数 A 可在复平面上用一条从原点 O 指向 A 对应坐标点的有向线段表示，如图 5-1 所示。

根据图 5-1 可得复数 A 的三角形式：

$$A = |A|(\cos\theta + \mathrm{j}\sin\theta) \tag{5-2}$$

式中，$|A|$ 为复数的模，θ 为复数的辐角，可用弧度或度表示。$|A|$ 与 θ 和 a 及 b 之间的关系为

$$a = |A|\cos\theta \quad , \quad b = |A|\sin\theta \text{ 或}$$

$$|A| = \sqrt{a^2 + b^2} \quad , \quad \theta = \arctan\frac{b}{a}$$

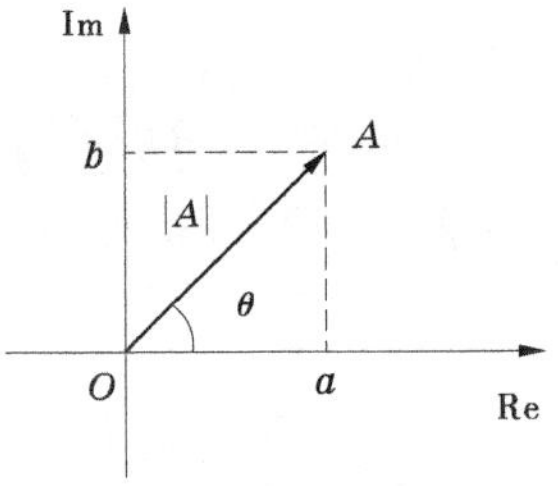

图 5-1　复数的表示图

根据欧拉公式 $\mathrm{e}^{\mathrm{j}\theta} = \cos\theta + \mathrm{j}\sin\theta$，可将复数的三角形式转换为指数表示形式为

$$A = |A|e^{j\theta} \tag{5-3}$$

指数形式可改写为极坐标形式,即

$$A = |A|e^{j\theta} = |A|\angle\theta \tag{5-4}$$

复数的四种表示形式及相互转换关系,对复数的运算非常重要。

5.1.2 复数的运算

(1)加减运算:采用代数形式比较方便。

若

$$A_1 = a_1 + jb_1 \quad , \quad A_2 = a_2 + jb_2$$

则

$$A_1 \pm A_2 = (a_1 + jb_1) \pm (a_2 + jb_2) = (a_1 \pm a_2) + j(b_1 \pm b_2)$$

即复数的加、减运算满足实部与实部相加减,虚部与虚部相加减。

复数的加、减运算还可以在复平面上按平行四边形法则用向量的相加或相减求得,如图 5-2 所示用向量表示的复数相加。

(2)乘除运算:采用指数形式或极坐标形式比较方便。

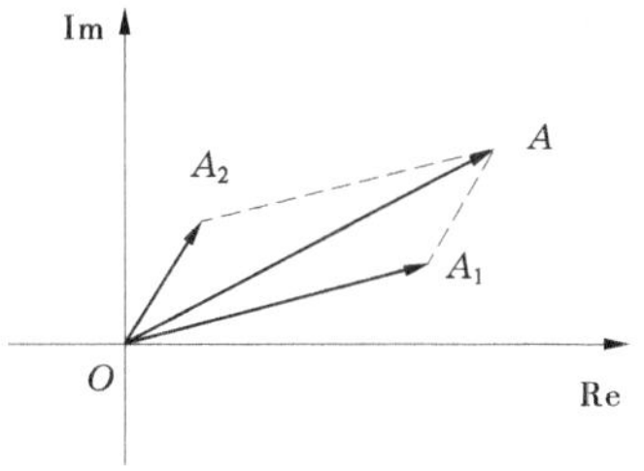

图 5-2 复数的代数和图解

若

$$A_1 = |A_1|e^{j\theta_1} = |A_1|\angle\theta_1 \quad , \quad A_2 = |A_2|e^{j\theta_2} = |A_2|\angle\theta_2$$

则

$$A_1 \cdot A_2 = |A_1|e^{j\theta_1} \cdot |A_2|e^{j\theta_2} = |A_1||A_2|e^{j(\theta_1+\theta_2)} = |A_1||A_2|\angle(\theta_1 + \theta_2)$$

$$\frac{A_1}{A_2} = \frac{|A_1|e^{j\theta_1}}{|A_2|e^{j\theta_2}} = \frac{|A_1|\angle\theta_1}{|A_2|\angle\theta_2} = \frac{|A_1|}{|A_2|}e^{j(\theta_1-\theta_2)} = \frac{|A_1|}{|A_2|}\angle(\theta_1 - \theta_2)$$

即复数的乘法运算满足模相乘,辐角相加,如图 5-3 所示。除法运算则满足模相除,辐角相减。

复数 $e^{j\theta} = 1\angle\theta$ 是模为 1 而辐角为 θ 的复数,由任意复数 A 乘以或除以复数 $e^{j\theta}$,相当于 A 逆时针或顺时针旋转一个角度 θ,而模不变,如图 5-4 所示。故把 $e^{j\theta}$ 称为旋转因子。

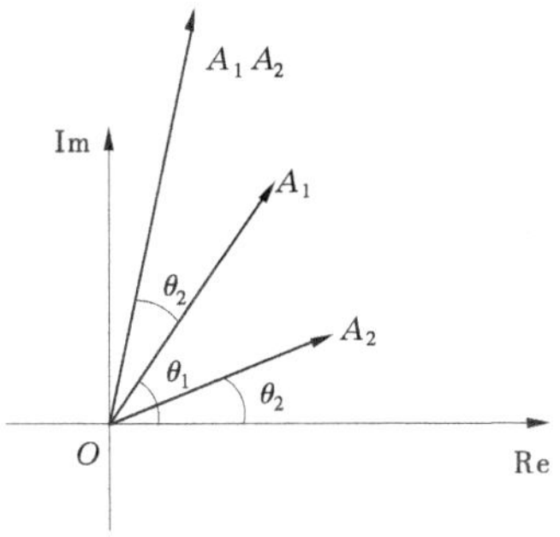

图 5-3 复数的乘法

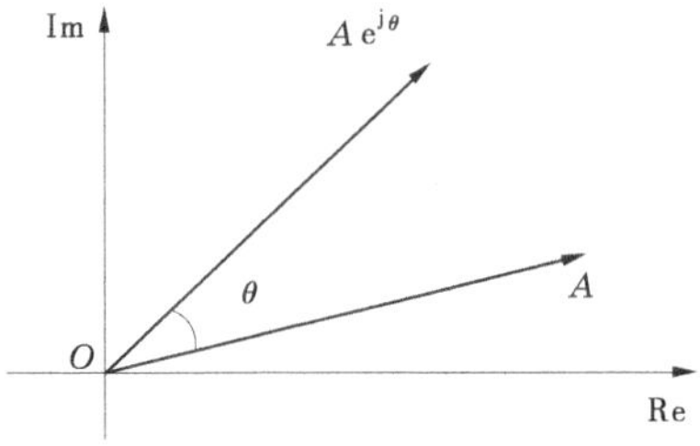

图 5-4 复数的旋转

根据欧拉公式不难得出 $e^{j\frac{\pi}{2}}=j$，$e^{-j\frac{\pi}{2}}=-j$，$e^{\pm j\pi}=-1$，故 $+j$、$-j$、-1 都可以看成旋转因子。

5.1.3 复数运算定理

定理1：设 A 为某一复数，则 $\text{Re}[KA]=K\text{Re}[A]$，$\text{Im}[KA]=K\text{Im}[A]$。式中，$K$ 为实常数。

定理2：设 A_1、A_2 为复数，则

$$\text{Re}[A_1+A_2]=\text{Re}[A_1]+\text{Re}[A_2],\text{Im}[A_1+A_2]=\text{Im}[A_1]+\text{Im}[A_2]$$

定理3：设 A_1、A_2 为复数，若 $A_1=A_2$，则 $\text{Re}[A_1]=\text{Re}[A_2]$，$\text{Im}[A_1]=\text{Im}[A_2]$。

【例5.1】 设复数 $A_1=4+j3$，$A_2=6\angle 135°$，计算 A_1+A_2，A_1-A_2。

解 先将复数 A_2 转化为代数形式：

$$A_2=6\angle 135°=6(\cos 135°+j\sin 135°)$$
$$=-3\sqrt{2}+j3\sqrt{2}$$

则

$$A_1+A_2=(4+j3)+(-4.242+j4.242)=-0.242+j7.242$$
$$A_1-A_2=(4+j3)-(-4.242+j4.242)=8.242-j1.242$$

本例说明进行复数的加减运算时应先把极坐标形式转化为代数形式。

【例5.2】 计算复数 $220\angle 35°+\dfrac{(17+j9)(4+j6)}{20+j5}$ 的值

解 原式 $=180.2+j126.2+\dfrac{19.24\angle 27.9°\times 7.211\angle 56.3°}{20.62\angle 14.04°}$

$$=180.2+j126.2+6.728\angle 70.16°$$
$$=180.2+j126.2+2.238+j6.329$$
$$=182.5+j132.5=225.5\angle 36°$$

本例说明进行复数的乘除运算时应先把代数形式转化为极坐标形式。

5.2 正弦量

电路中随时间按正弦规律变化的电压或电流统称为正弦量。如发电机输出的电压（电流），音频信号发生器输出的音频信号，广播、电视中的高频载波等都是正弦量。线性电路在正弦量的激励下，到达稳态后各处的响应均为同频率的正弦量。对正弦量的数学描述可以采用正弦函数（sine），也可以采用余弦函数（cose）。但在用相量法分析时，要注意采用的是哪种形式，不能两者同时混用。本书采用正弦函数（sine）。

图5-5表示某段电路中流过的正弦电流 i，在图示参考方向下，其数学表达式定义为

$$i=I_m\sin(\omega t+\varphi_i) \tag{5-5}$$

式中的三个常数 I_m、ω、φ_i 称为正弦量的三要素。其波形图如图5-6所示。

I_m 为正弦量的振幅。正弦量是一个等幅振荡、正负交替变化的周期函数。其振幅反映出正弦量变化过程中所能达到的最大幅度，因而也可称为最大值。即 $\sin(\omega t+\varphi_i)=1$ 时，$i_{max}=I_m$；当 $\sin(\omega t+\varphi_i)=-1$ 时，将有最小值 $i_{min}=-I_m$。最大值与最小值之差 $i_{max}-$

$i_{min}=2I_m$，称为正弦量的峰－峰值。

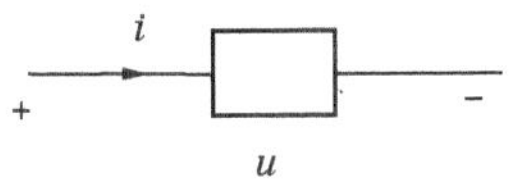

图 5-5　某段正弦电路

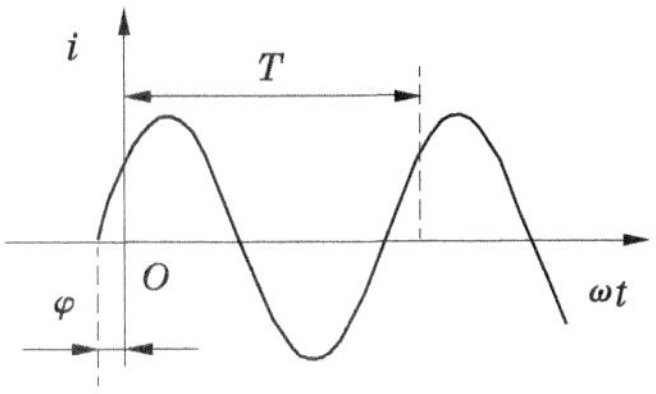

图 5-6　正弦电流 i 的波形

ω 称为正弦量的角频率。它是正弦量的相位随时间变化的速率，反映出正弦量随时间变化的快慢。即 $\omega=\frac{d}{dt}(\omega t+\varphi_i)$，单位为 rad/s，其中$(\omega t+\varphi_i)$称为正弦量的相位或相角。$\omega$ 与正弦量的周期 T 和频率 f 之间的关系为：$\omega=2\pi f=\frac{2\pi}{T}$。周期 T 的单位为秒(s)，频率 f 的单位为赫兹(Hz)。我国电力系统的电压为正弦量，频率为 50 Hz。

φ_i 称为正弦量的初相位(角)，简称初相，是正弦量在时间为零时的相角，反映正弦量的计时起点，常用角度表示。需要注意的是：①计时起点不同，初相位不同，图 5-6 给出了同一个正弦量在不同计时起点下初相位的取值；②一般规定初相位取主值范围，即 $|\varphi_i|\leqslant\pi$；③如果正弦波的最大值发生在计时起点之后，则初相位为负；④对任一正弦量，初相可以任意指定，但同一电路中许多相关的正弦量只能对于同一计时起点来确定各自的相位。上述正弦量的三要素是正弦量之间进行比较和区分的依据。

电路中常用相位差来描述电路中两个同频正弦量之间的相位关系。

设 $u(t)=U_m\sin(\omega t+\varphi_u)$，$i(t)=I_m\sin(\omega t+\varphi_i)$，则相位差为

$$\varphi=(\omega t+\varphi_u)-(\omega t+\varphi_i)=\varphi_u-\varphi_i$$

上式表明同频正弦量之间的相位差等于初相之差，是一个与时间无关的常数。通常相位差取主值范围，即：$|\varphi|\leqslant\pi$。如果上式中 $\varphi\geqslant0$，称 u 超前 i，或 i 滞后 u，表明 u 比 i 先达到最大值；如图 5-7(a)所示。如 $\varphi\leqslant0$，称 i 超前 u，或 u 滞后 i，表明 i 比 u 先达到最大值，如 $\varphi=\pm\pi$，称 i 与 u 反相，如图 5-7(b)所示；如 $\varphi=0$，称 u 与 i 同相，如图 5-7(c)所示。

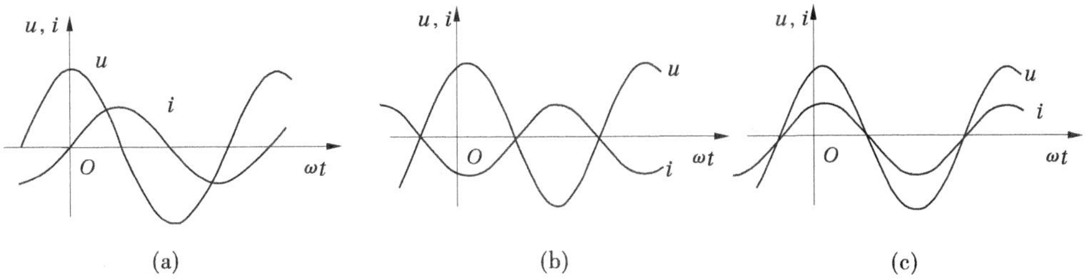

图 5-7　同频正弦量的相位差

两个正弦量进行相位比较时应满足同频率、同函数、同符号，且在主值范围内比较。由于正弦量的初相与设定的参考方向有关，当改变某一正弦量的参考方向时，则该正弦量

的初相将改变π,它与其他正弦量的相位差也相应地改变π。

由于周期性电流、电压的瞬时值随时间而变,为了衡量其功的效应,工程上采用有效值来表示,即将周期电流或电压在一个周期内产生的平均效应换算为在效应上与之相等的直流量,以衡量和比较周期电流或电压的效应。如图5-8所示,通过比较直流电流 I 和交流电流 i 在相同时间 T 内流经同一电阻 R 产生的热效应,即令

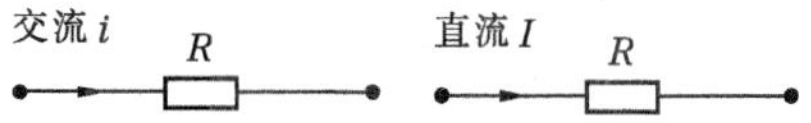

图5-8 交流的直流效应

$$RI^2T = \int_0^T Ri^2(t)\,dt$$

从中获得周期电流和与之相等的直流电流 I 之间的关系,即为

$$I = \sqrt{\frac{1}{T}\int_0^T i^2(t)\,dt} \tag{5-6}$$

这个直流量 I 称为周期电流的有效值,也称方均根值。

同样,可定义电压有效值

$$U = \sqrt{\frac{1}{T}\int_0^T u^2(t)\,dt} \tag{5-7}$$

设正弦电流 $i(t) = I_m\sin(\omega t + \varphi_i)$,相应的有效值为

$$I = \sqrt{\frac{1}{T}\int_0^T I_m^2\sin^2(\omega t + \varphi_i)\,dt}$$

由微积分运算可得

$$I = \sqrt{\frac{1}{T}I_m^2\frac{T}{2}} = \frac{I_m}{\sqrt{2}} = 0.707I_m \tag{5-8}$$

即正弦电流的有效值与最大值满足关系:

$$I_m = \sqrt{2}I$$

同理,可得正弦电压有效值与最大值的关系:

$$U = \frac{U_m}{\sqrt{2}} \quad 或 \quad U_m = \sqrt{2}U$$

若一交流电压有效值为 $U = 220$ V,则其最大值为 $U_m \approx 311$ V。

需要指明的是:

(1)工程上所说的正弦电压、电流一般是指有效值。如电气设备铭牌上的额定电压、电流值,电网的电压等级等。

(2)测量中,交流测量仪表指示的电压、电流读数一般为有效值。

(3)在符号的运用上,电压、电流的瞬时值用小写的字母 u、i 表示,最大值用 U_m、I_m 表示,有效值用 U、I 表示。

5.3 相量的应用

正弦稳态线性电路中,如果激励源是正弦量,则电路中各支路的电压和电流的稳态响应将是与激励源同频率的正弦量。如果电路中有多个同频率的正弦量激励源,则依据叠

加定理,电路全部的稳态响应都将是同频的正弦量。显然,在应用基尔霍夫定律及电路定理分析这些电路时将遇到正弦量的加、减运算和积分、微分运算,在时域里进行这些运算是十分复杂烦琐的,而通过借助复数表示正弦量的方法可以使正弦电路分析得到简化。

5.3.1 正弦量的相量表示

设复数 $A(t)=\sqrt{2}I\mathrm{e}^{\mathrm{j}\theta}$,如果令辐角 $\theta=\omega t+\varphi$,那么 $A(t)$ 就是一个复指数函数,根据欧拉公式可展开为

$$A(t)=\sqrt{2}I\mathrm{e}^{\mathrm{j}(\omega t+\varphi)}=\sqrt{2}I\cos(\omega t+\varphi)+\mathrm{j}\sqrt{2}I\sin(\omega t+\varphi)$$

对 $A(t)$ 取虚部得正弦电流:

$$i(t)=\mathrm{Im}[A(t)]=\sqrt{2}I\sin(\omega t+\varphi) \tag{5-9}$$

式(5-9)表明对于任意一个正弦时间函数都有唯一与其对应的复指数函数,即

$$i(t)=\sqrt{2}I\sin(\omega t+\varphi)\leftrightarrow A(t)=\sqrt{2}I\mathrm{e}^{\mathrm{j}(\omega t+\varphi)}$$

$A(t)$ 还可以写成

$$A(t)=\sqrt{2}I\mathrm{e}^{\mathrm{j}\varphi}\mathrm{e}^{\mathrm{j}\omega t}=\sqrt{2}\,\dot{I}\mathrm{e}^{\mathrm{j}\omega t} \tag{5-10}$$

式(5-10)中复常数 $\dot{I}=I\mathrm{e}^{\mathrm{j}\varphi}=I\angle\varphi$,定义为正弦量 $i(t)$ 对应的相量,它包含了 $i(t)$ 的两个要素 I 和 φ。所以,任意一个正弦时间函数都有唯一与其对应的相量,即

$$i(t)=\sqrt{2}I\sin(\omega t+\varphi_{\mathrm{i}})\leftrightarrow\dot{I}=I\angle\varphi_{\mathrm{i}}$$

相量的模为正弦量的有效值,相量的辐角为正弦量的初相位。同样,可以建立正弦电压与相量的对应关系

$$u(t)=\sqrt{2}U\sin(\omega t+\varphi_{\mathrm{u}})\leftrightarrow\dot{U}=U\angle\varphi_{\mathrm{u}}$$

字母 I、U 上的小圆点用来表示相量,并与有效值区分,也区别于一般复数。按正弦量有效值定义的相量为有效值相量;同理,按正弦量最大值定义的相量为最大值相量。

5.3.2 相量图

相量本质上是一个复数,可在复平面上用向量表示,称之为相量图。如已知相量 $\dot{I}=I\angle\varphi$,$\dot{U}=U\angle\theta$,则对应的相量图如图 5-9 所示。以辐角为零的相量作为参考相量。

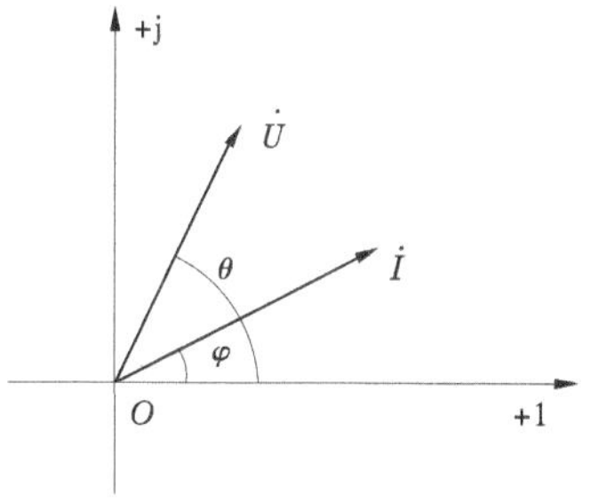

图 5-9 相量图

与正弦量相对应的复指数函数可在复平面上用旋转相量表示出来。其中复常数 $\dot{I}=\sqrt{2}I\angle\varphi$ 称为旋转相量的复振幅,$\mathrm{e}^{\mathrm{j}\omega t}$ 是一个随时间按 ω 角速度逆时针旋转的因子,复振幅乘以旋转因子即表示复振幅在平面上不断逆时针旋转,故称为旋转因子。这就是复指数函数的几何意义。式(5-9)所表示的几何意义为:正弦电流 i 的瞬时值等于其对应的旋转相量在虚轴上的投影。这一关系和正弦量的波形的对应关系如图 5-10 所示。

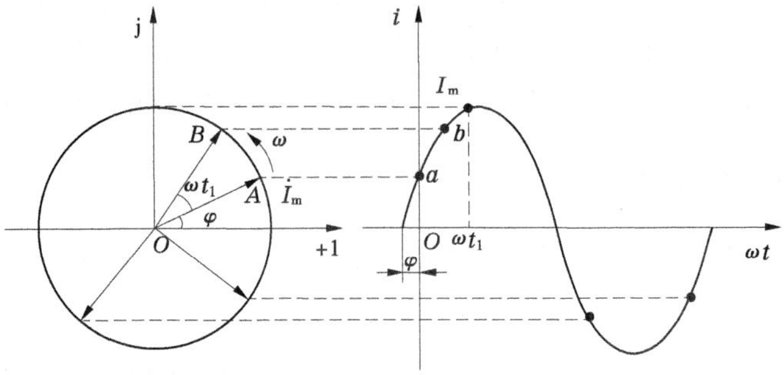

图 5-10 正弦波与旋转相量

5.3.3 相量的应用

5.3.3.1 同频率正弦量的代数和

设 $i_1=\sqrt{2}I_1\sin(\omega t+\varphi_1)$，$i_2=\sqrt{2}I_2\sin(\omega t+\varphi_2)$，…，这些正弦量的和为 i，则

$$i = i_1 + i_2 + \cdots$$

$$\mathrm{Im}[\sqrt{2}\dot{I}_1\mathrm{e}^{\mathrm{j}\omega t}] + \mathrm{Im}[\sqrt{2}\dot{I}_2\mathrm{e}^{\mathrm{j}\omega t}] + \cdots$$

$$= \mathrm{Im}[\sqrt{2}(\dot{I}_1 + \dot{I}_2 + \cdots)\mathrm{e}^{\mathrm{j}\omega t}]$$

而 $i=\mathrm{Im}[\sqrt{2}\dot{I}\mathrm{e}^{\mathrm{j}\omega t}]$，故有 $\mathrm{Im}[\sqrt{2}\dot{I}\mathrm{e}^{\mathrm{j}\omega t}]=\mathrm{Im}[\sqrt{2}(\dot{I}_1+\dot{I}_2+\cdots)\mathrm{e}^{\mathrm{j}\omega t}]$，对任意时刻 t 都成立，所以有

$$\dot{I} = \dot{I}_1 + \dot{I}_2 + \cdots$$

即同频正弦量相加减的运算可以转变为对应相量相加减的运算。

5.3.3.2 正弦量的微分

设 $i=\sqrt{2}I\sin(\omega t+\varphi)$，对 i 求导有

$$\frac{\mathrm{d}i}{\mathrm{d}t} = \frac{\mathrm{d}}{\mathrm{d}t}\mathrm{Im}[\sqrt{2}\dot{I}\mathrm{e}^{\mathrm{j}\omega t}] = \mathrm{Im}\left[\frac{\mathrm{d}}{\mathrm{d}t}(\sqrt{2}\dot{I}\mathrm{e}^{\mathrm{j}\omega t})\right]$$

这一关系表明：复指数函数虚部的导数等于复指数函数导数的虚部。其结果是

$$\frac{\mathrm{d}i}{\mathrm{d}t} = \mathrm{Im}[\sqrt{2}(\mathrm{j}\omega\dot{I})\mathrm{e}^{\mathrm{j}\omega t}]$$

$$= \mathrm{Im}[\sqrt{2}\omega(I\mathrm{e}^{\mathrm{j}(\omega t+\varphi+\frac{\pi}{2})})]$$

$$= \sqrt{2}\omega I\sin(\omega t + \varphi + \frac{\pi}{2})$$

以上式子说明正弦量的微分是一个同频正弦量，其相量等于原正弦量 i 的相量 $\dot{I}$ 乘以 $\mathrm{j}\omega$，即表示$\frac{\mathrm{d}i}{\mathrm{d}t}$的相量为：$\mathrm{j}\omega\dot{I}=\omega I\angle(\varphi+\frac{\pi}{2})$。此相量的模为 ωI，辐角则超前相量 $\dot{I}$ $\frac{\pi}{2}$。

5.3.3.3 正弦量的积分

设 $i=\sqrt{2}I\sin(\omega t+\varphi)$，对 i 求积分有

$$\int i\mathrm{d}t = \int\mathrm{Im}[\sqrt{2}\dot{I}\mathrm{e}^{\mathrm{j}\omega t}]\mathrm{d}t$$

$$= \mathrm{Im}\left[\int(\sqrt{2}\dot{I}\mathrm{e}^{\mathrm{j}\omega t})\,\mathrm{d}t\right]$$

$$= \mathrm{Im}\left[\sqrt{2}\left(\frac{\dot{I}}{\mathrm{j}\omega}\right)\mathrm{e}^{\mathrm{j}\omega t}\right]$$

$$= \mathrm{Im}\left[\sqrt{2}\left(\frac{I}{\omega}\mathrm{e}^{\mathrm{j}(\omega t+\varphi-\frac{\pi}{2})}\right)\right]$$

$$= \sqrt{2}\,\frac{I}{\omega}\sin\left(\omega t + \varphi - \frac{\pi}{2}\right)$$

以上式子表明,正弦量的积分也是一个同频正弦量,其相量等于原正弦量 i 的相量 $\dot{I}$ 除以 jω。其模为$\frac{I}{\omega}$,辐角则滞后相量 $\dot{I}$ $\frac{\pi}{2}$。

因此,引入相量的优点是:一是把时域问题变为复数问题;二是把微积分方程的运算变为复数方程的运算。

如图 5-11 所示 RLC 串联电路,由 KVL 得电路方程为

$$u(t) = Ri + L\frac{\mathrm{d}i}{\mathrm{d}t} + \frac{1}{C}\int i\mathrm{d}t$$

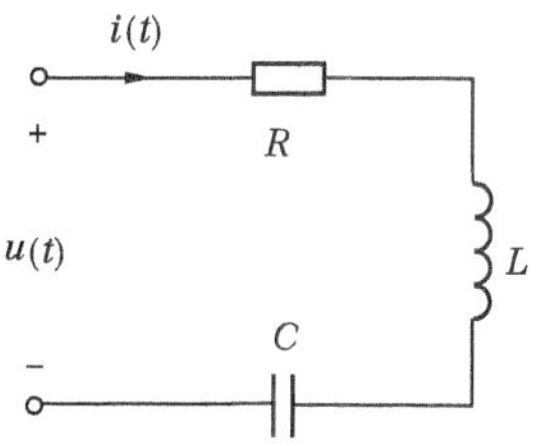

图 5-11 RLC 串联电路

根据正弦量与相量的关系,得以上微积分方程对应的相量方程为

$$\dot{U} = R\dot{I} + \mathrm{j}\omega L\dot{I} + \frac{\dot{I}}{\mathrm{j}\omega C}$$

电流 $i(t)$ 的相量为:$\dot{I} = \dfrac{\dot{U}}{R + \mathrm{j}\omega L - \mathrm{j}\dfrac{1}{\omega C}}$。将电流相量变换为时间函数,可求得正弦电流$i(t)$。

5.4 基本元件伏安特性和基尔霍夫定律的相量形式

就电路分析而言,理论上需要解决的主要问题是:

(1)元件的特性和电路连接关系的描述(元件 VCR 和电路 KCL、KVL);

(2)建立电路元件模型;

(3)列出电路方程,求得分析结果。

对于正弦稳态电路,引入相量概念后,将分别对上述问题进行讨论和研究,以便导出正弦稳态电路的实用分析方法。本节先介绍基本元件的 VCR 和基尔霍夫定律的相量形式。

5.4.1 基本元件伏安特性的相量形式

5.4.1.1 电阻元件

如图 5-12(a)所示,设电阻 R 的端电压与电流采用关联参考方向。当正弦电流

$$i(t) = \sqrt{2}I\sin(\omega t + \theta_{\mathrm{i}})$$

通过电阻时，由欧姆定律可知电阻元件的端电压为

$$u(t)=Ri(t)=\sqrt{2}RI\sin(\omega t+\theta_i)$$
$$=\sqrt{2}U\sin(\omega t+\theta_u) \tag{5-11}$$

式中，U 和 θ_u 是电压 u 的有效值和初相。式(5-11)表明，电阻元件的电流、电压是同频率的正弦量，两者的有效值满足 $U=RI$，而初相是相同的。电流、电压波形如图 5-12(b)所示。

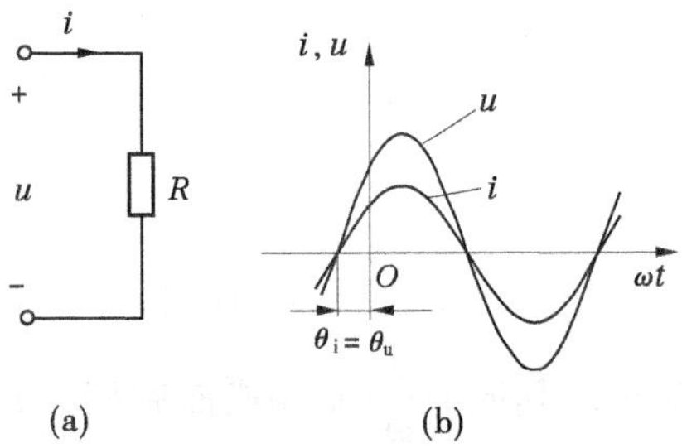

图 5-12　电阻元件的 i—u 关系

设正弦电流 i 和电压 u 对应的有效值相量分别为 $\dot{I}$ 和 $\dot{U}$，即 $i\leftrightarrow\dot{I}$，$u\leftrightarrow\dot{U}$，则式(5-11)对应的相量表达式为

$$\dot{U}=R\dot{I} \tag{5-12}$$

式(5-12)表明了电阻 R 上的电流、电压的相量关系，称为电阻元件伏安特性的相量形式。将式(5-12)中的相量表示成指数型，可得

$$U\mathrm{e}^{\mathrm{j}\theta_u}=RI\mathrm{e}^{\mathrm{j}\theta_i}$$

按照复数相等定义，上式等号两边复数的模和辐角分别相等，即

$$\left.\begin{aligned}U&=RI\\ \theta_u&=\theta_i\end{aligned}\right\} \tag{5-13}$$

式(5-13)表明了电阻元件的电压与电流的数量关系和相位关系。显然，式(5-12)的相量关系更简捷明了。

根据式(5-13)画出的电阻元件模型如图 5-13(a)所示。它以相量形式的伏安特性描述电阻元件特性，故称为相量模型。电阻元件电流、电压相量图如图 5-13(b)所示。

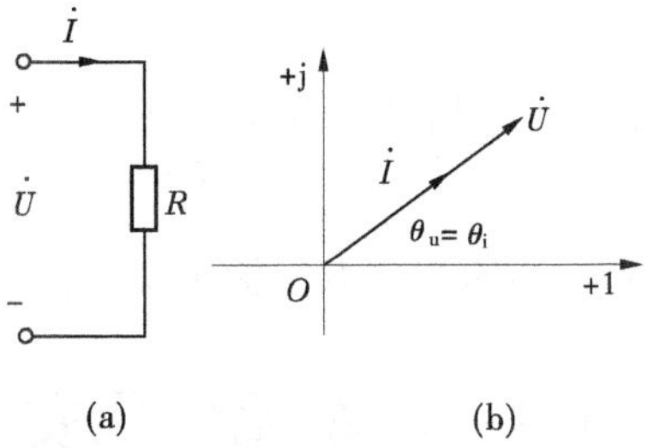

图 5-13　电阻元件的相量伏安特性

5.4.1.2　电感元件

设电感 L 的端电压与电流采用关联参考方向，如图 5-14(a)所示。当正弦电流为

$$i(t)=\sqrt{2}I\sin(\omega t+\theta_i)$$

通过电感时，其端电压为

$$u(t)=L\frac{\mathrm{d}i(t)}{\mathrm{d}t}=\sqrt{2}\omega LI\cos(\omega t+\theta_i)$$
$$=\sqrt{2}\omega LI\sin(\omega t+\theta_i+90^\circ)$$
$$=\sqrt{2}U\sin(\omega t+\theta_u) \tag{5-14}$$

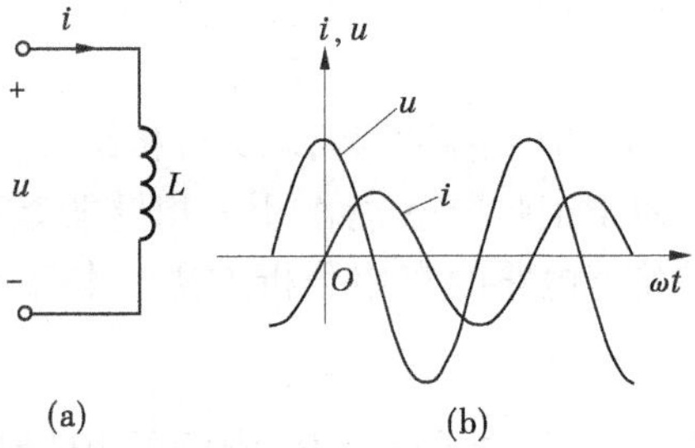

图 5-14　电感元件 i—u 关系

式中，U 和 θ_u 分别为电感电压的有效值和初相。由式(5-14)可知电感电压和电流是同频率的正弦量，其波形如图 5-14(b)所示。

若设电感电流、电压与有效值相量的对应关系为

$$i(t)=\sqrt{2}I\sin(\omega t+\theta_i)\leftrightarrow\dot{I}=Ie^{j\theta_i}$$

$$u(t)=\sqrt{2}U\sin(\omega t+\theta_u)\leftrightarrow\dot{U}=Ue^{j\theta_u}$$

则式(5-14)的相量表达式为

$$\dot{U}=j\omega L\dot{I} \tag{5-15}$$

式(5-15)称为电感元件的伏安特性的相量形式。它同时体现了电感电流、电压之间的有效值关系和相位关系。因此式(5-15)可以改写为

$$Ue^{j\theta_u}=j\omega LIe^{j\theta_i}=\omega LIe^{j(\theta_i+90^\circ)}$$

根据两复数相等的定义,可得

$$U=\omega LI \tag{5-16}$$

$$\theta_u=\theta_i+90^\circ \tag{5-17}$$

由式(5-16)可知,电感的电流、电压有效值的关系除与 L 有关外,还与角频率 ω 有关。而电阻元件的 U—I 关系是与 ω 无关的。对于给定的电感 L,当 I 一定时,ω 越高要求 U 越大,ω 越低则 U 越小。也就是说,电感对高频电流呈现较大的阻碍作用,这种阻碍作用是由电感元件中感应电动势反抗电流变化而产生的。在电子线路中使用的滤波电感或高频扼流圈,就是利用电感的这种特性以达到抑制高频电流通过的目的。在直流情况下,$\omega=0$,$U=0$,此时电感相当于短路。式(5-17)表明电感电压的相位超前电流 90°,这与电阻元件中电流电压同相也是完全不一样的。

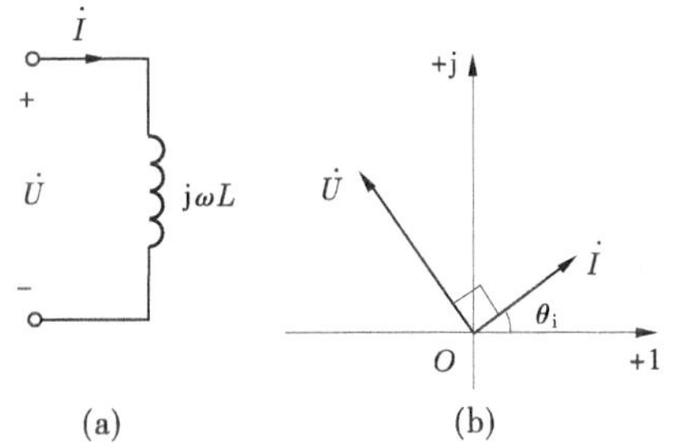

图 5-15　电感元件的相量伏安特性

根据式(5-16)画出的电感元件的相量模型如图 5-15(a)所示,电感电流、电压相量图如图 5-15(b)所示。

5.4.1.3　电容元件

设电容 C 的电压、电流采用关联参考方向,如图 5-16(a)所示。当电容端电压为

$$u(t)=\sqrt{2}U\sin(\omega t+\theta_u)$$

通过 C 的电流为

$$\begin{aligned}i(t)&=C\frac{du}{dt}=\sqrt{2}\omega CU\cos(\omega t+\theta_u)\\&=\sqrt{2}\omega CU\sin(\omega t+\theta_u+90^\circ)\\&=\sqrt{2}I\sin(\omega t+\theta_i)\end{aligned} \tag{5-18}$$

式中,I 和 θ_i 分别是电容电流的有效值和初相。式(5-18)表明,电容电压、电流是同频率的正弦量,其波形如图 5-16(b)所示。

如果电容电压、电流与相量之间的对应关系为

$$\left.\begin{aligned}u(t)&=\sqrt{2}U\sin(\omega t+\theta_u)\leftrightarrow\dot{U}=Ue^{j\theta_u}\\i(t)&=\sqrt{2}I\sin(\omega t+\theta_i)\leftrightarrow\dot{I}=Ie^{j\theta_i}\end{aligned}\right\}$$

则可得式(5-18)的相量表达式

$$\dot{I} = \mathrm{j}\omega C\dot{U} \tag{5-19}$$

或

$$\dot{U} = \frac{1}{\mathrm{j}\omega C}\dot{I} = -\mathrm{j}\frac{1}{\omega C}\dot{I} \tag{5-20}$$

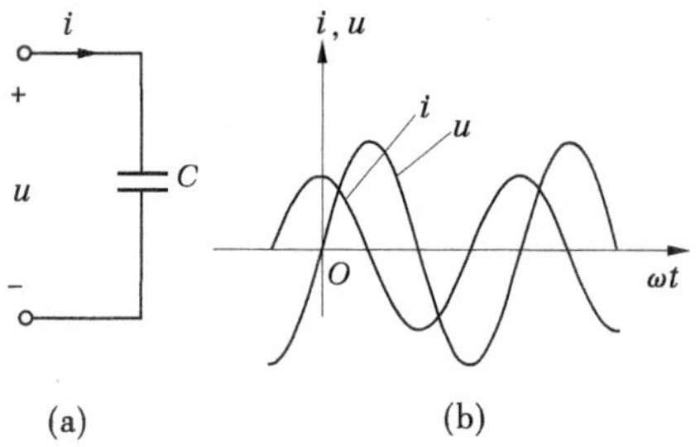

图 5-16　电容元件 i—u 关系

式(5-19)和式(5-20)称为电容元件伏安特性的相量形式。若将式(5-20)中的电流、电压相量表示成指数形式,即

$$U\mathrm{e}^{\mathrm{j}\theta_{\mathrm{u}}} = -\mathrm{j}\frac{1}{\omega C}I\mathrm{e}^{\mathrm{j}\theta_{\mathrm{i}}} = \frac{1}{\omega C}I\mathrm{e}^{\mathrm{j}(\theta_{\mathrm{i}}-90^\circ)}$$

由复数相等定义,可得

$$U = \frac{1}{\omega C}I \tag{5-21}$$

$$\theta_{\mathrm{u}} = \theta_{\mathrm{i}} - 90^\circ \tag{5-22}$$

式(5-21)表明,对于给定的电容 C,当 U 一定时,ω 越高,电容进行充放电的速率越快,单位时间内移动的电荷量越大,故 I 就越大,表示电流越容易通过。反之,ω 越低,电流将越不容易通过,在直流情况下,$\omega = 0$,$I = 0$,电容相当于开路,所以电容元件具有隔直流的作用。由式(5-22)可知,电容电压的相位滞后电流 90°。

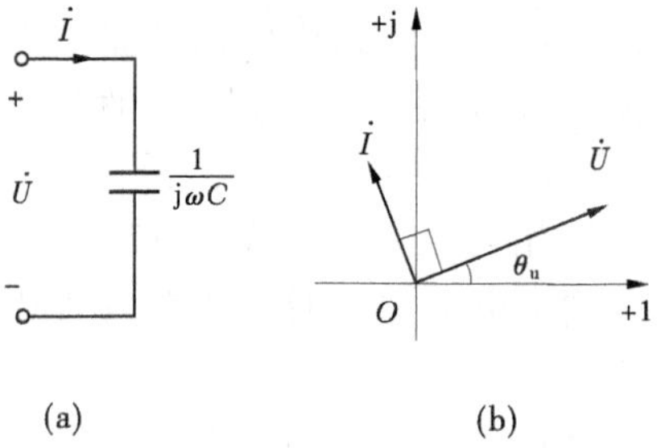

图 5-17　电容元件的相量伏安特性

根据式(5-20)画出电容元件的相量模型如图 5-17(a)所示。电容中电流、电压的相量图如图 5-17(b)所示。

5.4.1.4　正弦电源相量模型

如果一个独立电压源 $u_{\mathrm{S}}(t)$ 的输出电压为正弦电压,即

$$u_{\mathrm{S}}(t) = \sqrt{2}U_{\mathrm{S}}\sin(\omega t + \theta_{\mathrm{u}})$$

就称其为正弦电压源。式中,U_{S}、ω 和 θ_{u} 分别为正弦电压 u_{S} 的有效值、角频率和初相。将正弦量 u_{S} 表示成相量 $\dot{U}_{\mathrm{S}}$,得到正弦电压源的相量模型如图 5-18(a)所示。

图中的符号"+"和"–"表示电压 $\dot{U}_{\mathrm{S}}$ 的参考极性。

同样,如果一个独立电流源 $i_{\mathrm{S}}(t)$ 的输出电流为正弦电流,即

$$i_{\mathrm{S}}(t) = \sqrt{2}I_{\mathrm{S}}\sin(\omega t + \theta_{\mathrm{i}})$$

就称其为正弦电流源。式中,I_{S}、ω 和 θ_{i} 分别表示正弦电流的有效值、角频率和初相。正弦电流源的相量模型如图 5-18(b)所示,图中 $\dot{I}_{\mathrm{S}}$ 为正弦电流 i_{S} 对应的有效值相量,箭头方向表示其参考方向。

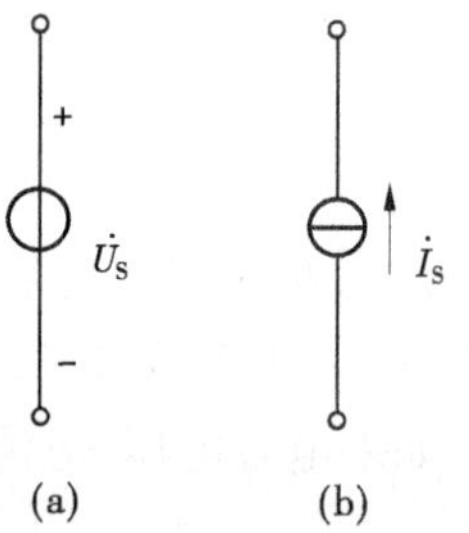

图 5-18　正弦电源的相量模型

通常，把正弦电压源和正弦电流源统称为正弦独立源，或简称为正弦电源。

对于受控电源，应用与正弦电源类似的定义方法，可以得到正弦稳态情况下的正弦受控源，这里不再一一赘述，仅给出它们的相量模型，如图 5-19 所示。

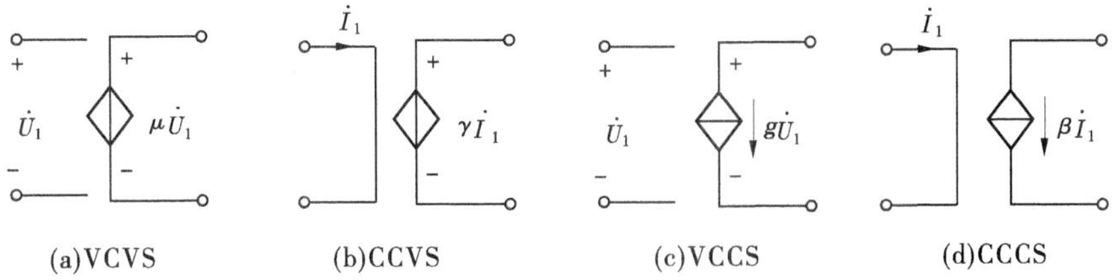

图 5-19　正弦受控源的相量模型

5.4.2　基尔霍夫电流定律和电压定律的相量形式

KCL 指出：对于集中参数电路中的任意节点，在任一时刻，流出（或流入）该节点的所有电流的代数和恒为零。在正弦稳态电路中，各支路电流都是同频率的正弦量，只是振幅和初相不同，其 KCL 可表示为

$$\sum_{k=1}^{n} i_k = \sum_{k=1}^{n} I_{km}\sin(\omega t + \theta_{ki}) = 0 \tag{5-23}$$

式中，n 为汇于节点的支路数，i_k 为第 k 条支路的电流。设正弦电流 i_k 对应的相量为$\dot{I}_{km}$，即

$$i_k = I_{km}\sin(\omega t + \theta_{km}) \leftrightarrow \dot{I}_{km} = I_{km}e^{j\theta_{ki}}$$

则可得式（5-23）对应的相量关系表示为

$$\sum_{k=1}^{n} \dot{I}_{km} = 0 \quad 或 \quad \sum_{k=1}^{n} \dot{I}_k = 0 \tag{5-24}$$

这就是 KCL 的相量形式。它表明，在正弦稳态电路中，对任一节点，各支路电流相量的代数和恒为零。

同理，对于正弦稳态电路中的任一回路，KVL 的相量形式为

$$\sum_{k=1}^{n} \dot{U}_{km} = 0 \quad 或 \quad \sum_{k=1}^{n} \dot{U}_k = 0 \tag{5-25}$$

式中，n 为回路中的支路数，$\dot{U}_{km}$和$\dot{U}_k$ 分别为回路中的第 k 条支路电压的振幅相量和有效值相量。式（5-25）表明，沿正弦稳态电路中任一回路绕行一周，所有支路电压相量的代数和恒为零。

【例 5.3】　电路如图 5-20（a）所示。已知 $R = 5\ \Omega$，$L = 5\ \text{mH}$，$C = 100\ \mu\text{F}$，$u_{ab}(t) = 10\sqrt{2}\sin 10^3 t\ \text{V}$。求电压源电压 $u_S(t)$，并画出各元件电流、电压的相量图。

解　电压 u_{ab}的有效值相量为

$$\dot{U}_{ab} = 10\angle 0°$$

分别计算

$$\omega L = 10^3 \times 5 \times 10^{-3} = 5(\Omega)$$

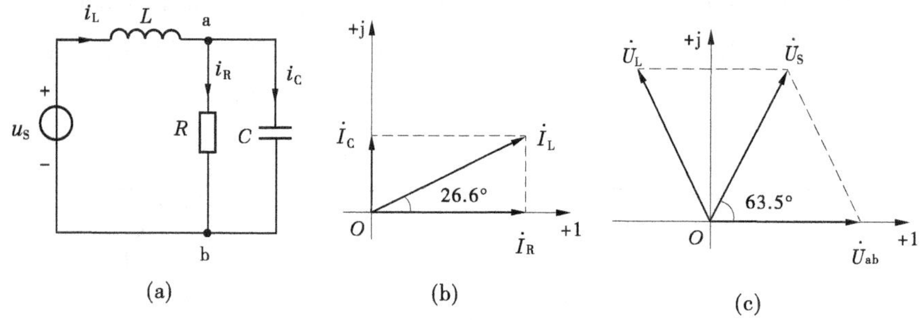

图 5-20　例 5.3 图

$$\frac{1}{\omega C}=\frac{1}{10^3\times 100\times 10^{-6}}=10(\Omega)$$

根据 R、C 元件 VCR 的相量形式，得

$$\dot{I}_R=\frac{\dot{U}_{ab}}{R}=\frac{10\angle 0^\circ}{5}=2(\mathrm{A})$$

$$\dot{I}_C=\frac{\dot{U}_{ab}}{-\mathrm{j}(1/\omega C)}=\frac{10\angle 0^\circ}{-\mathrm{j}10}=\mathrm{j}1(\mathrm{A})$$

由 KCL 得

$$\dot{I}_L=\dot{I}_R+\dot{I}_C=2+\mathrm{j}1=2.24\angle 26.6^\circ(\mathrm{A})$$

由电感元件 VCR 相量形式，求得

$$\dot{U}_L=\mathrm{j}\omega L\dot{I}_L=\mathrm{j}5\times 2.24\angle 26.6^\circ=11.2\angle 116.6^\circ(\mathrm{V})$$

根据 KVL，可得电压源电压

$$\begin{aligned}\dot{U}_S&=\dot{U}_L+\dot{U}_{ab}=11.2\angle 116.6^\circ+10\angle 0^\circ\\&=(-5.01+\mathrm{j}10.01)+10=4.99+\mathrm{j}10.01\\&=11.18\angle 63.5^\circ(\mathrm{V})\end{aligned}$$

所以

$$u_S(t)=11.18\sqrt{2}\sin(10^3t+63.5^\circ)\ \mathrm{V}$$

各元件电流、电压相量图如图 5-20(b)、(c)所示。

【项目任务】

(一)实验名称

正弦稳态交流电路相量的研究

(二)实验目的

1. 研究正弦稳态交流电路中电压、电流相量之间的关系。

2. 掌握日光灯线路的接线方法。

3. 理解改善电路功率因数的意义并掌握其方法。

(三)实验原理

1. 在单相正弦交流电路中，用交流电流表测得各支路中的电流值，用交流电压表测得回路各元件两端的电压值，它们之间的关系满足相量形式的基尔霍夫定律，即

$$\sum i = 0$$

和

$$\sum \dot{U} = 0$$

2. 图 5-21 所示的 RC 串联电路，在正弦稳态信号 $\dot{U}$ 的激励下，$\dot{U}_R$ 与 $\dot{U}_C$ 保持有 90°的相位差，即当阻值 R 改变时，$\dot{U}_R$ 的相量轨迹是一个半圆，$\dot{U}$、$\dot{U}_C$ 与 $\dot{U}_R$ 三者形成一个直角形的电压三角形。R 值改变时，可改变 φ 角的大小，从而达到移相的目的。

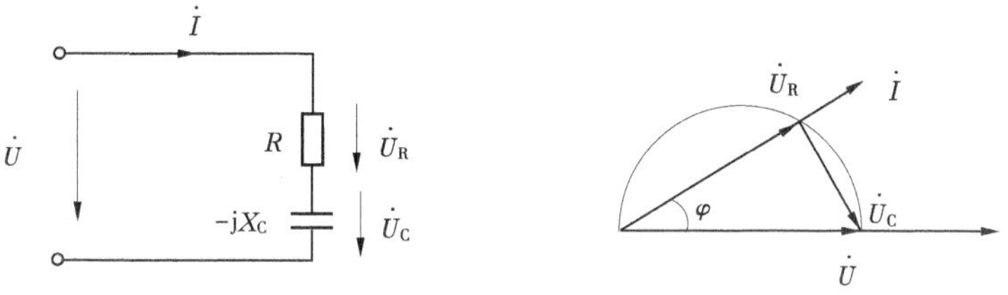

图 5-21

3. 日光灯线路如图 5-22 所示，图中 A 是日光灯灯管，L 是镇流器，S 是启辉器，C 是补偿电容器，用以改善电路的功率因数（$\cos\varphi$ 值）。

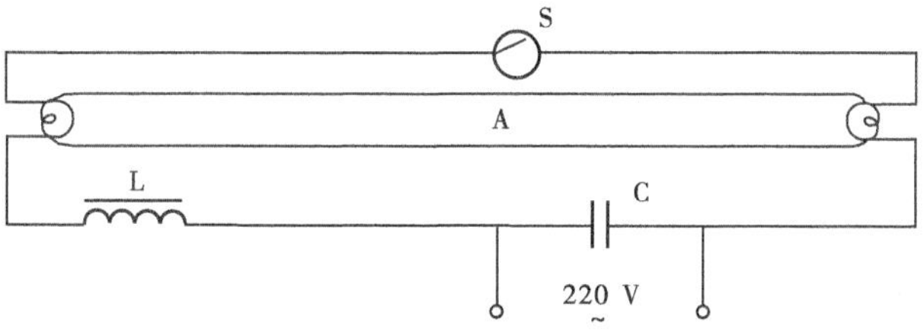

图 5-22

（四）实验设备

实验设备见表 5-1。

表 5-1

序号	名称	型号与规格	数量	备注
1	单相交流电源	0 ~ 220 V	1	
2	三相自耦调压器		1	
3	交流电压表		1	
4	交流电流表		1	
5	功率因数表		1	DGJ－07
6	白炽灯泡	15 W/220 V	2	DGJ－04
7	镇流器	与 30 W 灯管配用	1	DGJ－04
8	电容器	1 μF，2.2 μF，4.7 μF/450 V		DGJ－04
9	启辉器	与 30 W 灯管配用	1	DGJ－04
10	日光灯灯管	30 W	1	DGJ－04
11	电门插座		3	DGJ－04

（五）实验内容

1. 用两只 15 W/220 V 的白炽灯泡和 4.7 μF/450 V 电容器组成图 5-23 所示的实验电路，经指导老师检查后，接通市电 220 V 电源，将自耦调压器输出调至 220 V。在表 5-2 中记录 U、U_R、U_C 值，验证电压三角形关系。

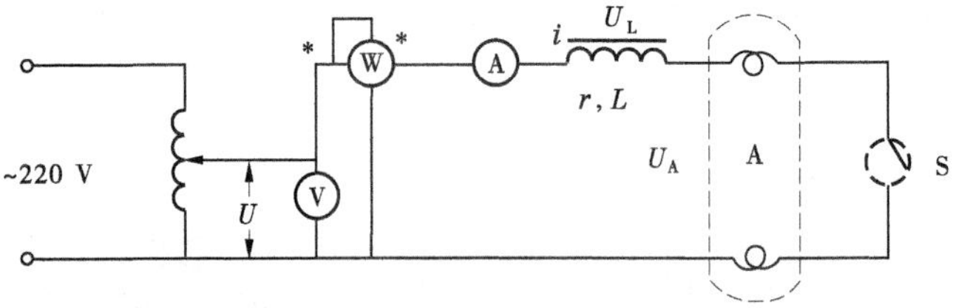

图 5-23

表 5-2

白炽灯盏数	测量值			计算值	
	U(V)	U_R(V)	U_C(V)	U'(V)	φ
2	220	200	84	217	22.8
1	220	213	45	218	11.9

2. 日光灯线路接线与测量。

按照图 5-23 组成线路，经指导教师检查后按下闭合按钮开关，调节自耦调压器的输出，使其输出电压缓慢增大，直到日光灯刚启辉点亮，记下三表的指示值。然后将电压调至 220 V，测量功率 P，电流 I，电压 U、U_L、U_A 等值并记入表 5-3 中，验证电压、电流相量关系。

表 5-3

项目	P(W)	$\cos\varphi$	I(A)	U(V)	U_L(V)	U_A(V)
启辉值	29.9	0.53	0.28	200	149	85
正常工作值	36.5	0.45	0.35	220	175	80

注：表中所列数据仅供参考，实验时需按测量数据填写。

3. 并联电路——电路功率因数的改善。

按图 5-24 组成实验线路。

经指导老师检查后，按下绿色按钮开关调节自耦调压器的输出调至 220 V，记录功率

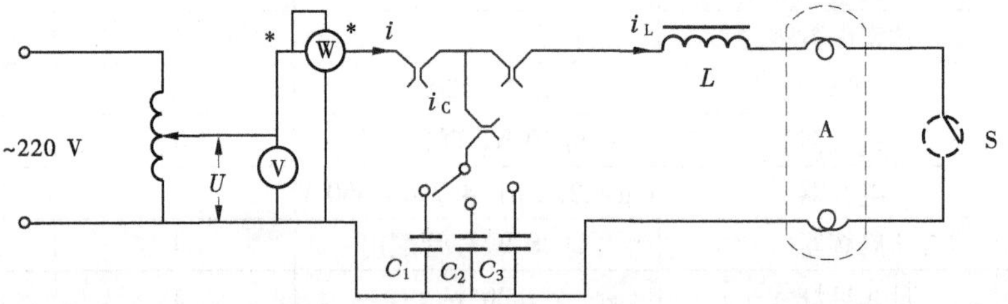

图 5-24

表、电压表读数，通过一只电流表和三个电流取样插座分别测得三条支路的电流，改变电容道，进行三次重复测量，记入表5-4。

表5-4

电容值 (μF)	测量数值						计算值	
	P(W)	U(V)	I(A)	I_L(A)	I_C(A)	$\cos\varphi$	I(A)	$\cos\varphi$
1	35. 5	220	0. 30	0. 36	0. 065	0. 52	0. 16	0. 53
2. 2	36. 3	220	0. 24	0. 38	0. 15	0. 69	0. 165	0. 69
4. 7	36. 5	220	0. 17	0. 39	0. 33	0. 92	0. 166	0. 97

注：表中所列数据仅供参考，实验时需按测量数据填写。

（六）实验注意事项

1. 本实验用交流市电 220 V，务必注意用电和人身安全。

2. 在接通电源前，应将自耦调压器手柄置在零位上。

3. 功率表要正确接入电路，读数时要注意量程和实际读数的折算关系。

4. 线路接线正确，日光灯不能启辉时，应检查启辉器及其接触是否良好。

（七）实验要求

1. 完成数据表格中的计算，进行必要的误差分析。

2. 根据实验数据，分别绘出电压、电流相量图，验证相量形式的基尔霍夫定律。

【课后练习】

5.1 将下列复数化为极坐标形式。

(1) $F_1=-5-\mathrm{j}5$；(2) $F_2=-4+\mathrm{j}3$；(3) $F_3=-20+\mathrm{j}40$；

(4) $F_4=\mathrm{j}10$；(5) $F_5=-3$；(6) $F_6=2.78+\mathrm{j}9.20$。

5.2 将下列复数化为代数形式。

(1) $F_1=10\angle 73°$；(2) $F_2=15\angle 112.6°$；(3) $F_3=1.2\angle 152°$；

(4) $F_4=10\angle -90°$；(5) $F_5=5\angle -180°$；(6) $F_6=10\angle -135°$。

5.3 若 $100\angle 0°+A\angle 60°=175\angle\varphi$。求 A 和 φ。

5.4 若 $F_1=-5-\mathrm{j}5$，$F_2=-4+\mathrm{j}3$，$F_3=-20+\mathrm{j}40$，$F_4=15-\mathrm{j}10$。求：(1) F_1+F_2；(2) F_1/F_3；(3) $F_2\times F_4$；(4) F_2-F_4。

5.5 两个同频率的正弦电压 $u_1(t)$、$u_2(t)$ 的有效值各为 50 V、30 V，在什么情况下 $u_1(t)+u_2(t)$ 的有效值最小？在什么情况下 $u_1(t)+u_2(t)$ 的有效值最大？各是多少？

5.6 如果两个同频率的正弦电流在某一瞬时都是 5 A，两者是否一定同相？其幅值是否也一定相等？

5.7 试分别写出正弦量 $u(t)=236\sin(314t-\frac{\pi}{6})$ V 和 $i(t)=0.52\sin(2\pi\times 456\times 10^3t+\frac{\pi}{3})$ A 的振幅、频率和初相，并画出它们的波形。

5.8 已知 $u(t)=220\sqrt{2}\sin(314t-50°)$ V，$i(t)=10\sqrt{2}\sin(314t-90°)$ A。求：

(1) 它们的相位谁超前于谁？

(2)它们之间相位差为多少？

(3)如果以电压为参考正弦量，它们的表达式如何？

(4)如果以电流为参考正弦量，它们的表达式是什么？

5.9 若已知两个同频正弦电压的向量分别为：$\dot{U}_1 = 50\angle 30°$ V，$\dot{U}_2 = -100\angle -150°$ V，其频率 $f = 100$ Hz。求：

(1)u_1、u_2 的瞬时表达式；

(2)u_1 与 u_2 的相位差。

5.10 已知一段电路的电压、电流为

$$u = 10\sin(10^3 t - 20°)\ \text{V}$$

$$i = 2\cos(10^3 t - 50°)\ \text{A}$$

(1)画出它们的波形图和相量图；

(2)求它们的相位差。

5.11 已知图 5-25 所示 3 个电压源的电压分别为

$$u_a = 220\sqrt{2}\sin(\omega t + 10°)\ \text{V}$$

$$u_b = 220\sqrt{2}\sin(\omega t - 110°)\ \text{V}$$

$$u_c = 220\sqrt{2}\sin(\omega t + 130°)\ \text{V}$$

求：(1)三个电压的和；

(2)u_{ab}、u_{bc}；

(3)画出它们的相量图。

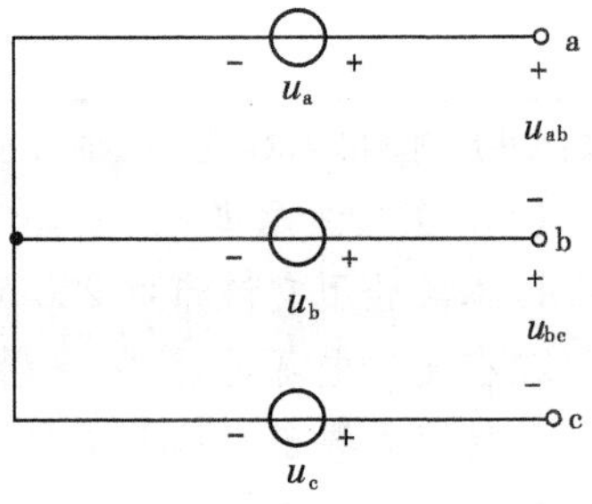

图 5-25

5.12 已知图 5-26 所示电路中 $I_1 = I_2 = 10$ A。求 $\dot{I}$ 和 $\dot{U}_S$。

5.13 已知图 5-27 所示电路中 $\dot{I}_S = 2\angle 0°$ A。求电压 $\dot{U}$。

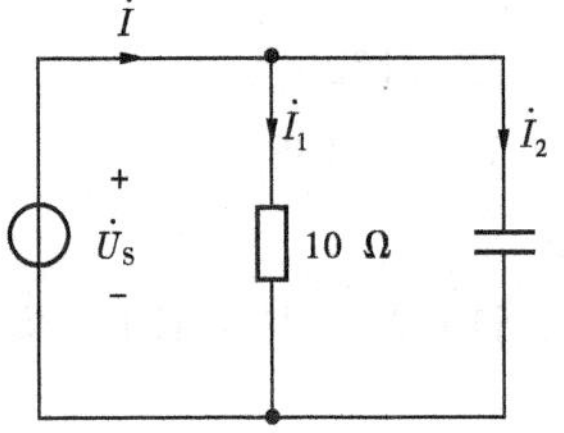

图 5-26

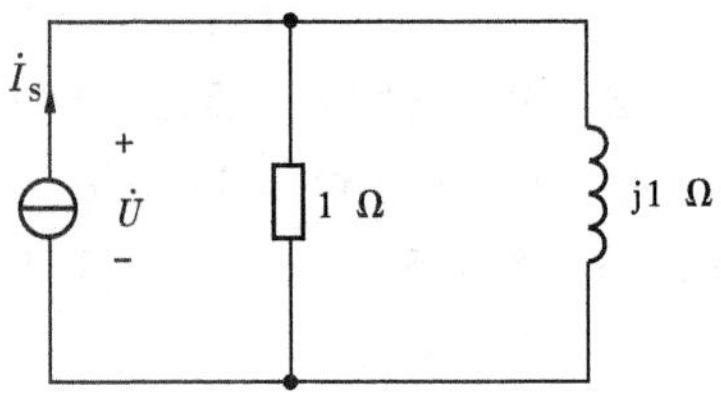

图 5-27

第 6 章　正弦稳态电路的分析

【教学目标】

要求掌握正弦稳态电路中的功率与能量关系及应用相量图分析正弦稳态电路的方法。

【学习目标】

1. 掌握复阻抗、复导纳的概念以及它们之间的等效变换；

2. 熟悉平均功率、无功功率、视在功率、复功率、功率因数的概念及计算；

3. 掌握串、并联谐振的概念。

【基本知识准备】

6.1　阻抗和导纳

由第 5 章讨论可知，在电流、电压采用关联参考方向的条件下，三种基本元件 VCR 的相量形式是

$$\dot{U} = R\dot{I}, \qquad \dot{U} = \mathrm{j}\omega L\dot{I}, \qquad \dot{U} = \frac{1}{\mathrm{j}\omega C}\dot{I} \tag{6-1}$$

如用振幅相量表示，则为

$$\dot{U}_{\mathrm{m}} = R\dot{I}_{\mathrm{m}}, \qquad \dot{U}_{\mathrm{m}} = \mathrm{j}\omega L\dot{I}_{\mathrm{m}}, \qquad \dot{U}_{\mathrm{m}} = \frac{1}{\mathrm{j}\omega C}\dot{I}_{\mathrm{m}} \tag{6-2}$$

那么，对于正弦稳态时一般无源二端网络的 VCR 的相量形式该如何表示呢？那就是下面即将讨论的阻抗和导纳。其概念以及对它们的运算和等效变换是线性电路正弦稳态分析中的重要内容。

6.1.1　阻抗

如图 6-1 所示的无源线性一端口网络，当它在角频率为 ω 的正弦电源激励下处于稳定状态时，端口的电压和电流将是同频正弦量。应用相量法，将端口的电压相量和电流相量的比值定义为该一端口的阻抗 Z，即

$$Z = \frac{\dot{U}}{\dot{I}} = \frac{U}{I}\angle(\varphi_{\mathrm{u}} - \varphi_{\mathrm{i}}) = |Z|\angle\varphi_{\mathrm{z}} \tag{6-3}$$

式(6-3)称为复数形式的欧姆定律，式中 $\dot{U} = U\angle\varphi_{\mathrm{u}}$，$\dot{I} = I\angle\varphi_{\mathrm{i}}$。$|Z| = \dfrac{U}{I}$称为阻抗模，$\varphi_{\mathrm{z}} = \varphi_{\mathrm{u}} - \varphi_{\mathrm{i}}$ 称为阻抗角。由于 Z 为复数，也称为复阻抗，显然，其量纲为[Ω]。这样图 6-1所示的无源一端口网络可以用图 6-2 所示的等效电路表示，所以 Z 也称为一端口网络的等效阻抗或输入阻抗。

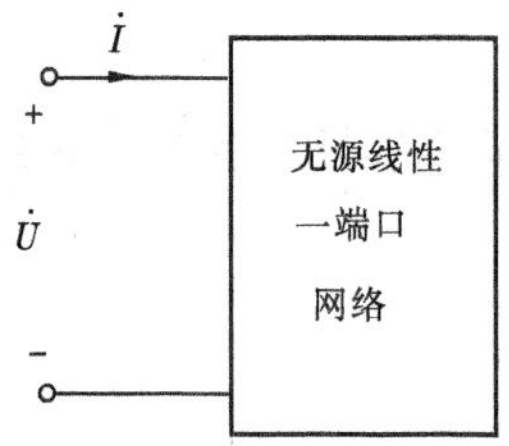

图 6-1　无源线性一端口网络

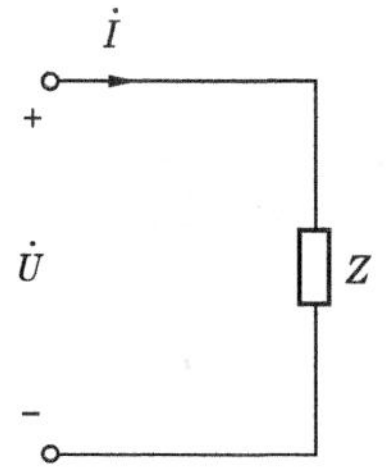

图 6-2　等效电路

将式(6-3)中的相量表示成指数形式,可得

$$Z = \frac{\dot{U}}{\dot{I}} = \frac{U\mathrm{e}^{\mathrm{j}\varphi_u}}{I\mathrm{e}^{\mathrm{j}\varphi_i}} = \frac{U}{I}\mathrm{e}^{\mathrm{j}(\varphi_u-\varphi_i)} = |Z|\mathrm{e}^{\mathrm{j}\varphi_z}$$

$$= |Z|\cos\varphi_z + \mathrm{j}|Z|\sin\varphi_z$$

令实部 $\mathrm{Re}[Z] = |Z|\cos\varphi_z = R$ 称为电阻,虚部 $\mathrm{lm}[Z] = |Z|\sin\varphi_z = X$ 称为电抗,则阻抗 Z 的代数形式可写为

$$Z = R + \mathrm{j}X$$

如果无源一端口网络内为单个的电阻、电感或电容元件(见图 6-3),那么对应的等效阻抗分别为

$$Z_R = \frac{\dot{U}}{\dot{I}} = R \quad , \quad Z_L = \frac{\dot{U}}{\dot{I}} = \mathrm{j}\omega L = X_L \quad , \quad Z_C = \frac{\dot{U}}{\dot{I}} = -\mathrm{j}\frac{1}{\omega C} = X_C$$

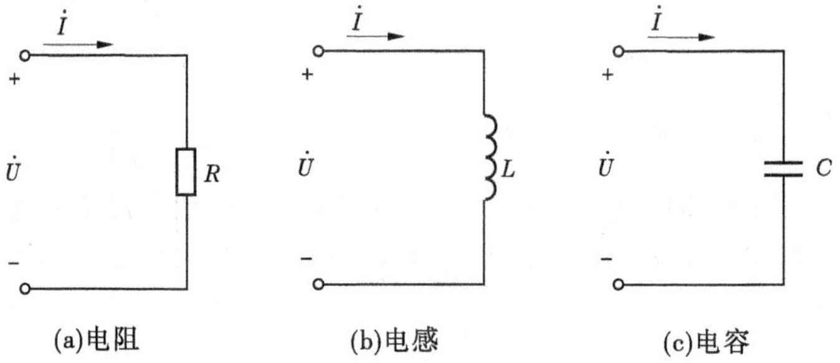

图 6-3　单个元件的网络

所以,电阻 R 的阻抗 Z_R 的虚部为零,实部即为 R;电感 L 的阻抗 Z_L 的实部为零,虚部为 ωL,称为 Z_L 的感性电抗,简称感抗,用 X_L($X_L = \omega L$)表示;电容 C 的阻抗 Z_C 的实部为零,虚部为 $-\frac{1}{\omega C}$,称为 Z_C 的容性电抗,简称容抗,用 X_C($X_C = -\frac{1}{\omega C}$)表示。

如果无源一端口网络内 R、L 和 C 元件串联(见图 6-4),由 KVL 得

$$\dot{U} = \dot{U}_R + \dot{U}_L + \dot{U}_C = R\dot{I} + \mathrm{j}\omega L\dot{I} - \mathrm{j}\frac{1}{\omega C}\dot{I}$$

$$= \left[R + \mathrm{j}\left(\omega L - \frac{1}{\omega C}\right)\right]\dot{I} = \left[R + \mathrm{j}(X_L + X_C)\right]\dot{I}$$

因此,等效阻抗为

$$Z=\frac{\dot{U}}{\dot{I}}=R+\mathrm{j}\omega L-\mathrm{j}\frac{1}{\omega C}=R+\mathrm{j}X=|Z|\angle\varphi_z$$

其中，Z 的实部就是电阻 R；Z 的虚部就是电抗 X $\left(X=X_L+X_C=\omega L-\dfrac{1}{\omega C}\right)$。

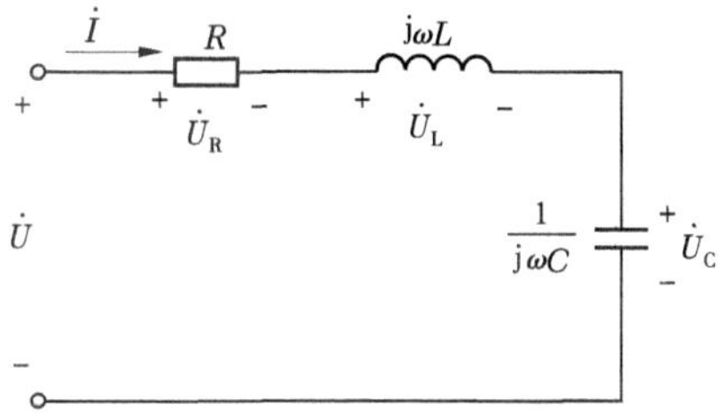

图 6-4　*RLC* 串联电路

Z 的模和复角分别为

$$|Z|=\sqrt{R^2+X^2}=\frac{U}{I}\quad,\quad \varphi_z=\arctan\frac{X}{R}$$

当 $X>0$，即 $\omega L>\dfrac{1}{\omega C}$时，称 Z 呈现感性；当 $X<0$，即 $\omega L<\dfrac{1}{\omega C}$时，称 Z 呈现容性。

一般情况下，按式(6-3)所定义的阻抗将是外施正弦激励角频率 ω 的函数，此时 Z 可以写成 $Z(\mathrm{j}\omega)=R(\omega)+\mathrm{j}X(\omega)$，其实部和虚部分别称为它的电阻分量和电抗分量。

因为 $R=|Z|\cos\varphi_z$，$X=|Z|\sin\varphi_z$，所以 R、X 和 $|Z|$之间的关系可以用图 6-5 所示的阻抗三角形表示。

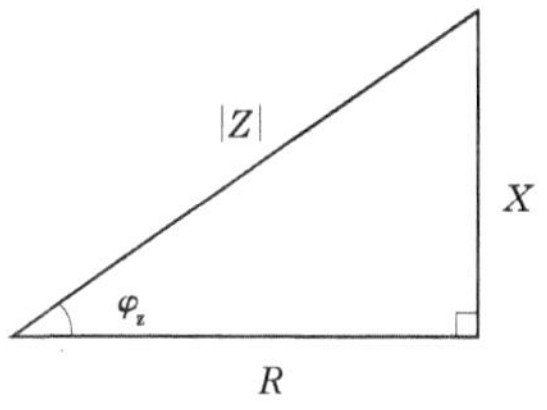

图 6-5　阻抗三角形

6.1.2　导纳

对于图 6-1 所示的无源线性一端口网络，当它在角频率为 ω 的正弦电源激励下处于稳定状态时，端口的电流相量和电压相量的比值定义为该一端口的导纳 Y，即

$$Y=\frac{\dot{I}}{\dot{U}}=\frac{I}{U}\angle(\varphi_i-\varphi_u)=|Y|\angle\varphi_y \tag{6-4}$$

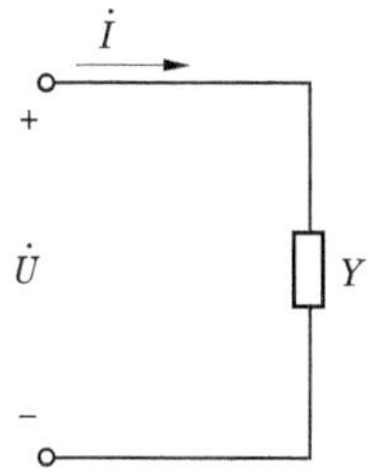

图 6-6　无源线性一端口网络等效导纳

式(6-4)仍为复数形式的欧姆定律，其中 $|Y|=\dfrac{I}{U}$称为导纳模，$\varphi_y=\varphi_i-\varphi_u$称为导纳角。由于 Y 为复数，称为复导纳，这样图 6-1 所示的无源一端口网络可以用图 6-6 所示的等效电路表示，所以 Y 也称为一端口网络的等效导纳或输入导纳。

如果无源一端口网络内为单个的 R、L 或 C 元件（见图 6-3），那么对应的等效导纳分别为

$$Y=\frac{\dot{I}}{\dot{U}}=\frac{1}{R}=G\quad,\quad Y=\frac{\dot{I}}{\dot{U}}=\mathrm{j}\omega C=\mathrm{j}B_C\quad,\quad Y=\frac{\dot{I}}{\dot{U}}=\frac{1}{\mathrm{j}\omega L}=\mathrm{j}B_L$$

所以，电阻 R 的导纳实部即为电导 G，虚部为零；电感 L 的导纳实部为零，虚部 $-\dfrac{1}{\omega L}$，即感性电纳 $B_L=-\dfrac{1}{\omega L}$，简称感纳；电容 C 的导纳实部为零，虚部为 ωC，即为容性电纳 $B_C=\omega C$，简称容纳。

如果无源一端口网络内 R、L 和 C 元件并联（见图 6-7），由 KCL 得

$$\dot{I} = \dot{I}_R + \dot{I}_L + \dot{I}_C = G\dot{U} - j\frac{1}{\omega L}\dot{U} + j\omega C\dot{U}$$

$$= (G - j\frac{1}{\omega L} + j\omega C)\dot{U} = [G + j(B_L + B_C)]\dot{U}$$

$$= (G + jB)\dot{U}$$

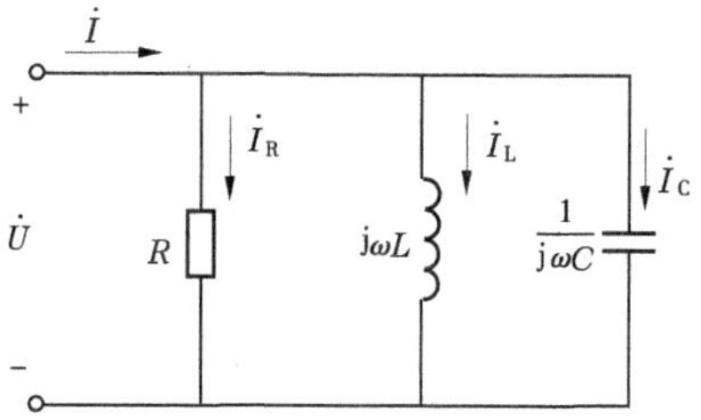

图 6-7 *RLC* 并联电路

因此,等效导纳为

$$Y = \frac{\dot{I}}{\dot{U}} = G + j\omega C - j\frac{1}{\omega L} = G + jB = |Y| \angle\varphi_y$$

Y 的实部就是电导 $G = \frac{1}{R}$,虚部就是电纳 $B = \omega C - \frac{1}{\omega L} = B_C + B_L$。$Y$ 的模和导纳角分别为

$$\begin{cases} |Y| = \sqrt{G^2 + B^2} \\ \varphi_y = \arctan\dfrac{B}{G} \end{cases}$$

当 $B>0$,即 $\omega C > \frac{1}{\omega L}$时,称 Y 为容性,电路为容性电路。当 $B<0$,即 $\omega C < \frac{1}{\omega L}$时,称 Y 为感性,电路为感性电路。当 $B=0$,即 $\omega C = \frac{1}{\omega L}$时,称 Y 为阻性,电路为阻性电路。

一般情况下,按式(6-4)所定义的导纳将是外施正弦激励角频率 ω 的函数,此时 Y 可以写成:$Y(j\omega) = G(\omega) + jB(\omega)$,其实部和虚部分别称为它的电导分量和电纳分量。

因为 $G = |Y|\cos\varphi_y$,$B = |Y|\sin\varphi_y$,所以 G、B 和 $|Y|$之间的关系可以用图 6-8 所示的导纳三角形表示。

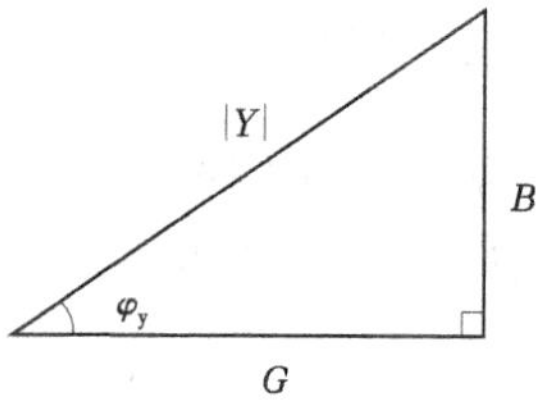

图 6-8 导纳三角形

6.1.3 复阻抗和复导纳的等效互换

同一个一端口网络的阻抗和导纳可以等效互换,等效互换的条件为 $Z = \frac{1}{Y}$或 $ZY = 1$,即用其模和辐角表示为:$|Z||Y| = 1$,$\varphi_z + \varphi_y = 0$。

如图 6-9(a)所示的 R、X 串联电路,它的阻抗为

$$Z = R + jX = |Z| \angle\varphi_z$$

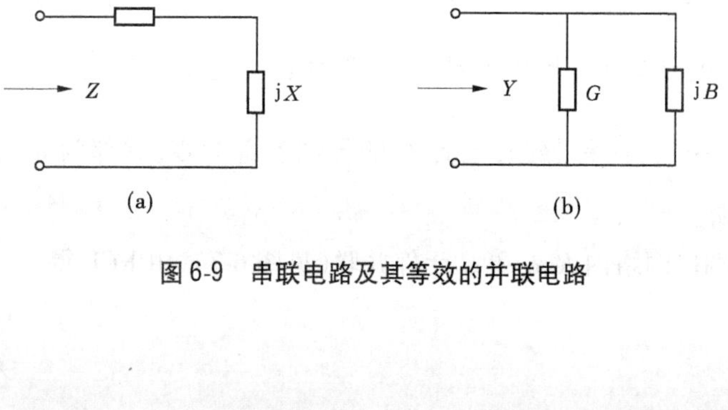

图 6-9 串联电路及其等效的并联电路

其并联等效电路如图 6-9(b)所示。其导纳为

$$Y = \frac{1}{Z} = \frac{1}{R + \mathrm{j}X} = \frac{R - \mathrm{j}X}{R^2 + X^2} = G + \mathrm{j}B$$

即等效电导和电纳分别为

$$G = \frac{R}{R^2 + X^2} \quad , \quad B = \frac{-X}{R^2 + X^2} \tag{6-5}$$

同理,对并联电路,它的导纳为

$$Y = G + \mathrm{j}B = |Y| \angle \varphi_{\mathrm{y}}$$

其等效串联电路的阻抗为

$$Z = \frac{1}{Y} = \frac{1}{G + \mathrm{j}B} = \frac{G - \mathrm{j}B}{G^2 + B^2} = R + \mathrm{j}X$$

即等效电阻和电抗分别为

$$R = \frac{G}{G^2 + B^2} \quad , \quad X = \frac{-B}{G^2 + B^2} \tag{6-6}$$

6.2 阻抗(导纳)的串联和并联

阻抗的串联和并联电路的计算,在形式上与电阻的串联和并联电路相似。下面给出阻抗和导纳串、并联的有关结论,其证明方法与电阻电路相似,这里不再重复。

6.2.1 阻抗的串联

图 6-10 为 n 个阻抗串联的电路,根据 KVL 得

$$\dot{U} = \dot{U}_1 + \dot{U}_2 + \cdots + \dot{U}_n = \dot{I}(Z_1 + Z_2 + \cdots + Z_n) = \dot{I}Z$$

其中

$$Z = \sum_{k=1}^{n} Z_k = \sum_{k=1}^{n} (R_k + \mathrm{j}X_k) \tag{6-7}$$

Z 为等效阻抗,因此图 6-10 的电路可以用图 6-11 的等效电路替代。

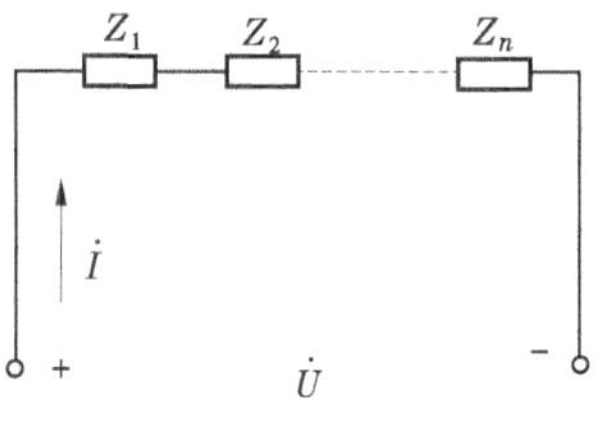

图 6-10 n 个阻抗串联

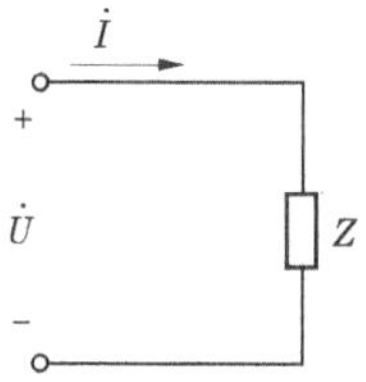

图 6-11 等效电路

串联电路中各个阻抗的电压分配为

$$\dot{U}_k = \frac{Z_k}{Z}\dot{U} \quad , \quad k = 1, 2, \cdots, n \tag{6-8}$$

式中,$\dot{U}$ 为总电压;$\dot{U}_k$ 为第 k 个阻抗的电压。

6.2.2 导纳的并联

图 6-12 为 n 个导纳并联的电路，根据 KCL 得

$$\dot{I}=\dot{I}_1+\dot{I}_2+\cdots+\dot{I}_n=\dot{U}(Y_1+Y_2+\cdots+Y_n)=\dot{U}Y$$

其中

$$Y=\sum_{k=1}^{n}Y_k=\sum_{k=1}^{n}(G_k+\mathrm{j}B_k) \tag{6-9}$$

Y 为等效导纳，因此图 6-12 的电路可以用图 6-13 的等效电路替代。

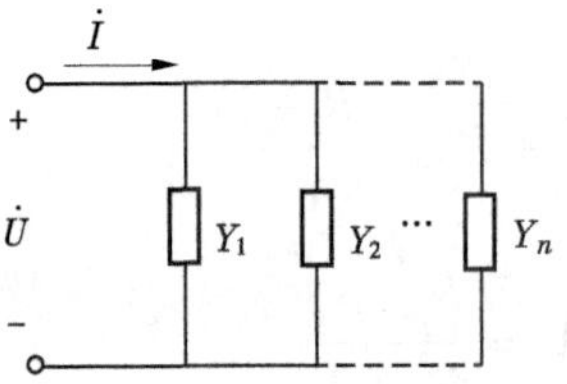

图 6-12　n 个导纳并联

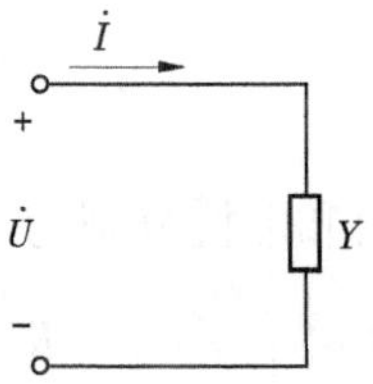

图 6-13　等效电路

并联电路中各个阻抗的电流分配为

$$\dot{I}_k=\frac{Y_k}{Y}\dot{I}\quad,\quad k=1,2,\cdots,n \tag{6-10}$$

式中，$\dot{I}$ 为总电流；$\dot{I}_k$ 为第 k 个导纳的电流。

两个阻抗 Z_1、Z_2 的并联等效阻抗为

$$Z=\frac{Z_1Z_2}{Z_1+Z_2}$$

显然，阻抗的串联和并联计算及分压和分流计算在形式上与电阻的串联和并联及分压和分流计算相似。

【例 6.1】 求图 6-14 所示电路的等效阻抗，已知 $\omega=10^5$ rad/s。

解 图 6-14 中所示参数的感抗和容抗分别为

$$X_{\mathrm{C}}=\frac{1}{\omega C}=\frac{1}{10^5\times 0.1\times 10^{-6}}=100(\Omega)$$

$$X_{\mathrm{L}}=\omega L=10^5\times 1\times 10^{-3}=100(\Omega)$$

所以电路的等效阻抗为

$$\begin{aligned}Z&=R_1+\frac{\mathrm{j}X_{\mathrm{L}}(R_2-\mathrm{j}X_{\mathrm{C}})}{\mathrm{j}X_{\mathrm{L}}+R_2-\mathrm{j}X_{\mathrm{C}}}\\&=30+\frac{\mathrm{j}100\times(100-\mathrm{j}100)}{100}\\&=130+\mathrm{j}100(\Omega)\end{aligned}$$

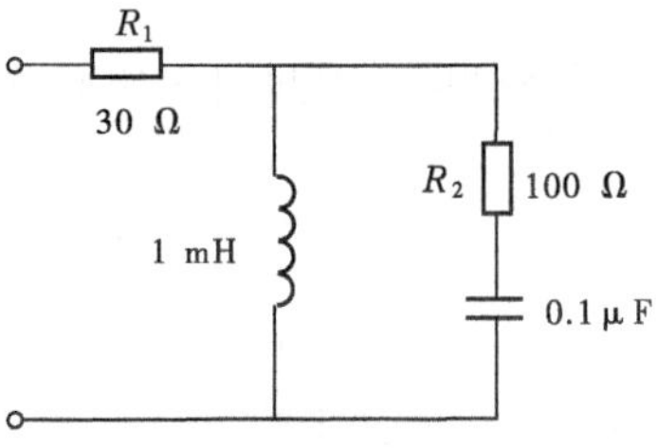

图 6-14　例 6.1 图

【例 6.2】 图 6-15 所示电路已标明参数，该电路对外是呈现感性还是容性？

解 图示电路的等效阻抗为

$$Z=3-\mathrm{j}6+\frac{5(3+\mathrm{j}4)}{5+(3+\mathrm{j}4)}$$

$$= 3 - j6 + \frac{25\angle 53.1^\circ}{8 + j4}$$

$$= 5.5 - j4.75(\Omega)$$

所以电路对外呈现容性。

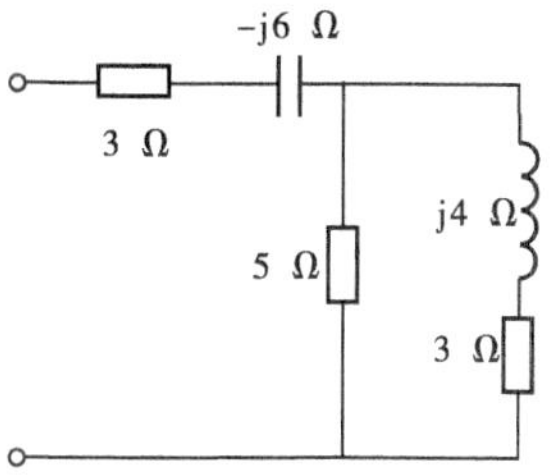

图6-15　例6.2图

【例6.3】　图6-16所示为RC选频网络,试求 u_1 和 u_0 同相位的条件及 $\frac{\dot{U}_1}{\dot{U}_0}$ 的值。

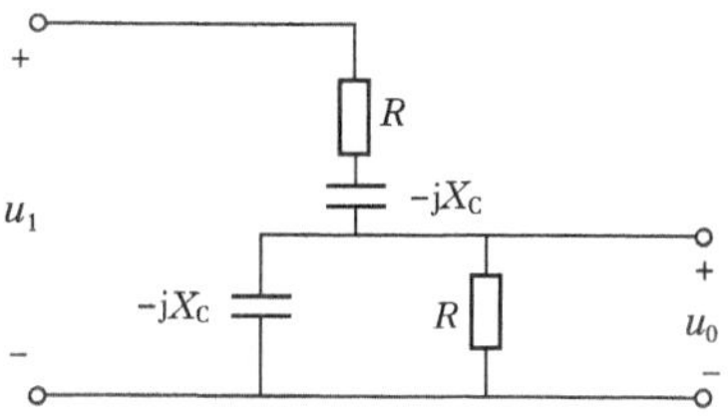

图6-16　例6.3图

解　设 $Z_1 = R - jX_C$　,　$Z_2 = R /\!/ jX_C$

则输出电压 $\dot{U}_0 = \frac{\dot{U}_1 Z_2}{Z_1 + Z_2}$

输出电压和输入电压的比值

$$\frac{\dot{U}_1}{\dot{U}_0} = \frac{Z_1 + Z_2}{Z_2} = 1 + \frac{Z_1}{Z_2}$$

因为 $\frac{Z_1}{Z_2} = \frac{R - jX_C}{-jRX_C/(R - jX_C)} = \frac{(R - jX_C)^2}{-jRX_C}$

$$= \frac{R^2 - X_C^2 - j2RX_C}{-jRX_C} = 2 + j\frac{R^2 - X_C^2}{RX_C}$$

当 $R = X_C$ 时,上式比值为实数,则 u_1 和 u_0 同相位,此时有 $\frac{\dot{U}_1}{\dot{U}_0} = 1 + 2 = 3$。

6.3　正弦稳态电路相量模型及相量图

什么是相量模型?本书第1章所描述的电路模型可以称为时域模型,它反映了电压与电流的时间函数关系,也就是说,根据此模型可列出电路的微分方程。而在正弦稳态情况下,如果把时域模型中的电源元件用相量模型代替,无源元件用阻抗或导纳代替,电流、电压均用相量表示(其参考方向与原电路相同),这样得到的电路模型称为相量模型。例如,对于图6-17(a)给出的正弦稳态电路(时域模型),如设正弦电压源角频率为 ω,其相量模型如图6-17(b)所示。容易看出,相量模型与时域模型具有相同的电路结构。

在正弦稳态电路分析和计算中,往往需要画出一种能反映电路中电压、电流关系的几何图形,这种图形就称为电路的相量图。与反映电路中电压、电流相量关系的电路方程相比较,相量图能直观地显示各相量之间的关系,特别是各相量的相位关系,它是分析和计算正弦稳态电路的重要手段。通常在未求出各相量的具体表达式之前,不可能准确地画出电路的相量图,但可以依据元件伏安关系的相量形式和电路的KCL、KVL方程定性地画出电路的相量图。在画相量图时,可以选择电路中某一相量作为参考相量,其他有关相量就可以根据它来确定。参考相量的初相可任意假定,可取为零,也可取其他值,因为初相的选择不同只会使各相量的初相改变同一数值,而不会影响各相量之间的相位关系。所以,通常选参考相量的初相为零。在画串联电路的相量图时,一般取电流相量为参考相

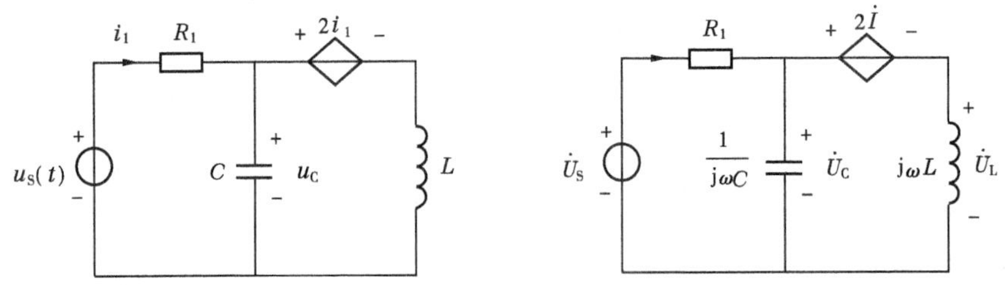

(a) (b)

图 6-17 时域模型与相量模型

量,各元件的电压相量即可按元件上电压与电流的大小关系和相位关系画出。在画并联电路的相量图时,一般取电压相量为参考相量,各元件的电流相量即可按元件上电压与电流的大小关系和相位关系画出。

【例 6.4】 如图 6-18 所示,已知:$X_{L1}>|X_{C1}|$,$X_{L3}<|X_{C3}|$,定性作出相量图。

解 (1)取 $\dot{I}_1$ 为参考相量,并设各元件的电压与电流为关联参考方向。

(2)作 $\dot{U}_{R1}$(R_1 两端的电压)。

(3)作 $\dot{U}_{L1}$(X_{L1} 两端的电压)。

(4)作 $\dot{U}_{C1}$(X_{C1} 两端的电压)。

(5)作 $\dot{U}_{L2}=\dot{U}_{R1}+\dot{U}_{L1}+\dot{U}_{C1}$。

(6)作 $\dot{I}_2$(流过 X_{L2} 的电流)。

(7)作 $\dot{I}_3=\dot{I}_1+\dot{I}_2$。

(8)作 $\dot{U}_{R3}$(R_3 两端的电压)。

(9)作 $\dot{U}_{L3}$(X_{L3} 两端的电压)。

(10)作 $\dot{U}_{C3}$(X_{C3} 两端的电压)。

(11)作 $\dot{U}=\dot{U}_{L2}+\dot{U}_{R3}+\dot{U}_{L3}+\dot{U}_{C3}$(合成电压相量)。

相量图如图 6-19 所示。

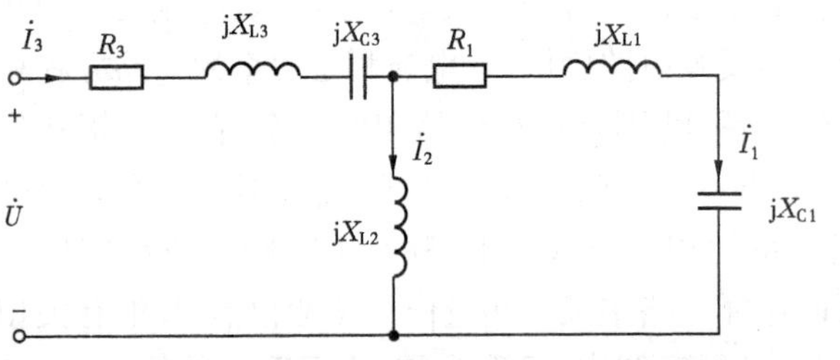

图 6-18 例 6.4 图

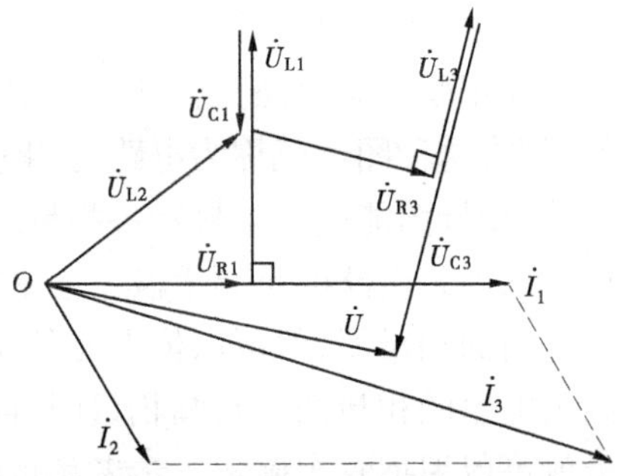

图 6-19 例 6.4 相量图

6.4　正弦稳态电路的分析

如前所述,进行直流电路分析时,各种定理、分析方法及计算公式都是根据基尔霍夫定律和元件端口的伏安特性得出的。对于正弦稳态电路,引入相量、阻抗、导纳和相量模型概念后,电路 KCL、KVL 和元件端口的 VCR 的相量形式与直流电路的相应关系完全相同。因此,分析直流电路的所有方法也都适用分析正弦稳态电路的相量模型。

对电阻电路与正弦电流电路的两类约束进行比较。

对于电阻电路:

$$\begin{cases} \text{KCL:} \sum i = 0 \\ \text{KVL:} \sum u = 0 \\ \text{元件约束关系:} u = Ri \quad \text{或} \quad i = Gu \end{cases}$$

对于正弦稳态电路:

$$\begin{cases} \text{KCL:} \sum \dot{I} = 0 \\ \text{KVL:} \sum \dot{U} = 0 \\ \text{元件约束关系:} \dot{U} = Z\dot{I} \quad \text{或} \quad \dot{I} = Y\dot{U} \end{cases}$$

可见,引入相量和阻抗的概念后,正弦稳态电路和电阻电路依据的电路定律是相似的,因此可将电阻电路的分析方法直接推广应用于正弦稳态电路的相量分析中,这种方法称为相量法。

【例 6.5】 求图 6-20(a)所示电路中各支路的电流。已知电路参数为:$R_1 = 1\ 000\ \Omega$, $R_2 = 10\ \Omega$, $L = 500$ mH, $C = 10\ \mu$F, $U = 100$ V, $\omega = 314$ rad/s。

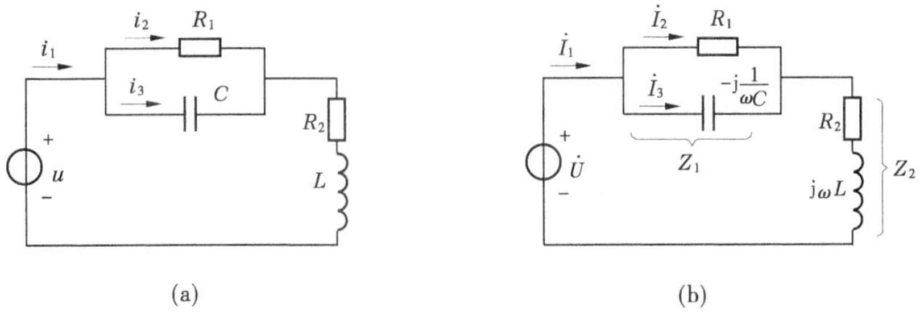

图 6-20　例 6.5 图

解　电路的相量模型如图 6-20(b)所示。依图中元件连接关系,可设阻抗

$$Z_1 = \frac{R_1\left(-\mathrm{j}\frac{1}{\omega C}\right)}{R_1 - \mathrm{j}\frac{1}{\omega C}} = \frac{1\ 000 \times (-\mathrm{j}318.47)}{1\ 000 - \mathrm{j}318.47} = 92.11 - \mathrm{j}289.13(\Omega)$$

及阻抗 $$Z_2 = R_2 + j\omega L = 10 + j157(\Omega)$$

则 $$Z = Z_1 + Z_2 = 102.11 - j132.13 = 166.99\angle -52.3°(\Omega)$$

则各支路电流为： $$\dot{I}_1 = \frac{\dot{U}}{Z} = \frac{100\angle 0°}{166.99\angle -52.3°} = 0.6\angle 52.3°(\mathrm{A})$$

$$\dot{I}_2 = \frac{-j\dfrac{1}{\omega C}}{R_1 - j\dfrac{1}{\omega C}}\dot{I}_1 = \frac{-j318.47}{1\,049.5\angle -17.7°} \times 0.6\angle 52.3° = 0.181\angle -20°(\mathrm{A})$$

$$\dot{I}_3 = \frac{R_1}{R_1 - j\dfrac{1}{\omega C}}\dot{I}_1 = \frac{1\,000}{1\,049.5\angle -17.7°} \times 0.6\angle 52.3° = 0.57\angle 70°(\mathrm{A})$$

【例6.6】 列写图6-21(a)所示电路的网孔电流方程和节点电压方程。

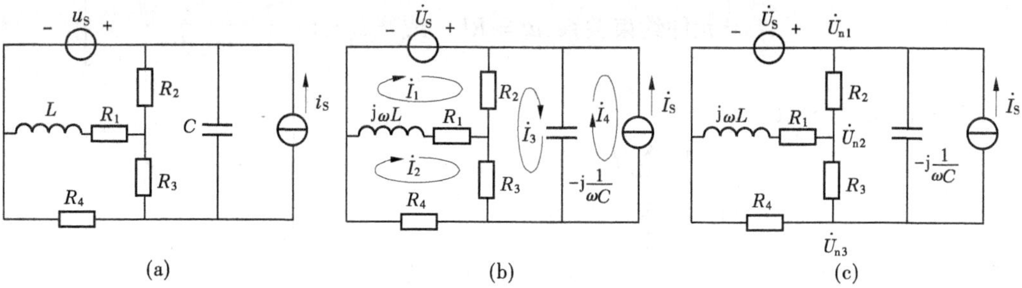

图6-21 例6.6图

解 选取网孔电流方向如图6-21(b)所示，网孔电流方程为：

网孔1 $(R_1 + R_2 + j\omega L)\dot{I}_1 - (R_1 + j\omega L)\dot{I}_2 - R_2\dot{I}_3 = \dot{U}_S$

网孔2 $(R_1 + R_3 + R_4 + j\omega L)\dot{I}_2 - (R_1 + j\omega L)\dot{I}_1 - R_3\dot{I}_3 = 0$

网孔3 $(R_2 + R_3 - j\dfrac{1}{\omega C})\dot{I}_3 - R_2\dot{I}_1 - R_3\dot{I}_2 + j\dfrac{1}{\omega C}\dot{I}_4 = 0$

网孔4 $\dot{I}_4 = -\dot{I}_S$

节点选取如图6-21(c)所示，则节点电位方程为：

节点1 $\dot{U}_{n1} = \dot{U}_S$

节点2 $\left(\dfrac{1}{R_1 + j\omega L} + \dfrac{1}{R_2} + \dfrac{1}{R_3}\right)\dot{U}_{n2} - \dfrac{1}{R_2}\dot{U}_{n1} - \dfrac{1}{R_3}\dot{U}_{n3} = 0$

节点3 $\left(\dfrac{1}{R_3} + \dfrac{1}{R_4} + j\omega C\right)\dot{U}_{n3} - \dfrac{1}{R_3}\dot{U}_{n2} - j\omega C\,\dot{U}_{n1} = -\dot{I}_S$

【例6.7】 求图6-22(a)所示电路中的电流 $\dot{I}$，已知：$\dot{I}_S = 4\angle 90°$ A，$Z_1 = Z_2 = -j30\ \Omega$，$Z_3 = 30\ \Omega$，$Z = 45\ \Omega$。

解 方法一：应用电源等效变换方法得等效电路如图6-22(b)所示，其中

$$Z_1 /\!/ Z_3 = \frac{30(-j30)}{30 - j30} = 15 - j15(\Omega)$$

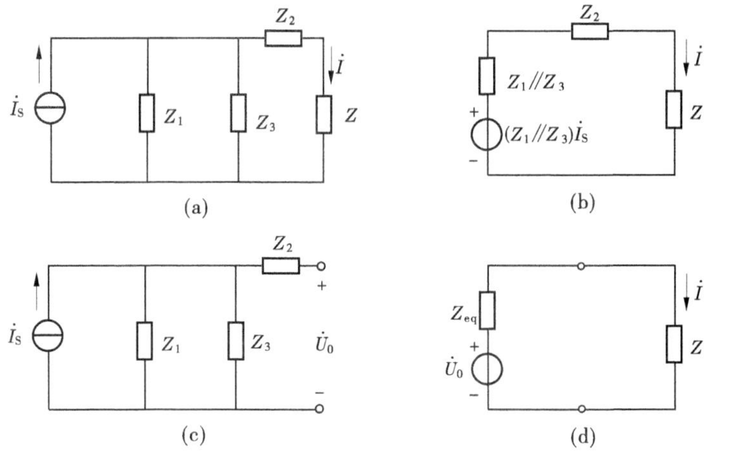

图 6-22　例 6.6 图

$$\dot{I}=\frac{\dot{I}_S(Z_1 /\!/ Z_3)}{Z_1 /\!/ Z_3+Z_2+Z}=\frac{j4(15-j15)}{15-j15-j30+45}=\frac{5.657\angle 45^\circ}{5\angle -36.9^\circ}=1.13\angle 81.9^\circ(A)$$

方法二:应用戴维南等效变换。

求开路电压:由图 6-22(c)得

$$\dot{U}_0=\dot{I}_S(Z_1 /\!/ Z_3)=84.86\angle 45^\circ\ V$$

求等效电阻:把图 6-22(c)中的电流源断开得

$$Z_{eq}=Z_1 /\!/ Z_3+Z_2=15-j45\ \Omega$$

等效电路如图 6-22(d)所示,因此电流为

$$\dot{I}=\frac{\dot{U}_0}{Z_{eq}+Z}=\frac{84.86\angle 45^\circ}{15-j45+45}=1.13\angle 81.9^\circ(A)$$

【例 6.8】　用叠加定理计算图 6-23(a)所示电路的电流 $\dot{I}_2$。已知:$\dot{U}_S=100\angle 45^\circ$ V $\dot{I}_S=4\angle 0^\circ$ A,$Z_1=Z_3=50\angle 30^\circ\ \Omega$,$Z_2=50\angle -30^\circ\ \Omega$。

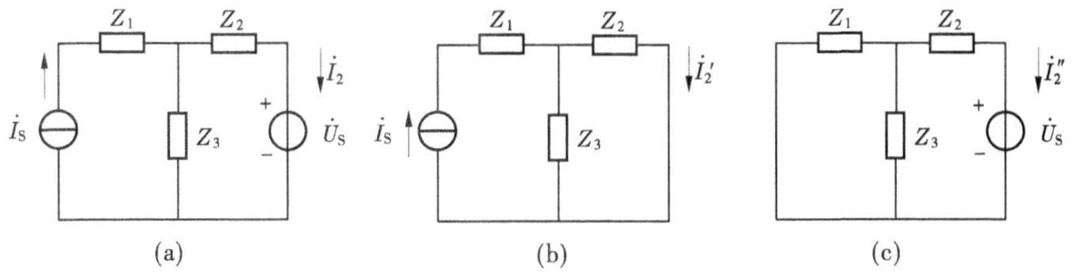

图 6-23　例 6.8 图

解　画出独立电源单独作用的分电路如图 6-23(b)和(c)所示,由图 6-23(b)得

$$\dot{I}_2'=\dot{I}_S\frac{Z_3}{Z_2+Z_3}=4\angle 0^\circ\times\frac{50\angle 30^\circ}{50\angle -30^\circ+50\angle 30^\circ}$$

$$=\frac{200\angle 30^\circ}{50\sqrt{3}}=2.31\angle 30^\circ(A)$$

由图 6-23(c)得

$$\dot{I}_2'' = \frac{-\dot{U}_S}{Z_2 + Z_3} = \frac{-100\angle 45^\circ}{50\sqrt{3}} = 1.155\angle -135^\circ(\mathrm{A})$$

则所求电流由叠加定理可得

$$\dot{I}_2 = \dot{I}_2' + \dot{I}_2'' = 2.31\angle 30^\circ + 1.155\angle -135^\circ = 1.23\angle -15.9^\circ(\mathrm{A})$$

6.5 正弦稳态电路的功率

6.5.1 正弦稳态电路的功率

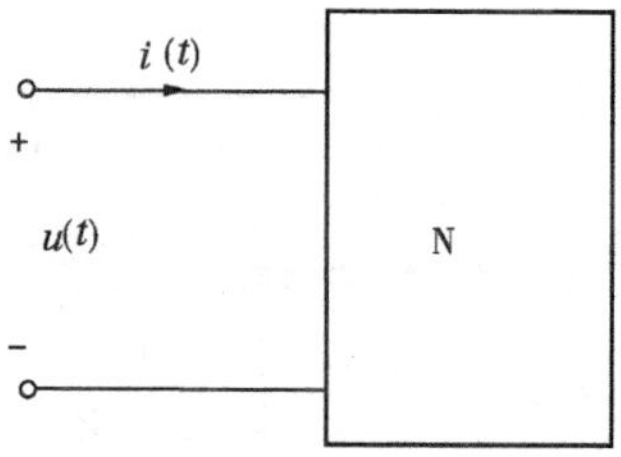

图 6-24 任意的无源二端网络

图 6-24 表示一个任意的无源二端网络,设端口电压为 $u(t)$,电流为 $i(t)$,不论电压、电流的波形如何,网络在任一瞬时吸收的功率,即瞬时功率 $p(t)$,等于网络端口瞬时电压与瞬时电流的乘积,即

$$p(t) = u(t)i(t) \tag{6-11}$$

对于正弦交流电路而言,电压与电流是同频率的正弦时间函数,但在相角上一般有所差异。设 $i(t) = I_m\sin(\omega t + \varphi_i)$,$u(t) = U_m\sin(\omega t + \varphi_u)$,则瞬时功率为

$$P(t) = U(t)i(t) = U_m I_m \sin(\omega t + \varphi_u)\sin(\omega t + \varphi_i)$$
$$= \frac{1}{2}U_m I_m \cos(\varphi_u - \varphi_i) - \frac{1}{2}U_m I_m \cos(2\omega t + \varphi_u + \varphi_i) \tag{6-12}$$

改用有效值表示为

$$p(t) = UI\cos\varphi + UI\cos(2\omega t + \varphi_u + \varphi_i) \tag{6-13}$$

式中,$\varphi_u - \varphi_i$ 为电路输入端电压超前于电流的相角差,即电路的等效阻抗 $Z = |Z|e^{j\varphi}$ 的辐角 φ。瞬时功率的波形图如图 6-25 所示。由式(6-13)可以看出,瞬时功率包含有两个分量,第一个为恒定分量,第二个为正弦量,其频率是电压或电流的 2 倍。

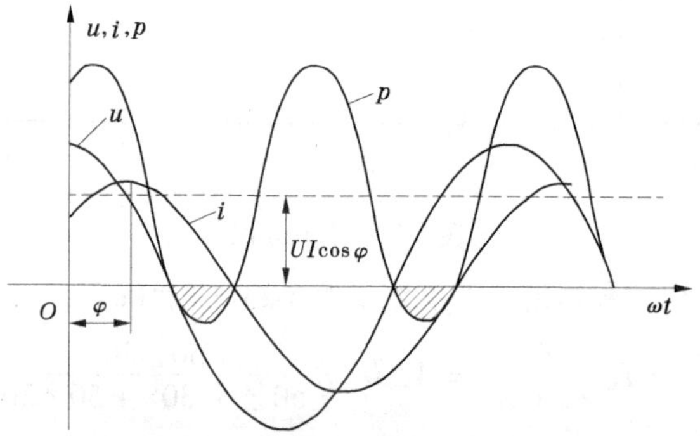

图 6-25 无源二端网络的功率

式(6-13)又可变换为

$$p(t) = UI\cos\varphi[1 + \cos2(\omega t + \varphi_u)] + UI\sin\varphi\sin2(\omega t + \varphi_u) \tag{6-14}$$

式(6-14)的第一项总是大于或等于零,是瞬时功率中的不可逆分量,是非正弦周期量,与电阻 R 相关;第二项是瞬时功率中的可逆分量,是周期性的正弦量,与电抗 X 相关,表明端口内部与外施电源之间周期性地来回交换能量。

瞬时功率的实际意义不大,且不便于测量和比较,因此需要引进平均功率的概念。平均功率又称有功功率,二端网络吸收的平均功率等于上述瞬时功率在一周期内的平均值,常用大写字母 P 表示,故平均功率为

$$P = \frac{1}{T}\int_0^T p\mathrm{d}t = \frac{1}{T}\int_0^T UI[\cos\varphi + \cos(2\omega t + 2\varphi_u + \varphi_i)]\mathrm{d}t = UI\cos\varphi \tag{6-15}$$

式(6-15)表明,二端网络吸收的平均功率等于它所吸收的瞬时功率的恒定分量。当已知一端口网络的端口电压和电流的有效值(或幅值)以及电压超前电流的相角时,即可按式(6-15)计算二端网络吸收的平均功率。

有功功率代表的是一端口网络实际消耗电能的速率。它不仅与网络端口电压和电流的有效值的乘积有关,而且与它们的相位差有关。式(6-15)中令 $\lambda = \cos\varphi$,称为功率因数。

在工程中还要引用无功功率的概念,用大写字母 Q 表示,并定义为

$$Q = UI\sin\varphi \tag{6-16}$$

可见,无功功率是瞬时功率的可逆分量的幅值。当 $\sin\varphi > 0$ 时,网络“吸收”无功功率;当 $\sin\varphi < 0$ 时,网络“发出”无功功率;Q 反映了二端网络 N 的内部与外部往返能量的交换规模。

在工程中,许多电气设备的容量是由其额定电压和额定电流的乘积决定的,因此还要引用视在功率的概念,用大写字母 S 表示,并定义为

$$S = UI \tag{6-17}$$

式(6-17)看起来与直流电路的功率 $P = UI$ 形式相同,但这里 UI 并不等于正弦电流电路吸收的功率,因此把它称为视在功率。

有功功率、无功功率和视在功率都具有功率的量纲,为便于区别,有功功率的单位用瓦(W)或千瓦(kW),无功功率的单位记为乏(var)或千乏(kvar),视在功率的单位用伏安(VA)或千伏安(kVA)。

如果二端网络 N 所含元件分别为 R、L、C 单个的元件,则其瞬时功率、有功功率和无功功率可由式(6-13)求得。分别表述如下。

对于电阻元件来说,由于端口电压与电流同相,即 $\varphi = \varphi_u - \varphi_i = 0$,所以瞬时功率 $p = UI[1 + \cos2(\omega t + \varphi_u)] \geqslant 0$,说明电阻一直在吸收能量。

电阻的有功功率和无功功率分别为

$$\begin{cases} P_R = UI = RI^2 = GU^2 \\ Q_R = 0 \end{cases}$$

对于电感元件来说,由于端口电压与电流的相差 $\varphi = \varphi_u - \varphi_i = \frac{\pi}{2}$,所以瞬时功率 $p =$

$UI\sin\varphi\sin 2(\omega t+\varphi_u)$是一个随时间 t 的推移正负交替变化的物理量。当 $p>0$ 时，说明电感在从外电路吸收能量；当 $p<0$ 时，说明电感将储存的能量返送回外电路。

电感的有功功率为 p 在一周期内的平均值，即

$$P_L = \frac{1}{T}\int_0^T p_L \mathrm{d}t = 0$$

可见，电感元件是不消耗电能的，只储存电能。

电感的无功功率为

$$Q_L = UI\sin\frac{\pi}{2} = UI = \omega LI^2 = \frac{U^2}{\omega L} \tag{6-18}$$

对于电容元件来说，由于端口电压与电流的相差 $\varphi=\varphi_u-\varphi_i=-\frac{\pi}{2}$，所以瞬时功率 $p=UI\sin(-\frac{\pi}{2})\sin 2(\omega t+\varphi_u)=-UI\sin 2(\omega t+\varphi_u)$ 也是一个随时间 t 的推移正负交替变化的物理量。当 $p>0$ 时，说明电容在从外电路吸收能量；当 $p<0$ 时，说明电容将储存的能量返送回外电路。

电容的有功功率为 p 在一周期内的平均值，即

$$P_C = \frac{1}{T}\int_0^T p_C \mathrm{d}t = 0$$

可见，电容元件也是不消耗电能的，只储存电能。

电容的无功功率为

$$Q_C = UI\sin(-\frac{\pi}{2}) = -UI = -\omega CU^2 = -\frac{I^2}{\omega C} \tag{6-19}$$

如果二端网络 N 所含元件如图 6-26 所示，为 RLC 串联电路，$i=I_m\sin\omega t=\sqrt{2}I\sin\omega t$，则串联支路吸收的瞬时功率为三个元件的瞬时功率之和，即为

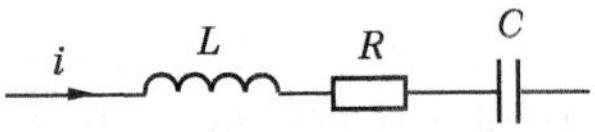

图 6-26　RLC 串联电路

$$p = p_R + p_L + p_C = RI^2[1-\cos 2\omega t] + (\omega L - \frac{1}{\omega C})I^2\sin 2\omega t \tag{6-20}$$

式(6-20)的第一项是电路中电阻消耗的瞬时功率，第二项是电路中动态元件储存的瞬时功率。考虑到

$$Z = R + \mathrm{j}(\omega L - \frac{1}{\omega C}) = |Z|\cos\varphi_z + \mathrm{j}|Z|\sin\varphi_z$$

将 $R=|Z|\cos\varphi_z$，$\omega L-\frac{1}{\omega C}=|Z|\sin\varphi_z$，$U=|Z|I$ 代入式(6-20)后有

$$p = UI\cos\varphi_z[1-\cos\omega t] + UI\sin\varphi_z\sin 2\omega t$$

则有功功率为

$$P = \frac{1}{T}\int_0^T p\mathrm{d}t = \frac{1}{T}\int_0^T p_R\mathrm{d}t = UI\cos\varphi_z = RI^2$$

无功功率为

$$Q = UI\sin\varphi_z = |Z|I^2\sin\varphi_z = (\omega L - \frac{1}{\omega C})I^2 = Q_L + Q_C$$

根据 P、Q、S、λ 定义,同一网络的 P、Q、S、λ 之间存在如下关系:

$$P = S\cos\varphi = Q\cot\varphi$$

$$Q = S\sin\varphi = P\tan\varphi$$

$$S = \sqrt{P^2 + Q^2}$$

$$\lambda = \cos\varphi = \frac{P}{\sqrt{P^2 + Q^2}} = \arctan\frac{Q}{P}$$

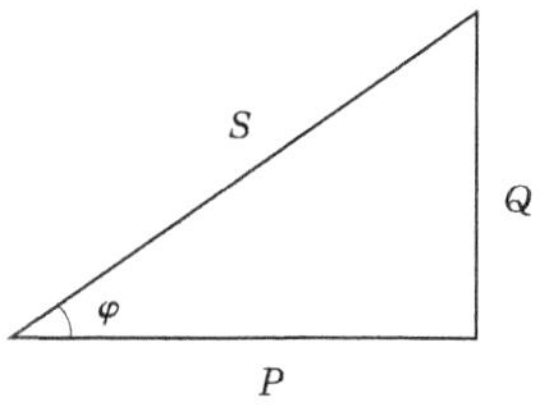

图 6-27　功率三角形

以上关系可以用图 6-27 所示的功率三角形表示出来。

在后面的功率计算中常常会用到上述关系式,故应熟练掌握。

6.5.2　复功率

由前述知识可知,正弦稳态电路中的瞬时功率等于两个同频率正弦量的乘积,在一般情况下其结果是一个非正弦量,同时其变动的频率也不同于电压或电流的频率,所以不能用相量法讨论。但 P、Q、S 和 $\lambda = \cos\varphi$ 之间满足如下关系式:

$$S = \sqrt{P^2 + Q^2}, \varphi = \arctan\frac{Q}{P} \tag{6-21}$$

考虑到复数 $F = a + \mathrm{j}b$ 亦满足

$$|F| = \sqrt{a^2 + b^2}, \angle F = \arctan\frac{b}{a} \tag{6-22}$$

比较式(6-21)和式(6-22),可以看出 P、Q、S 和 $\lambda = \cos\varphi$ 之间的关系与复数的代数式和极坐标式之间的关系是相同的。所以,定义以有功功率 P 为实部、Q 为虚部构成的复数为复功率,用 $\tilde{S}$ 表示,单位为伏安(VA),即

$$\tilde{S} = P + \mathrm{j}Q = \sqrt{P^2 + Q^2}\angle\arctan\frac{Q}{P} = S\angle\varphi$$

复功率并不是正弦稳态电路中定义的一种新的功率,而是一个辅助计算功率的复数。由复功率的定义可以看出,一旦能够计算出某一端口网络吸收(发出)的复功率,就相当于同时计算出了 P、Q、S 和 $\lambda = \cos\varphi$ 这 4 个量。下面就来讨论一下复功率的计算方法。

根据复功率的定义可知

$$\tilde{S} = S\angle\varphi = UI\angle(\varphi_{\mathrm{u}} - \varphi_{\mathrm{i}}) = U\angle\varphi_{\mathrm{u}} \cdot I\angle -\varphi_{\mathrm{i}} = \dot{U}\dot{I}^* \tag{6-23}$$

其中,$\dot{I}^*$ 为 $\dot{I}$ 的共轭复数。可见,一旦知道了某一端口网络的端电压相量 $\dot{U}$ 和端电流相量 $\dot{I}$,就可以根据式(6-23)计算出该一端口网络的复功率 $\tilde{S}$,然后根据 $\tilde{S}$ 的定义即可求出该一端口网络的 P、Q、S 和 $\lambda = \cos\varphi$ 这 4 个量。单个阻抗上的复功率也可以使用下面的方法计算:

$$\tilde{S} = \dot{U}\dot{I}^* = Z\dot{I}\dot{I}^* = ZI^2$$

$$\tilde{S} = \dot{U}(Y\dot{U})^* = \dot{U}\dot{U}^*Y^* = U^2Y^*$$

利用复功率进行计算的另一个优点是复功率是守恒的。可以证明 $\sum\tilde{S} = 0$(证明从

略），即一个网络吸收（或发出）的复功率等于各元件发出（或吸收）的复功率之和。

6.5.3　最大功率传输

正弦稳态电路中的最大功率，指的是最大有功功率。在通信和电子电路中，当不考虑传输效率时，常常要研究负载获得最大功率的条件。如图 6-28（a）所示，N_S 为含源一端口网络，Z 为可调阻抗，最大功率传输问题要研究的是当 Z 取何值时，其上可获得最大的有功功率。

根据戴维南定理，N_S 可以等效变换为一个有伴电压源的模型，如图 6-28（b）所示。设 $Z_{eq}=R_{eq}+jX_{eq}$，$Z=R+jX$，则负载吸收的有功功率为

$$P = I^2R = \frac{U_{oc}^2R}{(R+R_{eq})^2+(X+X_{eq})^2}$$

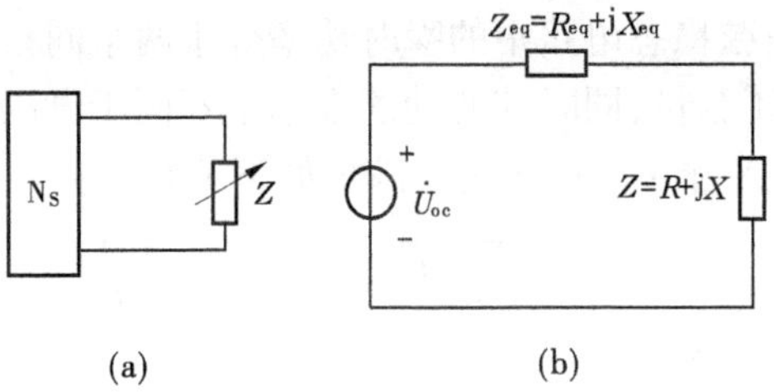

图 6-28　最大功率传输

P 取最大值的条件是

$$X+X_{eq}=0$$

$$\frac{d}{dR}\left[\frac{U_{oc}^2R}{(R+R_{eq})^2}\right]=0$$

解得

$$X=-X_{eq},R=R_{eq}$$

即有

$$Z=R_{eq}-X_{eq}=Z_{eq}^*$$

其中，Z_{eq}^* 为 Z_{eq} 的共轭复数。此时负载上获得的最大功率为

$$P=\frac{U_{oc}^2}{4R_{eq}}$$

上述获得最大功率的条件称为最佳匹配或共轭匹配。

6.6　谐振电路

6.6.1　谐振及其产生的条件

谐振现象的研究是有其实际意义的。一方面，谐振现象具有广泛应用，如信息工程领域的移动通信；另一方面，谐振现象可能会破坏正常工作，如电力系统内的铁磁谐振。

如图 6-29 所示，N_0 为无源一端口网络，同时含有电容和电感元件，若端电压 $\dot{U}$ 和端电流 $\dot{I}$ 同相，就称网络 N_0 产生了谐振。该电路称为谐振电路。

图 6-29 所示的无源一端口网络 N_0 可以等效为一个阻抗 $Z_{eq} = R + jX$。当 N_0 产生谐振时，由于端电压 $\dot{U}$ 和端电流 $\dot{I}$ 同相，所以 N_0 对外表现出电阻的性质，故谐振产生的条件就是要求 Z_{eq} 是一个等效电阻，即要求 $X = 0$。下面以 *RLC* 串联电路和 *RLC* 并联电路为例来说明电路产生谐振的方法、谐振电路的特点及应用。

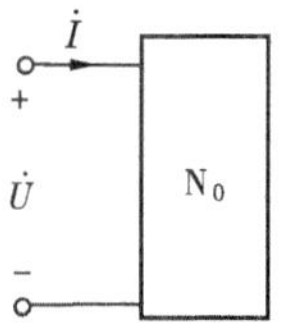

图 6-29　无源一端口

6.6.2　*RLC* 串联谐振电路

6.6.2.1　电路产生谐振的方法

如图 6-30 所示的 *RLC* 串联电路，其阻抗为

$$Z = R + j(\omega L - \frac{1}{\omega C})$$

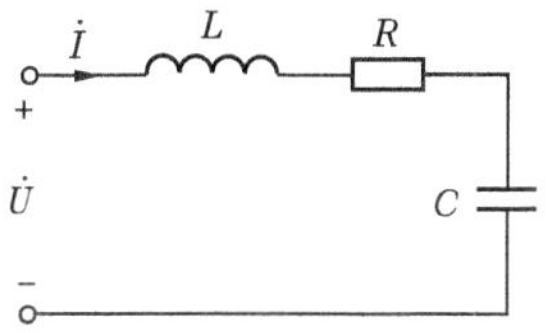

图 6-30　*RLC* 串联谐振电路

根据谐振产生的条件可知，当 *RLC* 串联电路产生谐振时，必有

$$\omega L - \frac{1}{\omega C} = 0 \tag{6-24}$$

式(6-24)就是 *RLC* 串联电路产生谐振的条件。由式(6-24)可知，要使电路产生谐振有两种方法：

(1)在 L、C 不变的情况下，调节输入信号的角频率 ω 以满足式(6-24)。

(2)在 ω 不变的情况下调节参数 L、C 以满足式(6-24)。

6.6.2.2　谐振(角)频率

由式(6-24)可知，当调节电源的角频率到以下情况时，即

$$\omega = \omega_0 = \frac{1}{\sqrt{LC}} \tag{6-25}$$

RLC 串联电路就会产生谐振，故 ω_0 就称为该网络的谐振角频率，$f_0 = \frac{\omega_0}{2\pi} = \frac{1}{2\pi\sqrt{LC}}$就称为该网络的谐振频率。可见，谐振角频率(频率)只和电路的固有参数 L、C 有关，所以 $\omega_0(f_0)$ 也称为电路的固有角频率(频率)。

6.6.2.3　串联谐振电路的特点

(1)谐振时电流 I 达到最大，因为电流 I 可表示为

$$I = \frac{U}{\sqrt{R^2 + (\omega L - \frac{1}{\omega C})^2}}$$

可见，在 U 和 R 保持不变的情况下，当电路产生谐振时，$\omega L - \frac{1}{\omega C} = 0$，此时 $I = \frac{U}{R}$ 为最大值。

(2)整个网络的无功功率 $Q = 0$。因为谐振时 $\omega L = \frac{1}{\omega C}$，根据计算式 $Q_L = I^2 \omega L$ 和 $Q_C =$

$-I^2\frac{1}{\omega C}$可知 $Q=Q_L+Q_C=0$。

(3)电感 L 与电容 C 上的电压大小相等,方向相反,即 $\dot{U}_L+\dot{U}_C=0$。

(4)电感 L 与电容 C 上的电压 U_L、U_C 可能远高于输入电压 U。谐振时 U_L、U_C 可表示为

$$\left.\begin{aligned} U_L &= \omega_0 LI = \frac{1}{\sqrt{LC}}L\frac{U}{R} = \frac{1}{R}\sqrt{\frac{L}{C}}U \\ U_C &= \frac{1}{\omega_0 C}I = \sqrt{LC}\frac{1}{C}\frac{U}{R} = \frac{1}{R}\sqrt{\frac{L}{C}}U \end{aligned}\right\} \tag{6-26}$$

令$\frac{1}{R}\sqrt{\frac{L}{C}}=Q$(因 Q 可表示无功功率,应根据上下文加以区别),则式(6-26)又可写为

$$U_L = QU$$
$$U_C = QU$$

其中,Q 称为串联谐振电路的品质因数。由于调节 R 可使得 $Q>>1$,所以 L 或 C 上的电压可远高于输入端电压 U。在电子技术中,常利用串联谐振电路的这一特点来实现微弱信号的放大;但是在电力工程中,又要尽量避免这种情况出现,以免电抗元件上出现很高的电压后危害绝缘的安全。

6.6.2.4　*RLC* 串联电路的选频特性

对于图 6-30 所示的 *RLC* 串联电路,若取电阻上的电压作为输出,如图 6-31 所示,则

$$\dot{U}_R = \frac{R}{R+j(\omega L-\frac{1}{\omega C})}\dot{U}$$

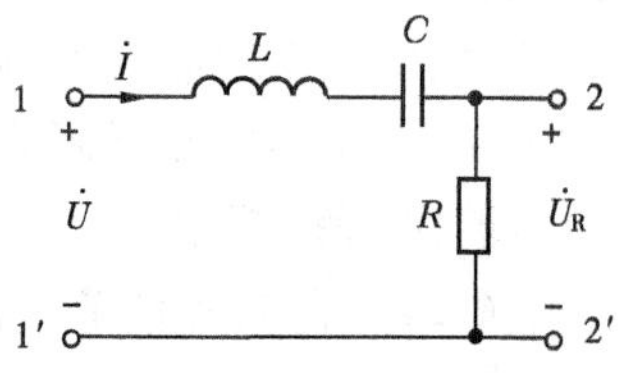

图 6-31　*RLC* 串联选频电路

$\dot{U}_R$ 和 $\dot{U}$ 有效值的关系为

$$U_R = \frac{R}{\sqrt{R^2+(\omega L-\frac{1}{\omega C})^2}}U \tag{6-27}$$

可见,由于电容和电感的阻抗都和输入信号的角频率 ω 有关,所以即使保持输入电压 U 不变,仅仅改变其角频率 ω 也可以改变输出信号 U_R。由式(6-27)可得

$$\frac{U_R}{U} = \frac{R}{\sqrt{R^2+(\omega L-\frac{1}{\omega C})^2}}$$

作出$\frac{U_R}{U}$随 ω 变化的曲线如图 6-32 所示。

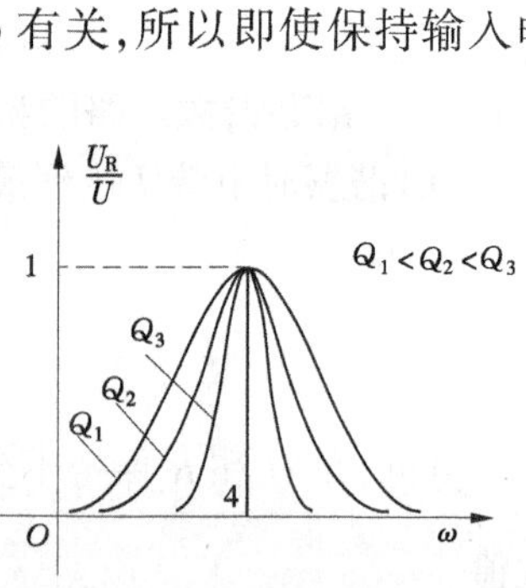

图 6-32　*RLC* 串联电路的选频特性

从图 6-32 中可以看出,当输入信号的角频率等于电路的谐振角频率,即 $\omega=\omega_0$ 时,$\frac{U_R}{U}=1$,这说明 *RLC* 串联

电路对频率等于电路谐振频率的输入信号是没有衰减的；当 $\omega \neq \omega_0$ 时，可见 $\frac{U_R}{U} < 1$，这说明 *RLC* 串联电路对频率不等于电路谐振频率的信号均有不同程度的衰减，且输入信号的角频率 ω 偏离 ω_0 越大，电路对输入信号的衰减就越大，或者说电路对输入信号的“抑制”程度就越强。

鉴于 *RLC* 串联电路的这一特点，当有多个频率不同的正弦信号同时加在该网络的输入端（图 6-31 的 1—1′端口）时，*RLC* 串联电路会使 $\omega = \omega_0$ 的正弦信号顺利通过网络输出并同时抑制所有 $\omega \neq \omega_0$ 的正弦信号。若 *RLC* 串联电路可以将 $\omega \neq \omega_0$ 的正弦信号的幅值衰减到忽略不计的程度，就可以认为在输出端（图 6-31的 2—2′端口）只有 $\omega = \omega_0$ 的信号了，就像是 *RLC* 串联电路从一组频率不同的正弦信号中选择了 $\omega = \omega_0$ 的正弦信号，使其能通过该串联网络，故 *RLC* 串联电路的这一特性就被形象的称为“选频”特性。通过调节电路中各元件的参数可以改变该网络的谐振角频率 ω_0，从而就可以选出频率满足要求的正弦信号。

当 *RLC* 串联电路作为选频电路使用时，最理想的情况是该网络能够将 $\omega \neq \omega_0$ 的正弦信号的幅值都衰减到 0，其选频特性曲线如图 6-32 的曲线 4 所示。但在实际中，这种情况只能是无限逼近，却不可能达到的。通过图 6-32 中的曲线 Q_1、Q_2、Q_3 可见，电路的品质因数 Q 越大，选频特性曲线就越尖锐，电路对 $\omega \neq \omega_0$ 的信号的抑制就越强。所以，为使 *RLC* 串联电路有良好的选频特性，应在不改变电路谐振频率的情况下，尽量提高电路的品质因数 Q。

6.6.3 *RLC* 并联谐振电路

如图 6-33 所示的 *RLC* 并联电路也是常见的谐振电路的形式之一。*RLC* 并联谐振电路的分析方法和上面所谈到的串联谐振电路的分析方法相同。图 6-33 所示的 *RLC* 并联电路的等效导纳为

$$Y = G + j(\omega C - \frac{1}{\omega L})$$

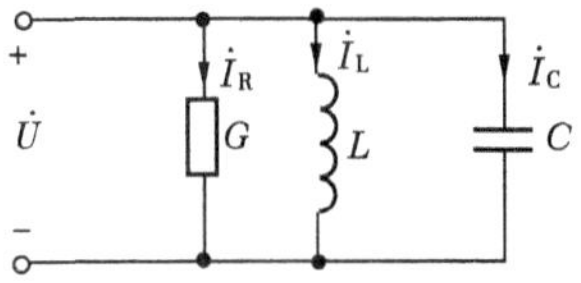

图 6-33 *RLC* 并联谐振电路

根据谐振的定义，当电路产生谐振时，有

$$\omega C - \frac{1}{\omega L} = 0$$

可得网络的谐振角频率和谐振频率分别为

$$\omega_0 = \frac{1}{\sqrt{LC}}, \quad f_0 = \frac{1}{2\pi\sqrt{LC}}$$

请读者自行推导以下 *RLC* 并联电路谐振时的特点：

(1) 当 I 不变时，谐振时网络的端电压 U 达到最大；

(2) $\dot{I}_L + \dot{I}_C = 0$；

(3) 整个网络吸收的无功功率 $Q = 0$；

(4) $I_L = I_C = QI$，其中 $Q = \frac{1}{G}\sqrt{\frac{C}{L}}$ 是该并联谐振电路的品质因数。可见，当 $Q >> 1$ 时，

电抗上的电流会远大于端电流。

【项目任务】

(一)实验名称

正弦稳态交流电路相量关系研究

(二)实验目的

1. 研究正弦稳态交流电路中电压、电流相量之间的关系。

2. 掌握日光灯线路的接线。

(三)原理说明

1. 在单相正弦交流电路中,用交流电流表测得各支路的电流值,用交流电压表测得回路各元件两端的电压值,它们之间的关系满足相量形式的基尔霍夫定律,即 $\sum\dot{I}=0$ 和 $\sum\dot{U}=0$。

2. 图 6-34 所示的 RC 串联电路中,在正弦稳态信号 $\dot{U}$ 的激励下,$\dot{U}_R$ 与 $\dot{U}_C$ 保持有 $90°$ 的相位差,而

$$\dot{U}_R+\dot{U}_C=\dot{U}$$

即当 R 阻值改变时,U_R 的相量轨迹是一个半圆。$\dot{U}$、$\dot{U}_C$ 与 $\dot{U}_R$ 三者形成一个直角三角形,如图 6-35 所示。R 值改变时,可改变 φ 角的大小,从而达到移相的目的。

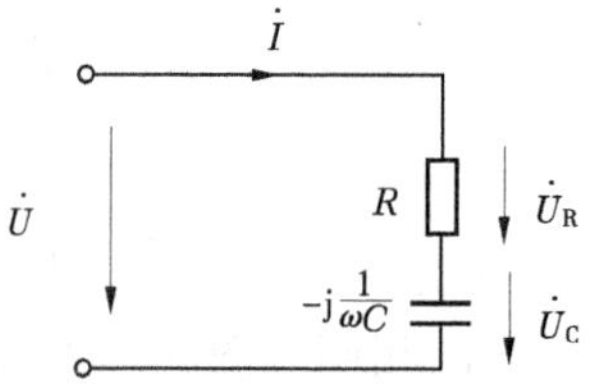

图 6-34

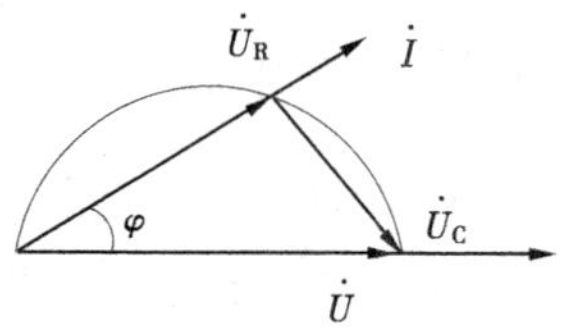

图 6-35

3. 日光灯线路如图 6-36 所示,图中 A 是日光灯灯管,L 是镇流器,S 是启辉器,C 是补偿电容器,用以改善电路的功率因数($\cos\varphi$ 值)。

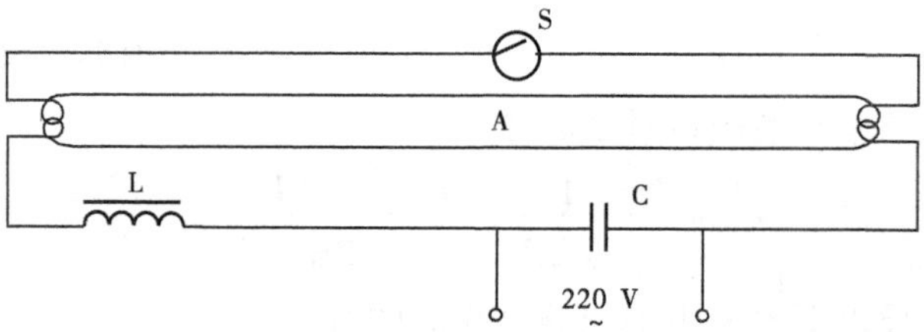

图 6-36

(四)实验设备

实验设备见表 6-1。

表 6-1

序号	名称	型号与规格	数量	备注
1	交流电压表	0 ~ 450 V	1	D33
2	交流电流表	0 ~ 5 A	1	D32
3	功率表		1	D34
4	自耦调压器		1	DG01
5	镇流器、启辉器	与 40 W 灯管配用	各 1	DG09
6	日光灯灯管	40 W	1	屏内
7	电容器	1 μF, 2.2 μF, 4.6 μF/450 V	各 1	DG09
8	白炽灯及灯座	220 V, 15 W	1 ~ 3	DG08
9	电流插座		3	DG09

(五)实验内容

1. 按图 6-34 接线。R 为 220 V、15 W 的白炽灯泡,电容器为 4.6 μF/450 V。经指导教师检查后,接通实验台电源,将自耦调压器输出(即 U)调至 220 V。在表 6-2 中记录 U、U_R、U_C 值,观察电压三角形关系。

表 6-2

测量值			计算值		
U (V)	U_R (V)	U_C (V)	U'(与 U_R、U_C 组成 Rt△) ($U'=\sqrt{U_R^2+U_C^2}$) (V)	$\Delta U = U' - U$ (V)	$\Delta U/U$ (%)

2. 日光灯线路接线与测量。

按图 6-37 接线。经指导教师检查后接通实验台电源,调节自耦调压器的输出,使其输出电压缓慢增大,直到日光灯刚启辉点亮,记下三表的指示值。然后将电压调至 220 V,测量功率 P,电流 I,电压 U、U_L、U_A 等值并记入表 6-3 中,观察电压、电流相量关系。

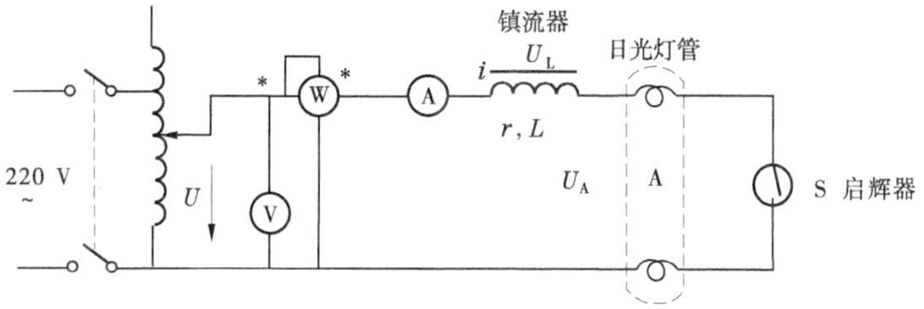

图 6-37

表 6-3

	测量数值						计算值	
	P(W)	$\cos\varphi$	I(A)	U(V)	U_L(V)	U_A(V)	r(Ω)	$\cos\varphi$
启辉值								
正常工作值								

(六)实验注意事项

1. 本实验用交流市电 220 V,务必注意用电和人身安全。

2. 功率表要正确接入电路。

3. 线路接线正确,日光灯不能启辉时,应检查启辉器及其接触是否良好。

(七)实验思考问题

1. 参阅课外资料,了解日光灯的启辉原理。

2. 在日常生活中,当日光灯上缺少了启辉器时,人们常用一根导线将启辉器的两端短接一下,然后迅速断开,使日光灯点亮(DG09 实验挂箱上有短接按钮,可用它代替启辉器做一下实验)或用一只启辉器去点亮多只同类型的日光灯,这是为什么?

(八)实验报告

1. 完成数据表格中的计算,进行必要的误差分析。

2. 根据实验数据,分别绘出电压、电流相量图,研究相量形式的电压、电流关系。

3. 装接日光灯线路的心得体会及其他。

【课后练习】

6.1 求图 6-38 中各电路的阻抗和导纳。

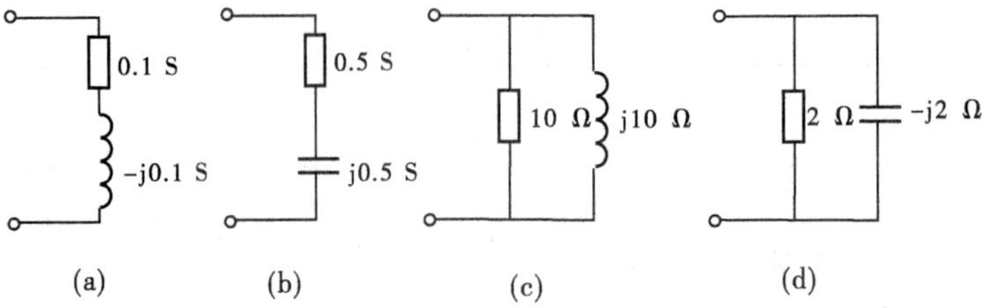

图 6-38

6.2 试求图 6-39 所示各电路的输入阻抗 Z 和导纳 Y。

6.3 已知图 6-40 所示电路中 $R=\omega L=\dfrac{1}{\omega C}=1\ \text{k}\Omega$。求导纳 Y。

6.4 列出图 6-41 所示电路的网孔电流方程和节点电压方程。

6.5 已知图 6-42 所示电路中,$Z_1=10+\text{j}20\ \Omega$,$Z_2=20+\text{j}50\ \Omega$,$Z_3=40+\text{j}30\ \Omega$。试列出网孔电流方程。

6.6 图 6-43 所示电路中 $\dot{I}_S=1\angle 0°\ \text{A}$,$Z_1=5+\text{j}1\ \Omega$。求 Z_L 多大时它吸收的功率最大?

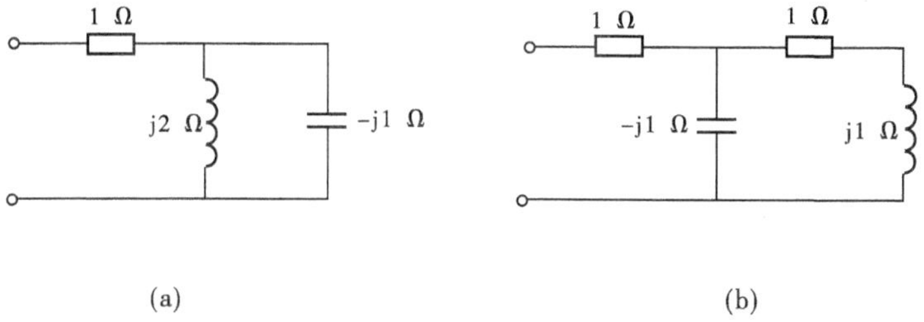

图 6-39

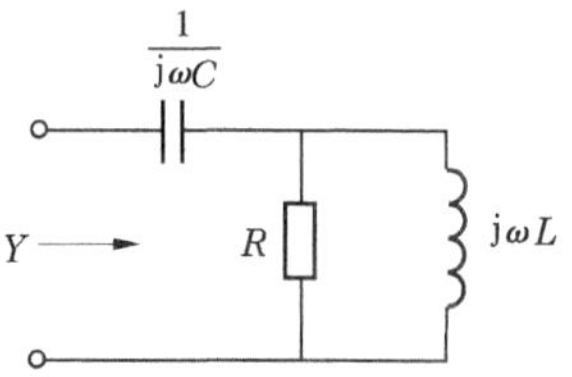

图 6-40

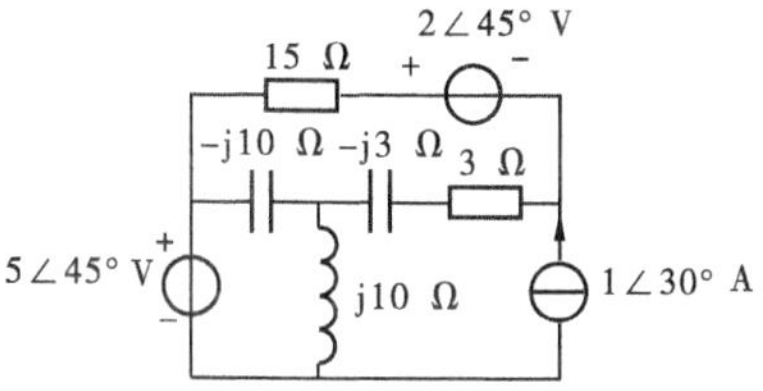

图 6-41

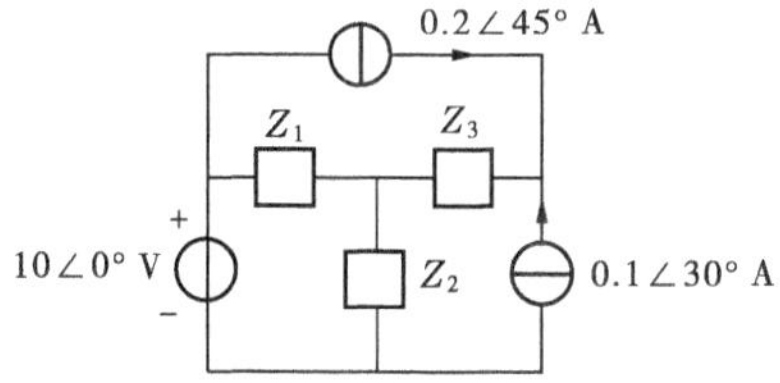

图 6-42

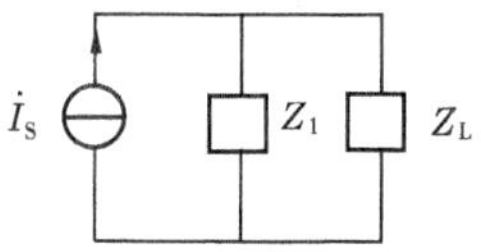

图 6-43

6.7　图 6-44 所示对称三相电路中 $U_A = 220$ V,$f = 50$ Hz,$Z_i = 0.1 + \mathrm{j}1$ Ω,$Z_1 = 2 + \mathrm{j}1$ Ω,$Z_L = 100 + \mathrm{j}100$ Ω,$Z_N = 1 + \mathrm{j}1$ Ω。求负载相电流和相电压。

6.8　图 6-45 所示电路中,$\dot{U}_S = 10\angle 30°$ V,$f = 50$ Hz,$Z_1 = 50\angle 30°$ Ω,$Z_2 = 100\angle 50°$ Ω,$R_L = 350$ Ω。试用戴维南定理求 $\dot{I}_L$。

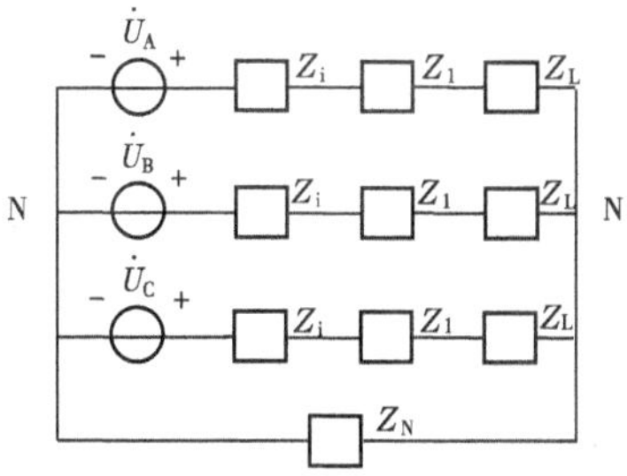

图 6-44

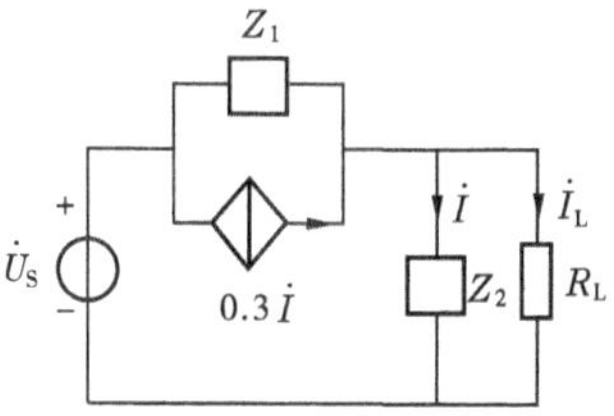

图 6-45

6.9　图 6-46 所示电路中,$I_S = 10$ A,$\omega = 1\,000$ rad/s,$R_1 = 10$ Ω,$\mathrm{j}\omega L_1 = \mathrm{j}25$ Ω,,$R_2 = 5$ Ω,$-\mathrm{j}\dfrac{1}{\omega C_2} = -\mathrm{j}15$ Ω。求各支路吸收的复功率和电路的功率因数。

6.10　图 6-47 所示电路中，$R=2\ \Omega$，$\omega L=3\ \Omega$，$\omega C=2\ \text{S}$，$\dot{U}_C=10\angle 45°\ \text{V}$。求各元件的电压、电流和电源发出的复功率。

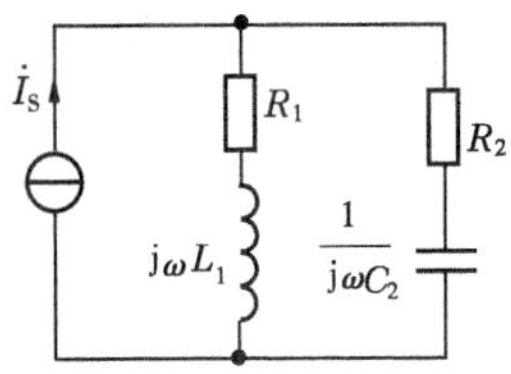

图 6-46

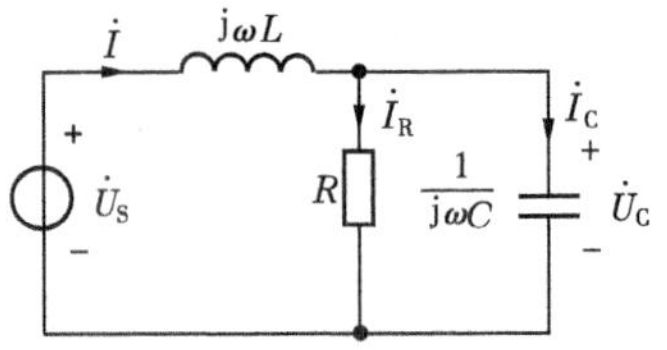

图 6-47

6.11　什么是谐振现象？串联电路的谐振条件是什么？起谐振频率和谐振交频率等于什么？

6.12　串联谐振电路的基本特征是什么？为什么串联电路谐振也叫电压谐振？

6.13　并联谐振电路的基本特征是什么？为什么并联电路谐振也叫电流谐振？

6.14　欲提高串联谐振的 Q 值，应如何改变 R、L 和 C？

6.15　欲提高并联谐振的 Q 值，应如何改变 R、L 和 C？

6.16　RLC 并联电路，接 $I_S=50\ \mu\text{A}$ 的电流源，当 $R=20\ \Omega$、$L=400\ \mu\text{H}$、$C=100\ \text{pF}$ 时，试求谐振频率及谐振时电路的谐振电压、电容电流。

6.17　RLC 串联电路，已知电源电压 $U=1\ \text{V}$，角频率 $\omega=10^6\ \text{rad/s}$。调节电容 C 使电路发生谐振，此时回路电流 $I_0=100\ \text{mA}$，$U_C=100\ \text{V}$，试求：(1) 回路的品质因数 Q；(2) 电路元件参数 R、L、C。

6.18　一个线圈与 $C=200\ \text{pF}$ 的电容器串联，要求在 465 kHz 的频率时谐振，线圈的电感是多少？如线圈的品质因数为 200，线圈的电阻为多少？

6.19　RLC 并联电路，已知谐振频率 $\omega_0=5\times10^6\ \text{rad/s}$，品质因数 $Q=100$，谐振阻抗 $Z_0=2\ \text{k}\Omega$。试求 R、L、C 的值。

6.20　一阻值为 $R=20\ \Omega$ 的线圈与一电容器构成 RLC 并联电路，已知回路的品质因数 $Q=500$。试求回路的谐振阻抗 Z_0 和特性阻抗 ρ。

6.21　已知 RLC 并联电路的 $R=10\ \Omega$，$L=200\ \mu\text{H}$，$C=800\ \text{pF}$。试求：电路的谐振频率、品质因数和通频带。

6.22　RLC 并联电路，$R=13.6\ \Omega$，$L=0.25\ \text{mH}$，$C=85\ \text{pF}$。试求：电路谐振角频率 ω_0、品质因数 Q 和谐振阻抗 Z_0。

第 7 章　三相交流电路

【教学目标】

要求掌握运用正弦交流电路的分析方法来分析三相交流电路。

【学习目标】

1. 理解星形连接、三角形连接下线电压(电流)与相电压(电流)的关系;

2. 掌握对称三相电路归结为一相电路的计算方法;

3. 掌握三相电路的功率计算。

【基本知识准备】

电力系统中电能的生产、传输和供配电方式绝大多数采用三相交流电路。由三相电源、三相负载和三相输电线按某种方式连接而成的电路,称为三相电路。三相正弦电路是一般交流电路的特例。一般交流电路的分析方法与结论对三相交流电路都是适用的,但由于三相电路中的电流、电压也有自身的特点,因此三相电路分析有其特殊之处。本章主要介绍对称三相电路的分析方法、线/相电压和线/相电流的关系及三相电路的功率。

7.1　三相交流电路的构成

三相交流电应用广泛,日常的生产和生活用电几乎都来自电力部门提供的三相交流电源。目前,我国低压供电标准采用频率 50 Hz,电压 380/220 V 和三相四线制的供电方式。三相交流电被输送到工矿企业和居民小区。380 V 三相电源可直接接三相电动机作为工矿企业的生产动力,所以将三相交流电称为动力电;而在居民小区,三相电被分成三个单相 220 V 交流电,分别送到千家万户供照明和家用电器使用,因此单相电又称为照明电或民用电。

对称三相电源是由三相交流发电机产生的,它是指三个频率相同、幅值相等、相位依次相差 120°的一组正弦电压源。三相电源在电力系统依次称为 U 相、V 相、W 相(或 A、B、C)。在发电厂和变电所分别用黄、绿、红三种颜色表示 U、V、W 相。一般令 U 相初相为零,V 相滞后 U 相 120°,W 相滞后 V 相 120°,其表达式为

$$\left.\begin{aligned} u_{\mathrm{U}} &= U\sqrt{2}\sin\omega t \\ u_{\mathrm{V}} &= U\sqrt{2}\sin(\omega t - 120^\circ) \\ u_{\mathrm{W}} &= U\sqrt{2}\sin(\omega t + 120^\circ) \end{aligned}\right\} \tag{7-1}$$

用相量式表示为

$$\left.\begin{aligned} \dot{U}_{\mathrm{U}} &= U\angle 0^\circ \\ \dot{U}_{\mathrm{V}} &= U\angle -120^\circ \\ \dot{U}_{\mathrm{W}} &= U\angle 120^\circ \end{aligned}\right\} \tag{7-2}$$

图 7-1(a)、(b)所示是上述对称三相正弦电压的波形图与相量图。对称三相电压满足

$$u_U + u_V + u_W = 0 \quad 或 \quad \dot{U}_U + \dot{U}_V + \dot{U}_W = 0 \tag{7-3}$$

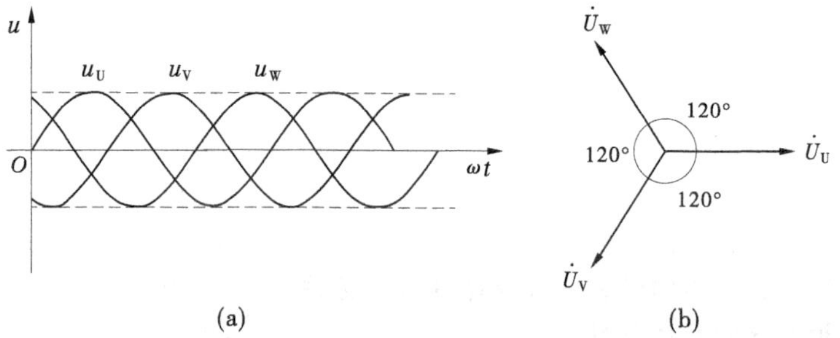

图 7-1　三相对称电压波形图及其相量图

三相电压源的始端称为相头,标以 U1、V1、W1;末端称为相尾,标以 U2、V2、W2。规定相电压参考正极性标在相头,负极性标在相尾。

从计时起点开始三相交流电依次出现正幅值(或零值)的顺序称为相序。图 7-1 所示的三相交流电的相序是 U—V—W—U,称为正序,如果相序为 U—W—V—U,则称为逆序。电力系统中一般为正序。

三相电源有两种连接方式,一种是星形(Y 形),另一种是三角形(△形)。

将三个末端接在一起,从始端引出三根导线,这种连接方法称为星形连接,如图 7-2 所示。末端的连接点称为中性点,用 N 表示,从中性点引出的导线称为中性线,简称中线。从始端 U、V、W 引出的三根导线称为相线或端线,俗称火线。相线中的电流称为线电流,如 i_U、i_V、i_W,各相电压源中的电流称为相电流,如 i_{NU}、i_{NV}、i_{NW}。相线与相线之间的电压称为线电压,如 u_{UV}、u_{VW}、u_{UW},相线与中性线之间的电压称为相电压,如 u_{UN}、u_{VN}、u_{WN},有时也可简写为 u_U、u_V、u_W。

把三相电源的始端与末端依次连成一个闭合回路,再从两两的连接点引出端线,这种连接方法称为三角形连接,如图 7-3 所示。三角形电源的线电压、相电压、线电流和相电流的概念与星形电源相同。但三角形电源不能引出中性线。

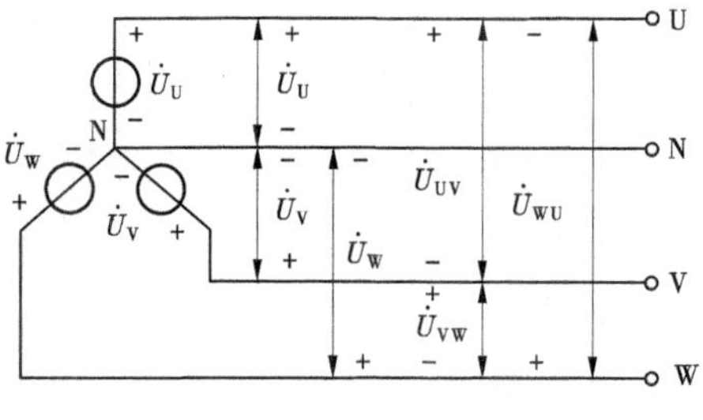

图 7-2　三相电源星形连接

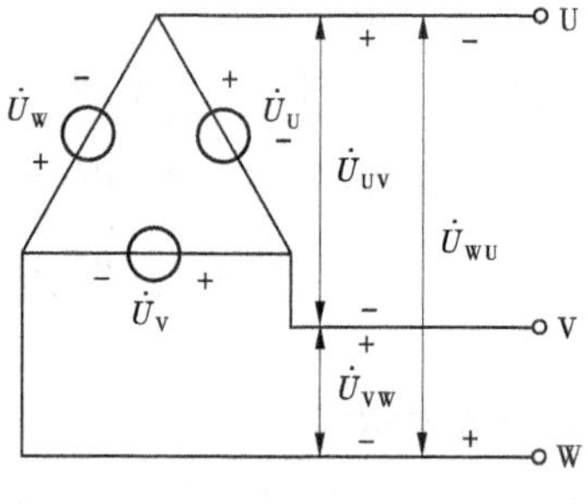

图 7-3　三相电源三角形连接

3 个阻抗连接成星形(三角形)就构成星形(三角形)负载,见图 7-4。当这 3 个阻抗相等时,就称为对称三相负载。三相负载的相电压和相电流是指各阻抗的电压和电流。

三相负载的 3 个端子 U′、V′、W′向外引出的导线中的电流称为负载的线电流；任两个端子之间的电压则称为线电压。

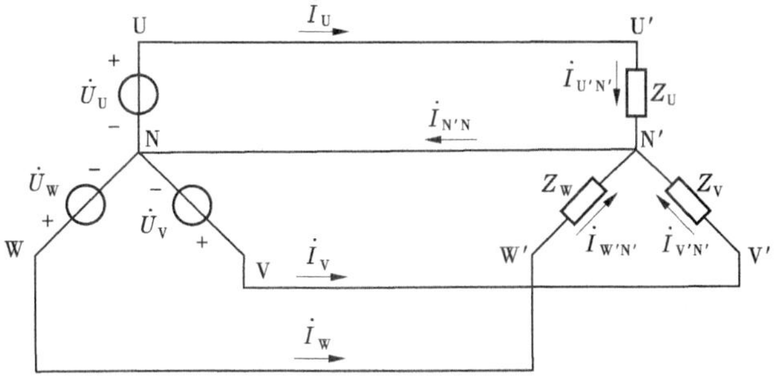

图 7-4　三相四线制对称电路

图 7-4 中的三相电源为星形电源，负载为星形负载，这种连接方式称为 Y－Y 连接方式（包括带中线或不带中线两种接线）。同样，三相电源为星形电源，负载为三角形负载的连接方式，称为 Y－△连接方式。此外还有△－Y 和△－△连接方式。

7.2　线电压与相电压的关系

三相电源或三相负载的线电压和相电压、线电流和相电流之间的关系都与连接方式有关。三相负载也是如此。

对于三相星形电源（见图 7-2），相电压和线电压相量关系为

$$\left.\begin{aligned}\dot{U}_{UV} &= \dot{U}_U - \dot{U}_V\\ \dot{U}_{VW} &= \dot{U}_V - \dot{U}_W\\ \dot{U}_{WU} &= \dot{U}_W - \dot{U}_U\end{aligned}\right\} \tag{7-4}$$

若是对称三相电源，则有 $U_U = U_V = U_W = U$，取图 7-5 中的$\dot{U}_{UV}$进行计算，得$\dot{U}_{UV} = \dot{U}_U - \dot{U}_V = \sqrt{3}\dot{U}_U\angle 30°$，其余两个线电压也可推出类似结果，即

$$\left.\begin{aligned}\dot{U}_{UV} &= \sqrt{3}\ \dot{U}_U\angle 30°\\ \dot{U}_{VW} &= \sqrt{3}\ \dot{U}_V\angle 30°\\ \dot{U}_{WU} &= \sqrt{3}\ \dot{U}_W\angle 30°\end{aligned}\right\} \tag{7-5}$$

星形连接时，数值上线电压是相电压的$\sqrt{3}$倍，相位上线电压比相应的相电压超前 30°。

星形连接时三相电源可引出四根线与负载相接，在电力系统中称这种供电方式为三相四线制供电方式；如果三相电源只引出三根线与负载相接，则称之为三相三线制供电方式。在我国低压配电系统中，规定相电压为 220 V，线电压为 380 V。

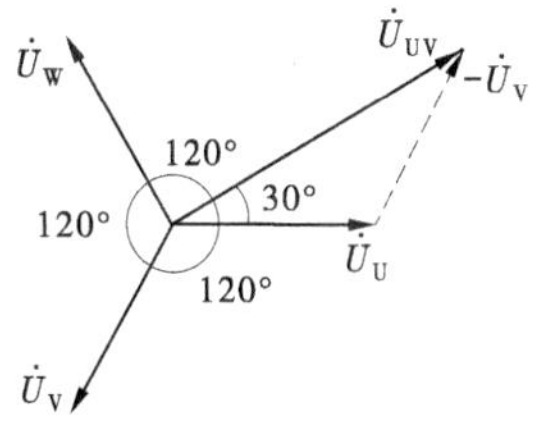

图 7-5　线电压关系分析

对于三角形电源，见图 7-3，得相电压与线电压的关系为

$$
\left.\begin{aligned}
\dot{U}_{UV} &= \dot{U}_{U} \\
\dot{U}_{VW} &= \dot{U}_{V} \\
\dot{U}_{WU} &= \dot{U}_{W}
\end{aligned}\right\} \tag{7-6}
$$

即当电源为三角形连接时,线电压就是相电压。

需要注意的是:三角形连接时,不能将某相接反,否则三相电源回路内的电压达到相电压的 2 倍,导致电流过大,烧坏电源绕组,因此三角形连接时,预留一个开口,用电压表测量开口电压,如果电压接近于零或很小,再闭合开口。

对称三相电源和三相负载中的线电流和相电流之间的关系叙述如下。

对于星形连接,线电流显然等于相电流,对三角形连接则不是如此。以如图 7-6 所示三角形负载为例,设每相负载的对称相电流分别为$\dot{I}_{UV}$、$\dot{I}_{VW}$、$\dot{I}_{WU}$,三个线电流依次分别为$\dot{I}_{U}$、$\dot{I}_{V}$、$\dot{I}_{W}$,电流的参考方向如图 7-6 所示。可得

$$
\left.\begin{aligned}
\dot{I}_{U} &= \dot{I}_{UV} - \dot{I}_{WU} = \sqrt{3}\,\dot{I}_{UV}\angle -30^\circ \\
\dot{I}_{V} &= \dot{I}_{VW} - \dot{I}_{UV} = \sqrt{3}\,\dot{I}_{VW}\angle -30^\circ \\
\dot{I}_{W} &= \dot{I}_{WU} - \dot{I}_{VW} = \sqrt{3}\,\dot{I}_{WU}\angle -30^\circ
\end{aligned}\right\}
$$

线电流与对称相电流之间的关系,可以用电流相量图表示,如图 7-7 所示。从图 7-7 中还可以看出,相电流对称时,线电流也一定对称,它是相电流的$\sqrt{3}$倍,依次滞后$\dot{I}_{UV}$、$\dot{I}_{VW}$、$\dot{I}_{WU}$的相位为 30°。实际计算时,只要计算出$\dot{I}_{U}$,就可以依次写出$\dot{I}_{V}$、$\dot{I}_{W}$。

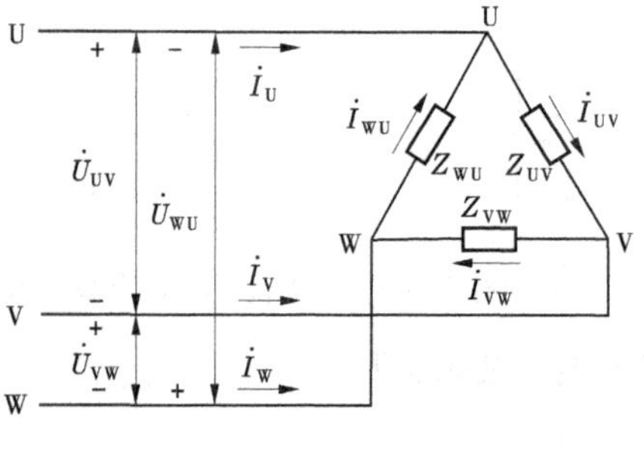

图 7-6　三角形连接的三相电路

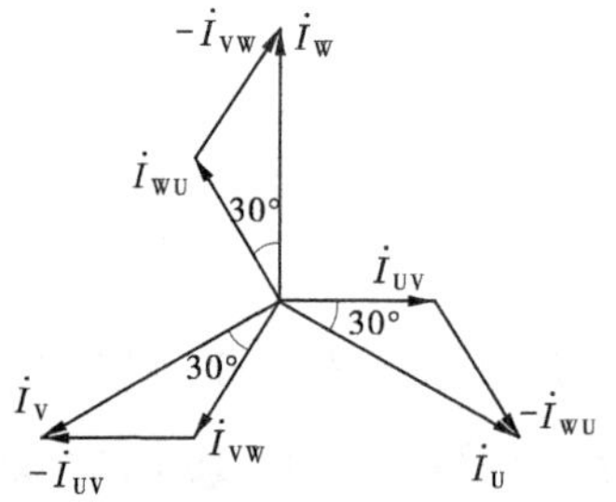

图 7-7　电流相量图

7.3　对称三相电路的计算

三相电路实际上是正弦交流电路的一种。因此,前面对正弦交流电路的分析方法对三相电路完全适用。对称三相电路的一些特点,可以用来简化对称三相电路的分析计算。

对于三相星形负载,在三相对称的星形电源作用下,如图 7-4 所示,每组负载的阻抗为 Z_U、Z_V、Z_W,如果 $Z_U = Z_V = Z_W = Z$,则称为对称三相负载。由对称三相电源、对称三相负载及对称三相输电线路组成的三相电路称为对称三相电路。三相电路中,流过每根相线的电流称为线电流,分别用 i_U、i_V、i_W 表示;流过每相负载的电流称为相电流分别用

$i_{U'N'}$、$i_{V'N'}$、$i_{W'N'}$表示；流过中性线的电流称为中性线电流，用 $i_{N'N'}$ 表示。

在图 7-4 所示的电流参考方向下，显然，三相负载星形连接时，线电流与相应相电流相等，即

$$\left.\begin{aligned} i_U &= i_{U'N'} \\ i_V &= i_{V'N'} \\ i_W &= i_{W'N'} \end{aligned}\right\} \tag{7-7}$$

用相量表示为

$$\left.\begin{aligned} \dot{I}_U &= \dot{I}_{U'N'} \\ \dot{I}_V &= \dot{I}_{V'N'} \\ \dot{I}_W &= \dot{I}_{W'N'} \end{aligned}\right\} \tag{7-8}$$

由于三相电源电压对称，有$\dot{U}'_U = \dot{U}_U$、$\dot{U}'_V = \dot{U}_V$、$\dot{U}'_W = \dot{U}_W$，则各相电流为

$$\left.\begin{aligned} \dot{I}_U &= \frac{\dot{U}_U}{Z_U} \\ \dot{I}_W &= \frac{\dot{U}_W}{Z_W} \\ \dot{I}_V &= \frac{\dot{U}_V}{Z_V} \end{aligned}\right\} \tag{7-9}$$

当负载相电压对称时，即 $Z_U = Z_V = Z_W = Z$，则相电流也对称。有

$$I_L = I_P = \frac{U_P}{|Z|} \tag{7-10}$$

对于对称三相电路，只需取一相计算，其余两相的电压（电流）可以根据对称性得出。

根据基尔霍夫定律，上述电路中，$\dot{I}_N = \dot{I}_U + \dot{I}_V + \dot{I}_W$。若三相电路对称，则线（相）电流对称，使中性线电流等于零，即

$$\dot{I}_N = \dot{I}_U + \dot{I}_V + \dot{I}_W = 0 \tag{7-11}$$

由于中性线电流等于零，有无中性线并不影响电路（即中性线如同开路）。去掉中性线，电路成为三相三线制。一般以 YN 表示星形带中性线的三相四线制电路，以 Y 表示星形不带中性线的三相三线制电路。生产上最常用的三相电动机，就是以三相三线制供电的。

但是在低压配电系统中，均采用三相四线制，这里的中性线是不能随意去掉的，而且规定中性线不能装开关与熔断器。这是因为在低压配电系统中，有大量单相负载存在，使得三相负载总是不对称的，如果没有中性线，三相负载的相电压也就高低不同，使得各相负载无法正常工作，严重时还会烧毁负载。可见在三相四线制中的中性线的作用是非常重要的。

对于其他连接形式的对称三相电路的计算，都可以通过三相电源或三相负载的 Y－△转换成为 Y－Y 电路来解决。

【例 7.1】 电路如图 7-4 所示，若三相对称负载阻抗 $Z=6+\mathrm{j}8\ \Omega$，电源线电压有效值为 380 V。求负载相电压、线电流和负载相电流。

解 由已知 $U_L=380$ V，得 $U_P=\frac{U_L}{\sqrt{3}}=\frac{380}{\sqrt{3}}=220(\text{V})$

设$\dot{U}_U=220\angle0°$ V 则 U 相电流为

$$\dot{I}_{U'N'}=\frac{\dot{U}_U}{Z}=\frac{200\angle0°}{6+j8}=\frac{220\angle0°}{10\angle53.1°}=22\angle-53.1°(\text{A})$$

因为负载是 Y 形连接，所以线电流等于相电流，即

$$\dot{I}_U=\dot{I}_{U'N'}=22\angle-53.1°\ \text{A}$$

而 V、W 两相的电流、电压可根据对称性推出，得

$$\dot{I}_V=\dot{I}_{V'N'}=22\angle-173.1°\ \text{A},\quad \dot{U}_V=220\angle-120°$$

$$\dot{I}_W=\dot{I}_{W'N'}=22\angle66.9°\ \text{A},\quad \dot{U}_W=220\angle120°$$

【例 7.2】 对称三相电路如图 7-8(a)所示，已知：$Z=19.2+j14.4\ \Omega$，$Z_1=3+j4\ \Omega$，对称线电压 $U_{AB}=380$ V。求负载端的线电压和线电流。

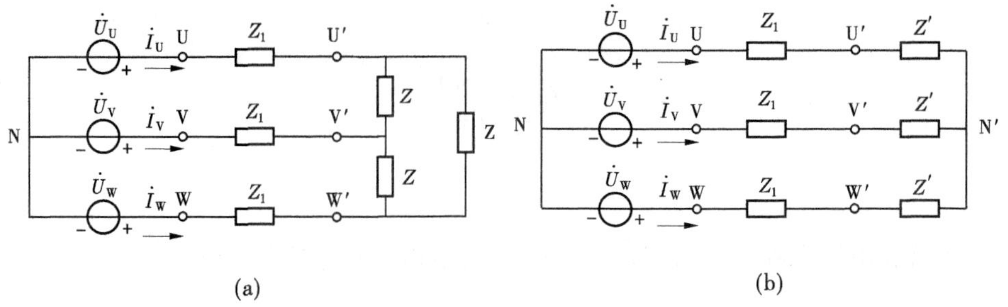

图 7-8 例 7.2 图

解 该电路可以变换为对称的 Y－Y 电路，如图 7-8(b)所示。图中 Z'为(三角形变换为星形)

$$Z'=Z/3=(19.2+j14.4)/3=6.4+j4.8(\Omega)$$

令$\dot{U}_U=220\angle0°$ V。根据一相计算电路有

$$\dot{I}_U=\frac{\dot{U}_U}{Z_1+Z'}=17.1\angle-43.2°\ \text{A}$$

而

$$\dot{I}_V=\dot{I}_U\angle-120°=17.1\angle-163.2°\ \text{A}$$

$$\dot{I}_W=\dot{I}_U\angle120°=17.1\angle76.8°\ \text{A}$$

此电流即为负载端的线电流。再求出负载端的相电压，利用线电压与相电压的关系就可得负载端的线电压。

$$\dot{U}_{U'N'}=\dot{I}_UZ'=136.8\angle-6.3°\ \text{V}$$

据式(7-5)，有

$$\dot{U}_{U'V'}=\sqrt{3}\,\dot{U}_{U'N'}\angle30°=236.7\angle23.7°\ \text{V}$$

根据对称性可写出

$$\dot{U}_{V'W'} = \sqrt{3}\,\dot{U}_{U'V'}\angle -120° = 236.7\angle -96.3°\ V$$

$$\dot{U}_{W'U'} = \sqrt{3}\,\dot{U}_{U'V'}\angle 120° = 236.7\angle 143.7°\ V$$

根据负载端的线电压可以求得负载中的相电流,有

$$\dot{I}_{U'V'} = \frac{\dot{U}_{U'V'}}{Z} = 7.7\angle -13.2°\ A$$

$$\dot{I}_{V'W'} = \dot{I}_{U'V'}\angle -120° = 7.7\angle -133.2°\ A$$

$$\dot{I}_{W'U'} = \dot{I}_{U'V'}\angle 120° = 7.7\angle 106.8°\ A$$

7.4 不对称三相电路的概念

在三相电路的电源、负载和输电线路中,只要其中某一部分不对称,这种三相电路就称为不对称三相电路。在电力系统中,除电动机等为对称三相负载外,还有许多由单相负载组成的三相负载。虽然工程中尽可能把它们平均分配在各相,但往往不能完全平衡,而且这些负载并不都是同时运行的,使得三相负载不对称,形成不对称三相电路。当三相电路发生故障(如发生电机某相绕组短路或输电线路断路等)时,不对称情况就更为严重。

不对称三相电路中的三相电流是不对称的,因此对于这种电路不能按照对称三相电路的计算方法化为单相来求解,只能把不对称三相电路看成是含有三个正弦电源的复杂正弦电路来分析计算。

在图 7-9(a)所示的 Y-Y 连接电路中,三相电源是对称的,但负载不对称。先讨论开关 S 打开(即不接中性线)时的情况。由节点电压法可得节点电压$\dot{U}_{N'N}$为

$$\dot{U}_{N'N} = \frac{\dot{U}_U Y_U + \dot{U}_V Y_V + \dot{U}_W Y_W}{Y_U + Y_V + Y_W} \tag{7-12}$$

由于负载不对称,一般情况下$\dot{U}_{N'N} \neq 0$。电源相电压、负载相电压及$\dot{U}_{N'N}$的相量如图 7-9(b)所示。电源的相电压以 N 点为中心点;负载相电压以 N′点为中心点。N′与 N 不重合,这一现象称为中性点位移。在电源对称情况下,可以根据中性点位移的情况来判断负载端不对称的程度。当中性点位移较大时,负载相电压会严重不对称,使负载的工作状态不正常。

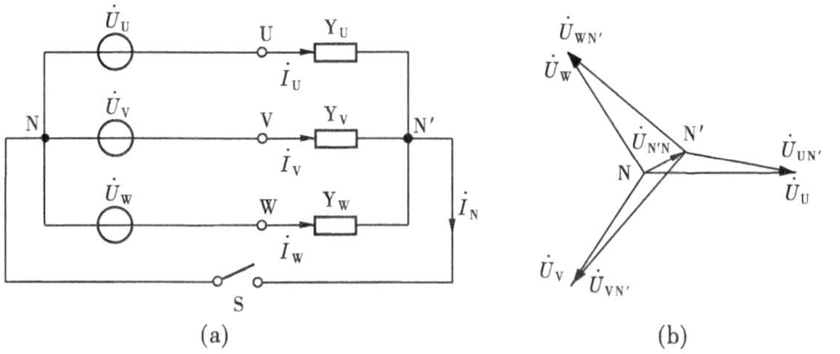

图 7-9　不对称三相电路

合上开关 S(接上中性线)如果不考虑输电线路阻抗 Z_N,强迫使 $\dot{U}_{N'N'}=0$ 从而使各相负载的电压为各对应的电源相电压。此时尽管电路是不对称的,但是各相之间相互保持独立性,互不影响,各相仍然可以独立计算。这克服了无中性线时引起的缺点。因此,在负载不对称的情况下中性线的存在是非常重要的。

在低电压供电系统中广泛采用三相四线制,并且规定中性线上不允许接入开关与熔断器,以免开关断开或熔断器烧断,使中性线的作用消失而造成用电设备不能正常工作甚至毁坏。

对于各种不对称三相电路的求解,通常采用节点电压法进行分析计算。

【例 7.3】 图 7-10(a)所示为相序测定器电路,图中灯泡的阻值为 R,且 $\frac{1}{\omega C}=R=\frac{1}{G}$,在电源相电压对称的情况下,根据两个灯泡亮度确定电源的相序。

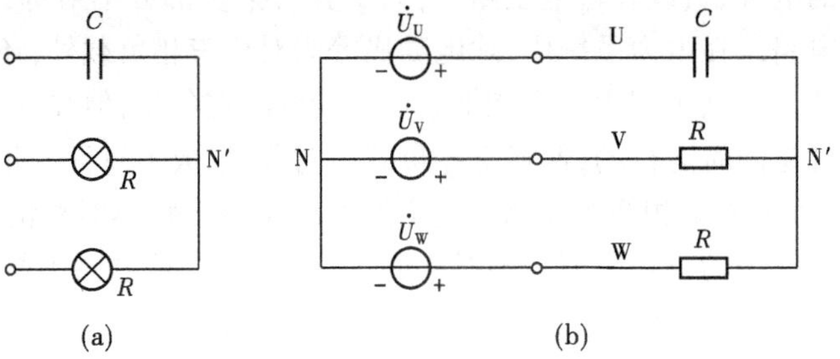

图 7-10 例 7.3 图

解 如图 7-10(b)所示,中点电压 $\dot{U}_{N'N'}$ 为

$$\dot{U}_{N'N'}=\frac{j\omega C\dot{U}_U+G(\dot{U}_V+\dot{U}_W)}{j\omega C+2G}$$

令 $\dot{U}_U=U_P\angle 0°$ V,将 $\omega C=G$ 代入得

$$\dot{U}_{N'N'}=0.63U_P\angle 108.4°\ \text{V}$$

V 相灯泡的电压为

$$\dot{U}_{VN'}=\dot{U}_V-\dot{U}_{N'N'}=U_P\angle 120°-0.63U_P\angle 108.4°=1.5U_P\angle -101.5°\ \text{V}$$

W 相灯泡的电压为

$$\dot{U}_{WN'}=\dot{U}_W-\dot{U}_{N'N'}=U_P\angle -120°-0.63U_P\angle 108.4°=0.4U_P\angle 138.4°\ \text{V}$$

根据上述结果,若电容所接的那一相为 U 相,则 V 相灯泡的端电压为电源相电压的 1.5 倍,而 W 相仅是 0.4 倍。所以,灯泡较亮的一相是 V 相,较暗的一相是 W 相。

7.5 三相电路的功率及测量

7.5.1 三相电路功率

不论负载是星形连接还是三角形连接,总的有功(无功)功率等于各相有功(无功)功

率之和。即

$$P = P_U + P_V + P_W = U_U I_U \cos\varphi_U + U_V I_V \cos\varphi_V + U_W I_W \cos\varphi_W \tag{7-13}$$

$$Q = Q_U + Q_V + Q_W = U_U I_U \sin\varphi_U + U_V I_V \sin\varphi_V + U_W I_W \sin\varphi_W \tag{7-14}$$

但视在功率不等于各相视在功率之和，而应该是

$$S = \sqrt{P^2 + Q^2} \tag{7-15}$$

当负载对称时，每相有功功率是相等的，因此三相总功率为

$$P = 3P_P = 3U_P I_P \cos\varphi \tag{7-16}$$

当对称负载是三角形连接时，有

$$U_L = U_P \qquad I_L = \sqrt{3} I_P \tag{7-17}$$

式中，U_P、I_P 为三相电路的相电压、相电流；U_L、I_L 为三相电路的线电压、线电流。

当对称负载是星形连接时，有

$$U_L = \sqrt{3} U_P \qquad I = I_P \tag{7-18}$$

不论对称负载为哪种连接，将上述关系式代入式(7-13)，均得到

$$P = \sqrt{3} U_L I_L \cos\varphi \tag{7-19}$$

式(7-19)可用来计算对称三相电路有功功率，式中的 φ 是相电压与相电流的相位差。工程上多采用式(7-19)，因为线电压及线电流容易测得，而且三相设备铭牌标的也是线电压和线电流。

同理可得出对称三相电路无功功率及视在功率

$$Q = 3U_P I_P \sin\varphi \tag{7-20}$$

$$S = 3U_P I_P = \sqrt{3} U_L I_L \tag{7-21}$$

【例 7.4】 有一个对称三相负载，每相负载 $Z = 3 + j4\ \Omega$，接在线电压为 380 V 的三相对称电源上，分别计算下面两种情况下负载的有功功率，并比较其结果：(1) 负载为三角形连接；(2) 负载为星形连接。

解 (1) 负载为三角形连接时，每相负载的阻抗

$$|Z| = \sqrt{R^2 + X_C^2} = 5\ \Omega$$

相电压

$$U_P = U_L = 380\ \text{V}$$

相电流

$$I_P = \frac{U_P}{|Z|} = \frac{380}{5} = 76(\text{A})$$

线电流

$$I_L = \sqrt{3} I_P = \sqrt{3} \times 76 = 132(\text{A})$$

功率因数

$$\cos\varphi = \frac{R}{|Z|} = \frac{3}{5} = 0.6$$

有功功率

$$P_\triangle = \sqrt{3} U_L I_L \cos\varphi = \sqrt{3} \times 380 \times 132 \times 0.6 = 52(\text{kW})$$

(2)负载为星形连接时

相电压

$$U_P = \frac{U_L}{\sqrt{3}} = \frac{380}{\sqrt{3}} = 220(\text{V})$$

相电流

$$I_P = I_L = \frac{U_P}{|Z|} = \frac{220}{5} = 44(\text{A})$$

有功功率　　$P_Y = \sqrt{3}U_L I_L \cos\varphi = \sqrt{3} \times 380 \times 44 \times 0.6 = 17.4(\text{kW})$

比较两种结果：$P_\triangle \approx 3P_Y$

该例说明在三相电源线电压一定的情况下，对称负载△形连接的功率是Y形连接的3倍。所以，要使负载正常工作，负载的接法必须正确，若正常工作是星形连接而误接成三角形，将因每相负载承受过高电压，导致功率过大而烧毁；若正常工作是三角形连接而误接成星形，则会因功率过小而不能正常工作。

7.5.2　三相电路功率测量

7.5.2.1　三相四线制供电、负载星形连接（即Y－N接法）时的有功功率测量

对于三相不对称负载，用三个单相功率表测量，测量电路如图7-11(a)所示，三个单相功率表的读数为W_1、W_2、W_3，则三相功率$P = W_1 + W_2 + W_3$。这种测量方法称为三瓦特表法（简称三表法）。对于三相对称负载，用一个单相功率表测量即可，若功率表的读数为W，则三相功率$P = 3W$，称为一瓦特表法（简称一表法）。一般说来，负载总是不平衡的，各相功率不等，因而工程上常用三表法。

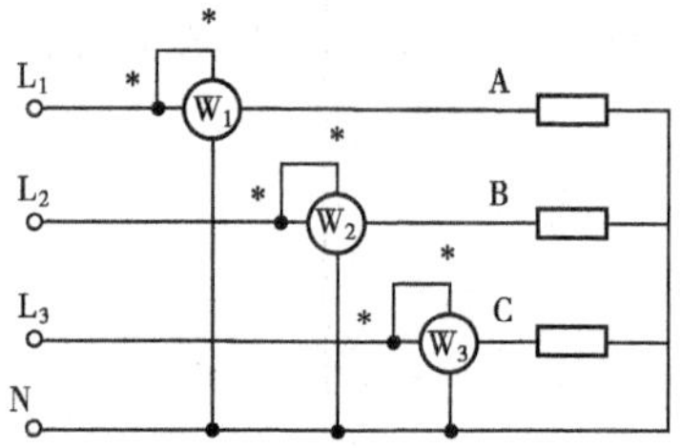

(a)三表法

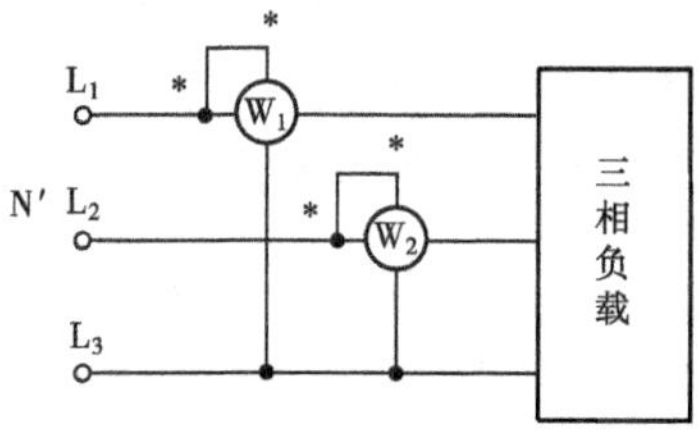

(b)二表法

图7-11　三相电路有功功率测量接线图

7.5.2.2　三相三线制供电时的有功功率测量

三相三线制供电系统中，不论三相负载是否对称，也不论负载是Y形连接还是△形连接，都可用二瓦特表法（简称二表法）测量三相负载的有功功率。测量电路如图7-11(b)所示，若两个功率表的读数为W_1、W_2，则三相功率为

$$P = W_1 + W_2 = U_I I_I \cos(30° - \varphi) + U_I I_I \cos(30° + \varphi)$$

其中，φ为负载的阻抗角（即功率因数角），两个功率表的读数与φ存在下列关系：

(1)当负载为纯电阻，$\varphi = 0$，$W_1 = W_2$，即两个功率表读数相等。

(2)当负载功率因数$\cos\varphi = 0.5$，$\varphi = \pm 60°$，将有一个功率表的读数为零。

(3)当负载功率因数 $\cos\varphi < 0.5$，$|\varphi| > 60°$，则有一个功率表的读数为负值，该功率表指针将反方向偏转，这时应将功率表电流线圈的两个端子调换（不能调换电压线圈端子），而读数应记为负值。若用数字式功率表，则将出现负读数。

7.5.2.3　三相对称负载的无功功率测量

对于三相三线制供电的三相对称负载，可用一瓦特表法测得三相负载的总无功功率 Q，测试电路如图 7-12(a)所示。

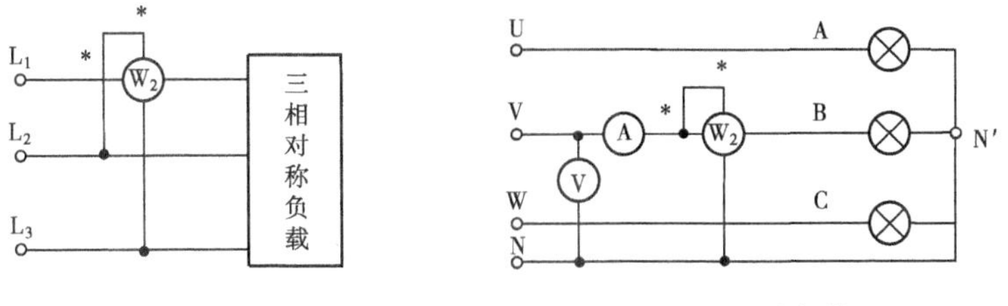

(a)三角形对称负载　　(b)星形对称负载

图 7-12　三相电路无功功率测量接线图

对于三角形对称负载的功率表读数，$W = U_1 I_1 \sin\varphi$，其中 φ 为负载的阻抗角，则三相负载的无功功率 $Q = \sqrt{3}W$。

对于三相四线制供电的三相对称负载，也可用一瓦特表法测得三相负载的总无功功率 Q，测试电路如图 7-12(b)所示。

对于星形对称负载的功率表读数，$W = U_\varphi I_\varphi \sin\varphi$，其中 φ 为单相负载的阻抗角，则三相负载的总的无功功率为 $Q = 3U_\varphi I_\varphi \sin\varphi$。如采用线电压、线电流，则总的无功功率仍然为 $Q = \sqrt{3}W$。

【项目任务】

(一)实验名称

三相电路实验

(二)实验目的

1. 掌握三相负载作星形连接、三角形连接的方法，验证这两种接法下线、相电压及线、相电流之间的关系。

2. 充分理解三相四线制供电系统中的中性线的作用。

3. 掌握三相功率测量的两表法。

(三)实验原理

1. 三相负载可接成星形（又称 Y 形接）或三角形（又称△形接）。当三相对称负载作 Y 形连接时，线电压 U_L 是相电压 U_P 的 $\sqrt{3}$ 倍。线电流 I_L 等于相电流 I_P，即

$$U_L = \sqrt{3}U_P,\quad I_L = I_P$$

在这种情况下，流过中性线的电流 $I_0 = 0$，所以可以省去中性线。

当对称三相负载作△形连接时，有 $I_L = \sqrt{3}I_P$，$U_L = U_P$。

2. 不对称三相负载作 Y 形连接时，必须采用三相四线制接法，即 Y_0 接法。而且中性

线必须牢固连接，以保证三相不对称负载的每相电压维持对称不变。

倘若中性线断开，会导致三相负载电压的不对称，致使负载轻的那一相的相电压过高，使负载遭受损坏；负载重的那一相的相电压又过低，使负载不能正常工作，尤其是对于三相照明负载，无条件地一律采用 Y_0 接法。

3. 当不对称负载作△形接时，$I_L=\sqrt{3}L_P$，但只要电源的线电压 U_L 对称，加在三相负载上的电压仍是对称的，对各相负载工作没有影响。

（四）实验设备

实验设备见表 7-1。

表 7-1　实验设备

序号	名称	型号与规格	数量	备注
1	交流电压表	0～500 V	1	
2	交流电流表	0～5 A	1	
3	功率表		2	
4	三相自耦调压器		1	
5	三相灯组负载	220 V，15 W 白炽灯	9	DGJ－04
6	电门插座		3	DGJ－04

（五）实验内容

1. 三相负载星形连接（三相四线制供电）。

按图 7-13 所示线路组接实验电路。即三相灯组负载经三相自耦调压器接通三相对称电源。

将三相调压器的旋柄置于输出为 0 V 的位置（即逆时针旋到底）。经指导教师检查合格后，方可开启实验台电源，然后调节调压器的输出，使输出的三相线电压为 220 V，并按下述内容完成各项实验，分别测量三相负载的线电压、相电压、线电流、相电流、中性线电流、电源与负载中点间的电压。将所测得的数据记入表 7-2 中，并观察各相灯组亮暗的变化程度，特别要注意观察中性线的作用。

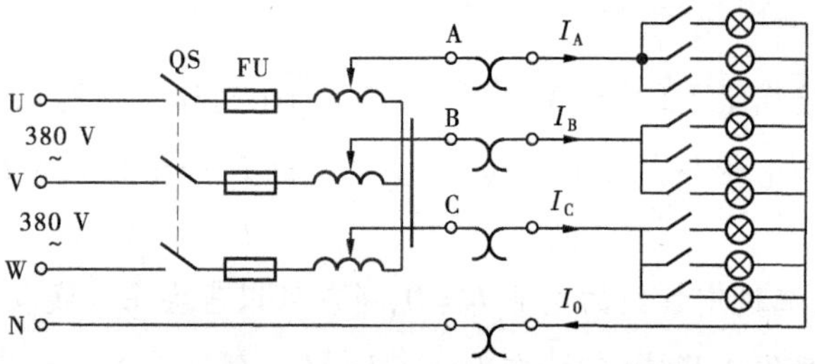

图 7-13

表 7-2

实验内容（负载情况）	测量数据												中性线电流 I_0(A)	中性点电压 U_{N0}(V)
	开灯盏数			线电流(A)			线电压(V)			相电压(V)				
	A 相	B 相	C 相	I_A	I_B	I_C	U_{AB}	U_{BC}	U_{CA}	U_{A0}	U_{B0}	U_{C0}		
Y_0 接平衡负载	3	3	3											
Y 接平衡负载	3	3	3											
Y_0 接不平衡负载	1	2	3											
Y 接不平衡负载	1	2	3											
Y_0 接 B 相断开	1		3											
Y 接 B 相断开	1		3											
Y 接 B 相短路	1		3											

2. 负载三角形连接(三相三线制供电)。

按图 7-14 所示改接线路，经指导教师检查合格后接通三相电源，并调节调压器，使其输出线电压为 220 V，并按表 7-3 的内容进行测试。

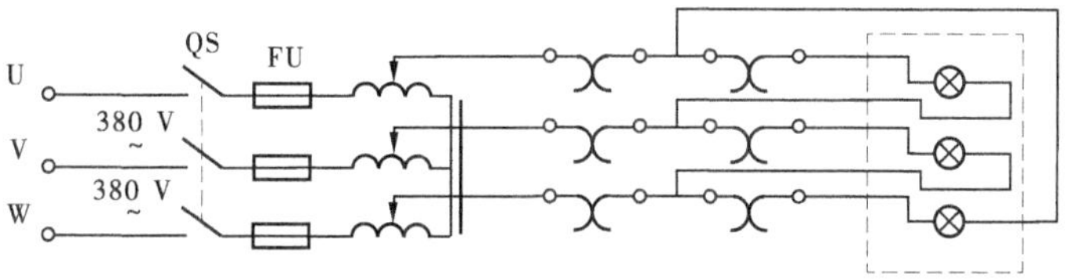

图 7-14

表 7-3

负载情况	测量数据											
	开灯盏数			线电压=相电压(V)			线电流(A)			相线流(A)		
	A－B 相	B－C 相	C－A 相	U_{AB}	U_{BC}	U_{CA}	I_A	I_B	I_C	I_{AB}	I_{BC}	I_{CA}
三相平衡	3	3	3									
三相不平衡	1	2	3									

3. 两表法测功率。

(1)如图 7-15 接实验电路，确认三相调压器在输出 0 位置。

(2)接通三相电源开关，调节调压器输出使线电压为 220 V，分别测量 P_1、P_2 和 $P_{总}$ 并作记录。

(六)实验注意事项

1. 本实验采用三相交流市电，线电压为 380 V，应穿绝缘鞋进实验室。实验时要注意人身安全，不可触及导电部件，防止意外事故发生。

2. 每次接线完毕，同组同学应自查一遍，然后由指导教师检查后，方可接通电源，必须

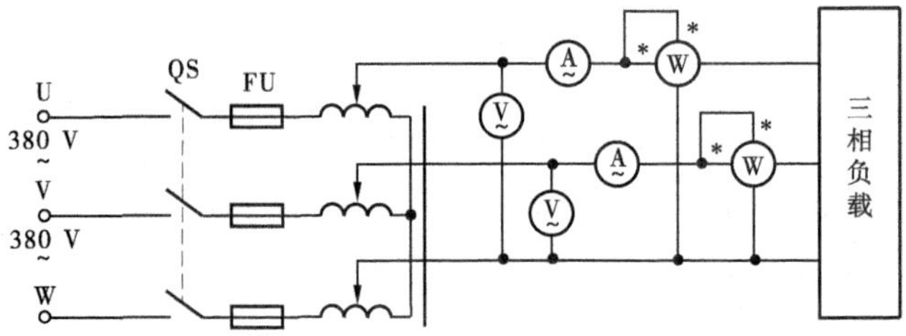

图 7-15

严格遵守先断电、再接线、后通电；先断电、后拆线的实验操作原则。

3. 每项实验完毕，均需将三相调压器旋柄调回零位，每改接线均需断开三相电源，以确保人身安全。

（七）实验思考问题

1. 三相负载根据什么条件作星形或三角形连接？

2. 复习三相交流电路有关内容，试分析三相星形连接不对称负载在无中性线情况下，当某相负载开路或短路时会出现什么情况？如果接上中性线，情况又如何？

3. 本次实验中为什么要通过三相调压器将 380 V 的市电线电压降为 220 V 的线电压使用？

（八）实验报告

1. 用实验测得的数据验证对称三相电路中的$\sqrt{3}$倍关系。

2. 用实验数据和观察到的现象，总结三相四线制供电系统中中性线的作用。

3. 不对称三角形连接的负载，能否正常工作？实验是否能证明这一点？

4. 根据不对称负载三角形连接时的相电流值作相量图，并求出线电流值，然后与实验测得的线电流值作比较，并进行分析。

5. 心得体会及其他。

【课后练习】

7.1　一对称三相正弦电压源的$\dot{U}_U = 127\angle 90°$ V。(1) 试写出$\dot{U}_V$、$\dot{U}_W$；(2) 求出$\dot{U}_U - \dot{U}_W$，并写出$\dot{U}_U$ 进行比较；(3) 求$\dot{U}_V + \dot{U}_W$ 并与$\dot{U}_U$ 进行比较；(4) 画出相量图。

7.2　一台三相发电机的绕组连成星形时电压为 6 300 V。(1) 试求出发电机绕组的相电压；(2) 如将绕组改成三角形连接，求线电压。

7.3　某建筑物有三层楼，每一层的照明分别由三相电源中的一相供电。电源的电压为 380/220 V，每层楼装有 220 V、100 W 电灯 15 只。(1) 画出电灯接入电源的线路图；(2) 当三个楼层的电灯全部亮时，求中性线电流；(3) 如一层电灯全部亮，二层楼只开 5 只灯，三层楼灯全灭，而电源中性线又断开，这时一、二层楼电灯两端的电压为多少？

7.4　图 7-16 所示三相四线制电路中，电源线电压为 380 V，负载 $R_U = 11\ \Omega$，$R_V = R_W = 22\ \Omega$。求：(1) 负载相电压、相电流、中性线电流并作向量图；(2) 若中性线断开，各负载的相电压、相电流；(3) 若无中性线，U 相短路时各负载相电压和相电流；(4) 无中性线且 W 相短路时，另外两相的电压和电流。

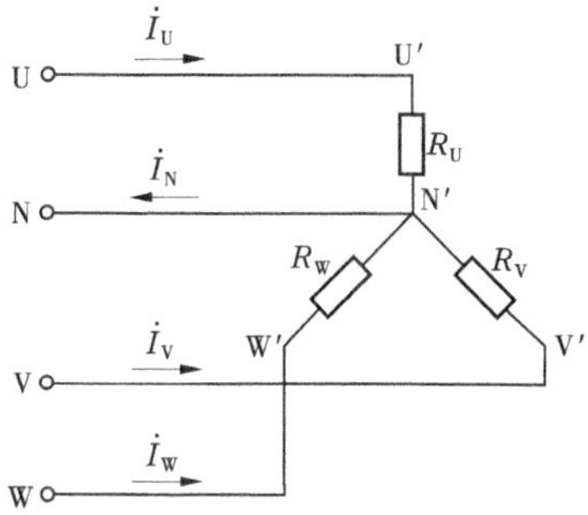

图 7-16

7.5　图 7-17 所示为一不对称星形连接负载，接至 370 V 对称三相电源上，U 相接电感 $L=1$ H，V 相和 W 相都接 200 V、60 W 的电灯。试判断 V 相和 W 相哪个灯亮，并画出相量图。

7.6　如图 7-18 所示，电源线电压为 380 V，若各相负载的阻抗都是 10 Ω，中性线电流是否等于零？中性线是否可以去掉？

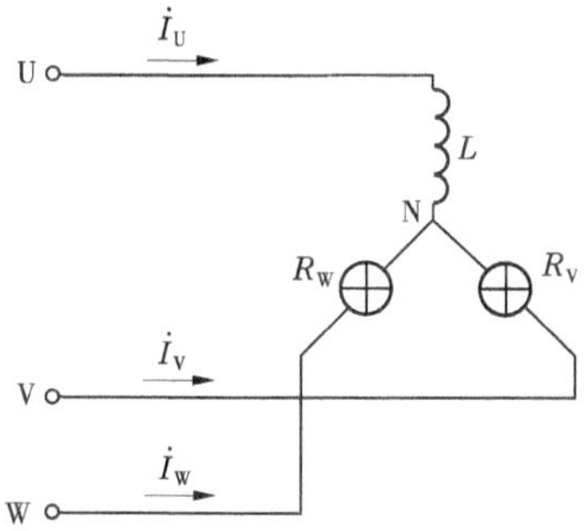

图 7-17

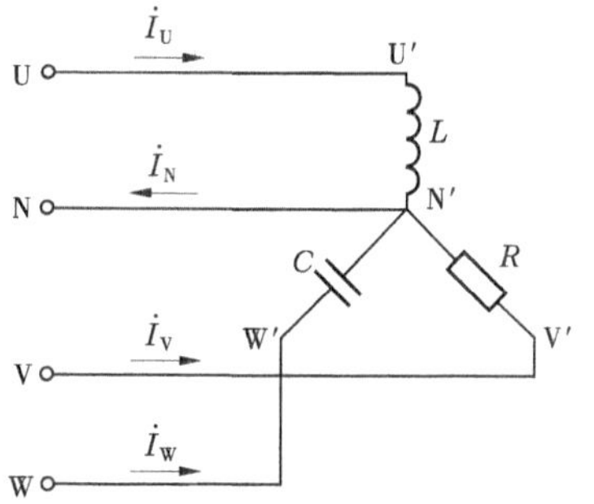

图 7-18

7.7　一组三相对称负载，每相电阻为 $R=10\ \Omega$，接在线电压 $U=380$ V 的三相电源上，试求下面两种接法时的线电流。(1) 负载接成三角形；(2) 负载接成星形。

7.8　为了减小三相笼型异步电动机的启动电流，通常把电动机连接成星形，转起来后再改成三角形连接(称 Y - △启动)，试求：(1) Y - △启动时的相电流之比；(2) Y - △启动时的线电流之比。

7.9　三相对称负载每相阻抗 $Z=6+\mathrm{j}8\ \Omega$，每相负载额定电压为 380 V。已知三相电源线电压为 380 V，问三相负载应如何连接？试计算出相电流和线电流。

7.10　如图 7-19 所示，已知 $R_1=R_2=R_3$，若负载 R_1 断开，图中所接的两个电流表的读数有无变化？为什么？

7.11　如图 7-20 所示，已知电源线电压为 220 V，电流表读数为 17.3 A，三相对称负载的有功功率为 4.5 kW，求每相的电阻和阻抗。

7.12　有两组对称三相负载，一组接成星形，每相阻抗 $Z_Y=4+\mathrm{j}3\ \Omega$；另一组接成三角形，每相阻抗 $Z_\triangle=10+\mathrm{j}10\ \Omega$，接到线电压为 380 V 的电源上，试求三相电路的线电流。

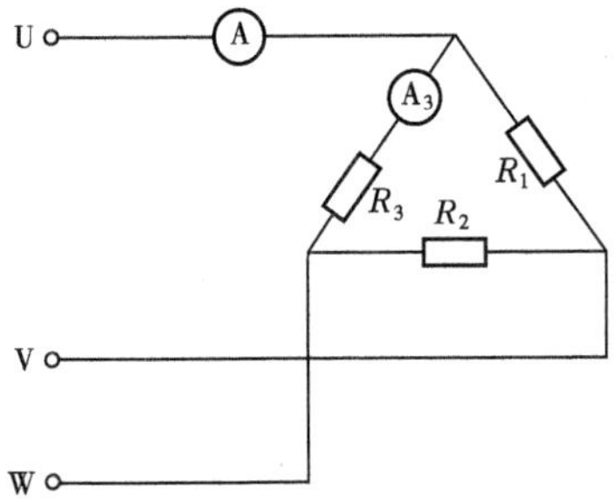

图 7-19

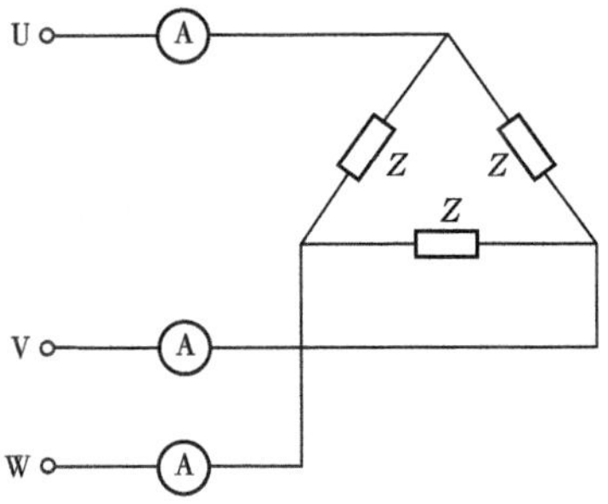

图 7-20

7.13　当使用工业三相电阻炉时，常常采取改变电阻丝的接法来调整加热温度，今有一台三相电阻炉，每相电阻为 8.68 Ω。试求：(1) 线电压为 380 V 时，电阻炉为三角形和星形连接的功率；(2) 线电压为 200 V 时，电阻炉为三角形连接的功率。

7.14　已知对称三相负载的阻抗角为 75°（电感性）接在线电压为 380 V 的三相电源上，线电流为 5.5 A，画出用二表法测量功率的接线图，并求两功率表的读数及负载的有功功率和无功功率。

第 8 章　非正弦周期电流电路

【教学目标】

要求掌握用线性电路的稳态分析计算方法分析非正弦周期电流、电压信号电路。

【学习目标】

1. 理解非正弦周期电流电路的电流、电压的有效值、平均值的概念；

2. 计算非正弦周期电流电路的有效值、平均功率。

【基本知识准备】

前面讨论的交流电路中的电压和电流都是正弦量，但在实际工程中还会经常遇到非正弦量。例如，在电子技术、自动控制以及计算机技术中会经常遇到一些电压和电流，虽然是周期性的，但不按正弦规律变化。非正弦量可分为周期性和非周期性两种。所谓非正弦周期电流电路就是电压和电流按非正弦规律作周期性变化的电路。

8.1　非正弦周期量

在线性电路中，一个或多个同频率的正弦电源同时作用时，电路各部分的稳态电压、电流都是同频的正弦量；但如果激励源不是正弦量而是非正弦量或电路是非线性电路，则电路中的电压、电流响应就是非正弦量。非正弦量分为周期性和非周期性两种，我们只讨论非正弦周期量（见图 8-1）。

电路中产生非正弦周期量的原因通常有以下两种：

（1）电源电压为非正弦电压。如脉冲信号发生器产生矩形脉冲电压，如图 8-1（e）所示。又如三极管交流放大电路中，电源提供的是直流电压，输入信号是正弦电压，合成一个非正弦电压，如图 8-2 所示。

（2）电路中存在非线性元件时，电路中电流是非正弦的。如图 8-3（a）所示的半波整流电路中，电源电压是正弦波，但由于二极管的单向导电性，电流是非正弦的，如图 8-3（b）所示。

由非正弦周期量作用的电路，我们无法直接运用前述分析方法，那么又该如何分析？一般而言，电路中的非正弦周期电流、电压等都可以用一个周期函数表示，即

$$f(t) = f(t + kT) \tag{8-1}$$

式中，T 为周期函数 $f(t)$ 的周期，$k=0,1,2,\cdots$。

由数学理论可知，一个频率为 f 的非正弦周期函数，如果满足狄里赫利条件，就可以展开为一个收敛的傅里叶级数，即可将其分解为包括直流分量、频率为 f 的正弦分量及若干个频率为 f 整数倍的正弦波分量。

如设给定的周期函数为 $f(t)$，其周期为 T，$\omega=\dfrac{2\pi}{T}$，其傅里叶级数为

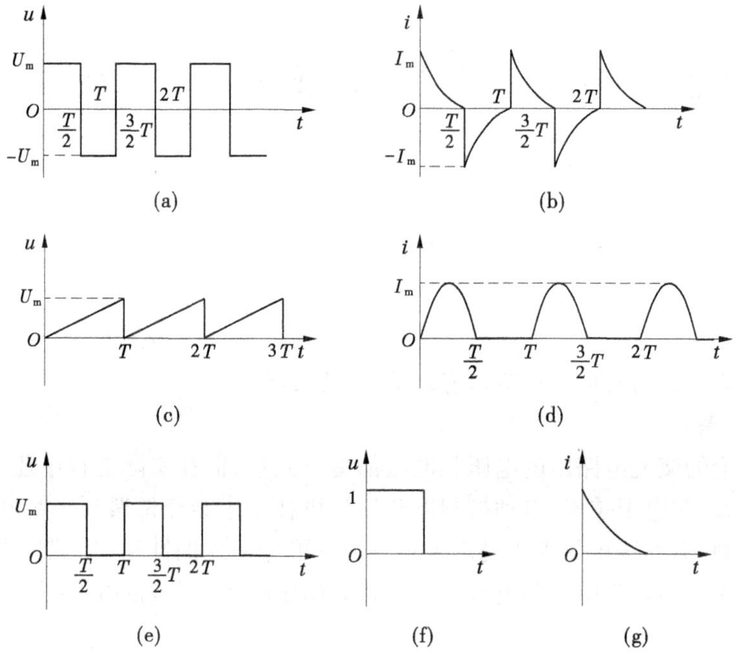

图 8-1　非正弦量

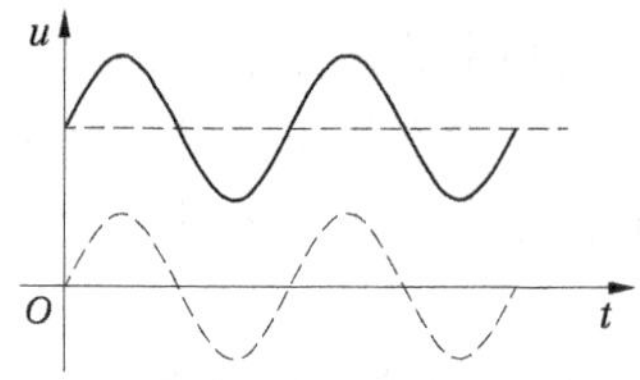

图 8-2　不同频率的正弦电压合成一个非正弦电压

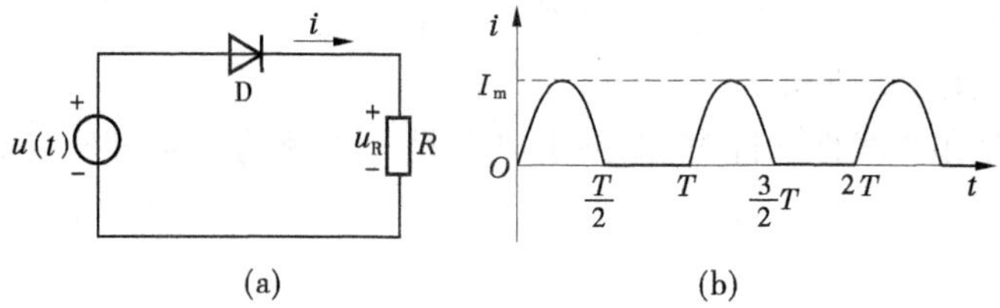

图 8-3　非线性元件形成的非正弦电流

$$
\begin{aligned}
f(t) &= A_0 + A_{1m}\sin(\omega t + \psi_1) + A_{2m}\sin(2\omega t + \psi_2) + \cdots \\
&= A_0 + \sum_{k=1}^{\infty} A_{km}\sin(k\omega t + \psi_k)
\end{aligned}
\tag{8-2}
$$

式中，第一项 A_0 称为恒定分量或直流分量，又称为零次谐波；第二项 $A_{1m}\sin(\omega t + \psi_1)$ 称为一次谐波或基波；第三项 $A_{2m}\sin(2\omega t + \psi_2)$ 称为二次谐波；以后各项称为高次谐波。

我们在电工技术中遇到的非正弦周期电压、电流波形，都可在有关技术手册或资料中查到它的傅里叶级数展开式。例如下面是图 8-1 中所示的非正弦交流电压的傅里叶级数展开式。

(1)锯齿波电压的傅里叶级数展开式为

$$u(t)=U_m\left(\frac{1}{2}-\frac{1}{\pi}\sin\omega t+\frac{1}{2}\sin2\omega t+\frac{1}{3}\sin3\omega t+\cdots\right)$$

(2)矩形波电压的傅里叶级数展开式为

$$u(t)=\frac{4U_m}{\pi}\left(\sin\omega t+\frac{1}{3}\sin3\omega t+\frac{1}{5}\sin5\omega t+\cdots\right)$$

(3)半波整流形的傅里叶级数展开式为

$$u(t)=\frac{U_m}{\pi}\left(1+\frac{\pi}{2}\cos\omega t-\frac{2}{3}\cos2\omega t-\frac{2}{15}\cos4\omega t-\cdots\right)$$

(4)全波整流形的傅里叶级数展开式为

$$u(t)=\frac{2U_m}{\pi}\left(1-\frac{2}{3}\cos2\omega t-\frac{2}{15}\cos4\omega t-\frac{2}{35}\cos6\omega t-\cdots\right)$$

根据傅里叶级数的收敛性质,一般来说,谐波次数越高,其幅值越小,高次谐波取到哪一次应视所要求的精确程度而定。

【例 8.1】 把图 8-4(a)所示周期性方波电流分解成傅里叶级数。

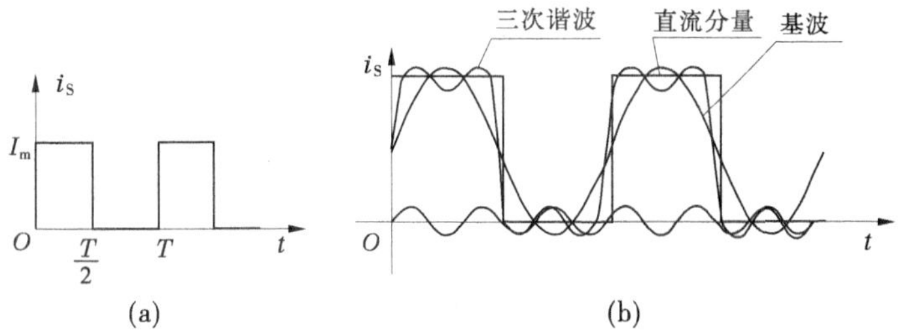

图 8-4 例 8.1 图

解 周期性方波电流在一个周期内的函数表示式为

$$i_S(t)=\begin{cases}I_m & 0<t<\frac{T}{2}\\ 0 & \frac{T}{2}<t<T\end{cases}$$

各次谐波分量的系数为

$$I_0=\frac{1}{T}\int_0^T i_S(t)\mathrm{d}t=\frac{1}{T}\int_0^{\frac{T}{2}}I_m\mathrm{d}t=\frac{I_m}{2}$$

$$b_k=\frac{1}{\pi}\int_0^{2\pi}i_S(\omega t)\sin k\omega t\mathrm{d}(\omega t)=\frac{I_m}{\pi}\left(-\frac{1}{k}\cos k\omega t\right)\Big|_0^{\pi}=\begin{cases}0 & k\text{ 为偶数}\\ \frac{2I_m}{k\pi} & k\text{ 为奇数}\end{cases}$$

$$a_k=\frac{2}{\pi}\int_0^{2\pi}i_S(\omega t)\cos k\omega t\mathrm{d}(\omega t)=\frac{2I_m}{\pi}\cdot\frac{1}{k}\sin k\omega t\Big|_0^{\pi}=0$$

$$A_k=\sqrt{b_k^2+a_k^2}=b_k=\frac{2I_m}{k\pi}\quad(k\text{ 为奇数})\qquad \psi_k=\arctan\frac{a_k}{b_k}=0$$

因此，i_S 的傅里叶级数展开式为

$$i_S = \frac{I_m}{2} + \frac{2I_m}{\pi}\left(\sin\omega t + \frac{1}{3}\sin 3\omega t + \frac{1}{5}\sin 5\omega t + \cdots\right)$$

即周期性方波可以看成是直流分量与基波、三次谐波、五次谐波等的叠加，如图 8-4(b)所示。

8.2 非正弦周期量的有效值、平均值和平均功率

在实际工程中，往往需要从做功方面对一个非正弦周期量有一个度量，这就是它的有效值。依照式(5-6)一个非正弦周期电流的有效值为

$$I = \sqrt{\frac{1}{T}\int_0^T i^2(t)\,\mathrm{d}t} \tag{8-3}$$

而非正弦周期电流的傅里叶级数展开式如下：

$$i = I_0 + \sum_{k=1}^{\infty} I_{km}\sin(k\omega t + \psi_k) \tag{8-4}$$

将电流带入式(8-3)得

$$I = \sqrt{\frac{1}{T}\int_0^T \left[I_0 + \sum_{k=1}^{\infty} I_{km}\sin(k\omega t + \psi_k)\right]^2 \mathrm{d}t} \tag{8-5}$$

式(8-5)根号内的积分展开，可得出如下 4 项：

(1) $\frac{1}{T}\int_0^T I_0^2\,\mathrm{d}t = I_0^2$

(2) $\frac{1}{T}\int_0^T \sum_{k=1}^{\infty} I_{km}^2 \sin^2(k\omega t + \psi_k)\,\mathrm{d}t = \frac{1}{2}\sum_{k=1}^{\infty} I_{km}^2 = \sum_{k=1}^{\infty} I_k^2$

(3) $\frac{1}{T}\int_0^T 2I_0 \sum_{k=1}^{\infty} I_{km}\sin(k\omega t + \psi_k)\,\mathrm{d}t = 0$

(4) $\frac{1}{T}\int_0^T 2\sum_{k=1}^{\infty}\sum_{q=1}^{\infty} I_{km}I_{qm}\sin(k\omega t + \psi_k)\sin(q\omega t + \psi_q)\,\mathrm{d}t = 0 \quad (k \neq q)$

所以，推导出电流的有效值的计算公式为

$$I = \sqrt{I_0^2 + \frac{I_{1m}^2}{2} + \frac{I_{2m}^2}{2} + \cdots} = \sqrt{I_0^2 + I_1^2 + I_2^2 + \cdots} \tag{8-6}$$

即非正弦周期电流的有效值等于各次谐波分量(直流量可以看成零次谐波)有效值平方和的平方根值。

同理，非正弦周期电压和电动势的有效值分别为

$$U = \sqrt{U_0^2 + U_1^2 + U_2^2 + \cdots} \tag{8-7}$$

$$E = \sqrt{E_0^2 + E_1^2 + E_2^2 + \cdots} \tag{8-8}$$

【例 8.2】 求非正弦周期电压 $u = [100 + 70.7\sin(314t + 30°) - 61.6\cos(942t + 51°) + \cdots]$V 的有效值。

解 因为 $U = \sqrt{U_0^2 + U_1^2 + U_2^2 + \cdots}$

所以 $$U=\sqrt{100^2+\left(\frac{70.7}{\sqrt{2}}\right)^2+\left(\frac{61.6}{\sqrt{2}}\right)^2}=120(\mathrm{V})$$

在实际应用中,除用到有效值外,还要用到平均值。以电流为例说明。设非正弦周期电流可以分解为傅里叶级数

$$i(t)=I_0+\sum_{k=1}^{\infty}I_{km}\sin(k\omega t+\psi_k)$$

则其平均值定义为

$$I_{av}=\frac{1}{T}\int_0^T|i(t)|\mathrm{d}t \tag{8-9}$$

即非正弦周期电流的平均值等于此电流绝对值的平均值。按式(8-9)可求得正弦电流的平均值为

$$I_{av}=\frac{1}{T}\int_0^T|I_m\sin(\omega t)|\mathrm{d}t=\frac{4I_m}{T}\int_0^{\frac{T}{4}}\sin(\omega t)\mathrm{d}t=0.637I_m=0.898I \tag{8-10}$$

这相当于正弦电流经全波整流后的平均值,因为取电流的绝对值相当于把负半周的值变为对应的正值。

在此需要指明的是,对于同一非正弦周期电流,当用不同类型的仪表进行测量时,会得到不同的结果。例如,用磁电系仪表(直流仪表)测量,所得结果将是电流的恒定分量,这是因为磁电系仪表的偏转角 $\alpha\propto\frac{1}{T}\int_0^T i\mathrm{d}t$;用电磁系仪表测得的结果为电流的有效值,因为电磁系仪表的偏转角 $\alpha\propto\frac{1}{T}\int_0^T i^2\mathrm{d}t$;如用全波整流仪表测量,所得结果为电流的平均值,因为这种仪表的偏转角与电流的平均值成正比。可见,在测量非正弦周期电流和电压时,要注意选择合适的仪表,并注意不同类型仪表读数表示的含义。

【例 8.3】 求函数 $u(t)=\begin{cases}12\ \mathrm{V} & 0\leqslant t\leqslant\frac{T}{4}\\ 0\ \mathrm{V} & \frac{T}{4}<t\leqslant T\end{cases}$ 的平均值。

解 因为

$$U_{av}=\frac{1}{T}\int_0^T|u|\mathrm{d}t$$

所以

$$U_{av}=\frac{1}{T}\int_0^{\frac{T}{4}}12\mathrm{d}t+\frac{1}{T}\int_{\frac{T}{4}}^T0\mathrm{d}t=3\ \mathrm{V}$$

非正弦电路瞬时功率与正弦电路定义方法相同,在关联参考方向下任一端口的瞬时功率为 $P=ui$,一个周期内的平均功率为

$$P=\frac{1}{T}\int_0^T p\mathrm{d}t=\frac{1}{T}\int_0^T ui\mathrm{d}t \tag{8-11}$$

设非正弦周期电压和电流分别为

$$u(t)=U_0+\sum_{k=1}^{\infty}U_{km}\sin(k\omega t+\psi_{uk}) \tag{8-12}$$

$$i(t) = I_0 + \sum_{k=1}^{\infty} I_{km}\sin(k\omega t + \psi_{ik}) \tag{8-13}$$

将 $u(t)$ 和 $i(t)$ 代入式(8-11)并展开,可得出下列5项:

(1) $\frac{1}{T}\int_0^T U_0 I_0 \mathrm{d}t = U_0 I_0$

(2) $\frac{1}{T}\int_0^T U_0 \sum_{k=1}^{\infty} I_{km}\sin(k\omega t + \psi_{ik})\mathrm{d}t = 0$

(3) $\frac{1}{T}\int_0^T I_0 \sum_{k=1}^{\infty} U_{km}\sin(k\omega t + \psi_{uk})\mathrm{d}t = 0$

(4) $\frac{1}{T}\int_0^T \sum_{k=1}^{\infty}\sum_{q=1}^{\infty} U_{km}I_{qm}\sin(k\omega t + \psi_{uk})\sin(q\omega t + \psi_{iq})\mathrm{d}t = 0 \quad (k \neq q)$

(5) $\frac{1}{T}\int_0^T \sum_{k=1}^{\infty} U_{km}I_{km}\sin(k\omega t + \psi_{uk})\sin(k\omega t + \psi_{ik})\mathrm{d}t = \frac{1}{2}\sum_{k=1}^{\infty} U_{km}I_{km}\cos\varphi_k$

$$= \sum_{k=1}^{\infty} U_k I_k \cos\varphi_k$$

上述五项中(2)(3)(4)三项积分为零,(1)(5)两项分别为 $U_0 I_0$ 和 $\sum_{k=1}^{\infty} U_k I_k \cos\varphi_k$,其中 $\varphi_k = \psi_{uk} - \psi_{ik}$ 为 k 次谐波的阻抗角。所以平均功率为

$$P = U_0 I_0 + \sum_{k=1}^{\infty} U_k I_k \cos\varphi_k = U_0 I_0 + U_1 I_1 \cos\varphi_1 + U_2 I_2 \cos\varphi_2 + \cdots$$
$$= P_0 + P_1 + P_2 + \cdots \tag{8-14}$$

即非正弦周期量的平均功率为各次谐波功率之和。

而非正弦周期量的视在功率则为非正弦周期电压有效值与非正弦周期电流有效值之积,即

$$S = UI = \sqrt{U_0^2 + U_1^2 + U_2^2 + \cdots} \cdot \sqrt{I_0^2 + I_1^2 + I_2^2 + \cdots} \tag{8-15}$$

顺便指出,为了简化计算,在实用中,常把非正弦周期量用等效正弦波来代替,从而把非正弦周期电流电路简化为正弦周期电流电路处理。作这种代替时应满足三个条件:

(1)等效正弦波应与非正弦周期波具有相同的频率。

(2)等效正弦波应与非正弦周期波具有相同的有效值。

(3)用等效正弦波代替非正弦周期波后,全电路的有功功率不变。

根据以上条件中(1)与(2)先确定等效正弦波的频率和有效值,然后可根据条件(3)确定等效正弦电压与等效正弦电流的相位差,即

$$\varphi = \pm \arccos\frac{P}{UI} \tag{8-16}$$

式中,φ 的正负取决于电压基波和电流基波的相位差的符号的正负。

等效正弦波的分析方法是在允许一定误差的条件下的一种近似计算方法,在分析铁芯线圈电路中得到了应用。

【例8.4】 某非正弦电路的电压和电流如下:

$$u = [60 + 40\sqrt{2}\sin(\omega t + 50°) + 30\sqrt{2}\sin(3\omega t + 30°) + 16\sqrt{2}\sin5(\omega t + 0°)]\ \mathrm{V}$$

$$i = [30 + 20\sqrt{2}\sin(\omega t - 10^\circ) + 15\sqrt{2}\sin(3\omega t + 60^\circ) + 8\sqrt{2}\sin5(\omega t - 45^\circ)]\ \text{A}$$

试求该电路吸收的功率。

解 应用公式

$$P = U_0I_0 + \sum_{k=1}^{\infty} U_kI_k\cos\varphi_k$$

所以

$$\begin{aligned} P &= U_0I_0 + U_1I_1\cos\varphi_1 + U_3I_3\cos\varphi_3 + U_5I_5\cos\varphi_5 \\ &= 60\times30 + 40\times20\cos60^\circ + 30\times15\cos(-30^\circ) + 16\times8\cos(45^\circ) \\ &= 1\ 800 + 400 + 389.7 + 90.5 = 2\ 680.2(\text{W}) \end{aligned}$$

8.3 非正弦周期交流电路的计算

对于非正弦周期交流电路的分析计算还没有合适的理论直接进行，而较为实用的方法则是谐波分析法。谐波分析法就是把非正弦周期电流电路的计算转化为一系列的直流电路和正弦电路的计算，之后将计算结果叠加，求得最后结果的方法。

若某线性电路的激励源为非正弦周期电压源 $u(t)$，欲求解电路中各处的响应(电压和电流)，其分析求解可按如下步骤进行：

(1)将非正弦周期量利用傅里叶级数分解为直流分量和各次谐波分量。若将每个分量都看成一个单独电源，则非正弦周期电源就可看成直流电源和不同频率的正弦电源的叠加。

(2)如果是直流分量作用于线性电路，可以用求解直流电路的方法求解；各谐波分量单独作用于线性电路时，计算方法与正弦交流电路一样。但要注意，容抗、感抗和阻抗都与频率有关，对于不同谐波频率，容抗、感抗和阻抗都不同。

(3)利用叠加定理求出各电路中各处的电压和电流。

在执行上述计算步骤时，应注意：对属于同一支路的直流分量和各次正弦谐波分量进行叠加，便得到电路中各处电压和电流。在最后叠加时，只能用瞬时值相加，不能用相量式(或相量图)相加，因为直流分量和各次谐波分量的频率不同，更不能将各个分量的有效值直接相加来求解非正弦交流电压和电流的有效值；对于交流各次谐波电路的计算可应用相量法，但对于不同的频率，感抗与容抗是不同的，即在直流下 C 相当于开路，L 相于短路，而对 k 次谐波有：

$$X_{k\text{L}} = k\omega L,\quad X_{k\text{C}} = \frac{1}{k\omega C}$$

电路总的有功功率等于直流分量的功率与各次谐波的有功功率之和，即

$$P = U_0I_0 + U_1I_1\cos\varphi_1 + U_2I_2\cos\varphi_2 + \cdots$$

【例 8.5】 电路如图 8-5(a)所示，电流源为图(b)所示的方波信号。求输出电压 u(精确到 5 次谐波)。已知：$R = 20\ \Omega$，$L = 1$ mH，$C = 1\ 000$ pF，$I_\text{m} = 157\ \mu\text{A}$，$T = 6.28\ \mu\text{s}$。

解 计算步骤如下：

(1)将方波信号的展开式表达为

$$i_\text{S} = \frac{I_\text{m}}{2} + \frac{2I_\text{m}}{\pi}\left(\sin\omega t + \frac{1}{3}\sin3\omega t + \frac{1}{5}\sin5\omega t + \cdots\right)$$

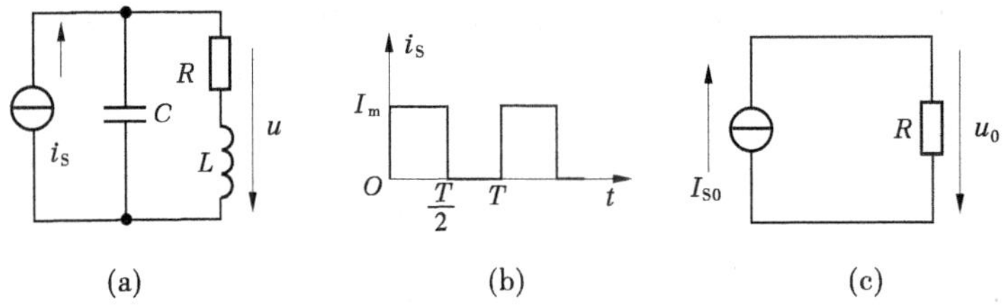

图 8-5 例 8.5 图

代入已知数据 $I_m = 157\ \mu A, \quad T = 6.28\ \mu s$

得直流分量 $I_0 = \frac{I_m}{2} = \frac{157}{2} = 78.5(\mu A)$

基波最大值 $I_{1m} = \frac{2I_m}{\pi} = \frac{2 \times 157}{3.14} = 100(\mu A)$

三次谐波最大值 $I_{3m} = \frac{1}{3} I_{1m} = 33.3\ \mu A$

五次谐波最大值 $I_{5m} = \frac{1}{5} I_{1m} = 20\ \mu A$

角频率为 $\omega = \frac{2\pi}{T} = \frac{2 \times 3.14}{6.28 \times 10^{-6}} = 10^6(\text{rad/s})$

因此,电流源各频率的谐波分量表示式为

$$I_{S0} = 78.5\ \mu A \qquad i_{S1} = 100\sin 10^6 t\ \mu A$$

$$i_{S3} = \frac{100}{3}\sin(3 \times 10^6 t)\ \mu A \qquad i_{S5} = \frac{100}{5}\sin(5 \times 10^6 t)\ \mu A$$

(2)对各次频率的谐波分量单独计算。

①直流分量 I_{S0} 单独作用时:$I_{S0} = 78.5\ \mu A$

直流时视电容为断路,电感为短路,电路如图 8-5(c)所示,计算得

$$U_0 = RI_{S0} = 20 \times 78.5 \times 10^{-6} = 1.57 \times 10^{-3}(\text{V}) = 1.57\ \text{mV}$$

②基波单独作用时,$i_{S1} = 100\sin 10^6 t$,电路如图 8-5(a)所示。计算得容抗和感抗为

$$\frac{1}{\omega_1 C} = \frac{1}{10^6 \times 1\,000 \times 10^{-12}} = 1(\text{k}\Omega) \quad \omega_1 L = 10^6 \times 10^{-3} = 1\ (\text{k}\Omega)$$

所以阻抗为

$$Z(\omega_1) = \frac{(R + jX_L)(-jX_C)}{R + j(X_L - X_C)} \approx \frac{X_L X_C}{R} = \frac{L}{RC} = 50\ \text{k}\Omega$$

因此

$$\dot{U}_1 = \dot{I}_1 Z(\omega_1) = \frac{100 \times 10^{-6}}{\sqrt{2}} \times 50 \times 10^3 = \frac{5\,000}{\sqrt{2}}\ (\text{mV})$$

③三次谐波单独作用时,$i_{S3} = \frac{100}{3}\sin(3 \times 10^6 t)$,计算得容抗和感抗为

$$\frac{1}{3\omega_1 C} = \frac{1}{3 \times 10^6 \times 1\,000 \times 10^{-12}} = 0.33\ (\text{k}\Omega) \quad 3\omega_1 L = 3 \times 10^6 \times 10^{-3} = 3(\text{k}\Omega)$$

阻抗为

$$Z(3\omega_1) = \frac{(R + jX_{L3})(-jX_{C3})}{R + j(X_{L3} - X_{C3})} = 374.5\angle -89.19° \ \Omega$$

则

$$\dot{U}_3 = \dot{I}_{S3}Z(3\omega_1) = 33.3 \times \frac{10^{-6}}{\sqrt{2}} \times 374.5\angle -89.19° \ \mathrm{V}$$

④五次谐波单独作用时，$i_{S5} = \frac{100}{5}\sin(5 \times 10^6 t)$ μA，计算得容抗和感抗为

$$\frac{1}{5\omega_1 C} = \frac{1}{5 \times 10^6 \times 1\ 000 \times 10^{-12}} = 0.2(\mathrm{k\Omega}) \quad 5\omega_1 L = 5 \times 10^6 \times 10^{-3} = 5(\mathrm{k\Omega})$$

阻抗为

$$Z(5\omega_1) = \frac{(R + jX_{L5})(-jX_{C5})}{R + j(X_{L5} - X_{C5})} = 208.3\angle -89.53° \ \Omega$$

则

$$\dot{U}_5 = \dot{I}_{S5}Z(5\omega_1) = \frac{20 \times 10^{-6}}{\sqrt{2}} \times 208.3\angle -89.53° = \frac{4.166}{\sqrt{2}}\angle -89.53°(\mathrm{mV})$$

(3)把各次谐波分量计算结果的瞬时值叠加得

$$\begin{aligned} u &= U_0 + u_1 + u_3 + u_5 \\ &\approx 1.57 + 5\ 000\sin\omega t + 12.47\sin(3\omega t - 89.2°) + \\ &\quad 4.166\sin(5\omega t - 89.53°)\mathrm{mV} \end{aligned}$$

【例 8.6】 如图 8-6(a)所示电路中各表读数(有效值)及电路吸收的功率。

已知：$u = 30 + 120\cos 1\ 000t + 60\cos\left(2\ 000t + \frac{\pi}{4}\right)$ V。

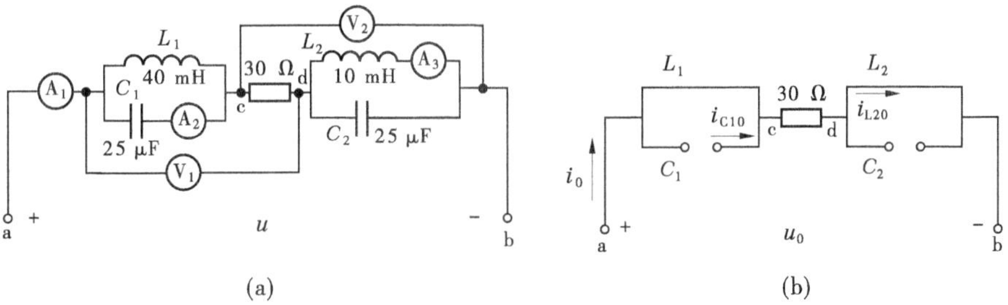

图 8-6 例 8.6 图

解 (1)当直流分量 $u_0 = 30$ V 作用于电路时，L_1、L_2 短路，C_1、C_2 开路，电路如图 8-6(b)所示。所以

$$I_{1(0)} = I_{3(0)} = \frac{30}{30} = 1(\mathrm{A}), \quad I_{2(0)} = 0, \quad U_{1(0)} = U_{2(0)} = 30 \ \mathrm{V}$$

(2)基波作用于电路，$u_1 = 120\cos 1\ 000t$ V

$$\omega L_1 = 1\ 000 \times 40 \times 10^{-3} = 40(\Omega), \quad \omega L_2 = 1\ 000 \times 10 \times 10^{-3} = 10(\Omega)$$

$$\frac{I}{\omega C_1} = \frac{I}{\omega C_2} = \frac{1}{1\ 000 \times 25 \times 10^{-6}} = 40(\Omega)$$

L_1、C_1 对基波发生并联谐振。所以 $I_{1(1)}=0$，基波电压加于 L_1、C_1 并联电路两端，故

$$\dot{U}_{1(1)} = 120\angle 0°\ \text{V},\quad \dot{U}_{2(1)} = 0,$$

$$\dot{I}_{3(1)} = \dot{I}_{1(1)} = 0,\quad \dot{I}_{2(1)} = \text{j}\omega C_1 \dot{U}_1 = \frac{120\angle 0°}{-\text{j}40} = 3\angle 90°(\text{A})$$

(3)二次谐波 $u_2 = 60\cos(2\,000t+\frac{\pi}{4})$ V 作用于电路，有

$$2\omega L_1 = 2\,000\times 40\times 10^{-3} = 80\ (\Omega),\quad 2\omega L_2 = 2\,000\times 10\times 10^{-3} = 20(\Omega)$$

$$\frac{1}{2\omega C_1} = \frac{1}{2\omega C_2} = \frac{1}{2\,000\times 25\times 10^{-6}} = 20(\Omega)$$

L_2、C_2 对二次谐波发生并联谐振，所以 $I_{1(2)}=I_{2(2)}=0$，电压加于 L_2、C_2 并联电路两端，故

$$\dot{U}_{1(2)} = 0,\quad \dot{U}_{2(2)} = \dot{U}_2 = 60\angle 45°\ \text{V}$$

$$\dot{I}_{3(2)} = \frac{\dot{U}_2}{\text{j}2\omega L_2} = \frac{60\angle 45°}{\text{j}20} = 3\angle -45°(\text{A})$$

所以，电流表 A1 的读数为 1 A，电流表 A2 的读数为 $3/\sqrt{2}=2.12(\text{A})$，电流表 A3 的读数为 $\sqrt{1^2+(3/\sqrt{2})^2}=2.35(\text{A})$。

电压表 V1 的读数为 $\sqrt{30^2+(120/\sqrt{2})^2}=90$ V，电压表 V2 的读数为 $\sqrt{30^2+(60/\sqrt{2})^2}=52$ V。

【项目任务】

(一)实验名称

非正弦周期电流电路谐波研究

(二)实验目的

1. 认识方波的傅里叶级数分解。

2. 基波与三次谐波的合成。

(三)实验原理

图 8-7(a)所示方波为奇函数，故可以分解为

$$u(t) = \frac{4U_{\text{m}}}{p}\left(\sin\omega t + \frac{1}{3}\sin 3\omega t + \frac{1}{5}\sin 5\omega t + \cdots + \frac{1}{k}\sin k\omega t\right)\quad (k\ 为奇数)$$

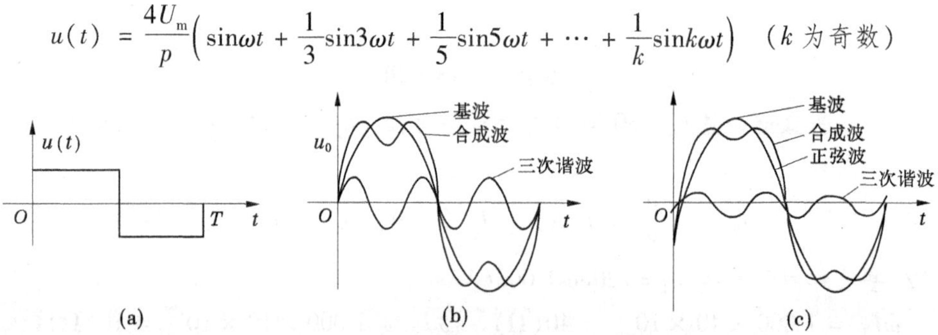

图 8-7

其基波和各次谐波振幅按波次成反比降低。通过调谐于基波和三次谐波的 R、L、C 串联谐振电路,可以从电阻 R 两端获得基波波形和三次谐波波形,以及它们的合成波波形,如图 8-7(b)所示。由于实验中电容有不同程度的漏电,因而其谐振电路实为串并联谐振,电容不是滞后于电源电压 $\pi/2$,而是滞后一个锐角,致使各次谐波初相均不相同,其基波、三次谐波叠加后的合成波的波形也是不对称的马鞍形,如图 8-7(c)所示。由于各谐波电路品质因数 Q 值不同,因而获得的基波、三次谐波电压振幅也不成 $1/k$ 倍的关系。方波的高次谐波通过 C_0 漏去,如图 8-8 所示。

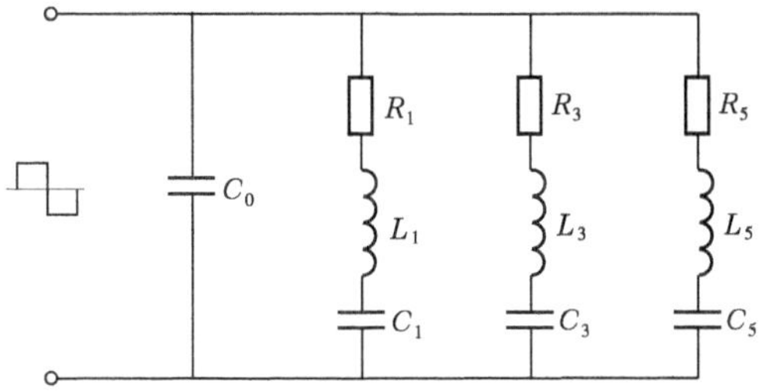

图 8-8

(四)实验设备

实验设备见表 8-1。

表 8-1

序号	名称	数量	备注
1	低频脉冲信号发生器	1	
2	双踪示波器	1	
3	实验装置	1	

(五)实验步骤

实验电路如图 8-8 所示。

1. 在图 8-8 中,于"+"、"-"间输入方波信号,$f=35$ kHz,用双踪示波器的 A 组探头取信号,观察方波。
2. 用双踪示波器的 B 组探头取 R_1 上信号,调节 C_1,使基波幅度最大并进行观察。
3. 将 A 组探头换接至 R_3 上,调节 C_3,让三次谐波幅度最大进行观察。
4. 用双踪示波器观察基波和三次谐波的合成波。
5. 再用 A 组探头取 R_5 上信号,观察五次谐波。
6. 在同一坐标上绘出方波、基波、三次谐波及合成波的波形。

(六)注意事项

1. 接线时切忌信号源短路。
2. 使用双踪示波器注意双踪探头同地。
3. 仔细调节 C_1 和 C_3,注意观察。

(七)实验要求与问题思考

1. 完成实验任务,绘出各种波形。

2. 用所学知识分析电路工作原理。

【课后练习】

8.1　已知某正弦周期信号的周期 $T=25\ \mu s$，试求这个信号的基波频率、三次谐波频率、五次谐波频率。

8.2　试根据波形的对称性判断图 8-1 中波形所存在的谐波成分。

8.3　试根据波形的对称性判断图 8-9 中波形所存在的谐波成分。

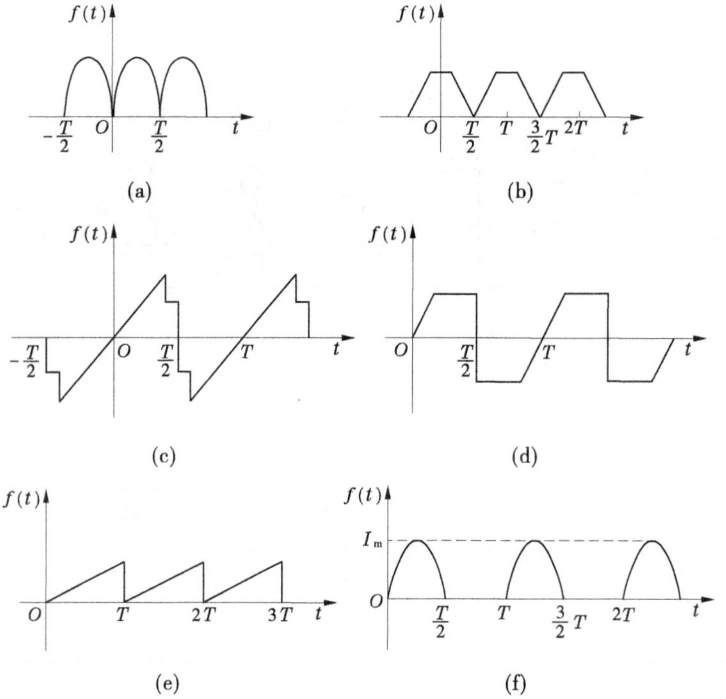

图 8-9

8.4　已知某单相全波整流电路输出电压 u 的傅里叶级数展开式为 $u=0.9U+0.6U\cos 2\omega t-0.12U\cos\omega t+\cdots$，若 $U=220$ V，试计算其有效值(忽略 6 次以上的谐波分量，其中 U 是整流前的交流电压的有效值。

8.5　某非正弦电源电压为 $u=[40+180\sin\omega t+60\sin(3\omega t-45°)]$ V，试求其有效值 U。

8.6　铁芯线圈是一种非线性元件，因此加上正弦电压 $u=311\sin 314t$ V 后，其中电流为 $i=0.8\sin(314t-85)+0.25\sin(942t-85°)$ A 的非正弦量。试求等效正弦电流值(有效值)。

8.7　已知非正弦周期电压的直流分量为 28 V，基波为 $\dot{U}_{1m}=5\angle 71°$ V，二次谐波为 $\dot{U}_{2m}=3\angle -24°$ V，三次谐波为 $\dot{U}_{2m}=3\angle -24°$ V，求瞬时值 u 的表达式及有效值 U。

8.8　试计算正弦电流 $i=I_m\sin(\omega t+90°)$ A 的平均值。

8.9　已知非正弦周期电流的表达式为 $i=8+5\sqrt{2}\sin(\omega t+36.9°)-2\sqrt{2}\sin(3\omega t+53.1°)$ A，试计算该电流的有效值和平均值。

8.10　已知一无源二端网络的端电压、端电流分别为

$$u=100\sin(\omega t+60^\circ)+50\sin(3\omega t+30^\circ)+25\sin(5\omega t+0^\circ)\ \text{V}$$

$$i=20\sin(\omega t-60^\circ)+15\sin(3\omega t+60^\circ)+10\sin(5\omega t-30^\circ)\ \text{A}$$

求该网络吸收的功率。

8.11　RLC 串联电路，已知：$R=8\ \Omega$，$L=31.8\ \text{mH}$，$C=35.3\ \text{mF}$，$\omega=314\ \text{rad/s}$。电路电流为 $i=[0.24\sin(\omega t+68^\circ)+\sin3\omega t]\ \text{A}$。试求电压的有效值及电路消耗的功率 P。

8.12　RC 并联电路，已知：$R=8\ \Omega$，$X_C=5\ \Omega$，电路外加电压 $u=20+100\sqrt{2}\sin(\omega t+30^\circ)\ \text{V}$。试求电压的有效值 U、电流的有效值 I 及电路消耗的功率 P。

8.13　RLC 串联电路，已知：$R=8\ \Omega$，$X_L=2\ \Omega$，$X_C=18\ \Omega$。电源电压 $u=50+51\sqrt{2}\sin(\omega t+30^\circ)+17\sqrt{2}\sin3\omega t\ \text{V}$。试求电流的有效值。

8.14　RL 串联电路，已知：$R=200\ \Omega$，$L=63.7\ \text{mH}$，$\omega=314\ \text{rad/s}$。电源电压 $u=50+100\sqrt{2}\sin\omega t+10\sqrt{2}\sin3\omega t\ \text{V}$。试求电流的有效值。

8.15　一无源二端网络的端电压、端电流分别为

$$u=50+20\sqrt{2}\sin(\omega t+20^\circ)+6\sqrt{2}\sin(2\omega t+80^\circ)\ \text{V}$$

$$i=20+10\sqrt{2}\sin(\omega t-10^\circ)+5\sqrt{2}\sin(2\omega t+20^\circ)\ \text{A}$$

试求：(1) 电压、电流的有效值；(2) 各次谐波阻抗；(3) 网络消耗的功率 P。

8.16　电路如图 8-10 所示，$R=50\ \Omega$，$\omega L=5\ \Omega$，$\frac{1}{\omega C}=45\ \Omega$，设外加电压 $u=200+10\sin3\omega t\ \text{V}$。试求电流 i 及输出电压 u_0。

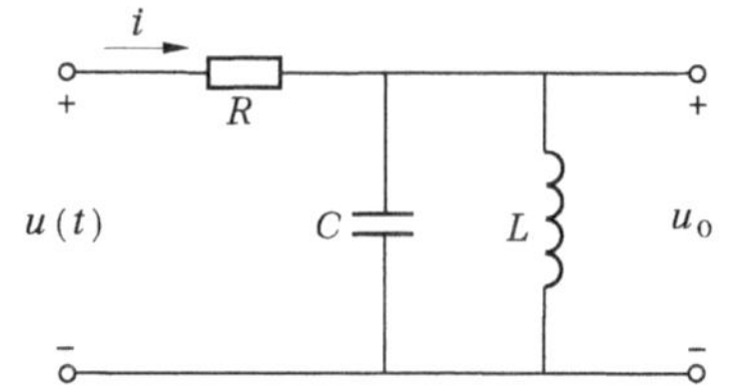

图 8-10

第 9 章　耦合电感电路

【教学目标】

要求掌握以前述各章节基本知识为基础来分析含耦合电感元件电路的方法。

【学习目标】

1. 明晰互感和互感电压的概念及同名端的含义；

2. 掌握含有互感元件电路的计算方法及含有耦合电感电路方程的建立方法；

3. 熟悉空心变压器和理想变压器的电路模型。

【基本知识准备】

9.1　耦合电感的伏安关系

耦合电感元件属于多端元件，在实际电路中，如收音机、电视机中的中周线圈、振荡线圈，整流电源及电力系统里使用的变压器等都是耦合电感元件，熟悉这类多端元件的特性，掌握包含这类多端元件的电路问题的分析方法是非常必要的。

9.1.1　互感

载流电感线圈之间通过彼此的磁场相互联系的物理现象称为磁耦合。图 9-1(a)所示为两个有耦合的电感线圈。当电感线圈Ⅰ(设其电感为 L_1，匝数为 N_1)中施加电流 i_1 时，不仅在线圈Ⅰ中产生磁通 Φ_{11}，同时，有部分磁通 Φ_{21} 穿过邻近的电感线圈Ⅱ。同理，由图 9-1(b)所示，若在线圈Ⅱ(设其电感为 L_2，匝数为 N_2)中施加电流 i_2，不仅在线圈Ⅱ中产生磁通 Φ_{22}，同时，有部分磁通 Φ_{12} 穿过线圈Ⅰ。两个载流电感线圈中的电流称为施感电流，Φ_{12} 和 Φ_{21} 称为互感磁通。施感电流产生的磁通方向和彼此交链的情况取决于两个电感线圈的绕向、施感电流的参考方向和两线圈的相对位置，并满足右手螺旋法则，如图 9-1 所示。线圈Ⅰ中的施感电流 i_1 产生的磁通 Φ_{11} 在穿过自身的线圈时，所产生的磁通链设为 Ψ_{11}，称为自感磁通链；Ψ_{11} 中的一部分或全部交链线圈Ⅱ时产生的磁通链设为 Ψ_{21}，称为互感磁通链。同样，线圈Ⅱ中施感电流 i_2 也产生自感磁通链 Ψ_{22} 和互感磁通链 Ψ_{12}。

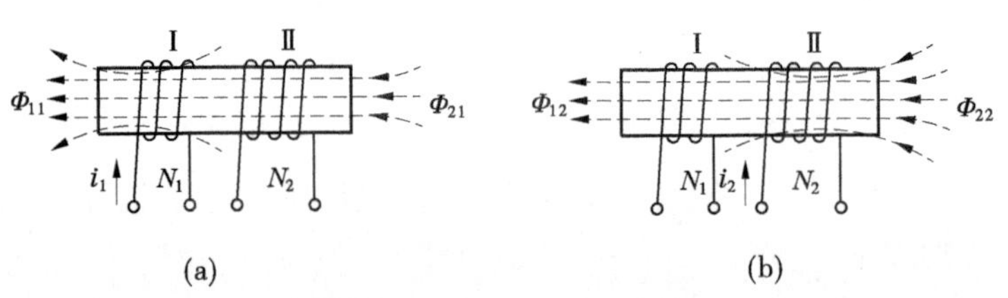

图 9-1　两个线圈的互感现象

耦合线圈中的磁通链等于自感磁通链和互感磁通链的代数和，图 9-1 中线圈Ⅰ和Ⅱ中的磁通链分别为 Ψ_1 和 Ψ_2，则有

$$\Psi_1 = \Psi_{11} \pm \Psi_{12} \tag{9-1}$$

$$\Psi_2 = \pm \Psi_{21} + \Psi_{22} \tag{9-2}$$

当周围空间是各向同性的线性磁介质时，磁通链与产生它的施感电流成正比，即有自感磁通链

$$\Psi_{11} = L_1 i_1,\ \Psi_{22} = L_2 i_2$$

互感磁通链

$$\Psi_{12} = M_{12} i_2,\ \Psi_{21} = M_{21} i_1$$

上式中 M_{12} 和 M_{21} 称为互感系数，简称互感，用符号 M 表示，单位为亨(H)，约定本书中的 M 恒为正值。它与线圈的形状、几何位置、空间媒质有关，而与线圈中的电流无关，因此可以证明，$M_{12} = M_{21}$。于是当只有两个电感线圈有耦合时，可以略去 M 的下标，即令 $M_{12} = M_{21} = M$。每一线圈的磁通链为自感磁通链与互感磁通链的代数和，可表示为

$$\Psi_1 = \Psi_{11} \pm \Psi_{12} = L_1 i_1 \pm M i_2 \tag{9-3}$$

$$\Psi_2 = \pm \Psi_{21} + \Psi_{22} = \pm M i_1 + L_2 i_2 \tag{9-4}$$

式(9-3)与式(9-4)中的自感系数 L 总为正值，互感系数 M 前面的"$\pm$"说明了磁耦合中互感作用的两种可能性。正号表示互感磁通链与自感磁通链方向一致，互感起增助作用；负号表示互感磁通链与自感磁通链方向相反，互感起削弱作用。

式(9-3)与式(9-4)表明，耦合线圈中的磁通链与施感电流成线性关系，是各施感电流独立产生的磁通链叠加的结果。

9.1.2 耦合因数

工程上用耦合因数 k 来定量的描述两个耦合线圈的耦合紧密程度，定义为

$$k = \frac{M}{\sqrt{L_1 L_2}} \tag{9-5}$$

一般有

$$k = \frac{M}{\sqrt{L_1 L_2}} = \sqrt{\frac{M^2}{L_1 L_2}} = \sqrt{\frac{(M i_1)(M i_2)}{L_1 i_1 L_2 i_2}} = \sqrt{\frac{\Psi_{21}\Psi_{12}}{\Psi_{11}\Psi_{22}}} \leqslant 1$$

耦合因数 k 与线圈的结构、相互几何位置、空间磁介质有关。由于互感磁通量是自感磁通量的一部分，所以 $k \leqslant 1$，当 k 近似为零时，为弱耦合；k 近似为 1 时，为强耦合；$k = 1$ 时，称两个线圈为全耦合，此时的自感磁通量全部为互感磁通量。

9.1.3 耦合电感上的电压、电流关系

当电流为时变电流时，磁通链也将随时间变化，从而在线圈两端产生感应电压。根据电磁感应定律和楞次定律可得每个线圈两端的电压为

$$u_1 = \frac{\mathrm{d}\Psi_1}{\mathrm{d}t} = \frac{\mathrm{d}\Psi_{11}}{\mathrm{d}t} \pm \frac{\mathrm{d}\Psi_{12}}{\mathrm{d}t} = L_1 \frac{\mathrm{d}i_1}{\mathrm{d}t} \pm M \frac{\mathrm{d}i_2}{\mathrm{d}t} \tag{9-6}$$

$$u_2 = \frac{\mathrm{d}\Psi_2}{\mathrm{d}t} = \frac{\mathrm{d}\Psi_{22}}{\mathrm{d}t} \pm \frac{\mathrm{d}\Psi_{21}}{\mathrm{d}t} = L_2 \frac{\mathrm{d}i_2}{\mathrm{d}t} \pm M \frac{\mathrm{d}i_1}{\mathrm{d}t} \tag{9-7}$$

即线圈两端的电压均包含自感电压和互感电压。

在正弦交流电路中,其相量形式的方程为

$$\dot{U}_1 = \mathrm{j}\omega L_1 \dot{I}_1 \pm \mathrm{j}\omega M \dot{I}_2 \tag{9-8}$$

$$\dot{U}_2 = \pm \mathrm{j}\omega M \dot{I}_1 + \mathrm{j}\omega L_2 \dot{I}_2 \tag{9-9}$$

当两线圈的自感磁通链和互感磁通链方向一致时,称为互感的"增助"作用,互感电压取正;否则取负。这说明互感电压的正、负与电流的参考方向及线圈的相对位置、绕向有关。

9.1.4 互感线圈的同名端

在工程中,对于两个或两个以上有电磁耦合的线圈,常需要知道互感电压的极性。然而,产生互感电压的电流在另一线圈上,因此要确定互感电压的极性,就必须知道两个线圈的绕向。但在实际情况下,线圈往往是密封的,看不到绕向,并且在电路图中绘出线圈的绕向是很不方便的,基于此,采用标记同名端的方法可解决这一问题。

当两个电流分别从两个线圈的对应端子同时流入或流出时,按照右手螺旋法则,若产生的磁通相互增强,或者在同一变化磁通的作用下,两个互感线圈的感应电动势极性始终保持一致的对应端子,称为两互感线圈的同名端,用小圆点"·"或星号"*"等符号标记。如图 9-2 所示,线圈Ⅰ的 1 端点与线圈Ⅱ的 2 端点为同名端(图中 1′端点与 2′端点也是同名端)。采用同名端标记后就可以不用画出线圈的绕向,如图 9-2(a)所示的两个互感线圈,用图 9-2(b)所示互感电路符号表示即可。

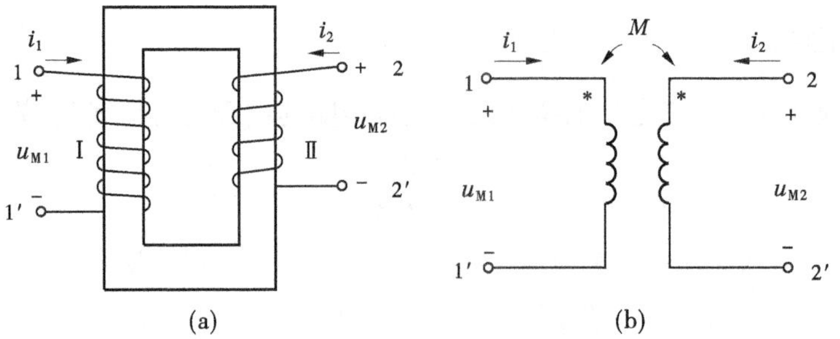

图 9-2 耦合电感的同名端及其电路符号

采用同名端标记后,互感电压的方向可以由电流对同名端的方向确定,即互感电压与产生它的电流对同名端的参考方向一致时取正,反之取负,如图 9-2(b)所示。

如图 9-3 所示,根据同名端的定义,图 9-3(a)中的 2、4、5 为同名端或 1、3、6 为同名端。图 9-3(b)中 1、3 为同名端或 2、4 为同名端。

根据同名端与互感电压参考方向标注原则,在实际工作中,可利用试验方法判别同名端,称为极性试验。实际工作中常用的判别方法有两种:直流判别法和交流判别法。

(1)直流判别法。

直流判别法是根据同名端定义以及互感电压参考方向标注原则而归纳出的一种使用方法。其判别方法如下:

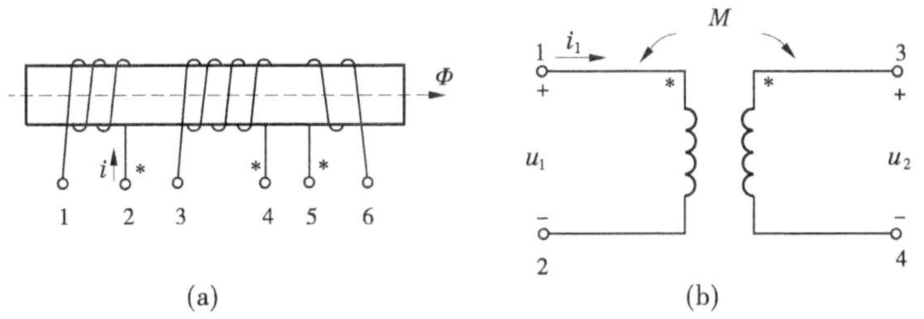

图 9-3　同名端的确定

电路如图 9-4 所示,电磁耦合线圈的绕向未知,但当 S 合上的瞬间,电流从 1 端流入。此时若电压表指针正偏,说明 3 端为高电位端,因此 1、3 端为同名端;若电压表指针反偏,说明 4 端为高电位端,即 1、4 端为同名端。

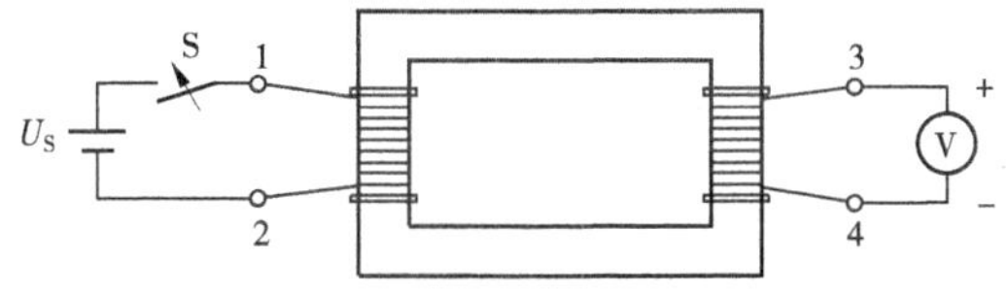

图 9-4　直流法判断同名端

(2)交流判别法。

交流判别法是依据互感线圈串联原理所体现的电压关系而确定同名端的一种方法。如果没有电压表,也可用普通电灯泡代替,原理相同。其判别方法如下:

把两个线圈的任意两个接线端连在一起,例如将图 9-5 所示中的 1、3 相连,并在其中一个线圈加上一个较低的交流电压(如在 1、2 端加压),用交流电压表分别测量电压 u_{12}、u_{34}、u_{24}。当 u_{24} 约等于 u_{12} 和 u_{34} 之差时,则 1、3 端为同名端;若测得的 u_{24} 等于 u_{12} 和 u_{34} 之和,则 1、3 端为异名端。

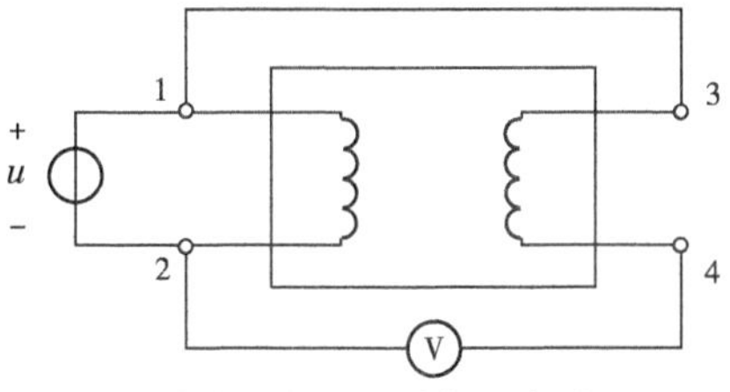

图 9-5　交流法判断同名端

有了同名端,以后表示两个线圈相互作用,就不再考虑实际绕向,而只画出同名端和电流、电压的参考方向即可,如图 9-6 所示。根据标定的同名端和电流、电压参考方向可知:

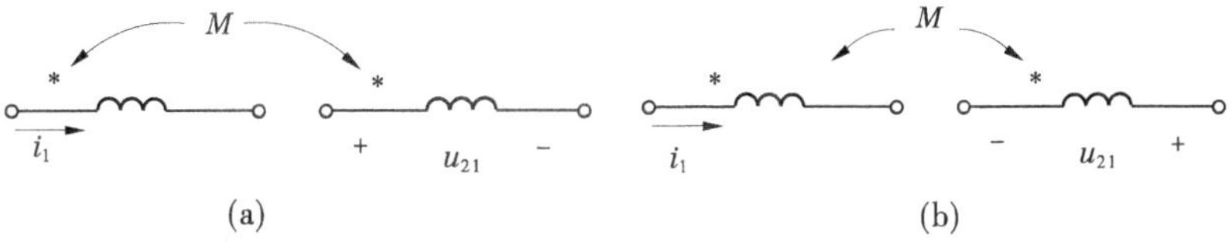

图 9-6　两个线圈相互作用

对于图 9-6(a)有 $u_{21}=M\dfrac{di_1}{dt}$,对于图 9-6(b)则有 $u_{21}=-M\dfrac{di_1}{dt}$,可以非常方便地判断出互感电压的正、负号。

【例 9.1】 如图 9-7 所示(a)、(b)、(c)、(d)四个互感线圈,已知同名端和各线圈上电压、电流的参考方向,试写出每一互感线圈上的电压、电流关系。

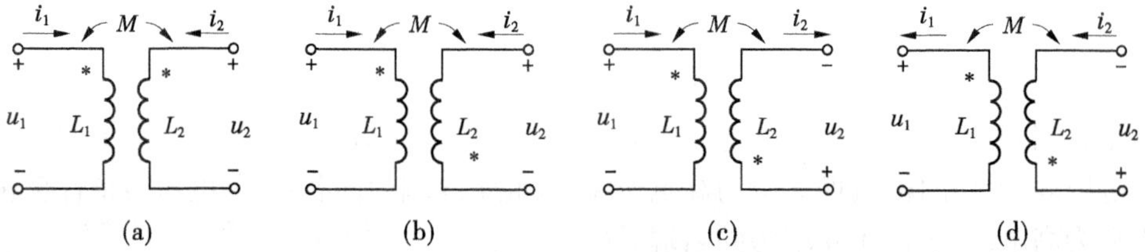

图 9-7 例 9.1 图

解 由图 9-7 所示同名端及电压、电流的参考方向可得

对图(a)有:$u_1=L_1\dfrac{di_1}{dt}+M\dfrac{di_2}{dt},u_2=M\dfrac{di_1}{dt}+L_2\dfrac{di_2}{dt}$

对图(b)有:$u_1=L_1\dfrac{di_1}{dt}-M\dfrac{di_2}{dt},u_2=-M\dfrac{di_1}{dt}+L_2\dfrac{di_2}{dt}$

对图(c)有:$u_1=L_1\dfrac{di_1}{dt}+M\dfrac{di_2}{dt},u_2=-M\dfrac{di_1}{dt}-L_2\dfrac{di_2}{dt}$

对图(d)有:$u_1=-L_1\dfrac{di_1}{dt}-M\dfrac{di_2}{dt},u_2=-M\dfrac{di_1}{dt}-L_2\dfrac{di_2}{dt}$

【例 9.2】 电路如图 9-8(a)所示,图(b)为电流源波形。已知:$R_1=10\ \Omega,L_1=5\ \text{H}$,$L_2=2\ \text{H},M=1\ \text{H}$,求 $u(t)$ 和 $u_2(t)$。

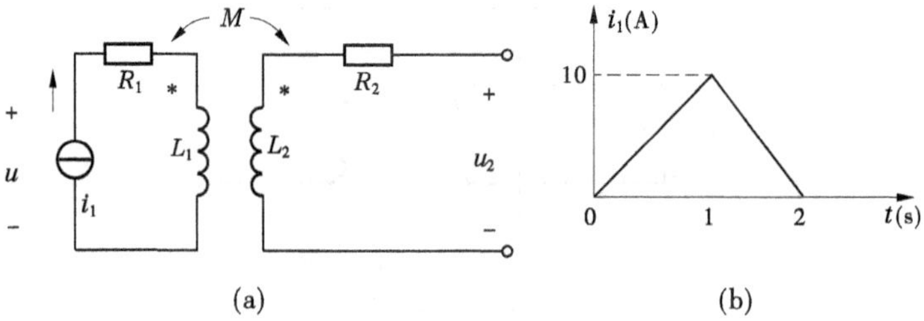

图 9-8 例 9.2 图

解 根据电流源波形,写出其函数表示式为

$$i_1=\begin{cases}10t & 0\leqslant t<1\ \text{s}\\ 20-10t & 1\ \text{s}\leqslant t\leqslant 2\ \text{s}\\ 0 & t>2\ \text{s}\end{cases}$$

该电流在线圈 2 中引起的互感电压为

$$u_2(t)=M\frac{di_1}{dt}=\begin{cases}10\ \text{V} & 0\leqslant t<1\ \text{s}\\ -10\ \text{V} & 1\ \text{s}\leqslant t\leqslant 2\ \text{s}\\ 0 & t>2\ \text{s}\end{cases}$$

对线圈 1 应用 KVL,得电流源电压为

$$u(t) = R_1 i_1 + L\frac{\mathrm{d}i_1}{\mathrm{d}t} = \begin{cases} 100t + 50\ \mathrm{V} & 0 \leqslant t < 1\ \mathrm{s} \\ -100t + 150\ \mathrm{V} & 1\ \mathrm{s} \leqslant t \leqslant 2\ \mathrm{s} \\ 0 & t > 2\ \mathrm{s} \end{cases}$$

9.2 含有耦合电感电路的计算

含有耦合电感(简称互感)电路的正弦稳态分析,可应用前面介绍的相量分析方法,同时应当注意互感线圈上的电压除自感电压外,还应包含互感电压。

9.2.1 耦合电感的串联

9.2.1.1 顺向串联

图 9-9 所示电路为耦合电感的串联电路,由于互感起“增助”作用,称为顺向串联。

按图 9-9 所示电压、电流的参考方向,KVL 方程为

$$u = R_1 i + L_1\frac{\mathrm{d}i}{\mathrm{d}t} + M\frac{\mathrm{d}i}{\mathrm{d}t} + L_2\frac{\mathrm{d}i}{\mathrm{d}t} + M\frac{\mathrm{d}i}{\mathrm{d}t} + R_2 i$$

$$= (R_1 + R_2)i + (L_1 + L_2 + 2M)\frac{\mathrm{d}i}{\mathrm{d}t} = Ri + L\frac{\mathrm{d}i}{\mathrm{d}t}$$

根据上述方程可以给出图 9-10 所示的无互感等效电路。等效电路的参数为

$$R = R_1 + R_2\ ,\ L = L_1 + L_2 + 2M \tag{9-10}$$

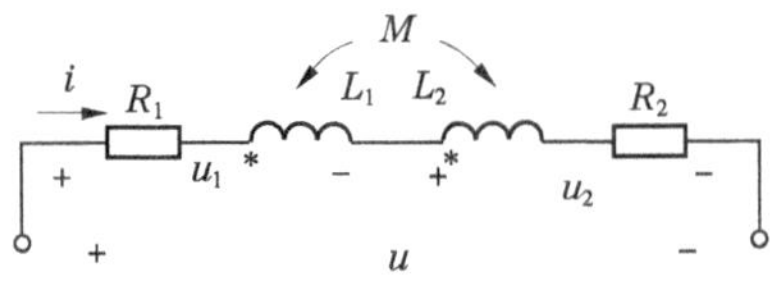

图 9-9　耦合电感顺向串联电路

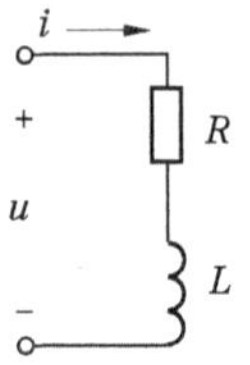

图 9-10　无互感等效电路

9.2.1.2 反向串联

图 9-11 所示的耦合电感的串联电路,由于互感起“削弱”作用,称为反向串联。

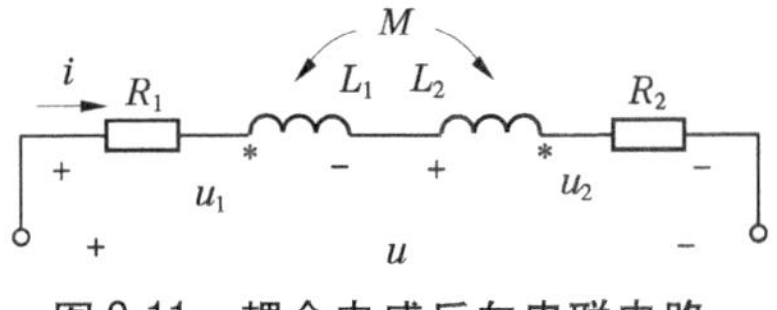

图 9-11　耦合电感反向串联电路

按图 9-11 所示电压、电流的参考方向,其 KVL 方程为

$$u = R_1 i + L_1\frac{\mathrm{d}i}{\mathrm{d}t} - M\frac{\mathrm{d}i}{\mathrm{d}t} + L_2\frac{\mathrm{d}i}{\mathrm{d}t} - M\frac{\mathrm{d}i}{\mathrm{d}t} + R_2 i$$

$$= (R_1 + R_2)i + (L_1 + L_2 - 2M)\frac{\mathrm{d}i}{\mathrm{d}t} = Ri + L\frac{\mathrm{d}i}{\mathrm{d}t}$$

根据上述方程也可以给出相似于图 9-10 所示的无互感(去耦)等效电路。但等效电路的参数为

$$R = R_1 + R_2 \quad , L = L_1 + L_2 - 2M \tag{9-11}$$

在正弦稳态激励下,应用相量法分析图 9-9 和图 9-11 的相量模型如图 9-12 所示。

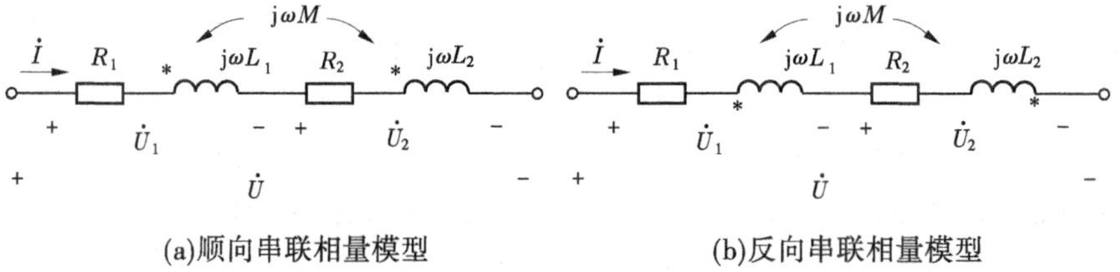

图 9-12　耦合电感的相量模型

图 9-12(a)的 KVL 方程为

$$\dot{U} = \dot{U}_1 + \dot{U}_2 = [R_1 + R_2 + j\omega(L_1 + L_2 + 2M)]\dot{I}$$

输入阻抗为

$$Z = R_1 + R_2 + j\omega(L_1 + L_2 + 2M)$$

可以看出,耦合电感顺向串联时,等效阻抗大于无互感时的阻抗。顺向串联时的相量图如图 9-13 所示。

图 9-12(b)的 KVL 方程为

$$\dot{U} = \dot{U}_1 + \dot{U}_2 = [R_1 + R_2 + j\omega(L_1 + L_2 - 2M)]\dot{I}$$

输入阻抗为

$$Z = R_1 + R_2 + j\omega(L_1 + L_2 - 2M)$$

可以看出,耦合电感反向串联时,等效阻抗小于无互感时的阻抗。反向串联时的相量图如图 9-14 所示。

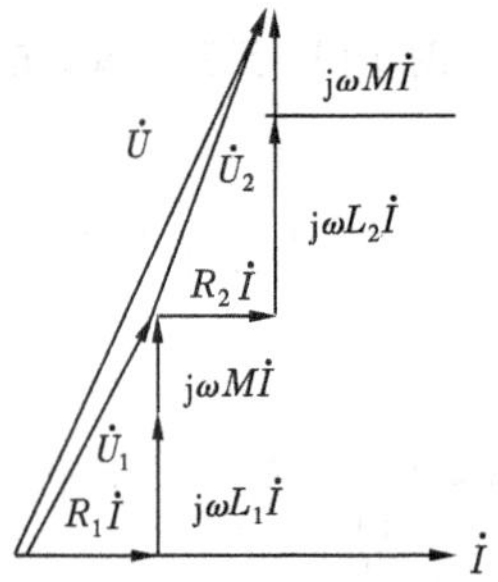

图 9-13　顺向串联时的相量图

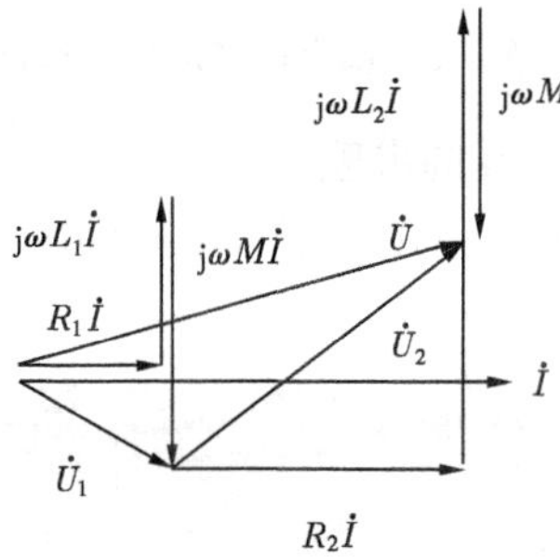

图 9-14　反向串联时的相量图

由上述分析可知:

(1)由互感系数的定义,互感不大于两个自感的算术平均值,整个电路仍呈感性,即满足关系

$$L = L_1 + L_2 - 2M \geqslant 0 \ , M \leqslant \frac{1}{2}(L_1 + L_2)$$

（2）根据上述讨论可以给出测量互感系数的方法：把两线圈顺接一次，反接一次，则互感系数为 $M=\dfrac{L_{顺}-L_{反}}{4}$。

9.2.2 耦合电感的并联

9.2.2.1 同侧并联

图 9-15 为耦合电感的并联电路，由于同名端连接在同一个节点上，称为同侧并联。根据 KVL 得同侧并联电路的方程为

$$u = L_1\frac{\mathrm{d}i_1}{\mathrm{d}t}+M\frac{\mathrm{d}i_2}{\mathrm{d}t}\ ,\ u = L_2\frac{\mathrm{d}i_2}{\mathrm{d}t}+M\frac{\mathrm{d}i_1}{\mathrm{d}t}$$

由 KCL 得 $i=i_1+i_2$，两式联立解得 u、i 的关系为

$$u=\frac{L_1L_2-M^2}{L_1+L_2-2M}\frac{\mathrm{d}i}{\mathrm{d}t}$$

根据上述方程可以给出图 9-16 所示的无互感等效电路，其等效电感为

$$L_{\mathrm{eq}}=\frac{L_1L_2-M^2}{L_1+L_2-2M} \tag{9-12}$$

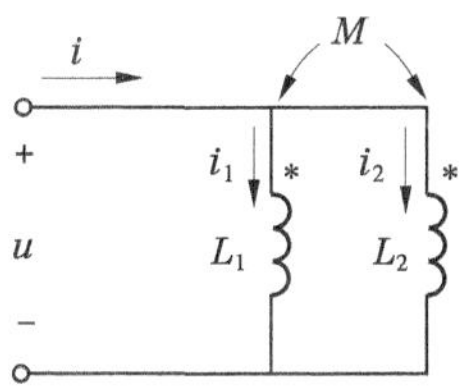

图 9-15 耦合电感同侧并联

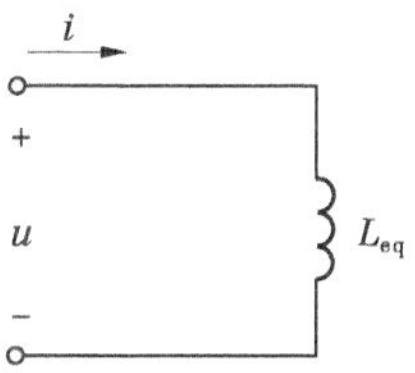

图 9-16 无互感等效电路

9.2.2.2 异侧并联

图 9-17 也为耦合电感的并联电路。但由于耦合电感的异名端连接在同一个节点上，故称为异侧并联。

此时电路的方程为

$$u = L_1\frac{\mathrm{d}i_1}{\mathrm{d}t}-M\frac{\mathrm{d}i_2}{\mathrm{d}t}\ ,\ u = L_2\frac{\mathrm{d}i_2}{\mathrm{d}t}-M\frac{\mathrm{d}i_1}{\mathrm{d}t}$$

由 KCL 得 $i=i_1+i_2$，两式联立解得 u、i 的关系为

$$u=\frac{L_1L_2-M^2}{L_1+L_2+2M}\frac{\mathrm{d}i}{\mathrm{d}t}$$

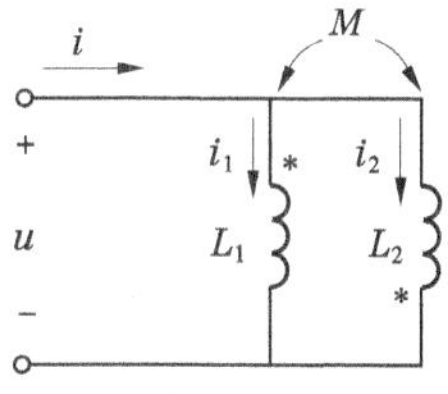

图 9-17 耦合电感异侧并联

根据上述方程也可以给出相似于图 9-16 所示的无互感等效电路，其等效电感为

$$L_{\mathrm{eq}}=\frac{L_1L_2-M^2}{L_1+L_2+2M} \tag{9-13}$$

9.2.3 耦合电感的 T 型去耦等效

如果耦合电感的两条支路各有一端与第三条支路形成一个仅含三条支路的具有共同

节点的连接方式,如图9-18所示,称为耦合电感的T型连接。显然,耦合电感的并联也属于T型连接。

9.2.3.1 同名端为共端的T型去耦等效

图9-18所示的电路为同名端为共端的T型连接。根据所标电压、电流的参考方向得

$$\dot{U}_{13} = j\omega L_1\dot{I}_1 + j\omega M\dot{I}_2 = j\omega(L_1 - M)\dot{I}_1 + j\omega M\dot{I}$$

$$\dot{U}_{23} = j\omega L_2\dot{I}_2 + j\omega M\dot{I}_1 = j\omega(L_2 - M)\dot{I}_2 + j\omega M\dot{I}$$

由上述方程可得图9-19所示的无互感等效电路。

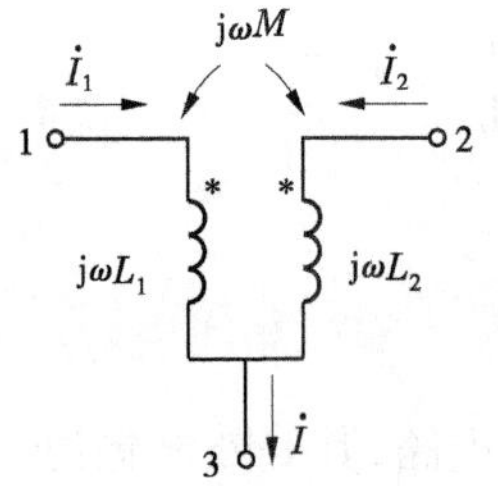

图9-18 共同名端的T型连接

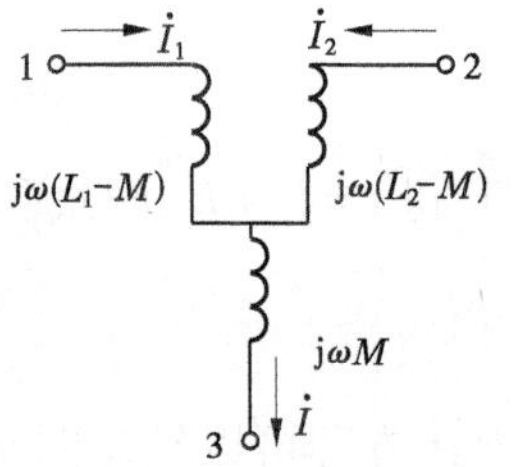

图9-19 无互感等效电路

9.2.3.2 异名端为共端的T型去耦等效

图9-20所示的电路为异名端为共端的T型连接。根据所标电压、电流的参考方向得

$$\dot{U}_{13} = j\omega L_1\dot{I}_1 - j\omega M\dot{I}_2 = j\omega(L_1 + M)\dot{I}_1 - j\omega M\dot{I}$$

$$\dot{U}_{23} = j\omega L_2\dot{I}_2 - j\omega M\dot{I}_1 = j\omega(L_2 + M)\dot{I}_2 - j\omega M\dot{I}$$

由上述方程可得图9-21所示的无互感等效电路。

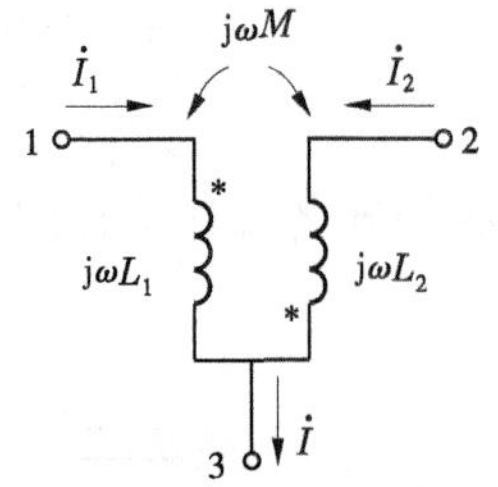

图9-20 共异名端的T型连接

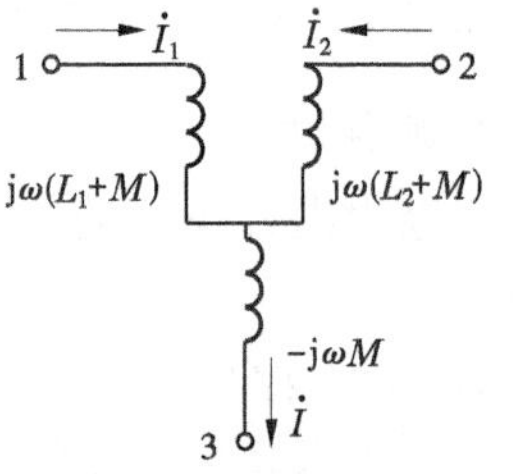

图9-21 无互感等效电路

可见,T型去耦等效电路中3条支路的等效电感分别为:

支路1 $L'_1 = L_1 \mp M$

支路2 $L'_2 = L_2 \mp M$

支路3 $L_3 = \pm M$

以上各式中同侧取"+",异侧取"-"。

【例9.3】 求图9-22(a)、(b)所示电路的等效电感 L_{ab}。

解 图9-22(a)中4 H和6 H电感为T型结构,应用T型去耦等效得图(c)电路。则等效电感为

$$L_{ab} = 2 + 0.5 + 7 + \frac{9 \times (-3)}{9 - 3} = 9.5 - 4.5 = 5(\text{H})$$

图 9-22(b)中 5 H 和 6 H 电感为同侧相接的 T 型结构,2 H 和 3 H 电感为异侧相接的 T 型结构,应用 T 型去耦等效得图(d)电路。则等效电感为

$$L_{ab}=1+3+\frac{3\times(2+4)}{2+4+3}=6(\text{H})$$

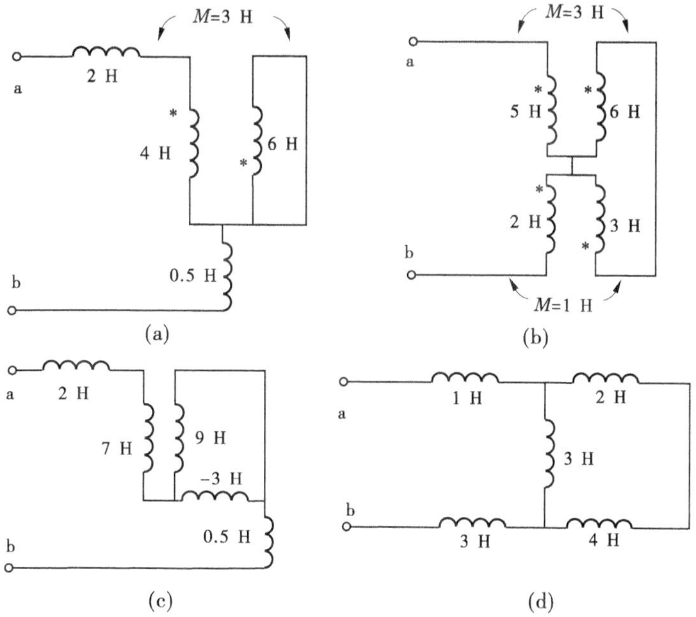

图 9-22　例 9.3 图

【例 9.4】　图 9-23(a)为有耦合电感的电路,试列写电路的网孔电流方程。

解　设网孔电流如图 9-23(b)所示,为顺时针方向,则回路方程为

$$(R_1+\mathrm{j}\omega L_1)\dot{I}_1-\mathrm{j}\omega L_1\dot{I}_3+\mathrm{j}\omega M(\dot{I}_2-\dot{I}_3)=-\dot{U}_\mathrm{S}$$

$$(R_2+\mathrm{j}\omega L_2)\dot{I}_2-\mathrm{j}\omega L_2\dot{I}_3+\mathrm{j}\omega M(\dot{I}_1-\dot{I}_3)=k\dot{I}_1$$

$$(\mathrm{j}\omega L_1+\mathrm{j}\omega L_2-\mathrm{j}\frac{1}{\omega C})\dot{I}_3-\mathrm{j}\omega L_1\dot{I}_1-\mathrm{j}\omega L_2\dot{I}_2+\mathrm{j}\omega M(\dot{I}_3-\dot{I}_1)+\mathrm{j}\omega M(\dot{I}_3-\dot{I}_2)=0$$

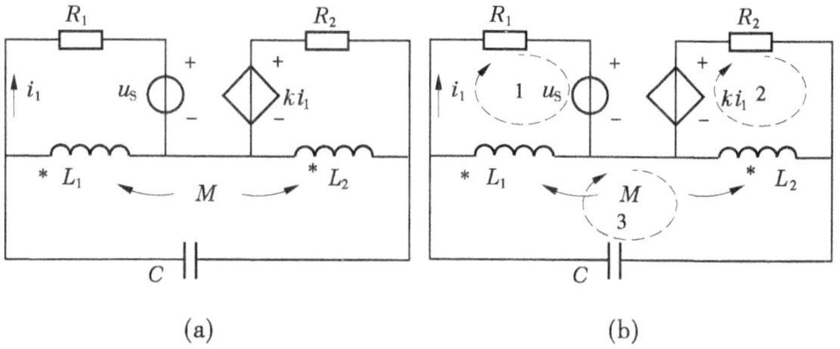

图 9-23　例 9.4 图

联立求解可得出网孔电流。在列写有互感电路的回路电流方程时,注意互感电压的极性和不要遗漏互感电压。

【例 9.5】 求图 9-24(a)所示电路的开路电压。

解法 1:列方程求解。由于线圈 2 中无电流,线圈 1 和线圈 3 为反向串联,所以电流

$$\dot{I}_1 = \frac{\dot{U}_S}{R_1 + j\omega(L_1 + L_3 - 2M_{31})}$$

则开路电压可由 KVL 求得。

解法 2:作出去耦等效电路,消去耦合的过程如图 9-24(b)、(c)、(d)所示(一对一对地消耦)。

由图(d)的无互感电路得开路电压

$$\dot{U}_{oc} = \frac{j\omega(L_3 + M_{12} - M_{23} - M_{31})\dot{U}_S}{R_1 + j\omega(L_1 + L_3 - 2M_{31})}$$

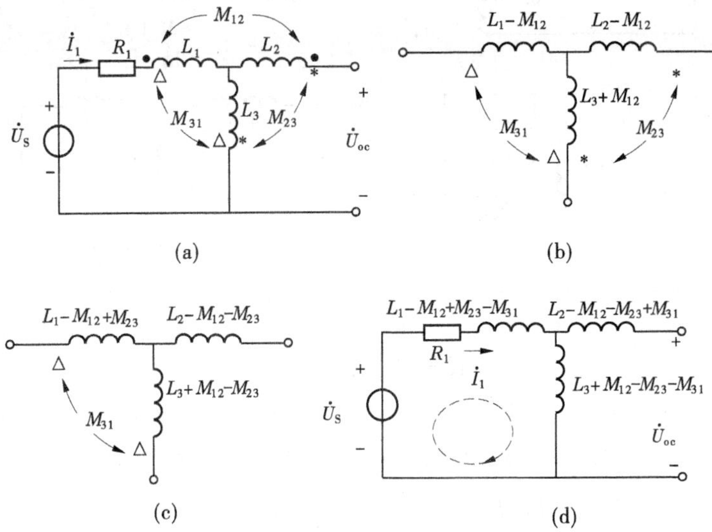

图 9-24 例 9.5 图

9.3 空心变压器

变压器是电力系统和电子技术中常用的电气设备,由两个具有互感的线圈绕在一个共同的芯子上制成。其中,一个线圈接向电源,构成输入回路,称为原边回路(初级线圈);另一线圈接向负载,构成输出回路,称为副边回路(次级线圈)。变压器是通过互感来实现从一个电路向另一个电路传输能量或信号的器件。当变压器线圈的芯子为非铁磁材料时,称空心变压器。

空心变压器电路分析有方程分析法、等效电路分析法和去耦等效分析法。

9.3.1 方程分析法

如图 9-25 所示,为空心变压器的电路模型,在正弦稳态情况下,该电路的回路方程可由 KVL 得到

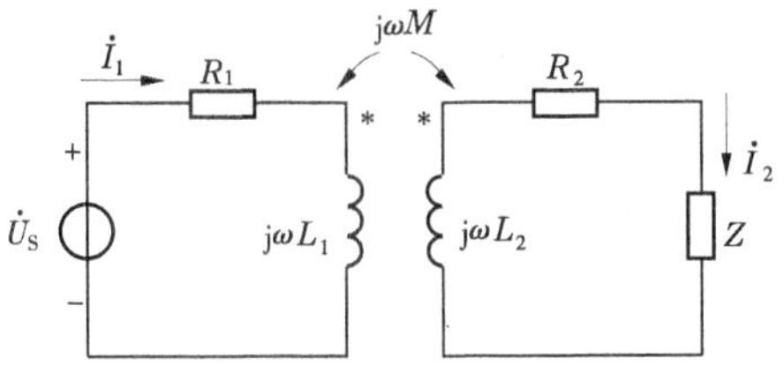

图 9-25　空心变压器的电路模型

$$(R_1 + \mathrm{j}\omega L_1)\dot{I}_1 - \mathrm{j}\omega M\dot{I}_2 = \dot{U}_S$$

$$-\mathrm{j}\omega M\dot{I}_1 + (R_2 + \mathrm{j}\omega L_2 + Z)\dot{I}_2 = 0$$

令 $Z_{11} = R_1 + \mathrm{j}\omega L_1$,称为原边回路阻抗,$Z_{22} = R_2 + \mathrm{j}\omega L_2 + Z$,称为副边回路阻抗。则上述方程简写为

$$Z_{11}\dot{I}_1 - \mathrm{j}\omega M\dot{I}_2 = \dot{U}_S$$

$$-\mathrm{j}\omega M\dot{I}_1 + Z_{22}\dot{I}_2 = 0$$

联立求解方程组可求得原边和副边电流为

$$\dot{I}_1 = \frac{\dot{U}_S}{Z_{11} + \dfrac{(\omega M)^2}{Z_{22}}} \tag{9-14}$$

$$\dot{I}_2 = \frac{\mathrm{j}\omega M\dot{U}_S}{\left[Z_{11} + \dfrac{(\omega M)^2}{Z_{22}}\right]Z_{22}} = \frac{\mathrm{j}\omega M\dot{U}_S}{Z_{11}} \cdot \frac{1}{Z_{22} + \dfrac{(\omega M)^2}{Z_{11}}} \tag{9-15}$$

9.3.2　等效电路分析法

等效电路分析法实质上是在方程分析法的基础上找出求解的某些规律,归纳总结成公式,得出等效电路,再加以求解的方法。

首先讨论图 9-25 所示电路的原边等效电路。令上述原边电流的分母为

$$Z_{in} = Z_{11} + \frac{(\omega M)^2}{Z_{22}} = Z_{11} + Z_{1f}$$

则原边电流为　　$\dot{I}_1 = \dfrac{\dot{U}_S}{Z_{in}} = \dfrac{\dot{U}_S}{Z_{11} + Z_{1f}}$

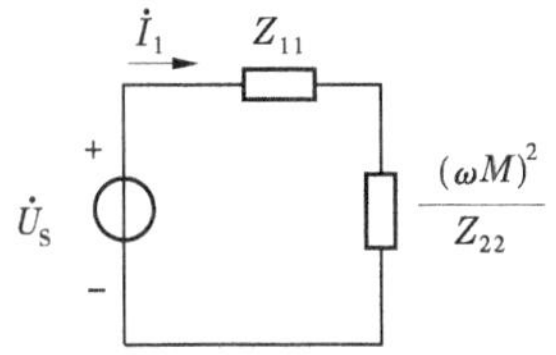

图 9-26　等效电路模型

根据上式可以画出原边等效电路如图 9-26 所示。上式中的 Z_{1f}称为引入阻抗(或反映阻抗),是副边回路阻抗通过互感反映到原边的等效阻抗,它体现了副边回路的存在对原边回路电流的影响。从物理意义上讲,虽然原、副边没有电的联系,但由于互感作用使闭合的副边产生电流,反过来这个电流又影响原边电流电压。

把引入阻抗 Z_{1f}展开得

$$Z_{1f} = \frac{(\omega M)^2}{Z_{22}} = \frac{\omega^2 M^2}{R_{22} + \mathrm{j}X_{22}} = \frac{\omega^2 M^2 R_{22}}{R_{22}^2 + X_{22}^2} - \mathrm{j}\frac{\omega^2 M^2 X_{22}}{R_{22}^2 + X_{22}^2} = R_{1f} + \mathrm{j}X_{1f}$$

上式表明:

(1)引入电阻 $R_{1f}=\dfrac{\omega^2M^2R_{22}}{R_{22}^2+X_{22}^2}$不仅与副边回路的电阻有关,而且与副边回路的电抗及互感有关。

(2)引入电抗 $X_{1f}=-\dfrac{\omega^2M^2X_{22}}{R_{22}^2+X_{22}^2}$的负号反映了引入电抗与副边回路电抗的性质相反。

可以证明引入电阻消耗的功率等于副边回路吸收的功率。根据副边回路方程得

$$\mathrm{j}\omega M\dot{I}_1 = Z_{22}\dot{I}_2$$

方程两边取模值的平方为

$$(\omega M)^2\dot{I}_1^2 = (R_{22}^2+X_{22}^2)\dot{I}_2^2$$

从中得

$$P_f = \frac{(\omega M)^2R_{22}}{R_{22}^2+X_{22}^2}\dot{I}_1^2 = R_{22}\dot{I}_2^2 = P_2$$

应用同样的方法分析可得出副边电流表达式。在式(9-15)中,令

$$\dot{U}_{oc} = \frac{\mathrm{j}\omega M\dot{U}_S}{Z_{11}} = \mathrm{j}\omega M\dot{I}_1,\ Z_{eq} = Z_{22}+\frac{(\omega M)^2}{Z_{11}} = Z_{22}+Z_{2f}$$

则副边回路电流表达式为

$$\dot{I}_2 = \frac{\dot{U}_{oc}}{Z_{22}+Z_{2f}} = \frac{\dot{U}_{oc}}{Z_{22}+\dfrac{(\omega M)^2}{Z_{11}}}$$

根据上式可以画出副边等效电路如图 9-27 所示。上式中的 Z_{2f}称为原边回路对副边回路的引入阻抗,它与 Z_{1f}有相同的性质。应用戴维南定理也可以求得空心变压器副边的等效电路。

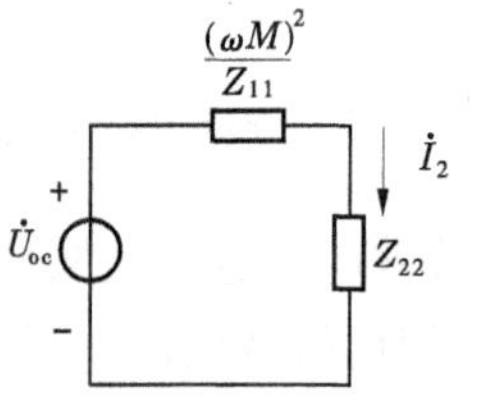

图 9-27　等效电路模型

9.3.3　去耦等效分析法

对空心变压器电路进行 T 型去耦等效,变为无互感的电路,再进行分析(读者可自行分析)。

【例 9.6】　如图 9-28(a)所示电路为空心变压器电路,已知电源电压 $U_S=20$ V,$\omega=1$,原边引入阻抗 $Z_{1f}=10-\mathrm{j}10\ \Omega$,求负载阻抗 Z_X 和负载获得的有功功率。

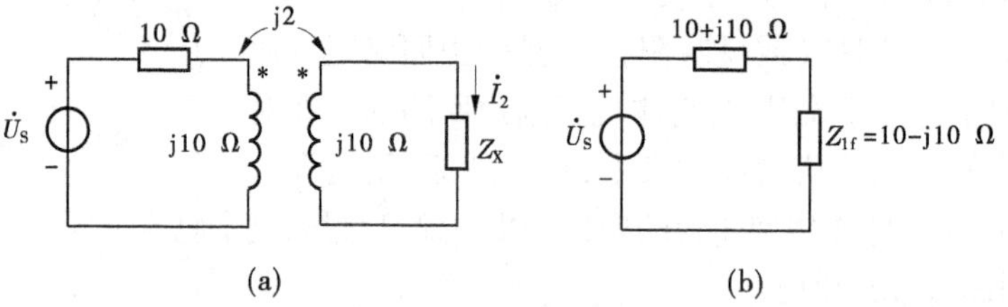

图 9-28　例 9.6 图

解　图 9-28(a)的原边等效电路如图 9-28(b)所示,引入阻抗为

$$Z_{1f}=\frac{\omega^2M^2}{Z_{22}}=\frac{4}{Z_X+j10}=10-j10\ \Omega$$

从中解得 $$Z_X=\frac{4}{10-j10}-j10=\frac{4\times(10+j10)}{200}-j10=0.2-j9.8(\Omega)$$

此时,负载获得的功率等于引入电阻消耗的功率,因此

$$P=P_f=\frac{20}{10+10}R_{22}=10\ \text{W}$$

电路实际处于最佳匹配状态,即 $Z_{1f}=Z_{11}^*$,$P=\dfrac{U_S^2}{4R}=10\ \text{W}$。

【例9.7】 已知图9-29(a)所示电路,空心变压器电路参数为:$L_1=3.6\ \text{H}$,$L_2=0.06\ \text{H}$,$M=0.465\ \text{H}$,$R_1=20\ \Omega$,$R_2=0.09\ \Omega$,$R_L=42\ \Omega$,$\omega=314\ \text{rad/s}$,$\dot{U}_S=115\angle0°\ \text{V}$,求原、副边电流 $\dot{I}_1$、$\dot{I}_2$。

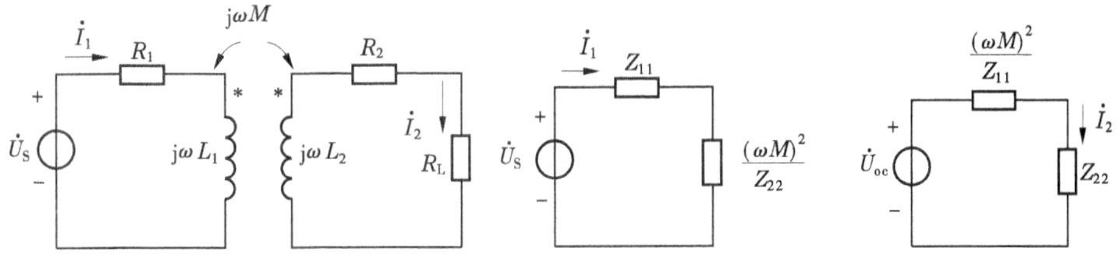

图9-29 例9.7图

解法1:应用图9-29(b)所示的原边等效电路,得

$$Z_{11}=R_1+j\omega L_1=20+j1\,130.4\ \Omega$$

$$Z_{22}=R_2+R_L+j\omega L_2=42.09+j18.84\ \Omega$$

$$Z_1=\frac{X_M^2}{Z_{22}}=\frac{146^2}{46.11\angle24.1°}=462.3\angle-24.1°=422-j188.8(\Omega)$$

所以

$$\dot{I}_1=\frac{\dot{U}_S}{Z_{11}+Z_1}=\frac{115\angle0°}{20+j1\,130.4+422-j188.8}=0.111\angle-64.9°(\text{A})$$

$$\dot{I}_2=\frac{j\omega M\dot{I}_1}{Z_{22}}=\frac{j146\times0.111\angle-64.9°}{42.09+j18.84}=\frac{16.2\angle25.1°}{46.11\angle24.1°}=0.351\angle1°(\text{A})$$

解法2:应用图9-29(c)所示的副边等效电路,得

$$\dot{U}_{oc}=j\omega M\dot{I}_1=j\omega M\cdot\frac{\dot{U}_S}{R_1+j\omega L_1}=j146\times\frac{115\angle0°}{20+j1\,130.4}=14.85\angle0°(\text{V})$$

$$\frac{(\omega M)^2}{Z_{11}}=\frac{146^2}{20+j1\,130.4}=\frac{21\,316}{1\,130.6\angle90°}=-j18.85(\Omega)$$

所以

$$\dot{I}_2=\frac{\dot{U}_{oc}}{-j18.85+42.08+j18.85}=\frac{14.85\angle0°}{42.08}=0.353\angle0°(\text{A})$$

9.4 理想变压器

理想变压器是实际变压器的理想化模型，是对互感元件的科学抽象，是极限情况下的耦合电感。其电路模型如图9-30所示。设 N_1 和 N_2 分别为变压器原、副边线圈匝数，n 为匝数比即变比，则原、副边电压和电流满足下列关系

$$\frac{u_1}{u_2} = n \text{ , } \frac{i_1}{i_2} = -\frac{1}{n} \quad (n = N_1/N_2)$$

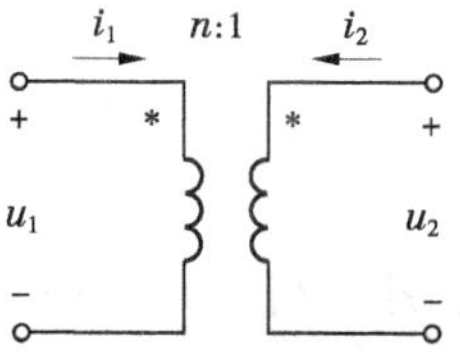

图9-30 理想变压器电路模型

9.4.1 理想变压器的三个理想化条件

前述空心变压器如果满足下列三个条件就演变为理想变压器：

条件一：空心变压器本身无损耗，即认为绕制线圈的导线无电阻，做芯子的铁磁材料的磁导率无限大。

条件二：全耦合，即耦合系数 $k = \dfrac{M}{\sqrt{L_1 L_2}} = 1$。

条件三：参数无限大，即自感系数和互感系数 L_1、L_2、M 为无穷大，但是 $\sqrt{L_1/L_2}$ 为常数且等于变比，即 $\sqrt{L_1/L_2} = N_1/N_2 = n$。

以上三个条件在工程实际中不可能满足，但在一些实际工程概算中，在误差允许的范围内，把实际变压器当理想变压器对待，可使计算过程简化。

9.4.2 理想变压器的主要性能

9.4.2.1 变压关系

空心变压器如无损耗，则对图9-25中的电流取同名端流入时，其回路方程写为

$$(R_1 + \mathrm{j}\omega L_1)\dot{I}_1 + \mathrm{j}\omega M\dot{I}_2 = \dot{U}_S$$

$$\mathrm{j}\omega M\dot{I}_1 + (R_2 + \mathrm{j}\omega L_2 + Z)\dot{I}_2 = 0$$

令 $R_1 = R_2 = 0$，此时有

$$L_1 \frac{\mathrm{d}i_1}{\mathrm{d}t} + M\frac{\mathrm{d}i_2}{\mathrm{d}t} = u_1 \text{ , } M\frac{\mathrm{d}i_1}{\mathrm{d}t} + L_2\frac{\mathrm{d}i_2}{\mathrm{d}t} = u_2$$

由于 $k = \dfrac{M}{\sqrt{L_1 L_2}} = 1$，代入上列方程中可得

$$L_1 \frac{\mathrm{d}i_1}{\mathrm{d}t} + \sqrt{L_1 L_2}\frac{\mathrm{d}i_2}{\mathrm{d}t} = u_1 \text{ , } \sqrt{L_1 L_2}\frac{\mathrm{d}i_1}{\mathrm{d}t} + L_2\frac{\mathrm{d}i_2}{\mathrm{d}t} = u_2$$

两式相比得 $\dfrac{u_1}{u_2} = \sqrt{\dfrac{L_1}{L_2}}$ 或者 $\dfrac{u_1}{u_2} = n$。所以，理想变压器的电压之比等于其匝数之比。

9.4.2.2 变流关系

由电压、电流的关系式

$$u_1 = L_1 \frac{di_1}{dt} + M \frac{di_2}{dt}$$

积分可得电流

$$i_1(t) = \frac{1}{L_1}\int_0^2 u_1(\xi)d\xi - \frac{M}{L_1}i_2(t)$$

代入理想化条件：$k = \frac{M}{\sqrt{L_1L_2}} = 1$，变形为$\frac{M}{L_1} = \sqrt{\frac{L_2}{L_1}} = \frac{1}{n}$，且 $L_1 \to \infty$，得理想变压器的电流关系为

$$i_1(t) = -\frac{1}{n}i_2(t)$$

此式说明，理想变压器的电流之比等于其匝数之比的倒数，且符号相反。同时也说明，理想变压器副边开路无电流时，原边也没有电流。这有别于空心变压器的励磁电流。

9.4.2.3 变阻抗关系

设理想变压器次级接阻抗 Z，如图 9-31(a)所示。由理想变压器的变压、变流关系得初级端口的输入阻抗为

$$Z_{in} = \frac{\dot{U}_1}{\dot{I}_1} = \frac{n\dot{U}_2}{-1/n\dot{I}_2} = n^2\left(-\frac{\dot{U}_2}{\dot{I}_2}\right) = n^2 Z$$

由此得理想变压器的初级等效电路如图 9-31(b)所示，把 Z_{in}称为次级对初级的折合等效阻抗。理想变压器的阻抗变换性质只改变阻抗的大小，不改变阻抗的性质。

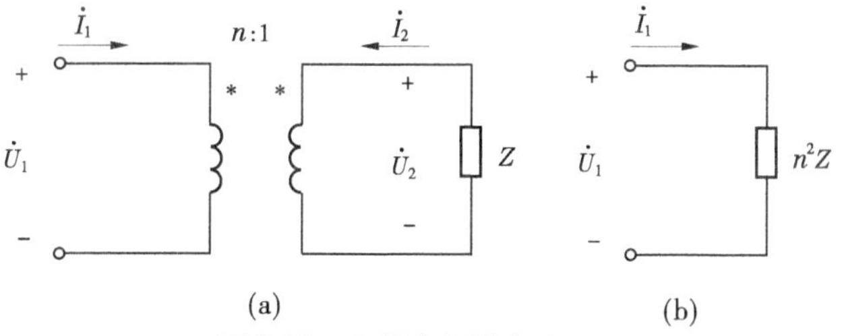

图 9-31　理想变压器之变阻

9.4.2.4 功率性质

由理想变压器的变压、变流关系得初级端口与次级端口吸收的功率和为

$$p = u_1i_1 + u_2i_2 = u_1i_1 + \frac{1}{n}u_1 \times (-ni_1) = 0$$

以上所述表明：

(1)理想变压器既不储能，也不耗能，在电路中只起传递信号和能量的作用。

(2)理想变压器的特征方程为代数关系，因此它是无记忆的多端元件。

【例 9.8】　已知图 9-32(a)电路的电源内阻 $R_S = 1\ k\Omega$，负载电阻 $R_L = 10\ \Omega$。为使 R_L 上获得最大功率，求理想变压器的变比 n。

解　把副边阻抗折射到原边，得原边等效电路如图 9-32(b)所示，因此当 $n^2R_L = R_S$ 时电路处于匹配状态，由此得

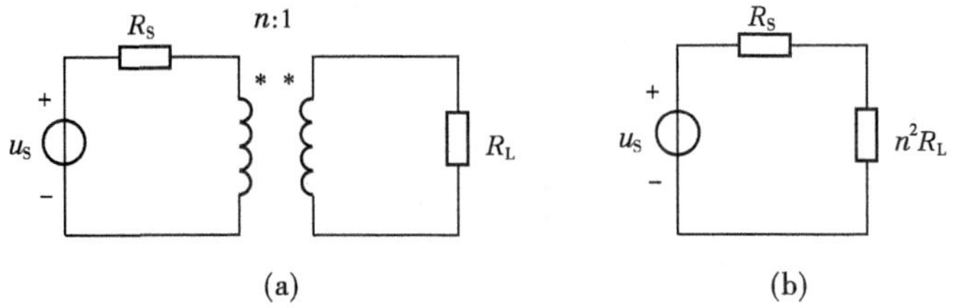

图 9-32　例 9.8 图

$$10n^2 = 1\ 000$$

即 $n^2 = 100$，有 $n = 10$。

【项目任务】

（一）实验名称

耦合电感的研究

（二）实验目的

1. 学会测定耦合电感线圈的同名端与互感系数。

2. 了解次级回路负载对初级回路负载的影响。

（三）实验原理

用直流断通法判定同名端：电路如图 9-33 所示，在开关接通的瞬间，若电流表指针正向偏转，则电源的正极与电流表的正极为同名端。互感电势法测定互感系数：电路如图 9-34 所示，当电压表内阻足够大时，测出的电压值即为互感电压 U_2。由公式 $U_2 = \omega MI_1$，得互感系数为 $M = \dfrac{U_2}{\omega I_1}$。耦合电感中，副边对原边的影响是通过 $\dot{I}_2$ 对原边的感应作用而引入的，若副边开路，负载阻抗 $|Z|$ 趋于无穷大，副边对原边的影响就不存在了。副边短路可通过计算原边的等效阻抗分析副边对原边的影响。

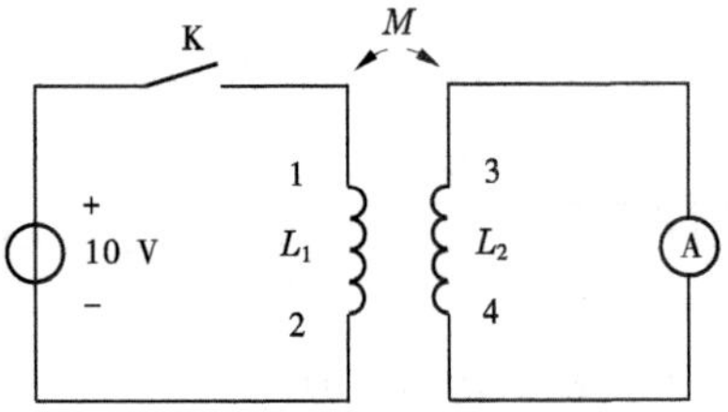

图 9-33

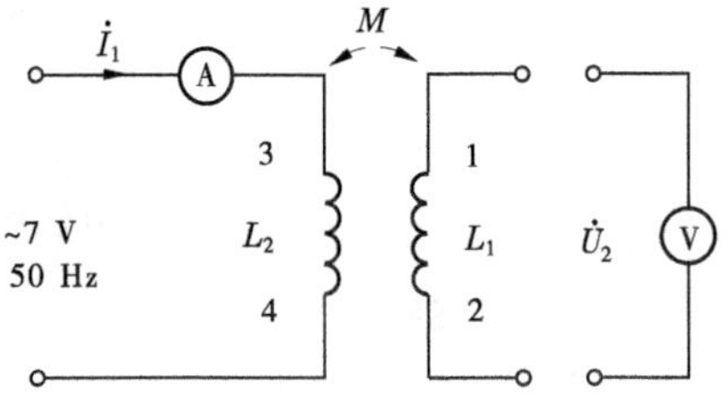

图 9-34

（四）实验要求

1. 熟悉实验中所用到的相关定理、定律和有关概念，领会其基本要点。

2. 掌握实验中所用到的实验仪器的使用方法及注意事项。

3. 根据实验电路计算所要求测试的理论数据，填入指定的表中。

4. 写出完整的实验预案。

（五）实验仪器

实验仪器见表 9-1。

表 9-1

名称	数量
DF1731SL2A 型直流稳压电源	一台
SG1645 功率函数信号发生器	一台
C65 型直流电流表	一块
L7/4 型交流毫安表	一块
VC97 型数字万用表	一块
SS－7902A 双踪示波器	一台
D34 功率表	一块
自感互感箱	一个

（六）实验步骤

1. 直流断通法判定同名端。

电路如图 9-33 所示，在互感箱 1—2 端接直流电压源，3—4 端接指针式直流电流表。在开关闭合的瞬间，若电流表正向偏转，则电源的正极与电流表的正极为同名端。如电流表指针反向偏转，则电源的正极与电流表的正极为异名端。

2. 互感电势法测定互感系数 M。

电路如图 9-34 所示，实验台的互感箱里是两个相互耦合的线圈，当在 3—4 端加正弦电压，在 1—2 端即可产生互感电压 $\dot{U}_{20}=\mathrm{j}\omega \dot{M}I_1$，当电压表内阻足够大时，可认为测出的电压值即为互感电压 U_2，由计算可得互感系数 $M=\dfrac{U_2}{\omega I_1}$。实验中所用交流 7 V 电压由信号源产生，其频率保持 50 Hz。

3. 等效电感法测互感系数 M。

电路如图 9-35 所示。在耦合电感分别为正反串接时，测量 P(W)、U_{AB}(V)、I(mA)，填入表 9-2 中。查看功率表和电流表的量程，记录与之对应的内阻。计算相应的值（其中 $R=\dfrac{P}{I^2}-R_W-R_{mA}$）。

表 9-2

串接方式	测量			记录		计算		
	P(W)	U_{AB}(V)	I(mA)	R_W	R_{mA}	P(W)	U_{AB}(V)	I(mA)
正串								
反串								

4. 观察次级回路负载对初级回路的影响。

连接互感实验线路如图 9-36 所示，分别在下列两种情况下用示波器观察初级电压和电流的波形:①次级回路短路;②次级回路开路。

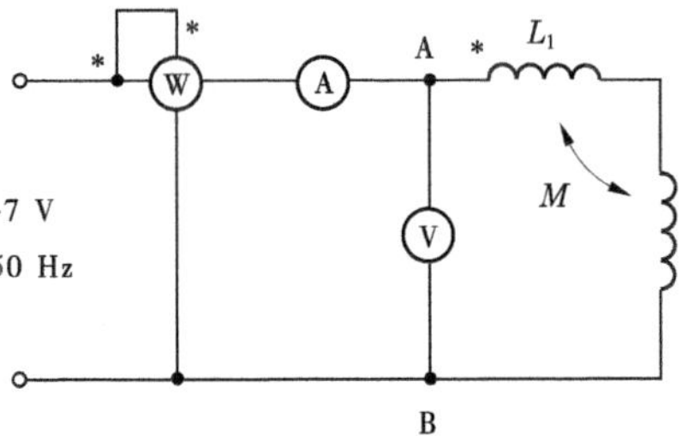

图 9-35

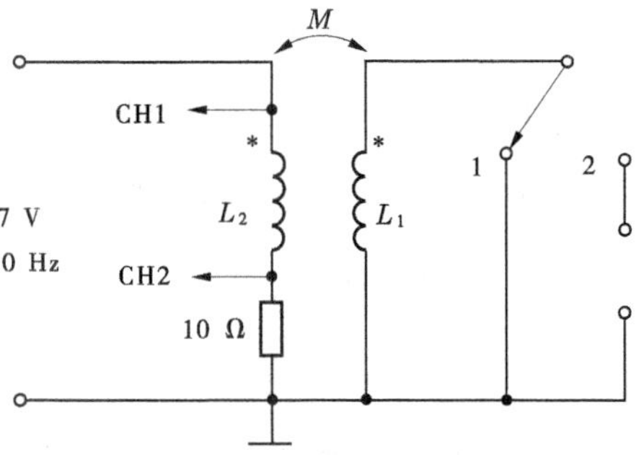

图 9-36

为了用示波器观测电流波形,在初级回路中串连一个电阻箱,阻值调为 10 Ω。用示波器同时观测双路波形时,应注意两路信号的共地问题。

适当地调节示波器的 TIME/DIV 旋钮以及两个通道的 VOLTS/DIV 旋钮,将在①和②两种情况下观察到的波形画出并比较,分析次级负载对初级回路的影响。

(七)实验报告要求

1. 实验报告要整齐、全面,包含全部实验内容。

2. 对实验中出现的一些问题进行讨论。

3. 鼓励同学开动脑筋,自行设计合理的实验电路。

4. 要求给出理论计算值,并与实测值比较,分析误差原因。

【课后练习】

9.1 互感系数 M 的大小与哪些因素有关?

9.2 为了使收音机中的电源变压器与输出变压器彼此不发生互感现象,即 $k=0$,应该采取什么措施?

9.3 两耦合线圈 $L_1=0.01$ H、$L_2=0.04$ H、$M=0.01$ H,试求其耦合系数 k。

9.4 试确定图 9-37 所示耦合线圈的同名端。

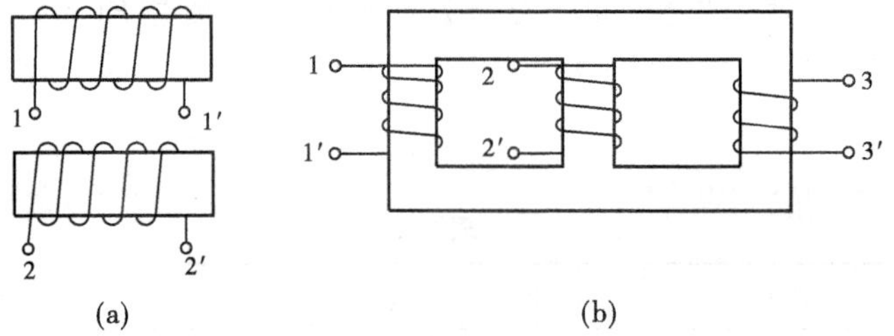

图 9-37

9.5 对两个互感线圈同名端进行测试,其中一个线圈加上低压交流 U。串联两个互感线圈测量其总电压,当电压表读数 $U_1>U_2$,试问相连的两个端钮是否为同名端?

9.6 已知耦合电感的 $L_1=6$ H,$L_2=4$ H,$M=3$ H。试求耦合电感串联和并联的等效电感以及耦合因数。

9.7　已知具有互感耦合的线圈如图 9-38 所示。(1)标出它们的同名端;(2)试判断开关闭合时或开关断开瞬间,毫伏表的偏转方向。

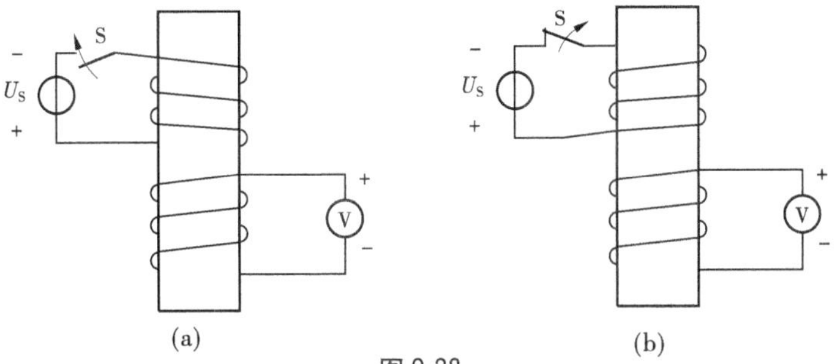

图 9-38

9.8　如图 9-39 所示一互感线圈,互感 $M=0.01$ H,$i=10\sin(314t-30°)$ A,试求电压 u_{34}。

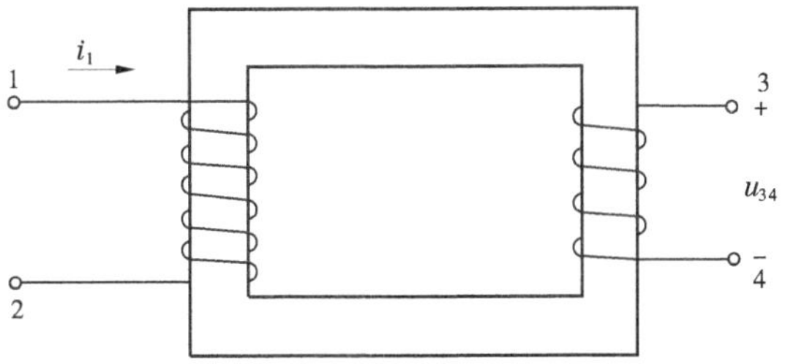

图 9-39

9.9　如图 9-40 所示电路,已知 $R_1=1\ \Omega$,$L_1=L_2=1$ H,耦合系数 $k=0.5$,$U_S=10\sin 314t$ V。试求:(1) u_{12}、u_{34};(2)若 $R_1=0\ \Omega$ 时,u_{34} 的值。

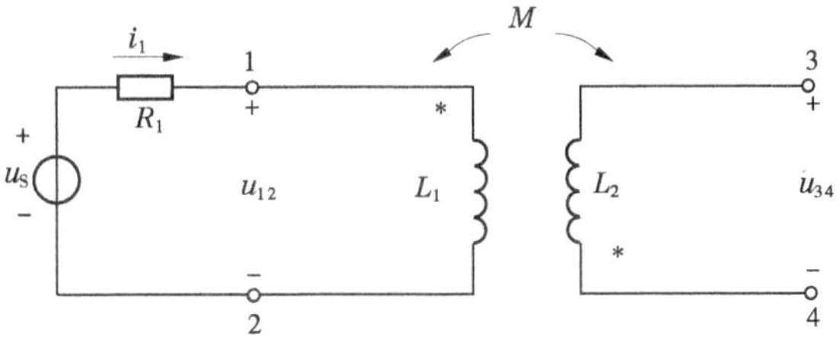

图 9-40

9.10　两线圈串联电路如图 9-41 所示。已知 $R_1=R_2=100\ \Omega$,$L_1=3$ H,$L_2=10$ H,$M=5$ H,电源电压 $\dot{U}_S=220\angle 0°$ V,$\omega=100$ rad/s。试求:(1)电路的电流 I;(2)电路的功率。

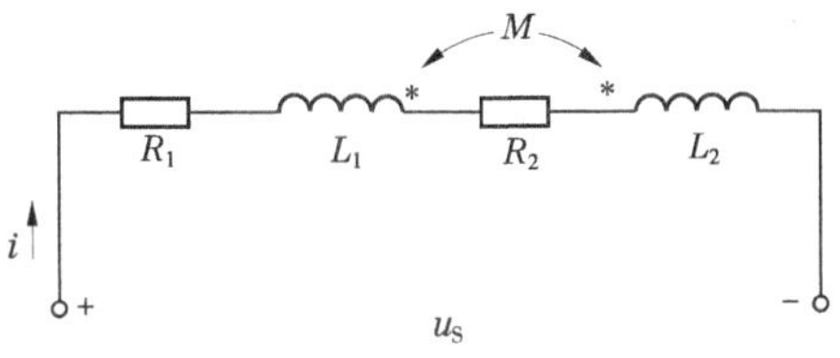

图 9-41

9.11 电路如图 9-42 所示。已知 $R_1=R_2=225\ \Omega, L_1=6\ \text{H}, L_2=10\ \text{H}, M=5\ \text{H}, C=5$ μF，电源电压 $\dot{U}_S=220\angle 0°\ \text{V}, \omega=100\ \text{rad/s}$. 试求：(1) 电路的电流 I；(2) 电路的功率。

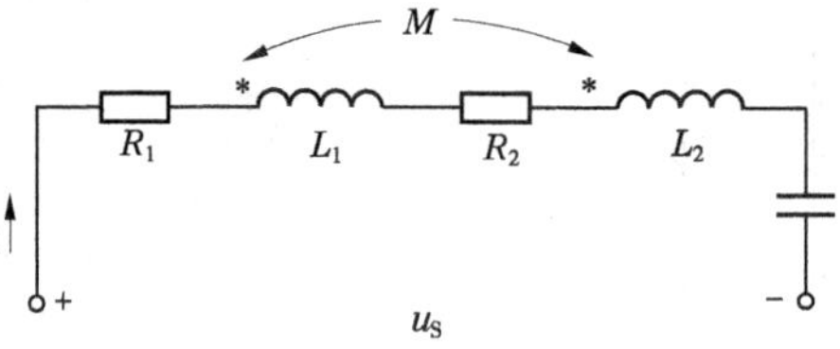

图 9-42

9.12 将两个线圈串联起来接到工频 220 V 的正弦电源上。顺串时电流 $I=2.7$ A，吸收的功率为 21.9 W；反串时电流 $I=7$ A。求互感 M。

第 10 章　一阶电路

【教学目标】

1. 要求学会用线性电路的分析方法和定理分析动态电路中的暂态过程；

2. 要求熟练应用基尔霍夫定律和电感、电容的元件特性建立动态电路方程；

3. 理解电路初始条件的概念和确定方法。

【学习目标】

1. 熟悉动态电路方程的建立和动态电路初始值的确定方法；

2. 理解一阶电路时间常数的概念；

3. 掌握一阶电路的零输入响应和零状态响应；

4. 掌握求解一阶电路的三要素方法。

【基本知识准备】

10.1　动态电路的方程及其初始条件

10.1.1　动态电路

在第 1 章中我们已经知道电容元件和电感元件是动态元件也是储能元件，这两种元件的电压和电流的约束关系是通过导数或积分表达的，因而当电路中含有电容和电感时，根据 KVL 和 KCL 以及元件的 VCR 建立的电路方程是以电流和电压为变量的微分方程或微分－积分方程。显然，这不同于前几章描述电阻电路时所建立的代数方程。

我们把含有动态元件电容和电感的电路称动态电路。对于含有一个电容和一个电阻，或一个电感和一个电阻的电路，当电路的无源元件都是线性和时不变时，电路方程将是一阶线性常微分方程，相应的电路称为一阶电阻电容电路简称为 *RC* 电路或一阶电阻电感电路简称为 *RL* 电路。如果电路仅含一个动态元件，则可以把该动态元件以外的电阻电路用戴维南定理或诺顿定理置换为 *RC* 电路或 *RL* 电路。这种电路称为一阶动态电路。

由于动态元件是储能元件，其 VCR 是对时间变量 t 的微分和积分关系，因此动态电路的特点是：当电路状态（电路的结构或元件的参数）发生改变时，如电路中的电源或无源元件的断开或接入、信号的突然注入等，可能使电路改变原来的工作状态，转变为另一个工作状态（称为换路）。这种转变需要经历一个变化过程，在工程上称为电路的过渡过程。

下面看一下电阻电路、电容电路和电感电路在换路时的表现。

10.1.1.1　电阻电路的换路

图 10-1(a)所示的电阻电路在 $t=0$ 时合上开关，电路中的参数发生了变化（被短接一

个电阻)。电流 i 随时间 t 的变化情况如图 10-1(b)所示,显然电流从 $t<0$ 时的稳定状态直接进入 $t>0$ 后的稳定状态。这说明纯电阻电路在换路时没有过渡期。

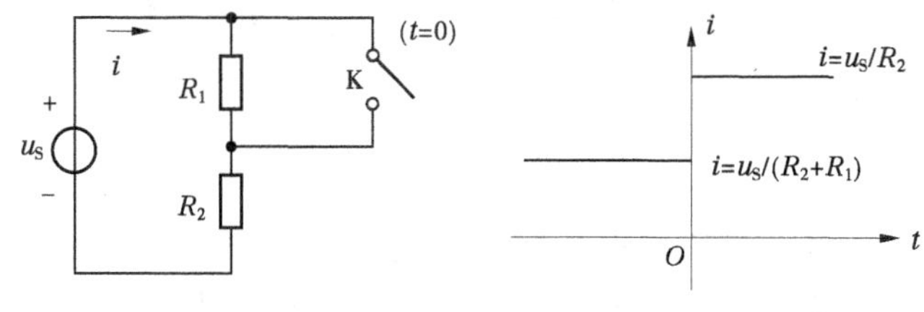

(a) (b)

图 10-1 电阻电路的换路

10.1.1.2 **电容电路的换路**

图 10-2(a)所示的电容和电阻组成的电路在开关未动作前,电路处于稳定状态,电流 i 和电容电压满足:$i=0,u_C=0$。

$t=0$ 时合上开关,电容充电(见图 10-2(b)),接通电源后很长时间,电容充电完毕,电路达到新的稳定状态,电流 i 和电容电压满足:$i=0,u_C=u_S$。

电流 i 和电容电压 u_C 随时间 t 的变化情况如图 10-2(c)所示,显然从 $t<0$ 时的稳定状态不是直接进入 $t>0$ 后新的稳定状态。这说明含电容的电路在换路时需要有一个过渡期。

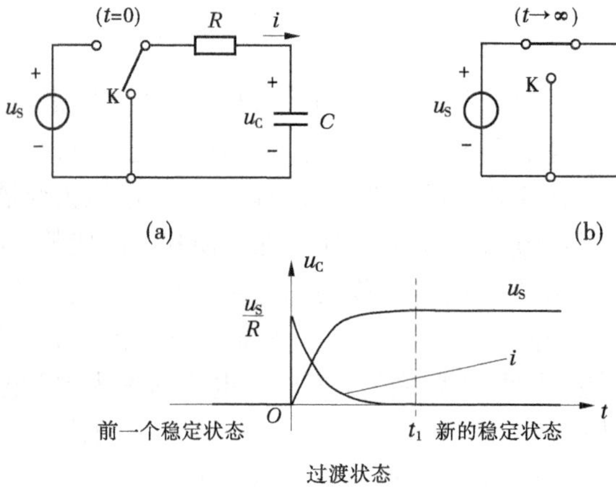

(a) (b)

(c)

图 10-2 电容电路的换路

10.1.1.3 **电感电路的换路**

图 10-3(a)所示的电感和电阻组成的电路在开关未动作前,电路处于稳定状态,电流 i 和电感电压满足:$i=0,u_L=0$。

$t=0$ 时合上开关(见图 10-3(b)),接通电源很长时间后,电路达到新的稳定状态,电流 i 和电感电压满足:$u_L=0,i=\dfrac{u_S}{R}$。

电流 i 和电感电压 u_L 随时间 t 的变化情况如图 10-3(c)所示,显然从 $t<0$ 时的稳定

状态不是直接进入 $t>0$ 后新的稳定状态。这说明含电感的电路在换路时需要有一个过渡期。

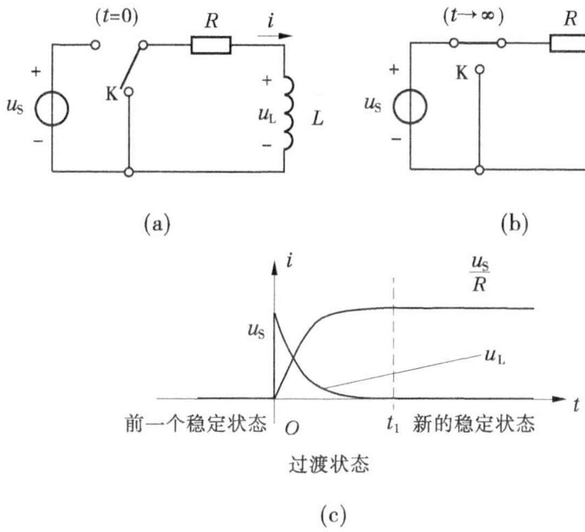

图 10-3 电感电路的换路

以上分析需要明确的是：

(1)所说的换路是指电路结构或电路参数变化而引起的电路变化，即从一种电路转换为另一种电路，并认为换路是在 $t=0$ 时刻进行的。为了方便说明问题，把换路前的时刻记为 $t=0_-$，把换路后的最初时刻记为 $t=0_+$，换路经历的时间为 0_- 到 0_+，即认为瞬时完成，不需要经历时间。

(2)并不是所有的电路在换路时都有过渡过程(如电阻电路换路时没有过渡过程)，只是含有动态元件的电路换路时才可能存在过渡过程。过渡过程产生的原因是储能元件 L、C 在换路时能量发生变化，而能量的储存和释放需要一定的时间来完成，即 $p=\frac{\mathrm{d}w}{\mathrm{d}t}$，若 $\mathrm{d}w\neq 0$，$\mathrm{d}t\to 0$，则 $p\to\infty$，这是不可能的。

(3)动态电路分析就是研究换路后动态电路中电压、电流随时间变化的过程。

10.1.2 动态电路的方程

分析动态电路的方法之一是根据 KVL 和 KCL 以及支路的 VCR 建立描述电路的方程。而建立的方程是以时间为自变量的常微分方程，然后求解该常微分方程，从而得到电路所求变量——电流和电压。此方法称为经典法，是一种在时域中进行的分析方法。下面首先说明动态电路方程的建立。

设 RC 电路如图 10-4 所示，根据 KVL 列出回路方程为

$$Ri+u_C=u_S(t)$$

由于电容的 VCR 为 $i=C\frac{\mathrm{d}u_C}{\mathrm{d}t}$，从以上两式中消去电流得以电容电压为变量的电路方程

$$RC\frac{\mathrm{d}u_C}{\mathrm{d}t}+u_C=u_S(t) \tag{10-1}$$

设 *RL* 电路如图 10-5 所示，根据 KVL 列出回路方程为

$$Ri+u_L=u_S(t)$$

由于电感的 VCR 为 $u_L=L\frac{\mathrm{d}i}{\mathrm{d}t}$，以上两式中消去电感电压可得以电流为变量的电路方程

$$Ri+L\frac{\mathrm{d}i}{\mathrm{d}t}=u_S(t) \tag{10-2}$$

对图 10-6 所示的 *RLC* 电路，根据 KVL 和电容、电感的 VCR 可得方程为

$$u_L+Ri+u_C=u_S(t)$$

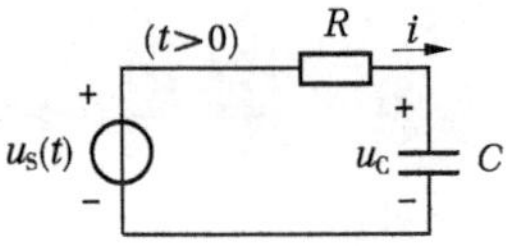

图 10-4　*RC* 电路

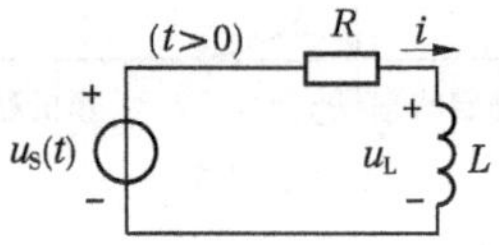

图 10-5　*RL* 电路

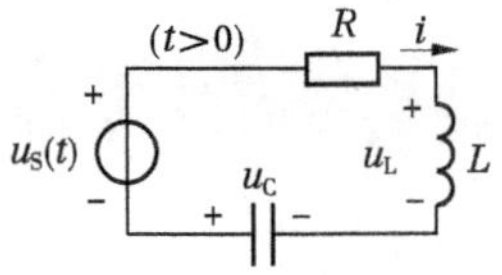

图 10-6　*RLC* 电路

由于电容的 VCR 为 $i=C\frac{\mathrm{d}u_C}{\mathrm{d}t}$，电感的 VCR 为 $u_L=L\frac{\mathrm{d}i}{\mathrm{d}t}$，代入上式并整理得以电容电压为变量的二阶微分方程

$$RC\frac{\mathrm{d}u_C}{\mathrm{d}t}+LC\frac{\mathrm{d}^2u_C}{\mathrm{d}t^2}+u_C=u_S(t) \tag{10-3}$$

考察上述方程可得以下结论：

(1)描述动态电路的电路方程为微分方程。

(2)动态电路方程的阶数等于电路中动态元件的个数。

(3)方程中的系数与动态电路的结构和元件参数有关。

10.1.3　电路初始条件的确定

用经典法求解常微分方程时，必须根据电路的初始条件确定解答中的积分常数。如果设描述电路动态过程的微分方程为 n 阶，那么，所谓的初始条件就是指电路中所求变量(电压和电流)及其 $n-1$ 阶导数在 $t=0_+$ 时的值。因此，电容电压 $u_C(t)$ 和电感电流 $i_L(t)$ 的初始值可分别记为 $u_C(0+)$ 和 $i_L(0+)$。在电路中如果 $u_C(t)$，$i_L(t)$ 的初始值已知，则其余初始值(u_R，i_R，u_L，i_C 等)依照 KVL、KCL、VCR 求得。故 $u_C(t)$，$i_L(t)$ 的初始值称为独立初始条件，其余初始值为非独立的初始条件。

电容电压和电感电流的初始条件介绍如下：

对于线性电容 C，在任意时刻 t，它的电荷、电压与电流的关系为

$$\begin{cases} q(t)=q(t_0)+\int_{t_0}^{t}i_C(\xi)\mathrm{d}\xi \\ u_C(t)=u_C(t_0)+\frac{1}{C}\int_{t_0}^{t}i_C(\xi)\mathrm{d}\xi \end{cases}$$

设电路在 $t_0=0$ 时换路，令 $t_0=0_-$，$t=0_+$ 代入上式则得

$$q(0_+) = q(0_-) + \int_{0_-}^{0+} i_C(t)\mathrm{d}t \tag{10-4a}$$

$$u_C(0_+) = u_C(0_-) + \frac{1}{C}\int_{0_-}^{0+} i_C(t)\mathrm{d}t \tag{10-4b}$$

从式(10-4a)和式(10-4b)来看，若换路瞬间 i_C 为有限值，则式(10-4a)和式(10-4b)中右边的积分项将为零，此时，电容上的电荷和电压(q,u_C)不发生跃变，即

$$\begin{cases} q(0_+) = q(0_-) \\ u_C(0_+) = u_C(0_-) \end{cases} \tag{10-5}$$

这表明，换路瞬间，若电容电流保持为有限值，则电容电压(电荷)在换路前后保持不变，这是电荷守恒定律的体现，称之为换路第一定律。

特别地，对于一个在 $t=0$ 时存储电荷为 $q(0_-)$，电压为 $u_C(0_-)=U_0$ 的电容，在换路瞬间不发生跃变的情况下，有 $u_C(0_+)=u_C(0_-)=U_0$，表明在换路瞬间，电容可视为一个电压为 U_0 的电压源；同理，若 $u_C(0_-)=0$，则 $u_C(0_+)=0$，表明在换路瞬间，电容相当于短路。

对于线性电感 L，在任意时刻 t，它的磁通链与电流的关系为

$$\begin{cases} \psi_L(t) = \psi_L(t_0) + \int_{t_0}^{t} u_L(\xi)\mathrm{d}\xi \\ i_L(t) = i_L(t_0) + \frac{1}{L}\int_{t_0}^{t} u_L(\xi)\mathrm{d}\xi \end{cases}$$

设电路在 $t_0=0$ 时换路，令 $t_0=0_-$，$t=0_+$ 代入上式则得

$$\psi_L(0_+) = \psi_L(0_-) + \int_{0_-}^{0_+} u_L(t)\mathrm{d}t \tag{10-6a}$$

$$i_L(0_+) = i_L(0_-) + \frac{1}{L}\int_{0_-}^{0_+} u_L(t)\mathrm{d}t \tag{10-6b}$$

从式(10-6a)和式(10-6b)来看，若换路瞬间 u_L 为有限值，则式(10-6a)和式(10-6b)中右边的积分项将为零，此时，电感上的磁通链和电流(ψ_L,i_L)不发生跃变，即

$$\begin{cases} \psi_L(0_+) = \psi_L(0_-) \\ i_L(0_+) = i_L(0_-) \end{cases} \tag{10-7}$$

这表明，换路瞬间，若电感电压保持为有限值，则电感电流(磁通链)在换路前后保持不变。这是磁通链守恒的体现，称之为换路第二定律。

特别地，对于一个在 $t=0$ 时电流为 I_0 的电感，在换路瞬间不发生跃变的情况下，有 $I_L(0_+)=I_L(0_-)=I_0$，表明在换路瞬间，电感可视为一个电流值为 I_0 的电流源；同理，若 $I_L(0_-)=0$，则 $I_L(0_+)=0$，表明在换路瞬间，电感相当于开路。

综上所述，我们可以明确：

(1)电容电流和电感电压为有限值是换路定律成立的条件。

(2)换路定律反映了能量不能跃变的事实。

【例 10.1】 如图 10-7 所示电路，在 $t<0$ 时电路处于稳态，求开关打开瞬间电容电流 $i_C(0_+)$。

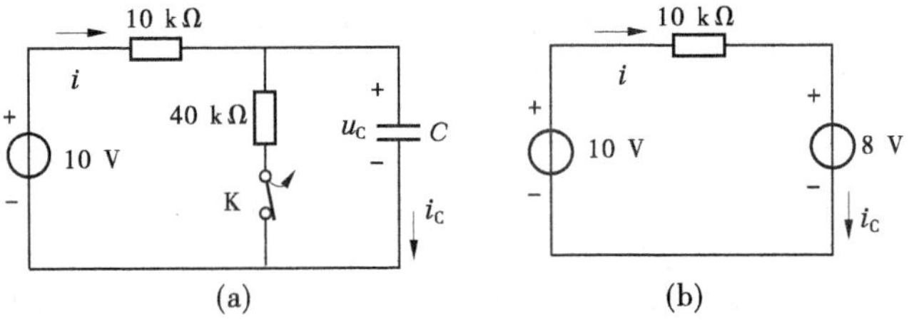

图 10-7　例 10.1 图

解　(1)由图 10-7(a)可知，当 $t=0_-$ 时，电容 C 上的电流 $i_C(0_-)=0$，电压与 40 kΩ 电阻上的电压相等。

于是求得

$$u_C(0_-)=\frac{40}{40+10}\times 10=8(\mathrm{V})$$

(2)在 $t=0_+$ 时打开开关 K，由换路定律得 $u_C(0_+)=u_C(0_-)=8$ V

(3)画出 $t=0_+$ 时的等效电路，如图 10-7(b)所示。电容用 8 V 电压源替代，由 KVL 求得

$$i_C(0_+)=\frac{10-8}{10}=0.2(\mathrm{mA})$$

应注意到，电容电流在换路瞬间发生了跃变，即 $i_C(0_+)\neq i_C(0_-)$。

【例 10.2】　如图 10-8 所示电路，在 $t<0$ 时电路处于稳态，$t=0$ 时闭合开关，求电感电压 $u_L(0_+)$。

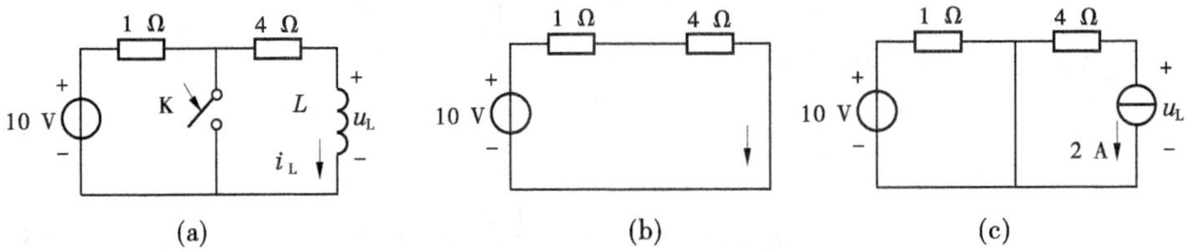

图 10-8　例 10.2 图

解　(1)首先由图 10-8(a)可知，当 $t=0_-$ 时，电感处于短路状态，$u_L(0_-)=0$，如图(b)所示，则

$$i_L(0_-)=\frac{10}{1+4}=2(\mathrm{A})$$

(2)在 $t=0$ 时，闭合开关 K，由换路定律得

$$I_L(0_+)=0\ ,\ I_L(0_-)=2\ \mathrm{A}$$

(3)画出 $t=0_+$ 等效电路，如图 10-8(c)所示，电感用 2 A 电流源替代，解得

$$u_L(0_+)=-2\times 4=-8(\mathrm{V})$$

应注意到，电感电压在换路瞬间发生了跃变，即 $u_L(0_+)\neq u_L(0_-)$。

10.2　一阶电路的零输入响应

在换路后的电路中，若无外施电源输入，则由储能元件(L,C)释放原储能量而在电路

中引起的响应称为零输入响应。零输入响应产生条件是：

$$u_C(0_+)\neq 0, i_L(0_+)\neq 0$$

10.2.1 *RC* 电路的零输入响应

图 10-9 所示的 *RC* 电路在开关转换前（在图中位置 1，$t<0$）电容已充电完成，电容电压 $u_C(0_-)=U_0$；在 $t=0$ 时刻转换开关到图中位置 2 后，根据 KVL（参考方向如图所示）可得

$$u_R - u_C = 0$$

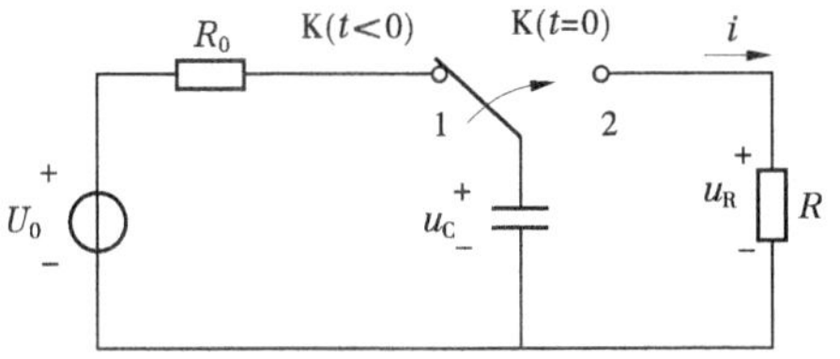

图 10-9　*RC* 电路的零输入响应

由于 $i=-C\dfrac{du_C}{dt}$，代入上式得微分方程

$$RC\frac{du_C}{dt}+u_C=0 \tag{10-8}$$

根据换路定律可得 $u_C(0_-)=u_C(0_+)=U_0$。

式(10-8)微分方程的特征方程为：$RCP+1=0$，特征根为 $P=-\dfrac{1}{RC}$。

则方程的通解为　　$u_C=Ae^{Pt}=Ae^{-\frac{1}{RC}t}$

代入初始值得　　$A=u_C(0_+)=U_0$

那么　　$$u_C(t)=u_C(0_+)e^{-\frac{t}{RC}}=U_0e^{-\frac{t}{RC}}\quad(t\geqslant 0) \tag{10-9}$$

这就是放电过程中，电容电压 $u_C(t)$ 的表达式。

电路中的放电电流为　　$$i(t)=\frac{u_C(t)}{R}=\frac{U_0}{R}e^{-\frac{t}{RC}}\quad(t\geqslant 0) \tag{10-10}$$

或根据电容的 VCR 计算　　$i(t)=-C\dfrac{du_C(t)}{dt}=-CU_0e^{-\frac{t}{RC}}\left(-\dfrac{1}{RC}\right)=\dfrac{U_0}{R}e^{-\frac{t}{RC}}$

电阻上的电压为　　$$u_R(t)=u_C(t)=U_0e^{-\frac{t}{RC}} \tag{10-11}$$

从以上分析可以看出：

(1)电压、电流是随时间按同一指数规律衰减的函数，如图 10-10 所示。

其衰减快慢与 *RC* 有关。令 $\tau=RC$，τ 的量纲为

$$[\tau]=[RC]=[\Omega][F]=[\Omega]\left[\frac{C}{V}\right]=[\Omega]\left[\frac{As}{V}\right]=[s]$$

称 τ 为 *RC* 一阶电路的时间常数。引入时间常数 τ 后，式(10-9)～式(10-11)可以分别表示为

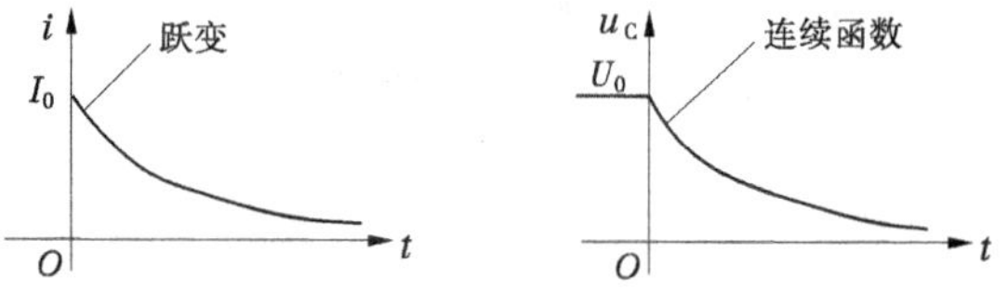

图 10-10　电压、电流随时间成指数规律衰减

$$
\begin{cases}
u_C(t) = U_0 e^{-\frac{t}{RC}} = U_0 e^{-\frac{t}{\tau}} \\
i(t) = -C\dfrac{du_C}{dt} = \dfrac{U_0}{R}e^{-\frac{t}{\tau}} \\
u_R(t) = Ri = U_0 e^{-\frac{t}{\tau}}
\end{cases}
\tag{10-12}
$$

(2)时间常数 τ 的大小反映了电路过渡过程的进展速度,即 τ 越大过渡过程时间越长,τ 越小过渡过程时间越短,其物理意义是表明过渡过程时间长短的物理量,如图 10-11 所示。τ 是反映过渡过程特征的一个重要的量。其大小为电流、电压衰减至初始值的 $\frac{1}{e}$ 所经历的时间。还可以证明,τ 为指数曲线(见图 10-12)上任一点次切矩长度,即 $\tau = AC$。

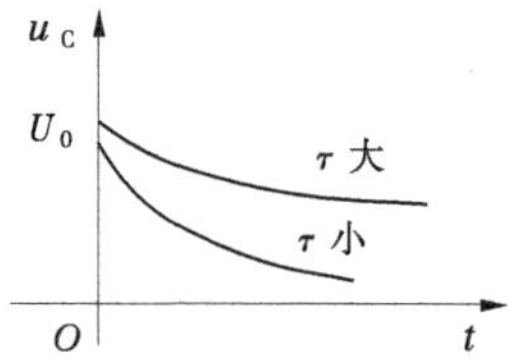

图 10-11　τ 的大小

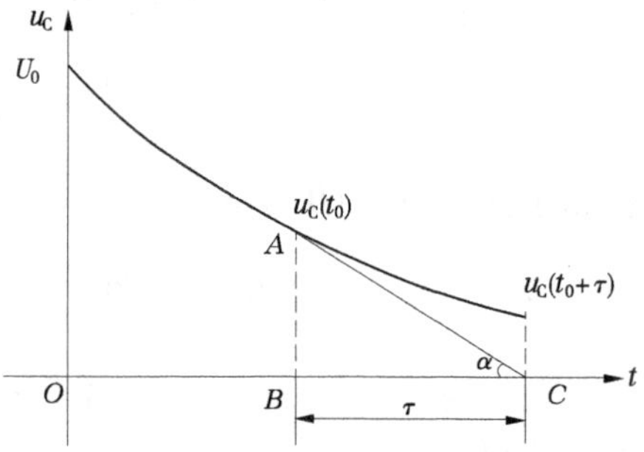

图 10-12　时间常数的几何意义

表 10-1 给出了电容电压在 $t=0, t=\tau, t=2\tau, t=3\tau, \cdots$时刻的值。

表 10-1　电容电压随时间变化的数据

t	0	τ	2τ	3τ	5τ	…	∞
$u_C = U_0 e^{-\frac{t}{\tau}}$	U_0	$U_0 e^{-1}$	$U_0 e^{-2}$	$U_0 e^{-3}$	$U_0 e^{-5}$	…	0
	U_0	$0.368U_0$	$0.135U_0$	$0.05U_0$	$0.007U_0$	…	0

表中的数据表明,在理论上要经过无限长的时间后电容电压才能衰减为零。但经过一个时间常数 τ 后,电容电压就衰减到原来电压的 36.8%,因此工程上认为换路后,经过 $3\tau \sim 10\tau$时间,过渡过程即告结束。

(3)响应与初始状态成线性关系。

(4)在放电过程中,电容释放的能量全部被电阻所消耗,即

$$
W_R = \int_0^{\infty} i^2 R dt = \int_0^{\infty}\left(\frac{U_0}{R}e^{-\frac{t}{RC}}\right)^2 R dt = \frac{U_0^2}{R}\left(-\frac{RC}{2}e^{-\frac{2t}{RC}}\right)\Bigg|_0^{\infty} = \frac{1}{2}CU_0^2 \tag{10-13}
$$

【例10.3】 如图10-13所示电路,开关S闭合前电路已达稳态。在 $t=0$ 时,将开关闭合,求 $t>0$ 时的电压 u_C,电流 i_C、i_1 和 i_2。

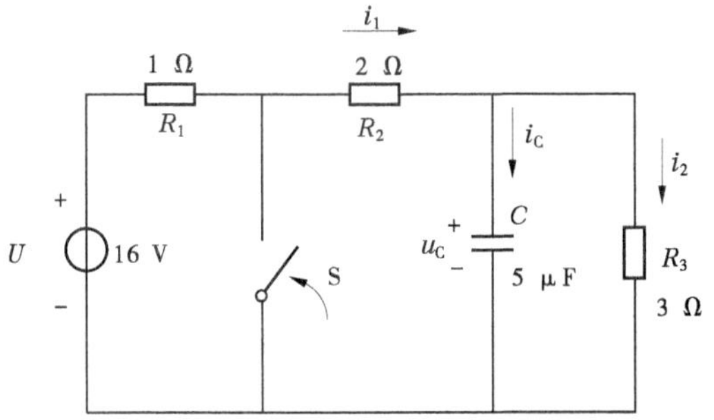

图10-13 例10.3图

解 开关闭合前电路已达稳定,故

$$u_C(0_-) = \frac{16}{1+2+3} \times 3 = 8\ (\text{V})$$

由换路定律得

$$u_C(0_+) = u_C(0_-) = 8\ \text{V}$$

当 $t>0$ 时,S闭合,电压源与1 Ω电阻串联的支路被开关短路,对右边的电路不起作用。此时,电路为零输入响应,电容通过2 Ω、3 Ω两条支路放电,时间常数为

$$\tau = \frac{2\times 3}{2+3} \times 5 \times 10^{-6} = 6 \times 10^{-6}(\text{s})$$

由式(10-12)得

$$u_C = U_0 e^{-\frac{t}{RC}} = U_0 e^{-\frac{t}{\tau}} = 8e^{-1.67\times 10^6 t}\ \text{V}$$

$$i_C = -\frac{U_0}{R} e^{-\frac{t}{\tau}} = -6.67e^{-1.67\times 10^6 t}\ \text{A}$$

由此可得

$$i_2 = \frac{u_C}{R_3} = 2.67e^{-1.67\times 10^6 t}\ \text{A}$$

$$i_1 = i_2 + i_C = 2.67e^{-1.67\times 10^6 t} - 6.67e^{-1.67\times 10^6 t} = -4e^{-1.67\times 10^6 t}(\text{A})$$

10.2.2 *RL* 电路的零输入响应

如图10-14所示的 *RL* 电路在开关K转换前(在图中位置1,$t<0$)电感中的电流已恒定,电感电流为 $I_0 = \frac{U_0}{R_0} = i(0_-)$;在 $t=0$ 时刻转换开关到图中位置2后,根据KVL(参考方向如图所示)在 $t \geqslant 0_+$ 时可得 $u_L + u_R = 0$。而 $u_R = Ri$,$u_L = L\frac{di}{dt}$,代入可得电路的微分方程

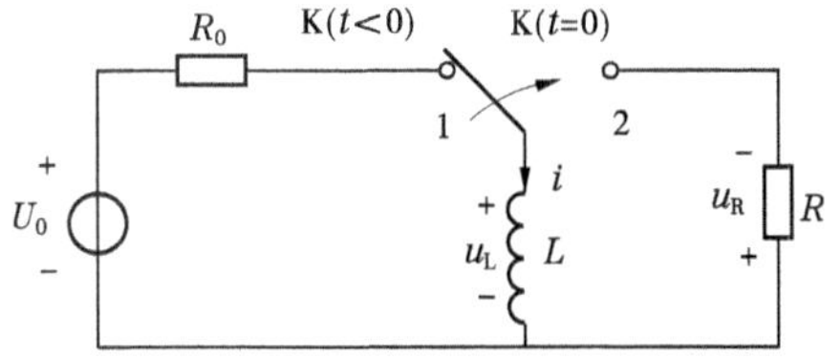

图10-14 *RL* 电路的零输入响应

$$L\frac{di}{dt}+Ri=0 \tag{10-14}$$

式(10-14)是一个一阶齐次微分方程。其特征方程为

$$LP+R=0$$

解得特征根
$$P=-\frac{R}{L}$$

故电流为
$$i=Ae^{-\frac{R}{L}t}=Ae^{-\frac{t}{\tau}}(t\geqslant 0)$$

由换路定律知道,$i(0_+)=i(0_-)=I_0$,作为初始条件代入上式可得 $A=i(0_+)=I_0$。

所以,电感电流、电感电压、电阻电压可表示为

$$\begin{cases} i(t)=\dfrac{U_0}{R_0}e^{-\frac{R}{L}t}=\dfrac{U_0}{R_0}e^{-\frac{t}{\tau}}(t\geqslant 0) \\ u_L(t)=L\dfrac{di}{dt}=-U_0e^{-\frac{t}{\tau}}(t\geqslant 0) \\ u_R(t)=Ri=U_0e^{-\frac{t}{\tau}}(t\geqslant 0) \end{cases} \tag{10-15}$$

式中,$\tau=\frac{L}{R}$(s)称为 RL 电路的时间常数。图 10-15 所示曲线反映出它们随时间的变化规律。

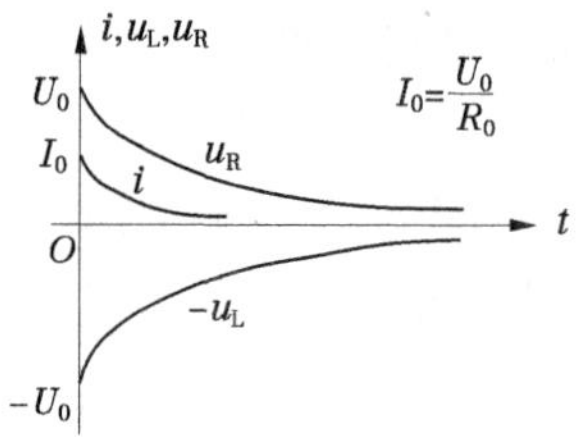

图 10-15　*RL* 电路的零输入响应曲线

上述分析可知,与 RC 电路相似:

(1)电压、电流是随时间按同一指数规律衰减的函数。

(2)响应与初始状态成线性关系,其衰减快慢与 L/R 有关。满足:

$$[\tau]=\left[\frac{L}{R}\right]=\left[\frac{H}{\Omega}\right]=\left[\frac{Wb}{A\cdot\Omega}\right]=\left[\frac{V\cdot S}{A\cdot\Omega}\right]=[s]$$

(3)在过渡过程中,电感释放的能量被电阻全部消耗,即

$$W_R=\int_0^{\infty}i^2R\,dt=\int_0^{\infty}(I_0e^{-\frac{t}{L/R}})^2R\,dt=I_0^2R\left(-\frac{L/R}{2}e^{-\frac{2t}{RC}}\right)\Big|_0^{\infty}=\frac{1}{2}LI_0^2 \tag{10-16}$$

综上所述,可以归纳出一阶电路的零输入响应的规律:

(1)一阶电路的零输入响应是由储能元件的初始值引起的响应,都是从初始值开始按指数规律衰减为零的函数,其一般表达式可以写为 $y(t)=y(0_+)e^{-\frac{t}{\tau}}$。

(2)零输入响应的衰减快慢取决于时间常数 τ,其中 RC 电路 $\tau=RC$,RL 电路 $\tau=L/R$,R为与动态元件相连的一端口电路的等效电阻。

(3)同一电路中所有响应具有相同的时间常数。

(4)一阶电路的零输入响应和初始值成正比,称为零输入线性。

【例 10.4】　图 10-16 中的 R、L 分别为一台 300 kW 汽轮发电机励磁回路的电阻和电感。当开关 K 在 $t=0$ 时断开。

已知:$R=0.189\ \Omega$,$R_V=5\ k\Omega$,$L=0.398\ H$,$U=35\ V$。

试求:(1)τ;(2)$i(0_+)$,$i(\infty)$;(3)$i(t)$,$u_V(t)$,$u_V(0_+)$。

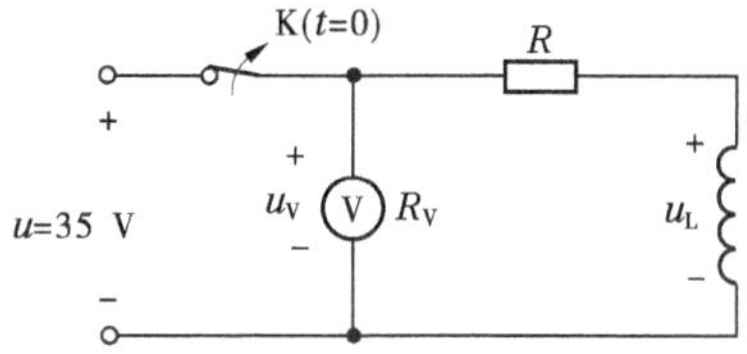

图 10-16　例 10.4 图

解　由题设条件，$\tau=\frac{L}{R}=\frac{L}{R+R_V}=\frac{0.398}{0.189+5\ 000}=79.6\times10^{-6}(\mathrm{s})$

$$i(0_+)=\frac{U}{R}=\frac{35}{0.189}=185.2(\mathrm{A}),i(\infty)=0$$

$$i(t)=i(0_+)\mathrm{e}^{-\frac{t}{\tau}}=185.2\mathrm{e}^{-\frac{t}{79.6\times10^{-6}}}=185.2\mathrm{e}^{-12\ 563\ t}\mathrm{A}\ (t\geqslant0)$$

$$u_L(t)=L\frac{\mathrm{d}i}{\mathrm{d}t}=-925.793\mathrm{e}^{-12\ 563t}\quad\mathrm{kV}\ (t\geqslant0)$$

$$u_V(t)=-R_Vi=-926\mathrm{e}^{-12\ 563t}\quad\mathrm{kV}\ (t\geqslant0)$$

$$u_V(0_+)=-926\ \mathrm{kV}$$

由分析结果可以看出，开关 K 断开时的电压 $u_V(0_+)$ 数值很大，这对电压表和励磁绕组绝缘是一个大威胁，应设法消除。

依照上述分析，可以归纳出用经典法求解一阶电路零输入响应的步骤：

(1)根据基尔霍夫定律和元件的伏安特性列出换路后的电路微分方程，该方程为一阶线性齐次常微分方程。

(2)由特征方程求出特征根。

(3)根据初始值确定积分常数从而得方程的解。

10.3　一阶电路的零状态响应

所谓的零状态响应是指电路在零初始状态下，即储能元件(L,C)初始状态为零($u_C(0_+)=0,i_L(0_+)=0$)由外施激励作用引起的响应。

10.3.1　*RC* 电路恒定激励零状态响应

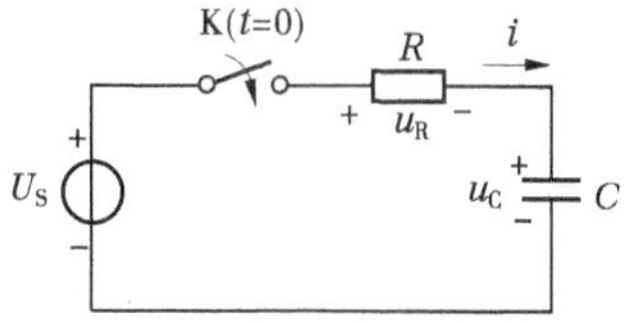

图 10-17　*RC* 电路零状态响应

图 10-17 所示的 *RC* 电路在开关闭合前电路处于零初始状态，电容电压 $u_C(0_-)=0$；在 $t=0$ 时刻开关闭合时，电路中接入电压源 U_S，根据 KVL(参考方向如图所示)可得：$t>0$ 时 $u_R+u_C=U_S$。

把 $u_R=Ri,i=C\frac{\mathrm{d}u_C}{\mathrm{d}t}$代入可得电路的微分方程

$$RC\frac{\mathrm{d}u_C}{\mathrm{d}t}+u_C=U_S\qquad(10\text{-}17)$$

式(10-17)是一阶线性非齐次方程。方程的解由两个分量构成，即非齐次方程的特解 u_C' 和对应的齐次方程的通解 u_C'' 构成。可表示为

$$u_C = u'_C + u''_C \tag{10-18}$$

观察式(10-17)不难得出：$u'_C = U_S$。

而齐次方程 $RC\dfrac{du_C}{dt} + u_C = 0$ 的通解 $u''_C = Ae^{-\frac{t}{\tau}}$，式中 $\tau = RC$。

所以
$$u_C = U_S + Ae^{-\frac{t}{\tau}} \tag{10-19}$$

由换路定律知道，$u_C(0_+) = u_C(0_-) = 0$。代入式(10-19)得 $A = -U_S$。

最后求得：$u_C(t) = U_S(1 - e^{-\frac{t}{\tau}}) = U_S - U_S e^{-\frac{t}{\tau}} = u'_C + u''_C \quad (t>0)$，变化规律如图 10-18 所示。

$$i(t) = C\frac{du_C}{dt} = \frac{U_S}{R}e^{-\frac{t}{\tau}}(t > 0)$$

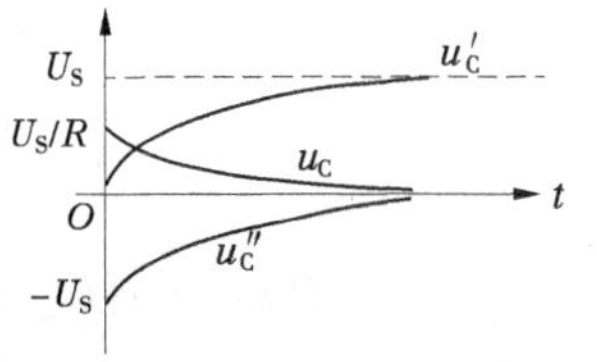

图 10-18　RC 电路零状态响应曲线

从以上分析可以得出：

(1)电压、电流是随时间按同一指数规律变化的函数，电容电压由两部分构成：上述表达式中，$u'_C = U_S$，称为强制分量，是与输入激励的变化规律有关的量，而它又是 $u_C(t)$ 以指数形式趋近于它的最终恒定值，此时电路达到稳定状态，电压和电流不再变化，电容相当于开路，电流为零，所以又称稳态分量；而 $u''_C = -U_S e^{-\frac{t}{\tau}}$，其变化规律取决于特征根而与外施激励无关，因而称为自由分量。自由分量按指数规律衰减，最终趋近于零，所以又称为暂态分量。

(2)响应变化的快慢，由时间常数 $\tau = RC$ 决定；τ 大充电慢，τ 小充电就快。

(3)响应与外加激励成线性关系。

(4)充电过程的能量关系为：

电容最终储存能量　　$W_C = \dfrac{1}{2}CU_S^2$

电源提供的能量为　　$W = \int_0^\infty U_S i dt = U_S q = CU_S^2$

电阻消耗的能量为　　$W_R = \int_0^\infty i^2 R dt = \int_0^\infty \left(\dfrac{U_S}{R}e^{-\frac{t}{RC}}\right)^2 R dt = \dfrac{1}{2}CU_S^2$

这说明不论电路中电容 C 和电阻 R 的数值为多少，电源提供的能量总是一半消耗在电阻上，一半转换成电场能量储存在电容中，即充电效率为 100%。

10.3.2　RL 电路恒定激励零状态响应

图 10-19 所示的 RL 电路，电流源为 I_S，在开关 K 打开前电路中的电感处于零初始状态，即电感电流 $i_L(0_-) = 0$；在 $t = 0$ 时刻打开开关 K 后，电路的响应为零状态响应。根据 KVL(参考方向如图所示)可得：$t > 0$ 时

$$\frac{L}{R}\frac{di_L}{dt} + i_L = I_S \tag{10-20}$$

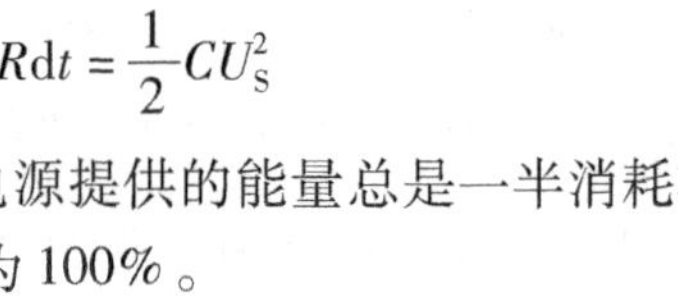

图 10-19　RL 电路零状态响应

式(10-20)是一阶线性非齐次方程。方程的解由两个分量构成，即非齐次方程的特解 i'_L 和对应的齐次方程

的通解 i''_L 构成。可表示为

$$i_L = i'_L + i''_L \tag{10-21}$$

观察方程(10-20)不难得出 $i'_L = I_S$。

而齐次方程 $\frac{L}{R}\frac{di_L}{dt} + i_L = 0$ 的通解 $i''_L = Ae^{-\frac{t}{\tau}}$,式中 $\tau = \frac{L}{R}$。

所以

$$i_L = I_S + Ae^{-\frac{t}{\tau}} \tag{10-22}$$

由换路定律知道,$i_L(0_+) = i_L(0_-) = 0$。代入式(10-22)得 $A = -I_S$。

最后求得

$$i_L(t) = I_S(1 - e^{-\frac{t}{\tau}}) = I_S - I_S e^{-\frac{t}{\tau}} = i'_L(t) + i''_L(t) \tag{10-23}$$

【例 10.5】 如图 10-20 所示电路,在 $t = 0$ 时,闭合开关 K,已知 $u_C(0_-) = 0$,求:(1)电容电压和电流;(2)电容充电至 $u_C = 80$ V 时所花费的时间 t。

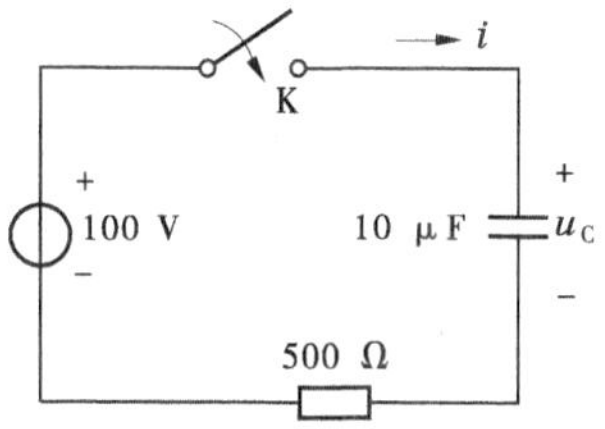

图 10-20 例 10.5 图

解 (1)这是一个 RC 电路零状态响应问题,时间常数为

$$\tau = RC = 500 \times 10^{-5} = 5 \times 10^{-3}(s)$$

$t > 0$ 后,电容电压为

$$u_C = U_S(1 - e^{-\frac{t}{RC}}) = 100 \times (1 - e^{-200t})\ V\ (t \geqslant 0)$$

充电电流为 $\quad i = C\frac{du_C}{dt} = \frac{U_S}{R}e^{-\frac{t}{RC}} = 0.2e^{-200t}$ A

(2)设经过 t_1,$u_C = 80$ V,即 $80 = 100 \times (1 - e^{-200t_1})$。

解得

$$t_1 = 8.045\ ms$$

【例 10.6】 如图 10-21 所示电路原本处于稳定状态,在 $t = 0$ 时,打开开关 K,求 $t > 0$ 后的电感电流 i_L 和电压 u_L 及电流源的端电压。

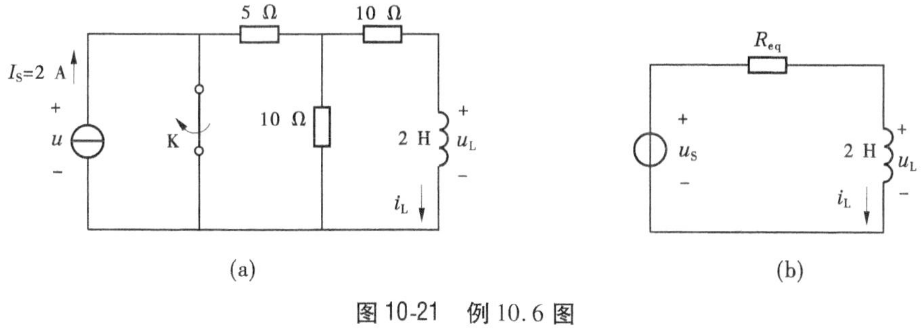

图 10-21 例 10.6 图

解 这是一个 RL 电路零状态响应问题,应用戴维南定理得 $t > 0$ 后的等效电路如图 10-21(b)所示,其中有

$$R_{eq} = 5 + \frac{10 \times 10}{10 + 10} = 10(\Omega)$$

$$U_S = 2 \times 10 = 20(V)$$

$$\tau = L/R_{eq} = 2/20 = 0.1(s)$$

把电感短路得电感电流的稳态解 $i_L(\infty)=U_S/R_{eq}=1\ \text{A}$

则
$$i_L(t)=(1-e^{-10t})\ \text{A}$$
$$u_L(t)=U_S e^{-10t}=20e^{-10t}\ \text{V}$$

由图 10-21(a)知,电流源的电压为

$$u=5I_S+10i_L+u_L=20+10e^{-10t}\ \text{V}$$

10.4 一阶电路的全响应

一阶电路的全响应是指一阶电路的初始状态不为零,同时又有外加激励源作用时电路中产生的响应。

10.4.1 RC 电路的全响应

图 10-22 所示的电路为已充电的电容经过电阻接到直流电压源 U_S 的 RC 串联电路。设电容原有电压为 U_0。

开关 K 闭合后,根据 KVL 有电路微分方程为

$$RC\frac{du_C}{dt}+u_C=U_S$$

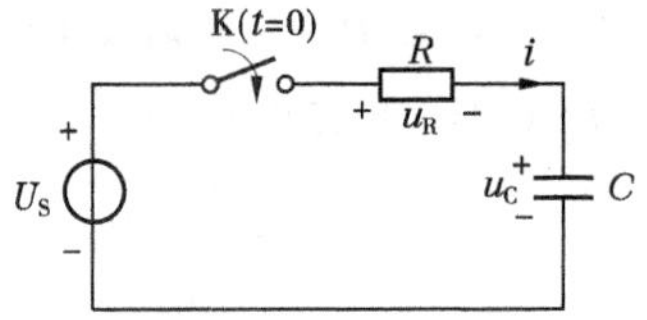

图 10-22 RC 电路全响应

方程的解为 $u_C(t)=u_C'+u_C''$

令微分方程的导数为零,得稳态解:$u_C''=U_S$。

暂态解 $u_C'=Ae^{-\frac{t}{\tau}}$,其中 $\tau=RC$。

因此 $u_C=U_S+Ae^{\frac{-t}{\tau}}$,$t\geqslant 0$。

由初始值确定常数 A,设电容原本充有电压 $u_C(0_+)=u_C(0_-)=U_0$

代入上述方程得 $u_C(0_+)=A+U_S=U_0$

解得 $A=U_0-U_S$

所以电路的全响应为 $u_C=U_S+Ae^{\frac{-t}{\tau}}=U_S+(U_0-U_S)e^{-\frac{t}{\tau}}$ (10-24)

其变化规律可用数学曲线表示(见图 10-23)。显然,对于 RL 电路,类似于 RC 电路,具有相同的全响应规律。在此不赘述。

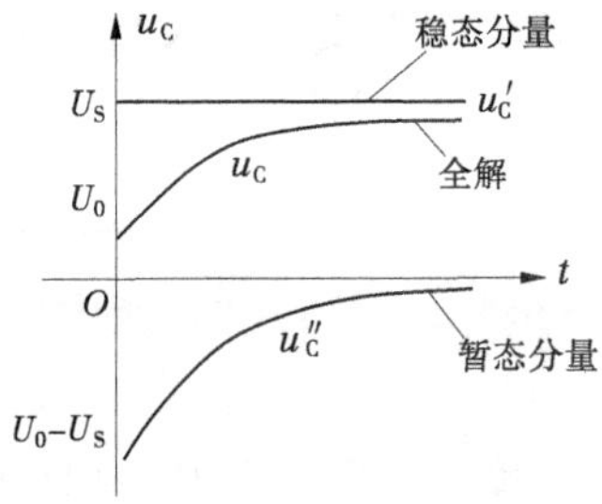

图 10-23 全响应数学曲线

10.4.2 全响应的组合形式

10.4.2.1 全响应可表示为稳态分量与暂态分量的组合

从式(10-24)可以看出:第一项等于外施的直流电压,称之为稳态分量,也称强制分量;第二项则随时间的增长而按指数规律逐渐衰减为零,称之为暂态分量,也称自由分量。因此,一阶电路的全响应 = 稳态分量 + 暂态分量。

10.4.2.2 全响应可表示为零状态响应和零输入响应的叠加

把式(10-24)改写成

$$u_C = U_S(1 - e^{-\frac{t}{\tau}}) + U_0 e^{-\frac{t}{\tau}}(t \geqslant 0) \tag{10-25}$$

显然式(10-25)第一项是电路的零状态解,第二项是电路的零输入解,因此一阶电路的全响应也可以看成是零状态解加零输入解,即一阶电路的全响应 = 零状态响应 + 零输入响应。

此种分解方式便于叠加计算,如图 10-24 所示,因为是线性电路,所以满足叠加定理。

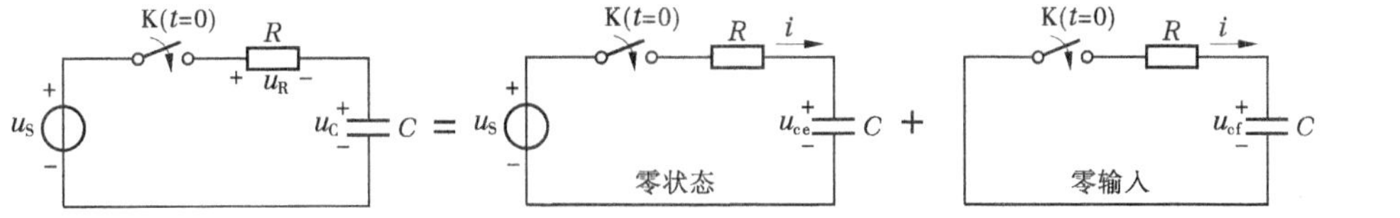

图 10-24　全响应组合

10.4.2.3　三要素法分析一阶电路

一阶电路的数学模型是一阶微分方程

$$a\frac{\mathrm{d}f}{\mathrm{d}t} + bf = c \tag{10-26}$$

其解答为稳态分量加暂态分量,即解的一般形式为

$$f(t) = f(\infty) + Ae^{-\frac{t}{\tau}} \tag{10-27}$$

当 $t = 0_+$ 时有　　$f(0_+) = f(\infty) + A$

则积分常数:　　$A = f(0_+) - f(\infty)$

代入方程式(10-27)得 $f(t) = f(\infty) + [f(0_+) - f(\infty)]e^{-\frac{t}{\tau}}$　　(10-28)

以上各式表明,分析一阶电路问题可以转为求解电路的初值 $f(0_+)$、稳态值 $f(\infty)$ 及时间常数 τ 的三个要素的问题。求解方法如下。

$f(\infty)$:用 $t\to\infty$ 的稳态电路求解。

$f(0_+)$:用 $t = 0_+$ 时的等效电路求解。

时间常数 τ:求出等效电阻,则电容电路有 $\tau = RC$,电感电路有 $\tau = L/R$。

【例 10.7】　图 10-25 所示电路原本处于稳定状态,$t = 0$ 时开关闭合,求 $t > 0$ 后的电容电压 u_C 并画出波形图。

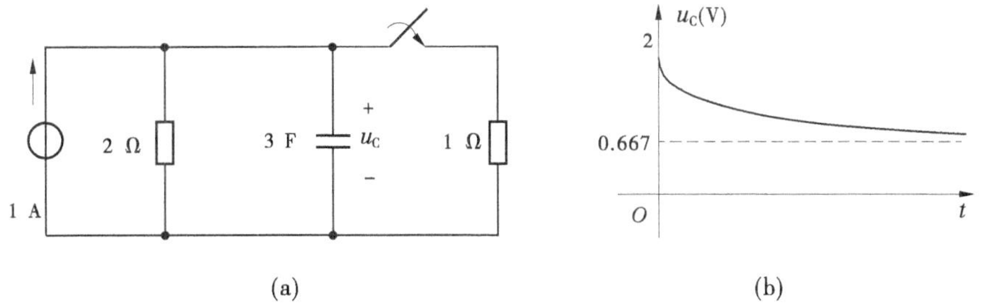

图 10-25　例 10.7 图

解　这是一个一阶 RC 电路全响应问题,应用三要素法,电容电压的初始值为

$$u_C(0_+) = u_C(0_-) = 2\ \text{V}$$

稳态值为

$$u_C(\infty) = (2/\!/1) \times 1 = 0.667\ \text{V}$$

时间常数为

$$\tau = R_{eq}C = \frac{2}{3} \times 3 = 2(\text{s})$$

代入三要素公式 $f(t) = f(\infty) + [f(0_+) - f(\infty)]e^{-\frac{t}{\tau}}$ 可得

$$u_C = 0.667 + (2 - 0.667)e^{-0.5t}$$

$$= 0.667 + 1.33e^{-0.5t}\ (t \geqslant 0)$$

电容电压随时间变化的波形如图 10-25(b)所示。

【项目任务】

(一)实验名称

一阶动态电路的研究

(二)实验目的

1. 观测 RC 电路的零状态与零输入响应。

2. 研究参数对响应的影响，并测量电路的时间常数 T。

3. 了解常用 RC 微分电路和 RC 积分电路的性质和条件。

(三)实验原理

1. 分析讨论 RC 电路在周期矩形波电压作用下的工作状态。电路及矩形波电压如图 10-26(a)、(b)所示。

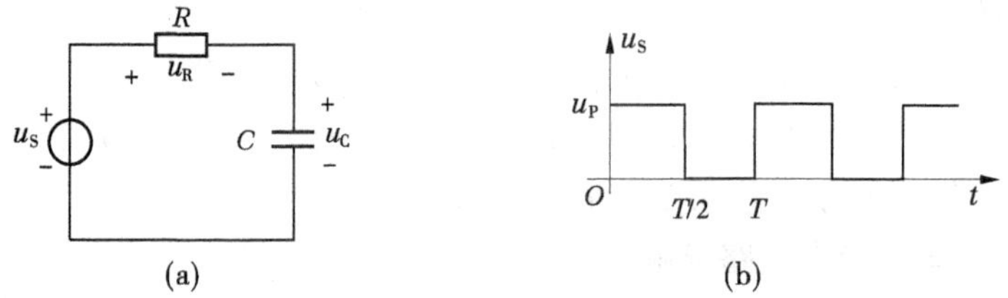

图 10-26　矩形波作用的 RC 电路

试分别说明 $5T < \frac{T}{2}$ 和 $5T > \frac{T}{2}$ 情况下 u_C 和 u_R 的变化规律，并画出它们的波形，分别说明在 $nT \leqslant t \leqslant \frac{2n+1}{2}T$ 和 $\frac{2n+1}{2}T < t \leqslant (n+1)T$ 时间间隔内响应的性质，其中 $n = 0,1,2,3,\cdots$。

2. 定性分析周期矩形波电压作用下的 RC 微分电路和 RC 积分电路的性质和条件。

(四)实验步骤

1. 把信号发生器设置为幅值 2 V，周期为 100 Hz 的矩形波，用示波器观测其输出波形，测定矩形波的幅值 U_S 和作用时间 $T/2$。

2. 应用半压法原理测出矩形波源的内阻 R_0，测试线路如图 10-27 所示。

调节标准电阻箱的电阻 R，使其两端的电压幅值等于步骤 1 中测得的矩形波源幅值 U_S 的一半，读出标准电阻箱电阻的读数即为被测方波源的内阻 R_0 的值。测试方法可参考示波器使用中的实验任务。

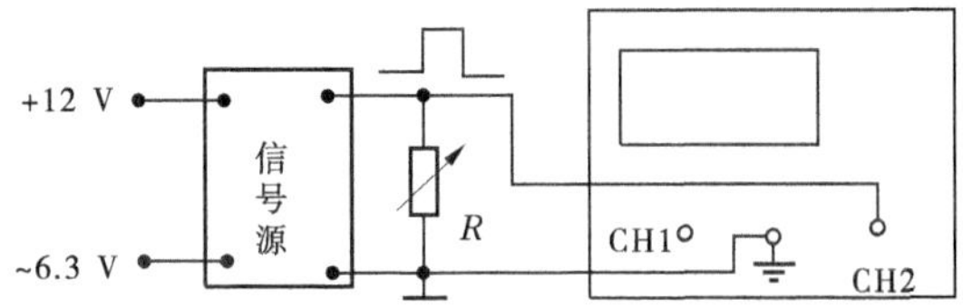

图 10-27　半压法测电源内阻

3. 自行设计实验线路，输入电源为矩形波，观测 RC 电路的充、放电过程。

根据矩形波源的作用时间 $T/2$，选择电容 C 的参数（已知 $R=1\ \text{k}\Omega$），使其满足 $5T\leqslant T/2$。

用示波器观测电路的零状态和零输入响应，测出电路的时间常数 τ。

时间常数 τ 的测量，当 $5T<T/2$ 时，有

$$u_C = U_S(1-e^{-\frac{t}{\tau}})\quad 0\leqslant t\leqslant T/2$$

当 $t=0$ 时，$u_C(0)=0$，设 $t=t_0$ 时，$u_C(t_0)=U_S/2$，如图 10-28 所示，于是得

$$\frac{U_S}{2}=U_S(1-e^{-\frac{t_0}{\tau}})$$

即

$$e^{-\frac{t_0}{\tau}}=\frac{1}{2}$$

两边取对数得 $\tau=-\dfrac{t_0}{\ln\dfrac{1}{2}}=1.443t_0$。

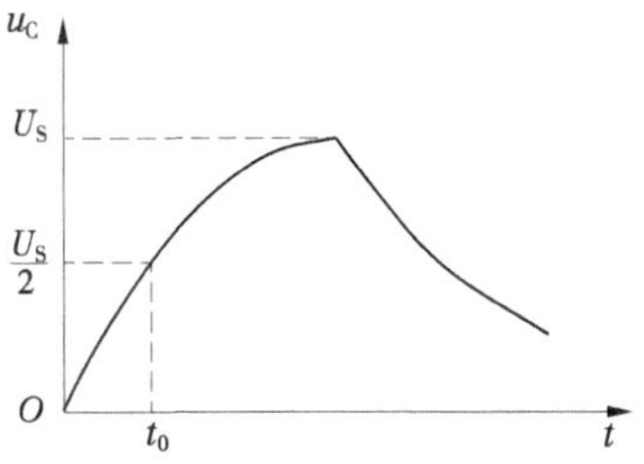

图 10-28　时间常数的测定

所以，只要测出 t_0，即可得到 T 值。

4. 用示波器的叠加测量法，观测电路中的 u_C+u_R 是否等于外加矩形波源的输出电压 u_S，试说明相等或不相等的原因。

测试方法参阅示波器使用方法。

5. 观测 RC 微分电路和积分电路中电阻电压的输出波形。

（五）实验报告

1. 写出（四）步骤 1 和步骤 2 中测量结果 U_S，$T/2$ 及 R_0。

2. 用方格纸画出步骤 3 中 u_R、u_C 波形。

3. 用方格纸分别画出步骤 5 中微分电路和积分电路中电阻电压的波形，并标出相应的 R、C 值。

（六）试验设备

双踪示波器	1 台
数字合成信号发生器	1 台
电路原理实验箱	1 个

【课后练习】

10.1　如图 10-29 所示电路，求 $u(0_+)$ 和 $i(0_+)$，开关闭合前电路已达到稳定状态。

10.2　电路如图 10-30 所示，求 $i_L(0_-)$、$i(0_-)$、$i_1(0_-)$；$i_L(0_+)$、$i(0_+)$、$i_1(0_+)$、

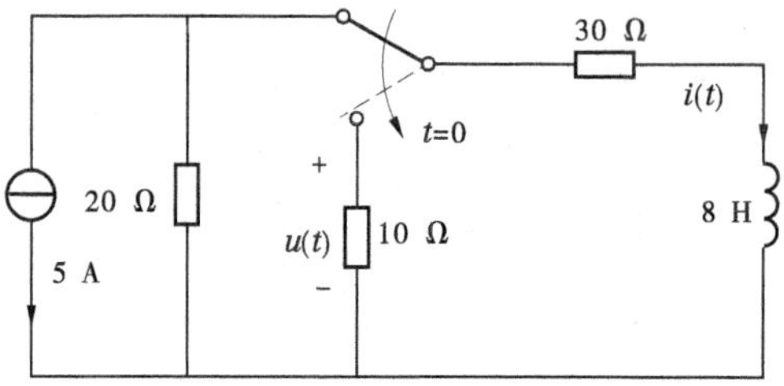

图 10-29

$u_L(0_+)$。已知开关 $t=0$ 时闭合,闭合前电路已处于稳态。

10.3　图 10-31 所示电路,$t=0$ 时开关由 b 投向 c,若图中元件 × 为:(1)2 F 电容,$u(0)=20$ V;(2)4 H 电感,$i(0)=1$ A。求 $u_{ba}(t)$,$t \geq 0$,并绘出波形图。

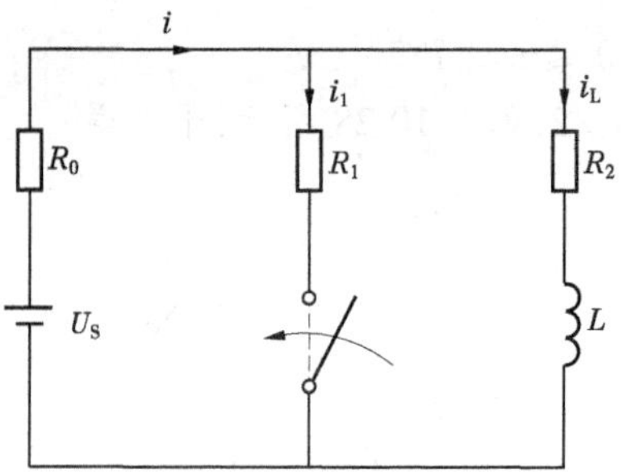

图 10-30

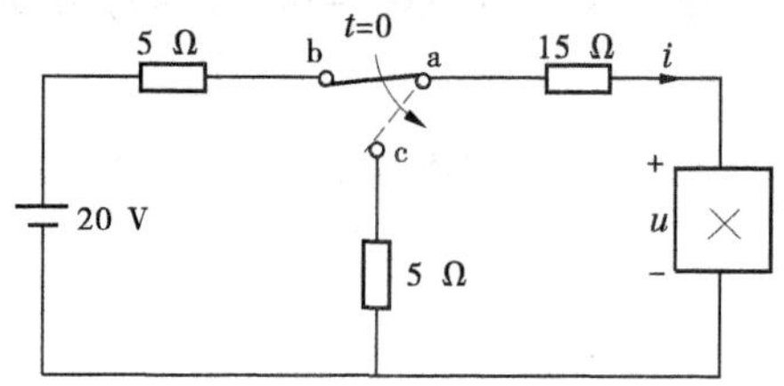

图 10-31

10.4　(1)如图 10-32(a)所示 *RL* 电路,开关断开切断电源瞬间将出现电弧,试加以解释。

(2)图 10-32(b)所示电路,在 $t=0$ 时开关断开,试求 $u_{ab}(t)$,$t>0$,$i(0)=2$ A;图中 20 kΩ 电阻系一用以测量 $t<0$ 时 u_{ab} 的电压表的内阻,电压表量程为 300 V,试说明开关断开的瞬间,电压表将有什么危险,并设计一种方案来防止这种情况的出现。

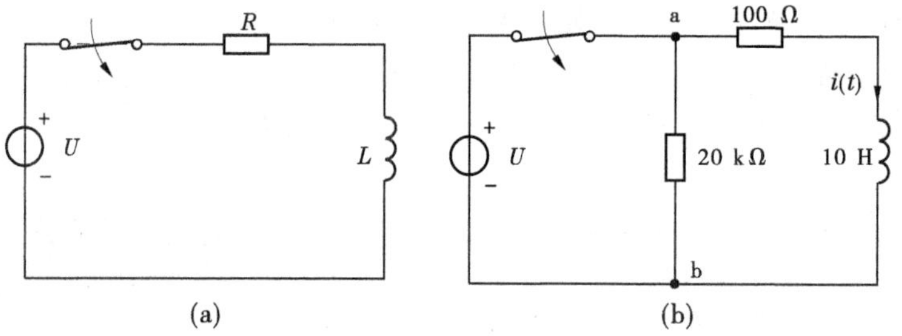

图 10-32

10.5　图 10-33 所示电路中,各电源均在 $t=0$ 时开始作用于电路,求 $i(t)$。已知电容电压初始值为零。

10.6　电路如图 10-34 所示,电压源于 $t=0$ 时开始作用于电路,试求 $i_1(t)$,$t \geq 0$。

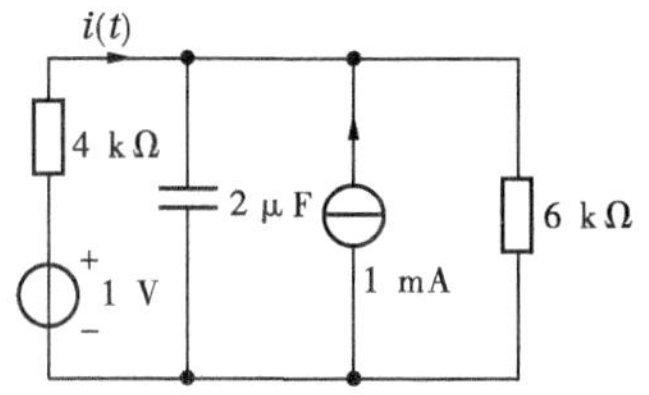

图 10-33

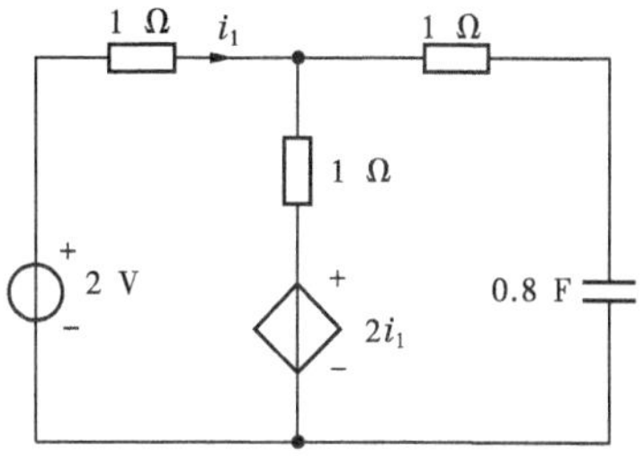

图 10-34

10.7　图 10-35 所示电路中，电压源在 $t=0$ 时开始作用于电路，$u(0)=0$，求 $u(t)$ 和 $i(t)$，$t\geqslant0$。

10.8　电路如图 10-36 所示，试求 $i_L(0_-)=1$ A，试求 $i_L(t)$ 的零输入响应。如果 $i_L(0_-)=-1$ A，求 $i_L(t)$ 的完全响应。

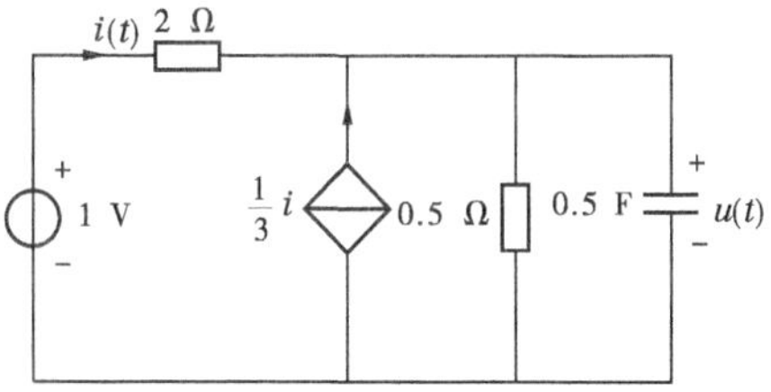

图 10-35

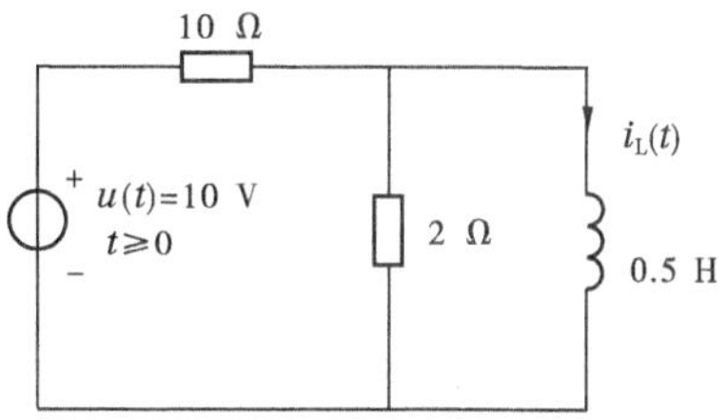

图 10-36

10.9　电路如图 10-37 所示，已知 $I_S=100$ mA，$R=1$ kΩ。(1) 求使固有响应为零的电容初始值；(2) $C=1$ μF，$u_C(0)=50$ V，求 $t=10^{-4}$ s 时的 i_C 值；(3) 若 $u_C(0)=-50$ V，为使 $t=10^{-3}$ s 时的 u_C 为零，问 C 应为多少？

10.10　如图 10-38 所示电路中，1 V 电压源在 $t=0$ 时作用于电路，已知 $i_L(t)=0.000\,1+0.005e^{-at}$ A，$t\geqslant0$。若电源为 2 V，$i_L(t)$ 是多少？

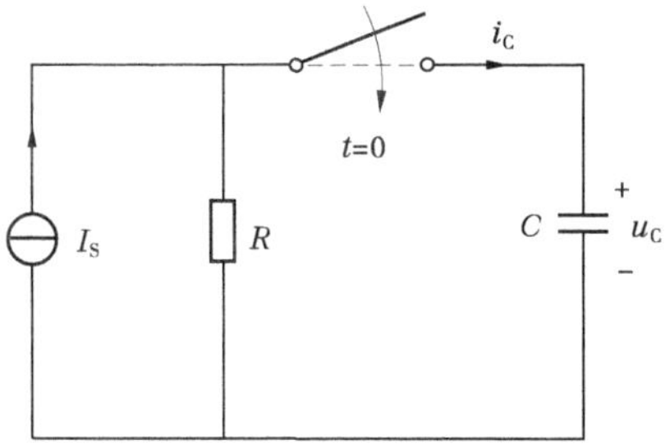

图 10-37

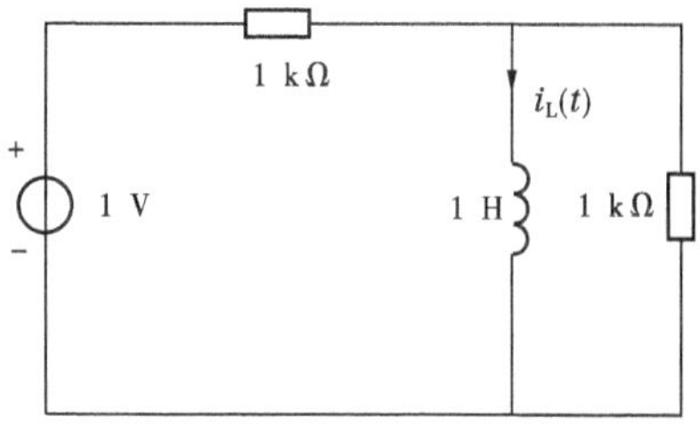

图 10-38

第 11 章　磁路及铁芯线圈

【教学目标】

1. 要求会利用已学的电路知识理解磁路原理；
2. 要求熟练掌握磁路基本知识和原理；
3. 熟悉磁性材料特性。

【学习目标】

1. 理解磁路的基本物理量；
2. 掌握磁路的基本定律；
3. 掌握交流铁芯线圈电路的电磁关系及电压平衡方程。

【基本知识准备】

前面所讲各章都是电路的问题。但是，在实际工程中仅有电路知识还不够。如各种电机（包括变压器）、电器和电工仪表等还广泛应用着磁路，在这些设备中存在着电和磁的相互作用和转换，因而不仅有电路的问题，而且还有磁路的问题。所以本章主要研究磁路及其相关规律的问题。

11.1　电流的磁效应

电流的周围存在磁场的现象称为电流的磁效应。电流的磁效应揭示了磁现象的电本质。根据电磁场理论，磁场是由电流产生的，它与电流在空间的分布和周围空间磁介质的性质密切相关。

磁体的磁场是由“分子环流”产生的，而通电直导体的周围存在着的磁场是由电流产生的。磁场是一种特殊的物质，可用封闭的磁力线描述，如图 11-1 所示。磁力线上每一点的切线方向代表该点的磁场方向，磁力线的疏密表示磁场的强弱。

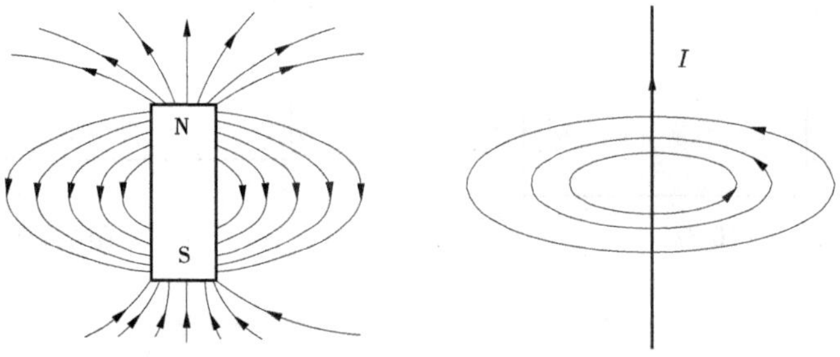

(a)永久磁铁的磁场　　(b)通电直导体磁场

图 11-1　磁场的产生

磁场方向与电流方向符合右手螺旋定则。如图 11-2 所示，右手紧握导线，对于直导体，拇指指向电流方向，则四指指向磁力线方向；对于线圈，四指指向电流方向，则拇指指向线圈内磁场方向。

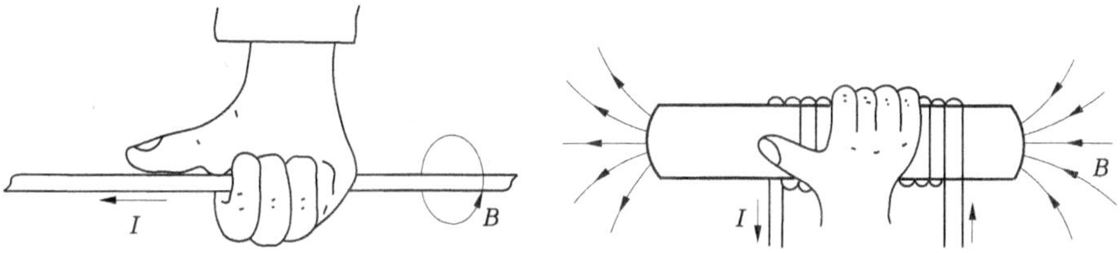

图 11-2 右手螺旋定则

磁场对处于其中的载流导体和磁针有一定的作用力，即磁场具有力的效应。磁场可吸引铁类物质，推动载流导体，使其移动对其做功，即磁场具有能量，是物质的一种形态。

11.2 磁场的基本物理量

磁场的特性可用磁感应强度、磁通、磁场强度、磁导率等几个物理量表示。

11.2.1 磁感应强度 B

磁感应强度是描述磁场强弱和方向的物理量。磁场中垂直于磁场方向的通电直导线，所受的磁场力 F 与电流 I 和导线长度 L 的乘积 IL 的比值称为通电直导线所在处的磁感应强度 B。即

$$B = \frac{F}{IL} \qquad (11\text{-}1)$$

磁感应强度是一个矢量，它的方向即为该点的磁场方向。在国际单位制中，磁感应强度的单位是特斯拉(T)，$1\ \mathrm{T} = 1\ \mathrm{Wb/m^2}$；工程中也有用高斯(Gs)表示的，$1\ \mathrm{Gs} = 10^{-4}\ \mathrm{T}$。地球的磁感应强度为 0.5 Gs。

用磁力线可形象地描述磁感应强度 B 的大小，B 较大的地方，磁场较强，磁力线较密；B 较小的地方，磁场较弱，磁力线较稀；磁力线的切线方向即为该点磁感应强度 B 的方向。

匀强磁场中各点的磁感应强度大小和方向均相同。

11.2.2 磁通 Φ

穿过垂直于磁感应强度 B 方向的面积 S 中的磁力线的总数称为通过该面积的磁通量。用符号 $\phi(\Phi)$ 表示。在不均匀磁场中，穿过面积元 $\mathrm{d}S$ 的磁通为

$$\varphi = \oint_S \mathrm{d}\phi = \oint_S B\mathrm{d}S \qquad (11\text{-}2)$$

在均匀磁场中磁通量可表示为磁感应强度 B 与垂直于磁场方向的面积 S 的乘积，即

$$\Phi = BS \quad 或 \quad B = \Phi/S \qquad (11\text{-}3)$$

由式(11-3)可知，磁感应强度在数值上等于与磁场方向垂直的单位面积内通过的磁通，因此磁通又称磁通密度。

在国际单位制(SI)中，Φ 的单位为 V·s(伏·秒)，通常称为韦伯，用 Wb 来表示。

在工程中，也有用 Mx（麦克斯韦）表示的，$1\ Wb = 10^8\ Mx$。

11.2.3 磁导率 μ

磁导率是表示磁介质（又称磁媒介质）对磁性影响的物理量，是衡量物质导磁能力的。磁场中各点的磁感应强度 B 的大小，不仅与产生磁场的电流和导体有关，还与磁场内媒介质的导磁性质有关。在磁场中放入磁介质时，介质的磁感应强度 B 将发生变化，磁介质对磁场的影响程度取决于它本身的导磁性能。

磁导率 μ 的单位是亨利/米（H/m）。不同的物质磁导率不同。在相同的条件下，μ 值越大，磁感应强度 B 越大，磁场越强；μ 值越小，磁感应强度 B 越小，磁场越弱。

真空中的磁导率是一个常数，用 μ_0 表示，为

$$\mu_0 = 4\pi 10^{-7}\ \mathrm{H/m}$$

为便于对各种物质的导磁性能进行比较，以真空磁导率 μ_0 为基准，将其他物质的磁导率 μ 与 μ_0 比较，其比值称为相对磁导率，用 μ_r 表示，即

$$\mu_r = \frac{\mu}{\mu_0} \tag{11-4}$$

根据相对磁导率 μ_r 的大小，可将物质分为三类：

（1）顺磁性物质：μ_r略大于 1，如空气、氧、锡、铝、铅等物质都是顺磁性物质。在磁场中放置顺磁性物质，磁感应强度 B 略有增加。

（2）反磁性物质：μ_r 略小于 1，如氢、铜、石墨、银、锌等物质都是反磁性物质，又叫做抗磁性物质。在磁场中放置反磁性物质，磁感应强度 B 略有减小。

（3）铁磁性物质：$\mu_r \gg 1$，且不是常数，如铁、钢、铸铁、镍、钴等物质都是铁磁性物质。在磁场中放入铁磁性物质，可使磁感应强度 B 增加几千甚至几万倍。

表 11-1 列出了几种常用的铁磁性物质的相对磁导率。

表 11-1 几种常用的铁磁性物质的相对磁导率

材料	相对磁导率	材料	相对磁导率
钴	174	已经退火的铁	7 000
未经退火的铸铁	240	变压器钢片	7 500
已经退火的铸铁	620	在真空中熔化的电解铁	12 950
镍	1 120	镍铁合金	60 000
软钢	2 180	“C”型坡莫合金	115 000

11.2.4 磁场强度 H

因为磁感应强度 B 是一个与磁介质有关的物理量，为了便于对磁路进行分析，需要一个既能描述磁场性质，又与介质无关的物理量，即磁场强度。

在各向同性的磁介质中，某点的磁感应强度 B 与磁导率 μ 之比称为该点的磁场强度，记作 H。即

$$H = \frac{B}{\mu}$$

$$B = \mu H = \mu_0\mu_r H \tag{11-5}$$

磁场强度 H 也是矢量，其方向与磁感应强度 B 同向，国际单位是安培/米（A/m）。

必须注意：磁场中各点的磁场强度 H 的大小只与产生磁场的电流 I 的大小和导体的形状有关，与磁介质的性质无关。

11.3 磁性材料及其磁化曲线

自然界中既有电的良导体，如各类金属材料，也有导磁好的磁性材料。工程上常用的磁性材料主要是指由过渡元素铁、钴、镍及其合金等组成的材料。按导磁性能的好坏，大体上可将物质分为两类：磁性材料（也称为铁磁材料）和非磁性材料，如表 11-2 所列出的材料。

表 11-2 磁性材料和非磁性材料

类型	磁性材料	非磁性材料
材料名称	铁、钴、镍、钆及其合金	水银、铜、硫、氯、氢、银、金、锌、铅、空气、橡胶、电瓷、木材等。

磁性材料主要的磁性能如下。

11.3.1 磁畴与磁化

分子中电子的绕核运动和自转将形成分子电流，分子电流将产生磁场，每个分子电流都相当于一个小磁铁。磁性物质中分子电流的相互作用，使分子电流在局部形成有序排列而显示出磁性，这些小区域称为磁畴。铁磁性物质的磁化如图 11-3 所示。

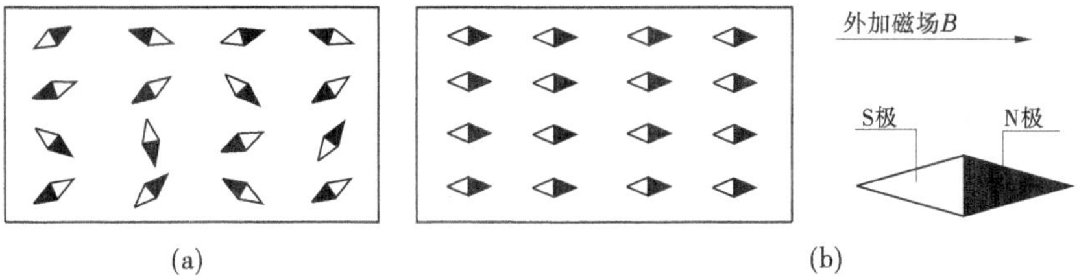

图 11-3 铁磁性物质的磁化

磁性物质没有外磁场时，各磁畴是混乱排列的，对外磁性互相抵消，如图 11-3（a）所示；当在外磁场作用下，磁畴就逐渐转到与外磁场一致的方向上，如图 11-3（b）所示，即产生了一个与外磁场方向一致的附加磁场，从而磁性物质内的磁感应强度大大增加，这种现象叫作磁化。有些铁磁性物质在撤去外磁场后，磁畴的一部分或大部分仍然保持取向一致，对外仍显磁性，即成为永久磁铁。铁磁性物质被磁化的性能被广泛应用于电工设备中，如电动机、电磁铁、变压器等线圈中都含有铁芯，就是利用其磁导率大的特性，使其在较小的电流作用下得到尽可能大的磁感应强度和磁通。不同的铁磁性物质，磁化后的磁性不同;非磁性材料没有磁畴的结构,所以不具有磁化特性。

11.3.2 磁化曲线

磁化曲线是用来描述铁磁性物质的磁化特性的。铁磁性物质的磁感应强度 B 随磁场强度 H 变化的曲线,称为磁化曲线,也叫 B—H 曲线。

图 11-4 中,图(a)是获得磁化曲线的试验装置示意图,图(b)是根据测量值作出的起始磁化曲线。由图 11-4(b)可以看出,B 与 H 的关系是非线性的,即 $\mu=\frac{B}{H}$不是常数。

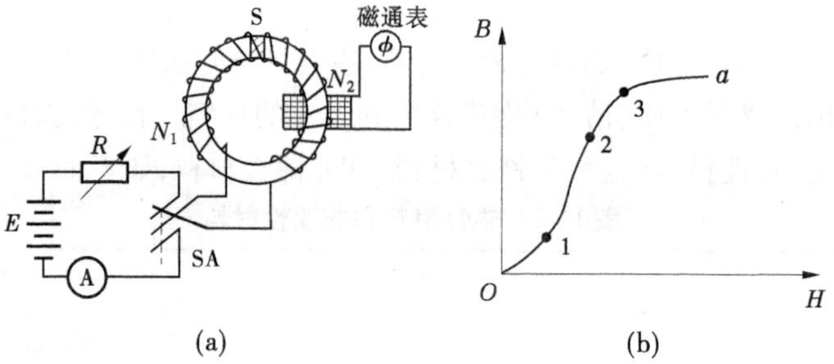

图 11-4 磁化曲线的测定

从实测曲线可以看出:

(1)0 ~1 段:曲线上升缓慢,这是由于磁畴的惯性,当 H 从零开始增加时,B 增加缓慢,称为起始磁化段。

(2)1 ~2 段:随着 H 的增大,B 几乎直线上升,这是由于磁畴在外磁场作用下,大部分都趋向 H 方向,B 增加很快,曲线很陡,称为直线段。

(3)2 ~3 段:随着 H 的增加,B 的上升又缓慢了,这是由于大部分磁畴方向已转向 H 的方向,随着 H 的增加只有少数磁畴继续转向,B 增加变慢。此段称为“膝部”。

(4)3 点以后:到达 3 点以后,磁畴几乎全部转到了外磁场方向,再增大 H 值,B 也几乎不再增加,曲线变得平坦,称为饱和段,此时的磁感应强度叫饱和磁感应强度。

不同的铁磁性物质,B 的饱和值不同,对同一种材料,B 的饱和值是一定的。电机和变压器,通常工作在靠近“膝部”的地方。

在磁化曲线中,已知 H 值就可查出对应的 B 值。因此,在计算铁磁性物质中的磁场问题时,磁化曲线是一个很重要的依据。

图 11-5 给出了几种不同铁磁性物质的磁化曲线,从曲线上可看出,在相同的磁场强度 H 下,硅钢片的 B 值最大,铸铁的 B 值最小,说明硅钢片的导磁性能比铸铁要好得多。

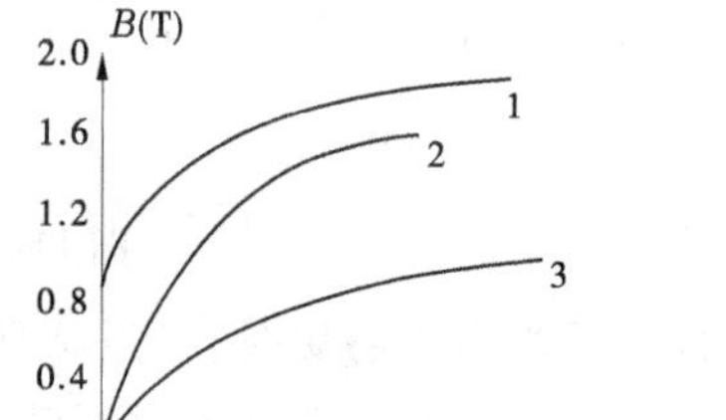

1—硅钢片; 2—铸钢; 3—铸铁

图 11-5 几种铁磁物质的磁化曲线

11.3.3 磁滞回线

磁化曲线只反映了铁磁性物质在外磁场由零逐渐增强的磁化过程,而很多实际应用中,铁磁性物质是工作在交变磁场中的。所以,必须研究铁磁性物质反复交变磁化的问题。

图 11-6 为通过实验测定的某种铁磁性物质的磁滞回线。从曲线可以看出:

(1)当 B 随 H 沿起始磁化曲线达到一定的饱和值以后,逐渐减小 H 的数值,由图 11-6 可看出,B 并不沿起始磁化曲线减小,而是沿它上面的曲线 ab 下降。

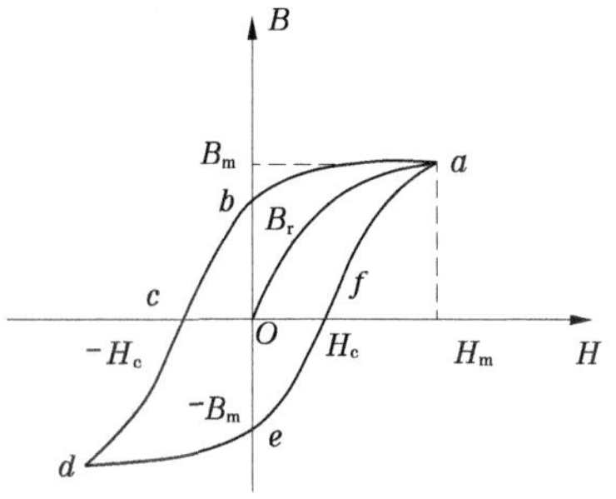

图 11-6 磁滞回线

(2)当 H 减小到零时,$B \neq 0$,而是保留一定的值称为剩磁,用 B_r 表示。永久性磁铁就是利用剩磁很大的铁磁性物质制成的。

(3)为消除剩磁,必须加反向磁场强度 H,随着反向磁场的增强,铁磁性物质逐渐退磁,当反向磁场增大到一定值时,B 值变为 0,剩磁完全消失,如图 11-6 中 bc 段。bc 段曲线叫退磁曲线,这时 H 值是为克服剩磁所加的磁场强度,称为矫顽磁力,用 H_c 表示。矫顽磁力的大小反映了铁磁性物质保存剩磁的能力。

(4)当反向磁场继续增大时,B 值从 0 起改变方向,沿曲线 cd 变化,并能达到反向饱和点 d。

(5)使反向磁场减弱到 0,B—H 曲线沿 de 变化,在 e 点 $H=0$,再逐渐增大正向磁场,B—H 曲线沿 efa 变化,完成一个循环。

(6)从整个过程看,B 的变化总是落后于 H 的变化,这种现象称为磁滞现象。经过多次循环,才可得到一个封闭的对称于原点的闭合曲线($abcdefa$),称为磁滞回线。

(7)改变交变磁场强度 H 的幅值,可相应得到一系列大小不一的磁滞回线,如图 11-7 所示。连接各条对称的磁滞回线的顶点,得到一条磁化曲线,称为基本磁化曲线。

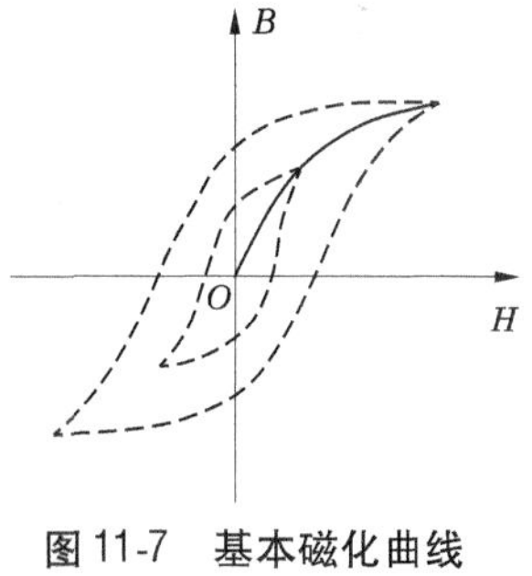

图 11-7 基本磁化曲线

11.3.4 磁滞损耗

铁磁性物质在交变磁化时,磁畴要来回翻转,在这个过程中,产生了能量损耗,称为磁滞损耗。磁滞回线包围的面积越大,磁滞损耗就越大,所以剩磁和矫顽磁力越大的铁磁物质,磁滞损耗就越大。因此,磁滞回线的形状常被用来判断铁磁性物质的性质和作为选择材料的依据。

11.4 磁路的基本概念及基本定律

11.4.1 磁路的基本概念

在电机和铁芯线圈里,常把线圈套装在铁芯上,如图 11-8 所示。当线圈内通有电流时,在线圈周围的空间(包括铁芯内、外)就会形成磁场。由于铁芯的导磁性能比空气要好得多,所以绝大部分磁通将在铁芯内通过,并在能量传递或转换过程中起耦合场的作用,这部分磁通称为主磁通。围绕载流线圈、部分铁芯和铁芯周围的空间,还存在少量分散的磁通,这部分磁通称为漏磁通。我们把由铁磁性材料做成的、磁通集中通过的闭合路径叫磁路。主磁通和漏磁通所通过的闭合路径则分别构成主磁路和漏磁路。磁路和电路一样,分为有分支磁路和无分支磁路两种类型。图 11-8 给出了无分支磁路,图 11-9 给出了有分支磁路。在无分支磁路中,若忽略漏磁通,则通过每一个横截面的磁通都相等。

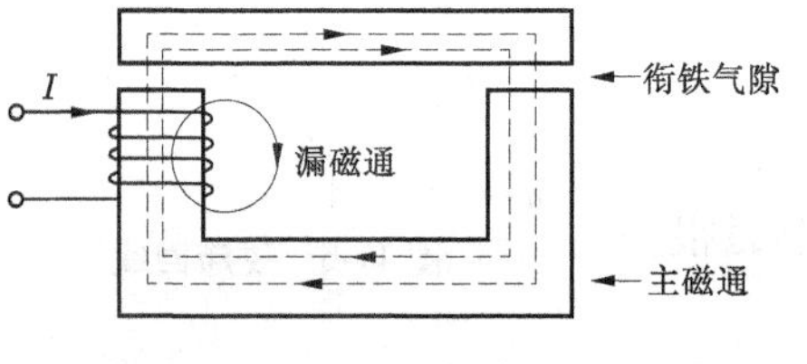

图 11-8　磁通分布

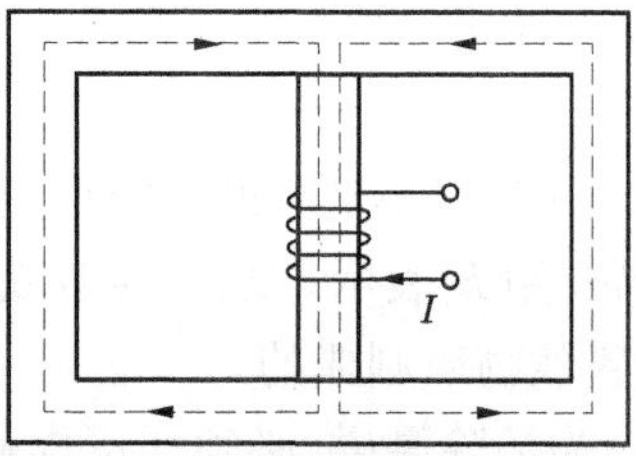

图 11-9　分支磁路

用以激励磁路中磁通的载流线圈称为励磁线圈(或称励磁绕组),励磁线圈中的电流称为励磁电流(或激磁电流)。若励磁电流为直流,磁路中的磁通是恒定的,不随时间而变化,这种磁路称为直流磁路。直流电机的磁路就属于这一类;若励磁电流为交流(为把交、直流激励区分开,本书中的激磁电流仅指交流情况),磁路中的磁通随时间交变,这种磁路称为交流磁路。交流铁芯线圈、变压器和感应电机的磁路都属于这一类。

11.4.2　磁路的基本定律

进行磁路分析和计算时,往往要用到以下几条定律。

安培环路定律:如图 11-10 所示,在磁场中沿着任何一条闭合路径(环路)L,磁场强度 H 的线积分值 $\oint H dl$ 等于该闭合路径所界定面的电流的代数和。用公式表示为

$$\oint H \mathrm{d}l = \sum i \tag{11-6}$$

式中,若电流的参考方向与环路 L 的环行方向符合右手螺旋定则,该电流取正号,否则取负号。

例如,在图 11-10 中,i_2 的正方向向上,取正号;i_1 和 i_3 的正方向向下,取负号,故有

$$\oint H \mathrm{d}l = -i_1 + i_2 - i_3$$

在无分支的均匀磁路(磁路的材料和截面面积相同,各处的磁场强度相等)中,安培环路定律可写成

$$NI = HL$$

NI 称为磁动势,用 F_m 表示,磁动势的方向与电流组成右手螺旋关系(见图 11-11)。HL 称为磁压降。磁压降、磁动势的方向与闭合路径环行方向一致者取正号,反之取负号。

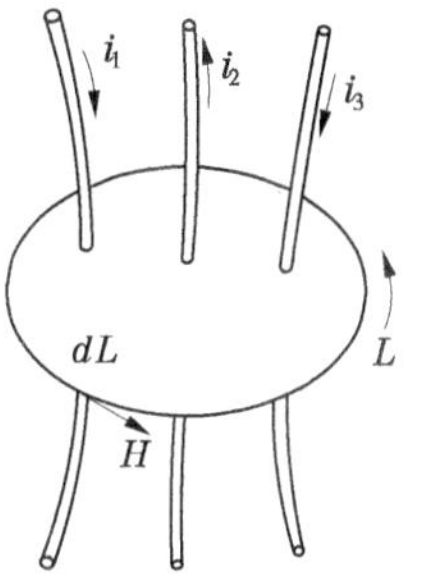

图 11-10　安培环路定律

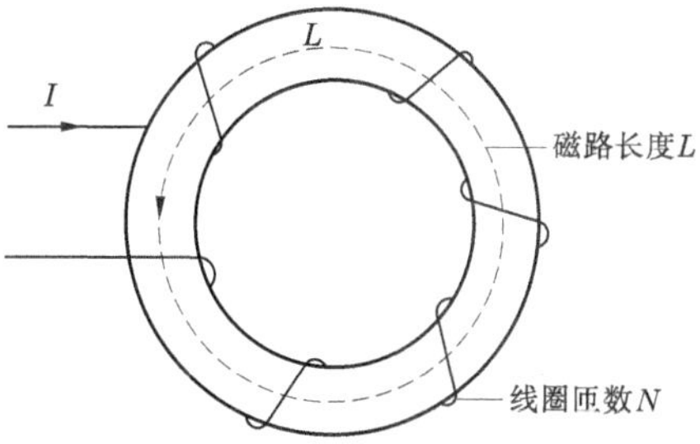

图 11-11　磁动势

磁路的欧姆定律：图 11-12(a)是一个无分支铁芯磁路，铁芯上绕有 N 匝线圈，线圈中通有电流 i；铁芯截面面积为 S，磁路的平均长度为 l，材料的磁导率为 μ。若不计漏磁通，并认为各截面上的磁通密度均匀，并且垂直于各截面，则磁通量 Φ 将等于磁通密度乘以面积，即

$$\Phi = BS$$

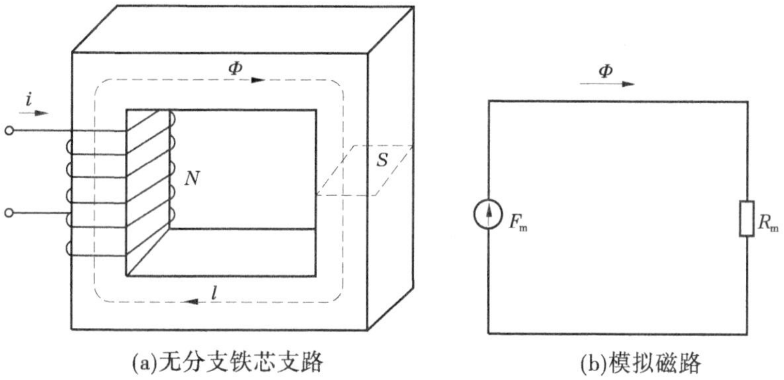

图 11-12　磁路的欧姆定律

而
$$B = \mu H, \Phi = \mu HS = \frac{\mu HlS}{l} = \frac{Hl}{\frac{l}{\mu S}}$$

令 $R_m = \frac{l}{\mu S}$，称为磁路的磁阻，式中，μ 为磁导率，单位为 H/m，长度 l 和截面面积 S 的单位分别为 m 和 m^2。因此，磁阻 R_m 的单位为 1/亨(H^{-1})。由于磁导率 μ 不是常数，所以 R_m 也不是常数；$F_m = Hl$，单位为 A。于是有

$$\Phi = \frac{F_m}{R_m} \tag{11-7}$$

式(11-7)表明，作用在磁路上的磁动势 F_m 等于磁路内的磁通量 Φ 乘以磁阻 R_m，此关系与电路中的欧姆定律在形式上十分相似，因此式(11-7)亦称为磁路的欧姆定律。这里，我们把磁路中的磁动势 F_m 比拟于电路中的电动势 E，磁通量 Φ 比拟于电流 I，但磁通通过磁阻时，并不像电阻那样要消耗能量，因此维持恒定磁通也并不需要消耗任何能量。

磁阻 R_m 和磁导 Λ 分别比拟于电阻 R 和电导 G。图 11-12(b)表示相应的模拟磁路。

磁阻 R_m 与磁路的平均长度 l 成正比,与磁路的截面面积 S 及构成磁路材料的磁导率 μ 成反比。需要注意的是,铁磁性材料的磁导率 μ 不是一个常数,所以由铁磁性材料构成的磁路,其磁阻不是常数,而是随着磁路中磁通密度的大小而变化,这种情况称为非线性。

磁路的基尔霍夫第一定律:如果铁芯不是一个简单回路,而是有分支磁路,如图 11-13 所示,则当中间铁芯柱上加有磁动势 F 时,磁通的路径将如图中虚线所示。如令进入闭合面 A 的磁通为负,穿出闭合面的磁通为正,对闭合面 A,显然有

$$-\Phi_1+\Phi_2+\Phi_3=0$$

或

$$\sum\Phi=0 \tag{11-8}$$

式(11-8)表明:穿出(或进入)任一闭合面的总磁通量恒等于零(或者说,进入任一闭合面的磁通量恒等于穿出该闭合面的磁通量),这就是磁通连续性定律。类似于电路中的基尔霍夫第一定律,该定律亦称为磁路的基尔霍夫第一定律。

磁路的基尔霍夫第二定律:电机和变压器的磁路总是由数段不同截面、不同铁磁性材料的铁芯组成的,而且还可能含有气隙。磁路计算时,总是把整个磁路分成若干段,每段为同一材料、相同截面面积,且段内磁通密度处处相等,从而磁场强度亦处处相等。例如图 11-14所示,磁路由三段组成,其中两段为截面不同的铁磁材料,第三段为气隙。若铁芯上的磁动势为 Ni,根据安培环路定律(磁路欧姆定律)可得

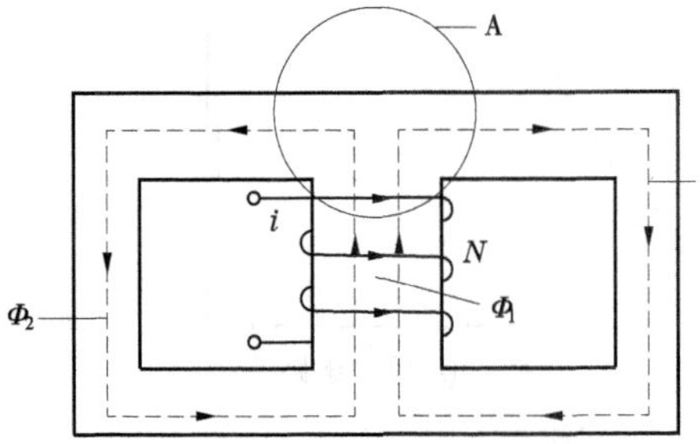

图 11-13 磁路的基尔霍夫第一定律

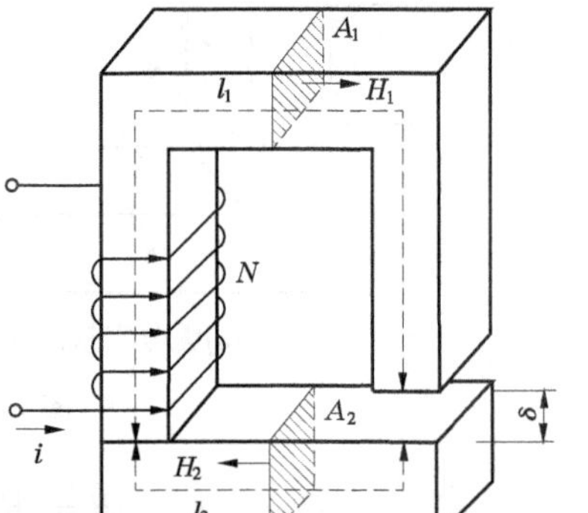

图 11-14 磁路的基尔霍夫第二定律

$$Ni=\sum_{k=1}^{2}H_k l_k+H_\delta\delta=H_1 l_1+H_2 l_2+H_\delta\delta=\Phi_1 R_{m1}+\Phi_2 R_{m2}+\Phi_\delta R_{m\delta} \tag{11-9}$$

式中,l_1 和 l_2 分别为 1、2 两段铁芯的长度,其截面面积分别为 A_1 和 A_2;δ 为气隙长度;H_1、H_2 分别为 1、2 两段磁路内的磁场强度;H_δ 为气隙内的磁场强度;Φ_1 和 Φ_2 为 1、2 两段铁芯内的磁通;Φ_δ 为气隙内磁通;R_{m1}、R_{m2} 为 1、2 两段铁芯磁路的磁阻;$R_{m\delta}$ 为气隙磁阻。

由于 H_k 是单位长度上的磁压降,$H_k l_k$ 则是一段磁路上的磁压降,Ni 是作用在磁路上的总磁动势,故式(11-9)表明:沿任何闭合磁路的总磁动势恒等于各段磁路磁压降的代数和。类似于电路中的基尔霍夫第二定律,该定律就称为磁路的基尔霍夫第二定律。不难看出,此定律实际上是安培环路定律的另一种表达形式。

需要指出的是，磁路和电路的比拟仅是一种数学形式上的类似，而不是物理本质上的相似。

11.5　恒定磁通铁芯磁路的计算

前面阐明了磁路的基本定律和铁磁性材料的特性，本节将进一步讨论恒定磁通铁芯磁路即直流磁路的计算方法。

磁路计算时，通常是先给定磁通量，然后计算所需要的磁动势。对于少数给定磁动势求磁通量的逆问题，由于磁路的非线性，需要进行试探和多次迭代，才能得到解答。

11.5.1　简单串联磁路

简单串联磁路就是不计漏磁影响，仅有一个磁回路的无分支磁路，如图 11-14 所示。此时通过各段磁路的磁通相同。但由于各段磁路的截面面积不同，故各段的磁通密度不同。这种磁路虽然比较简单，但却是磁路计算的基础。下面举例加以说明。

【例 11.1】 在图 11-15 所示的磁路中，如果铁芯用 D_{23} 硅钢片叠成，截面面积 $A_{Fe} = 12.25\times10^{-4}\text{m}^2$，铁芯的平均长度 $l_{Fe}=0.4$ m，空气隙 $\delta=0.5\times10^{-3}$ m，线圈的匝数为 600 匝，试求产生磁通 $\phi=11\times10^{-4}$Wb 时所需的励磁磁动势和励磁电流。

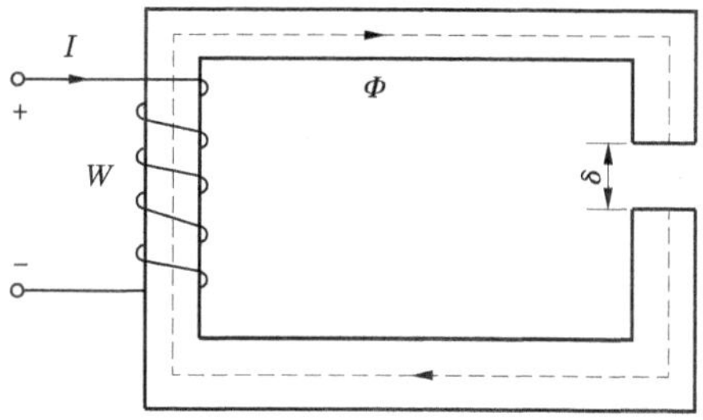

图 11-15　例 11.1 图

解　在铁芯叠片中的磁密为

$$B_{Fe} = \frac{\phi}{A_{Fe}} = 11/12.25 = 0.9(\text{T})$$

根据 D_{23} 硅钢片磁化曲线（本书没有给出，应从相关手册上查找）查出 $H_{Fe}=306$ A/m。

在铁芯中的磁位降 $F_{Fe}=H_{Fe}\times l_{Fe}=306\times0.4=122.4(\text{A})$

在空气隙处，当不考虑气隙的边缘效应（通过气隙的磁力线向外扩散的现象）时

$$B_a = B_{Fe} = 0.9(\text{T})$$

所以
$$H_a = \frac{B_a}{\mu_0} = \frac{0.9}{4\pi\times10^{-7}} = 7.15\times10^5(\text{A/m})$$

故
$$F_a = H_a\times\delta = 7.15\times10^5\times0.5\times10^{-3} = 357.5(\text{A})$$

则磁动势
$$F = F_a + F_{Fe} = 357.5+122.4 = 479.9(\text{安匝})$$

励磁电流
$$I_f = \frac{F}{N} = \frac{479.9}{600} = 0.799(\text{A})$$

11.5.2 简单并联磁路

简单并联磁路是指考虑漏磁影响，或磁回路有两个以上分支的磁路。电机和变压器的磁路大多属于这一类。下面举例说明其算法。

【例 11.2】 如图 11-16 所示并联磁路，铁芯所用材料为 DR530 硅钢片，铁芯柱和铁轭的截面面积均为 $A = 2\times10^{-4}\ \text{m}^2$，磁路段的平均长度 $l = 5\times10^{-2}\ \text{m}$，气隙长度 $\delta_1 = \delta_2 = 2.5\times10^{-3}\ \text{m}$，励磁线圈匝数 $N_1 = N_2 = 1\ 000$ 匝。不计漏磁通，试求在气隙内产生 $B_\delta = 1.211\ \text{T}$ 的磁通密度时，所需的励磁电流 I。

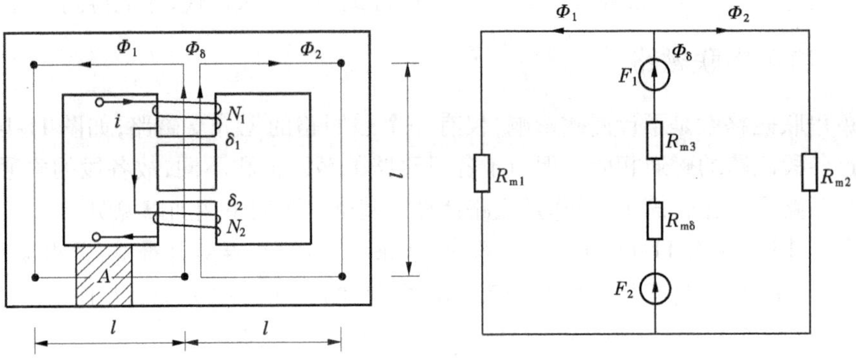

(a)并联磁路　　(b)模拟磁路

图 11-16　例 11.2 图

解　为便于理解，先画出图 11-16(b)所示模拟磁路图。由于两条并联磁路是对称的，故只需计算其中一个磁回路即可。

根据磁路基尔霍夫第一定律，得

$$\Phi_\delta = \Phi_1 + \Phi_2 = 2\Phi_1 = 2\Phi_2$$

根据磁路基尔霍夫第二定律，有

$$\sum H_k l_k = H_1 l_1 + H_3 l_3 + 2H_\delta \delta = N_1 i_1 + N_2 i_2 = 2N_1 i_1$$

由图 11-16(a)可知，中间铁芯段的磁路长度 $l_3 = l - 2\delta = (5 - 0.5)\times10^{-2} = 4.5\times10^{-2}(\text{m})$；左、右两边铁芯段的磁路长度均为 $l_1 = l_2 = 3l = 3\times5\times10^{-2} = 15\times10^{-2}(\text{m})$。

(1)气隙磁压降为

$$2H_\delta \delta = 2\frac{B_\delta}{\mu_0}\delta = 2\times\frac{1.211}{4\pi\times10^{-7}}\times2.5\times10^{-3} = 4\ 818(\text{A})$$

(2)中间铁芯段的磁通密度 B_3 为

$$B_3 = \frac{\Phi_\delta}{A} = \frac{1.211\times(2+0.25)^2\times10^{-4}}{4\times10^{-4}} = 1.533(\text{T})$$

从磁化曲线查得，与 B_3 对应的 $H_3 = 19.5\times10^2\ \text{A/m}$，于是中间铁芯段的磁压降 $H_3 l_3$ 为

$$H_3 l_3 = 19.5\times10^2\times4.5\times10^{-2} = 87.75(\text{A})$$

(3)左、右两边铁芯的磁通密度 B_1、B_2 为

$$B_1 = B_2 = \frac{\Phi_\delta/2}{A} = \frac{0.613\times10^{-3}/2}{4\times10^{-4}} = 0.766(\mathrm{T})$$

从 DR530 硅钢片磁化曲线（本书没有给出，应从相关手册上查找）查得，$H_1 = H_2 =$ 215 A/m，由此可得左、右两边铁芯段的磁压降为

$$H_1 l_1 = H_2 l_2 = 215\times15\times10^{-2} = 32.25(\mathrm{A})$$

（4）总磁动势和励磁电流

$$\sum NI = 2H_\delta\delta + H_3 l_3 + H_1 l_1 = 4\ 818 + 87.75 + 32.25 = 4\ 938(\mathrm{A})$$

所以
$$I = \frac{4\ 938}{2\ 000} = 2.469(\mathrm{A})$$

11.6 交流铁芯线圈的电路分析

如图 11-17 所示铁芯线圈中，通以交变电流时，其中便有交变的磁通。Φ 是其主磁通，Φ_σ 是其漏磁通。

11.6.1 铁芯线圈的电压电流关系

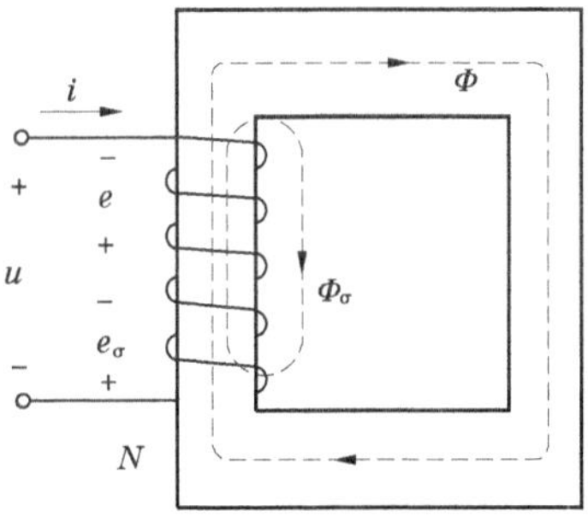

图 11-17 铁芯线圈

设线圈的电阻为 R，主磁电动势为 e 和漏磁电动势为 e_σ，由 KVL 可得

$$u + e + e_\sigma = iR$$

设主磁通按正弦变化，$\Phi = \Phi_m \sin\omega t$ （Wb）

则由电磁感应定律可知

$$e = -N\frac{\mathrm{d}\Phi}{\mathrm{d}t} = -N\frac{\mathrm{d}}{\mathrm{d}t}(\Phi_m\sin\omega t)$$

$$= 2\pi fN\Phi_m\sin(\omega t - 90°) = E_m\sin(\omega t - 90°)$$

有效值
$$E = \frac{E_m}{\sqrt{2}} = \frac{2\pi fN\Phi_m}{\sqrt{2}} = 4.44fN\Phi_m \tag{11-10}$$

外加电压有效值
$$U \approx E = 4.44fN\Phi_m = 4.44fNB_mS \quad (\mathrm{V}) \tag{11-11}$$

式中，B_m 为磁感应强度最大值，S 为截面面积，N 为线圈匝数。

设漏磁电感为 L_σ，则：$e_\sigma = -L_\sigma\frac{\mathrm{d}i}{\mathrm{d}t}$

$$u = iR + (-e_\sigma) + (-e) = iR + L_\sigma\frac{\mathrm{d}i}{\mathrm{d}t} + N\frac{\mathrm{d}\Phi}{\mathrm{d}t} = u_R + u_\sigma + u'$$

写成相量形式
$$\dot{U} = R\dot{I} + \mathrm{j}X_\sigma\dot{I} + \dot{U}' = \dot{U}_R + \dot{U}_\sigma + \dot{U}' \tag{11-12}$$

其等效电路如图 11-18 所示。

11.6.2 铁芯线圈的功率损耗

交流铁芯线圈的功率损耗主要有铜损和铁损两种。线圈电阻 R 上的功率损耗称铜损，用 ΔP_{Cu} 表示，$\Delta P_{Cu} = RI^2$。

处于交变磁通下的铁芯内的功率损耗称铁损。铁损由磁滞和涡流产生。

将铁磁性材料置于交变磁场中时，材料被反复交变磁化。与此同时，磁畴相互间不停地摩擦、消耗能量、造成损耗，这种损耗称为磁滞损耗。

分析表明，磁滞损耗 p_h 与磁场交变的频率 f、铁芯的体积 V 和磁滞回线的面积 $\oint HdB$ 成正比，即

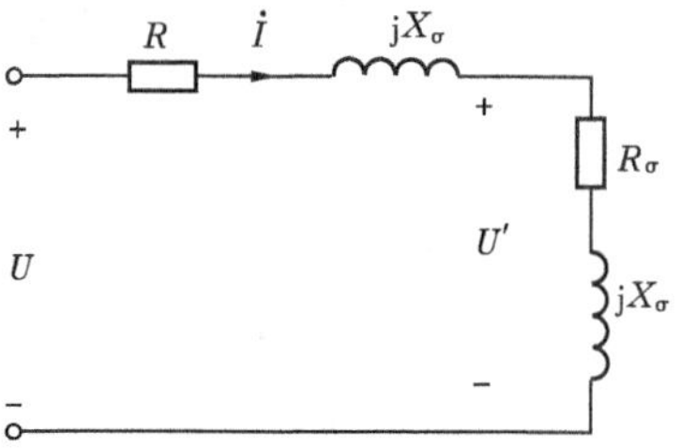

图 11-18　铁芯线圈等效电路

$$p_h \propto fV\oint H\mathrm{d}B \tag{11-13}$$

实验证明，磁滞回线的面积与 B_m 的 n 次方成正比，故磁滞损耗亦可改写成

$$p_h \approx C_h fVB_m^n \tag{11-14}$$

式中，C_h 为磁滞损耗系数，其大小取决于材料性质；对一般电工钢片，$n=1.6\sim2.3$。由于硅钢片磁滞回线的面积较小，故电机和变压器的铁芯常用硅钢片叠成。

因为铁芯是导电的，故当通过铁芯的磁通随时间变化时，根据电磁感应定律，铁芯中将产生感应电动势，并引起环流。这些环流在铁芯内部围绕磁通作旋涡状流动，称为涡流，如图 11-19 所示。涡流在铁芯中引起的损耗，称为涡流损耗。

分析表明，频率越高，磁通密度越大，感应电动势越大，涡流损耗亦越大；铁芯的电阻率越大，涡流所流过的路径越长，涡流损耗就越小。对于由硅钢片叠成的铁芯，经实验可知，涡流损耗 p_e 为

$$p_e \approx C_e\Delta^2 f^2 VB_m^2 \tag{11-15}$$

式中，C_e 为涡流损耗系数，其大小取决于材料的电阻率；Δ 为硅钢片厚度。基于此，为减小涡流损耗，电机和变压器的铁芯都用含硅量较高的薄硅钢片（0.35 ~ 0.5 mm）叠成。

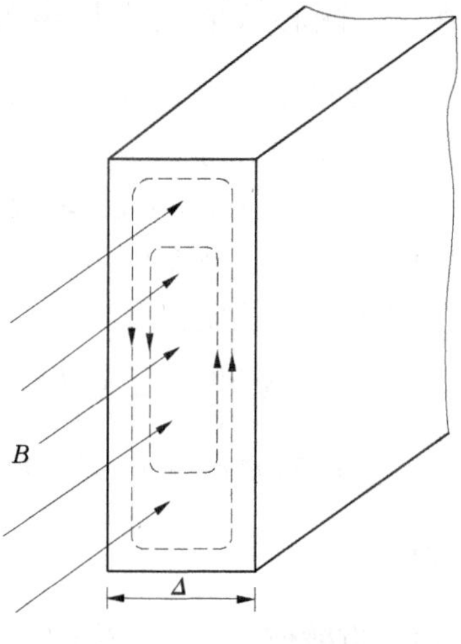

图 11-19　铁芯线圈涡流

于是，综合铁芯中的磁滞损耗和涡流损耗可得铁芯损耗用 p_{Fe} 表示为

$$p_{Fe} = p_h + p_e \approx C_h fB_m^n + C_e\Delta^2 f^2 B_m^2\ V \tag{11-16}$$

对于一般的电工钢片，在正常的工作磁通密度范围内（$1\ T < B_m < 1.8\ T$），式（11-16）可近似地写成

$$p_{Fe} \approx C_{Fe} f^3 B_m^2 G \tag{11-17}$$

式中，C_{Fe} 为铁芯的损耗系数；G 为铁芯重量。

式（11-17）表明，铁芯损耗与频率的 3 次方、磁通密度的平方和铁芯重量成正比。

【例 11.3】 有一铁芯线圈，接到 $U=220$ V、$f=50$ Hz 的交流电源上，测得电流 $I=2$ A，功率 $P=50$ W。

(1)不计线圈电阻及漏磁通,试求铁芯线圈等效电路的 R_0 及 X_0。

(2)若线圈电阻 $R=1\ \Omega$,试计算该线圈的铜损及铁损。

解 (1)$P=UI\cos\varphi$,得 $\varphi=\arccos\dfrac{P}{UI}=\arccos\dfrac{50}{220\times 2}=83.5°$。

阻抗为 $Z=R_0+\mathrm{j}X_0=\dfrac{U}{I}\angle\varphi=\dfrac{U}{2}\angle 83.5°=110\angle 83.5°=12.5+\mathrm{j}109.3\ \Omega$

$$R_0=12.5\ \Omega\ ,\ X_0=109.3\ \Omega$$

(2)铜损为 $$\Delta P_{\mathrm{Cu}}=I^2R=2^2\times 1=4(\mathrm{W})$$

铁损为 $$\Delta P_{\mathrm{Fe}}=P-\Delta P_{\mathrm{Cu}}=50-4=46(\mathrm{W})$$

或 $$\Delta P_{\mathrm{Fe}}=I^2R'_0=2^2\times(12.5-1)=46(\mathrm{W})$$

【项目任务】

(一)实验名称

磁性材料基本特性的研究

(二)实验目的

1. 了解磁性材料的磁化曲线和磁滞回线概念,加深对铁磁材料的主要物理量(矫顽磁力、剩磁和磁导率)的理解;

2. 利用示波器观察并测量磁化曲线与磁滞回线;

3. 测定所给定的铁磁材料的居里温度。

(三)实验原理

1. 磁化性质

一切可被磁化的物质叫作磁介质。磁介质的磁化规律可用磁感应强度 B、磁化强度 M、磁场强度 H 来描述,它们满足以下关系

$$B=\mu_0(H+M)=(\chi_{\mathrm{m}}+1)\mu_0H=\mu_{\mathrm{r}}\mu_0H=\mu H \tag{1}$$

式中,μ_0 为真空磁导率,$\mu_0=4\pi\times 10^{-7}\ \mathrm{H/m}$;$\chi_{\mathrm{m}}$ 为磁化率;μ_{r} 为相对磁导率,$\mu_{\mathrm{r}}=\chi_{\mathrm{m}}+1=\dfrac{B}{\mu_0H}$,是一个无量纲的系数;$\mu$ 为绝对磁导率,$\mu=\mu_{\mathrm{r}}\mu_0$。对于顺磁性介质,磁化率 $\chi_{\mathrm{m}}>0$,μ_{r} 略大于1;对于抗磁性介质,$\chi_{\mathrm{m}}<0$,一般 χ_{m} 的绝对值在 $10^{-4}\sim 10^{-5}$,μ_{r} 略小于1;而对于铁磁性介质,$\chi_{\mathrm{m}}\gg 1$,所以 $\mu_{\mathrm{r}}\gg 1$。

对非铁磁性各向同性磁介质,H 和 B 之间满足线性关系,$B=\mu H$,而铁磁性介质的 μ、B 与 H 之间有着复杂的非线性关系。一般情况下,铁磁质内部存在自发的磁化强度,温度越低自发磁化强度越大。图11-20是典型的磁化曲线(B—H 曲线和 μ—H 曲线),它反映了铁磁质的共同磁化特点:随着 H 的增加,开始时 B 缓慢的增加,此时 μ 较小;而后随 H 的增加,B 急剧增大,μ 也迅速增加;最后随 H 增加,B 趋向于饱和,而此时的 μ 值在到达最大值后又急剧减小,图11-20表明了磁导率 μ 是磁场 H 的函数。从图11-21中可看到,磁导率 μ 还是温度的函数,当温度升高到某个值时,铁磁质由铁磁状态转变成顺磁状态,在曲线上变化率最大的点所对应的温度就是居里温度 T_{C}。

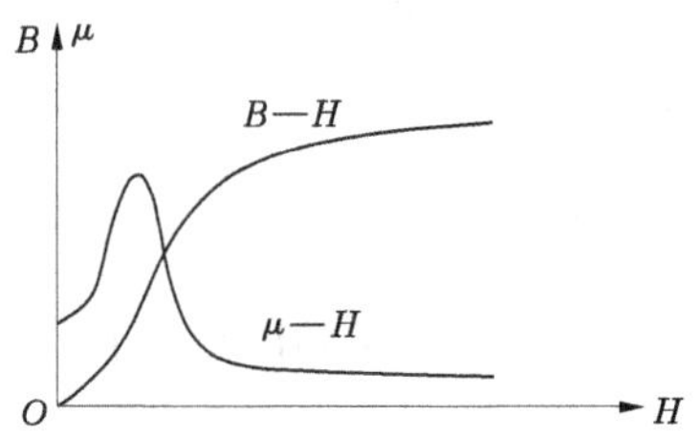

图 11-20　B—H 曲线和 μ—H 曲线

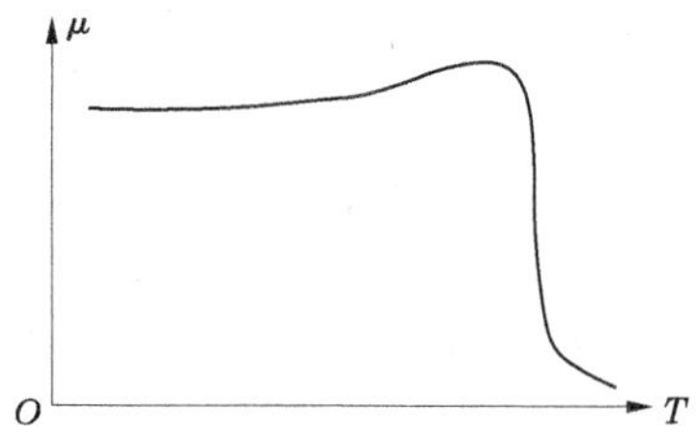

图 11-21　μ—T 曲线

2. 磁滞性质

铁磁材料除具有高的磁导率外，另一重要的特性是磁滞现象。当铁磁材料磁化时，磁感应强度 B 不仅与当时的磁场强度 H 有关，而且与磁化的历史有关，如图 11-22 所示。曲线 OA 表示铁磁材料从没有磁性开始磁化，B 随 H 的增加而增加，称为磁化曲线。当 H 值到达某一个值 H_S 时，B 值几乎不再增加，磁化趋于饱和。如使 H 减小，B 将不再沿着原路返回，而是沿另一条曲线 $AC'A'$ 下降。当 H 从 $-H_S$ 增加时，B 将沿着 $A'CA$ 曲线到达 A 形成一闭合曲线，其中当 $H=0$ 时，$|B|=B_r$，B_r 称为剩余磁感应强度，简称剩磁。要使得 B_r 为零，就必须加一反向磁场，当反向磁场强度增加到 $H=-H_C$ 时，磁感应强度 B 为零，达到退磁，H_C 称为矫顽磁力。各种铁磁材料有不同的磁滞回线，主要区别在于矫顽磁力的大小。矫顽磁力大的称为硬磁材料，矫顽磁力小的称为软磁材料。

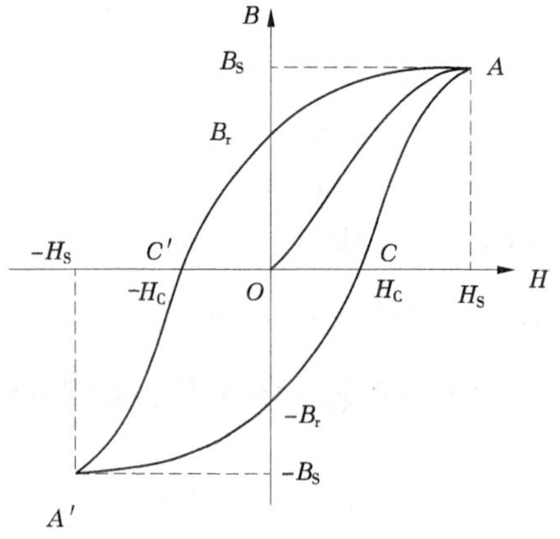

图 11-22　磁化曲线和磁滞回线

3. 用示波器测量动态磁化曲线和磁滞回线

图 11-23 所示为用示波器测量动态磁化曲线和磁滞回线的电路图。本实验研究的是闭合状的铁磁圆环样品，铁磁样品平均磁路为 L，励磁线圈的匝数为 N_1，当励磁电流为 i_1 时，在样品内根据安培环路定律，有

$$HL = N_1 i_1 \tag{2}$$

则示波器 X 轴偏转板输入电压

$$U_{R1} = R_1 i_1 = \frac{R_1 L}{N_1} H \tag{3}$$

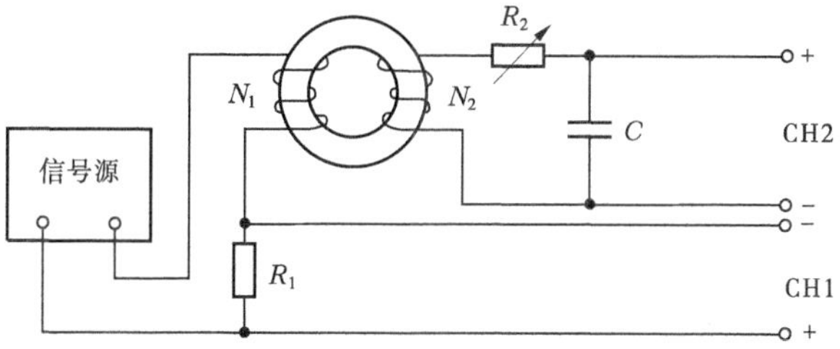

图 11-23　用示波器测量动态磁化曲线和磁滞回线的电路

式中，R_1、L、N_1 均为常数，这表明 X 轴输入电压的大小 U_{R1} 与磁场强度 H 成正比。

设样品的截面面积为 S，根据电磁感应定律，在匝数为 N_2 的次级线圈中，感应电动势为

$$\varepsilon_2 = -N_2 S \frac{\mathrm{d}B}{\mathrm{d}t} \tag{4}$$

考虑带次级线圈的匝数 N_2 较少，自感电动势可忽略，在 R_2、C 所构成的回路中适当的选取 R_2、C 值，使得 $R_2 \gg \frac{1}{\omega C}$，则

$$\varepsilon_2 = R_2 i_2 \tag{5}$$

将 $i = \frac{\mathrm{d}q}{\mathrm{d}t} = C\frac{\mathrm{d}u_C}{\mathrm{d}t}$ 代入式(5)，并利用式(4)可得

$$U_C = -\frac{N_2 S}{R_2 C} B \tag{6}$$

式(6)表明 Y 轴输入 U_C 的大小与磁感应强度 B 成正比。

4. 用交流电桥测量居里温度

铁磁材料的居里温度可用任何一种交流电桥测量。交流电桥种类很多，如麦克斯韦电桥、欧文电桥等，但大多数电桥可归结为如图 11-24 所示的四臂阻抗电桥，电桥的四个臂可以是电阻、电容、电感的串联或并联的组合。调节电桥的桥臂参数，使 CD 两点间的电位差为零，电桥达到平衡，则有

$$\frac{Z_1}{Z_2} = \frac{Z_3}{Z_4} \tag{7}$$

若式(7)成立，必须使复数等式的模量和轴角分别相等，于是有

$$\frac{|Z_1|}{|Z_2|} = \frac{|Z_3|}{|Z_4|} \tag{8}$$

$$\varphi_1 + \varphi_4 = \varphi_2 + \varphi_3 \tag{9}$$

由此可见，交流电桥平衡时，除阻抗大小满足式(8)外，阻抗的相位角还要满足式(9)，这是它和直流电桥的主要区别。

本实验采用如图 11-25 所示的 RL 交流电桥，在电桥中输入电源由信号发生器提供，在实验中应适当选择较高的输出频率，ω 为信号发生器的角频率，其中 Z_1 和 Z_2 为纯电阻，Z_3 和 Z_4 为电感（包括电感的线性电阻 r_1 和 r_2），其复阻抗为

$$Z_1 = R_1, Z_2 = R_2, Z_3 = r_1 + \mathrm{j}\omega L_1, Z_4 = r_2 + \mathrm{j}\omega L_2 \tag{10}$$

当电桥平衡时有

$$R_1(r_2 + j\omega L_2) = R_2(r_1 + j\omega L_1) \tag{11}$$

实部与虚部分别相等，得

$$r_2 = \frac{R_2}{R_1}r_1, L_2 = \frac{R_2}{R_1}L_1 \tag{12}$$

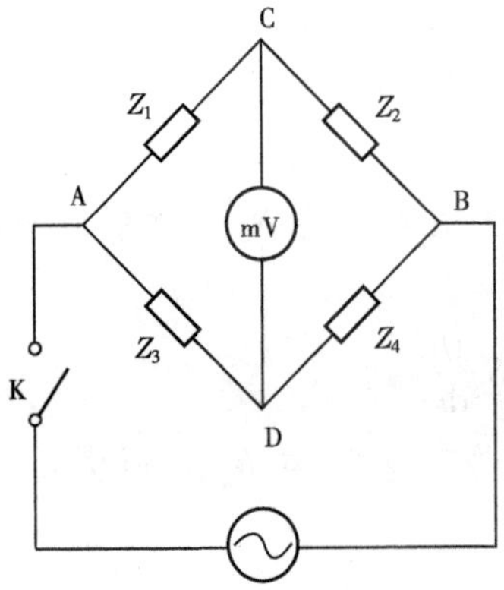

图 11-24　交流电桥的基本电路

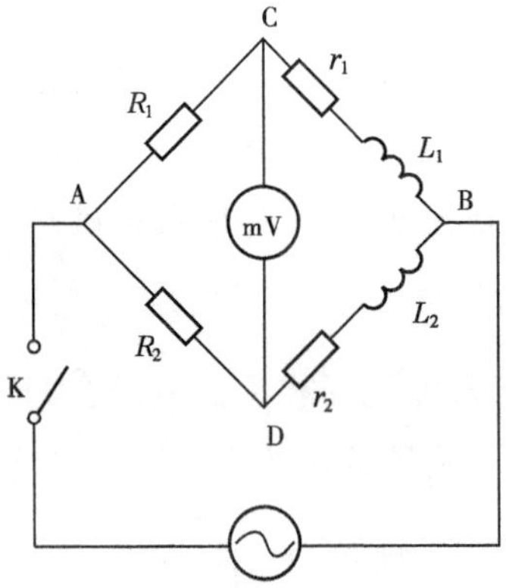

图 11-25　*RL* 交流电桥

选择合适的电子元件相匹配，在未放入铁氧体时，可直接使电桥平衡，但当其中一个电感放入铁氧体后，电感大小发生了变化，引起电桥不平衡。随着温度上升到某一个值时，铁氧化的铁磁性转变为顺磁性，CD 两点间的电位差发生突变并趋于零，电桥又趋向于平衡，这个突变的点对应的温度就是居里温度。可通过桥路电压与温度的关系曲线，求其曲线突变处的温度，并分析研究在升温与降温时的速率对实验结果的影响。

由于被研究的铁氧体置于电感的绕组中，被线圈包围，所以当放入硅油中加热时，若加温速度过快，则硅油温度将与铁氧体的实际温度不同（加温时，铁氧体温度低于油温；降温时，铁氧体温度高于油温），这种滞后现象在实验中必须加以重视，只有在动态平衡的条件下，磁性突变的温度才精确等于居里温度。

（四）仪器设备

数字万用表，铂电阻温度计，加热装置，实验接线板，功率函数信号发生器，双踪示波器，被测样品和实验配件等。

（五）实验内容

1. 在信号源频率（1 kHz ~ 2 kHz）一定条件下，观察 R_2 阻值不同时样品的磁化过程；

2. 选择合适的 R_2 值，测量此时的饱和磁滞回线；

3. 作磁滞回线圈，同时计算这一条件下的样品参数（如 H_C 等）；

4. 用电桥法测量铁氧体的居里温度 T_C。

（六）注意事项

测量过程中，需保持示波器的灵敏度 S_x 和 S_y 不变。

【课后练习】

11.1　电机和变压器的磁路常采用什么材料制成？这种材料有哪些主要特性？

11.2　磁滞损耗和涡流损耗是由什么原因引起的？它们的大小与哪些因素有关？

11.3　什么是软磁材料？什么是硬磁材料？

11.4　磁路的磁阻如何计算？磁阻的单位是什么？

11.5　说明磁路和电路的不同点。

11.6　说明直流磁路和交流磁路的不同点。

11.7　基本磁化曲线与起始磁化曲线有何区别？磁路计算时用的是哪一种磁化曲线？

11.8　磁路的基本定律有哪几条？当铁芯磁路上有几个磁动势同时作用时，磁路计算能否用叠加原理？为什么？

11.9　图 11-26 是两根无限长的平行轴电线，P 点与两线在同一平面内，当导体中通以直流电流 I 时，求 P 点的磁场强度和磁通密度的大小及 r_1 方向。

11.10　图 11-26 中，当两电线分别通以直流同向电流 I 和异向电流 I 时，求每根导线单位长度上所受的电磁力，并画出受力方向。

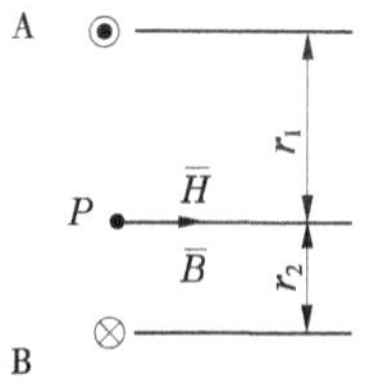

图 11-26

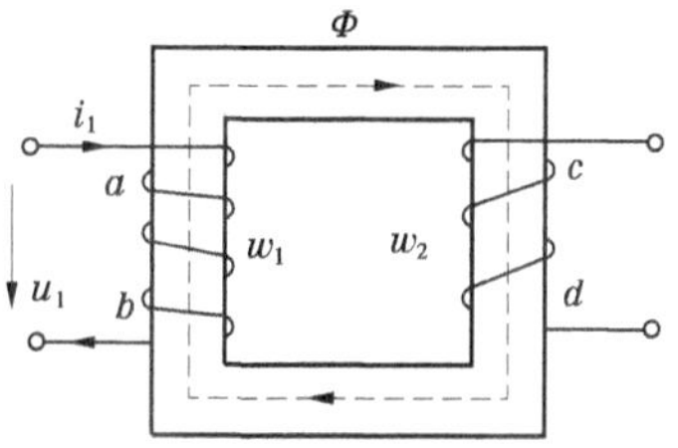

图 11-27

11.11　在图 11-21 中，如果电流 i_1 在铁芯中建立的磁通是 $\Phi = \phi_m \sin\omega t$，副线圈匝数是 w_2，试求副线圈内感应电势有效值的计算公式。

11.12　有一单匝矩形线圈与一无限长导体同在一平面内，如图 11-28 所示。试分别求出下列条件下线圈内的感应电势：

(1) 导体内通以直流电流 I，线圈以速度 v 从左向右移动；

(2) 电流 $i = I_m \sin\omega t$，线圈不动；

(3) 电流 $i = I_m \sin\omega t$，线圈以速度 v 从左向右移动。

11.13　磁路结构如图 11-29 所示，欲在气隙中建立 7×10^{-4} Wb 的磁通，需要多大的磁动势？

11.14　一铁环的平均半径为 0.3 m，铁环的横截面面积为一直径等于 0.05 m 的圆形，在铁环上绕有线圈，当线圈中电流为 5 A 时，在铁芯中产生的磁通为 0.003 Wb，试求线圈应有匝数。铁环所用材料为铸钢。

11.15　设题 11.14 铁芯中的磁通减少一半，线圈匝数仍同题 11.14 中所求之值，问此时线圈中应流过多少电流？如果线圈中的电流为 4 A，线圈的匝数不变，铁芯磁通应是多少？

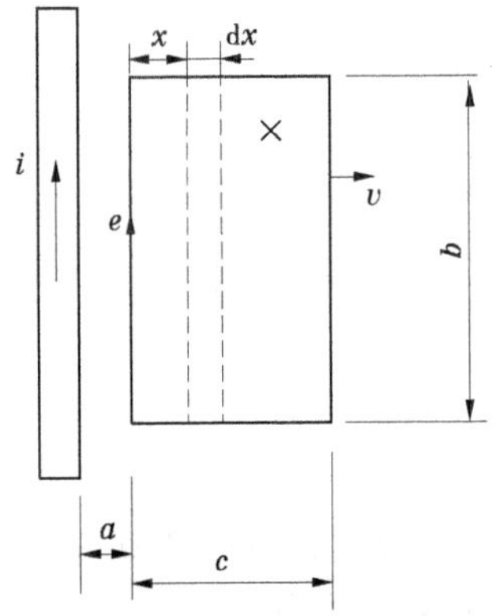

图 11-28

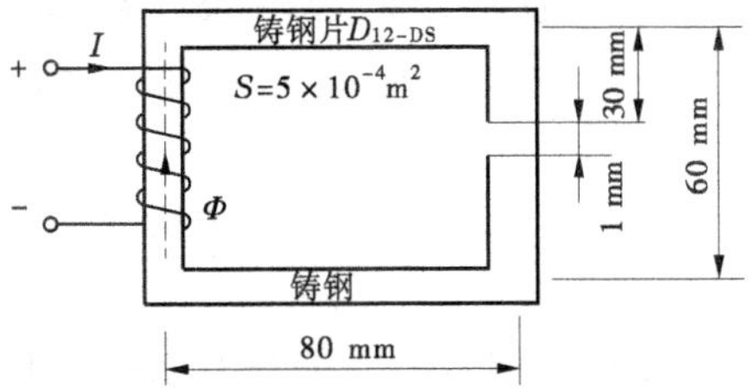

图 11-29

11.16　设有 100 匝长方形线圈，如图 11-30 所示，线圈的尺寸为 $a=0.1$ m，$b=0.2$ m，线圈在均匀磁场中围绕着连接长边中点的轴线以均匀转速 $n=1\ 000$ r/min 旋转，均匀磁场的磁通密度 $B=0.8$ Wb/m^2。试写出线圈中感应电势的表达式，算出感应电势的最大值和有效值，并说明出现最大值时的位置。

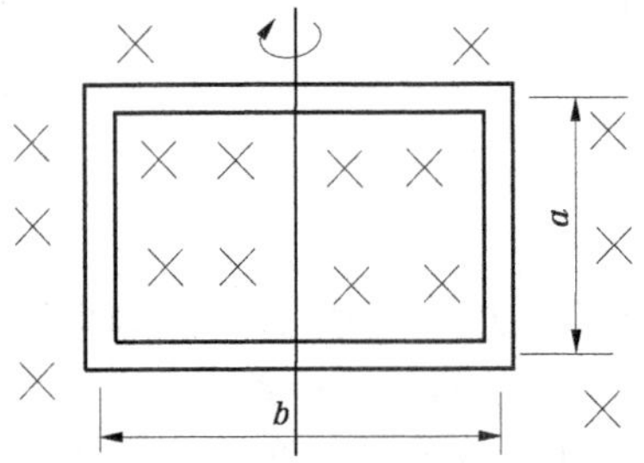

图 11-30

11.17　设题 11.16 中磁场为一交变磁场，交变频率为 50 Hz，磁场的最大磁通密度 $B_m=0.8$ T。试求：

(1) 设线圈不转动，线圈平面与磁力线垂直时，求线圈中感应电势的表达式。

(2) 设线圈不转动，线圈平面与磁力线呈 60°夹角，求线圈中感应电势的表达式。

(3) 设线圈以 $n=1\ 000$ r/min 的速度旋转，且当线圈平面垂直于磁力线时磁通达最大值，求线圈中感应电势的表达式，说明电势波形。

11.18　线圈尺寸如图 11-30 所示，$a=0.1$ m，$b=0.2$ m，位于均匀恒定磁场中，磁通密度 $B=0.8$ T。设线圈中通以 10 A 电流，试求：

(1) 当线圈平面与磁力线垂直时，线圈各边受力多大？作用方向如何？作用在该线圈上的转矩多大？

(2) 当线圈平面与磁力线平行时，线圈各边受力多大？作用方向如何？作用在该线圈上的转矩多大？

(3) 线圈受力后要转动，试求线圈在不同位置时的转矩表达式。

参考文献

[1] 邱关源.电路[M].4版.北京:高等教育出版社,1999.
[2] 李翰荪.电路分析基础[M].北京:高等教育出版社,1984.
[3] 胡翔骏.电路分析[M].北京:高等教育出版社,2001.
[4] 马洪明,等.电路分析基础[M].成都:四川教育出版社,2003.
[5] 周守昌.电路原理[M].北京:高等教育出版社,1999.
[6] 闻跃.基础电路分析[M].北京:清华大学出版社,2003.
[7] 傅恩锡.电路分析简明教程[M].北京:高等教育出版社,2004.
[8] 胡锡龙.《电路分析》教学指导书[M].北京:高等教育出版社,2004.
[9] (美)C.A.狄苏尔,葛守仁.电路基本理论[M].北京:人民教育出版社,1980.
[10] 陈菊红.电工基础[M].北京:机械工业出版社,2004.
[11] 谭恩鼎.电工基础[M].北京:高等教育出版社,2000.
[12] 白乃平.电工基础[M].西安:西安电子科技大学出版社,2002.
[13] 王明之,邹郦强.电工基础[M].成都:电子科技大学出版社,1999.
[14] 周长源.电路理论基础[M].北京:高等教育出版社,1999.